普通高等学校"十四五"系列教材

机械制造技术基础

臧　勇　唐友亮◎主　编
赵　岩　姜　涛　吴培亭◎副主编

中国铁道出版社有限公司

2023年·北　京

内 容 简 介

本书根据应用型本科教育机械专业人才培养目标编写,内容包括金属切削基础知识、金属切削基本理论、金属切削机床、金属切削刀具、机床夹具设计、工艺规程设计、典型零件加工、机械加工质量和智能制造技术等内容,每章均配有思考与练习。

本书由编者与宿迁龙净环保科技有限公司合作完成,书中项目实例和部分内容来源于该公司生产实际,体现了产教融合,因而本书尤其适合应用型高校教学使用。

本书适合作为应用型高等学校机械设计制造及其自动化及相关专业的教材,也可作为高等职业院校、成人高校等相关专业的教材,还可供从事机械制造的工程技术人员参考。

图书在版编目(CIP)数据

机械制造技术基础/臧勇,唐友亮主编. —北京:中国铁道出版社有限公司,2023.8

普通高等学校"十四五"系列教材

ISBN 978-7-113-30314-3

Ⅰ.①机… Ⅱ.①臧… ②唐… Ⅲ.①机械制造工艺–高等学校–教材 Ⅳ.①TH16

中国国家版本馆 CIP 数据核字(2023)第 110138 号

书　　名:机械制造技术基础

作　　者:臧　勇　唐友亮

策　　划:何红艳

责任编辑:何红艳　　　　　　　　　　　编辑部电话:(010)63560043

编辑助理:杨万里

封面设计:高博越

责任校对:苗　丹

责任印制:樊启鹏

出版发行:中国铁道出版社有限公司 (100054,北京市西城区右安门西街 8 号)

网　　址:http://www.tdpress.com/51eds/

印　　刷:天津嘉恒印务有限公司

版　　次:2023 年 8 月第 1 版　2023 年 8 月第 1 次印刷

开　　本:787 mm×1 092 mm 1/16　印张:21.25　字数:528 千

书　　号:ISBN 978-7-113-30314-3

定　　价:56.00 元

前　言

　　为全面贯彻党的教育方针,落实立德树人根本任务,培养德智体美劳全面发展的社会主义建设者和接班人,深化高等教育教学改革,加强教材建设,本书根据"机械制造技术基础"课程的最新课程体系要求,将机械制造工艺学、金属切削原理与刀具、金属切削机床、机床夹具设计和机械加工工艺基础等课程合并而成,是机械设计制造及其自动化专业的一门主干专业技术基础课程。为适应应用型本科教育机械专业人才培养目标的需要,本书贯彻"注重基础、理实结合、学以致用"的改革思路,将上述原有课程的内容精选出来,认真梳理,注重系统性,适当新增一些企业生产案例,加以整合,并结合国内外同行教学改革实践成果与多年教学经验,精心编写而成。

　　本书以机械制造工艺过程和加工质量及其控制为主线,涵盖金属切削原理、机械加工工艺装备(机床、刀具、夹具等)及智能制造技术等内容。在选用时可根据需要进行取舍。此外,由于本课程的理论性较强,课程教学中必须与实践性教学环节密切配合,充分利用信息化教学手段,以达到理想的教学效果。

　　为达到应用型人才的培养要求,本书强调应用性和解决实际问题能力的培养。课程内容循序渐进、由浅入深,注重工艺原理的实际应用,力求理论联系实际。本书尽可能多地采用典型实例进行分析,加强学生对知识的理解;引用企业生产实际案例提高学生知识运用的能力;相关章节内容配有微课视频,方便学生随时进行学习;同时尽量多采用图和表来表达叙述性的内容,方便学生理解;除绪论外,每章开头列出详细的学习目标,使学生明确重难点知识,并精心挑选导入案例,拓宽视野;此外,第1~9章均有题型丰富的思考与练习,并且重要章节安排相对应的实践项目,以便学生对所学知识进一步巩固和提高。

　　本书主要面向应用型本科院校机械类专业的学生,结合当前应用型高等学校产教融合教育教学改革的实际需要,突出实用性,强调针对性,努力形成应用型本科教育的特色。

　　本书由臧勇、唐友亮主编,赵岩、姜涛、吴培亭副主编,李玉龙、张立伟参编。具体分工为：绪论由李玉龙编写，第 2 章、5 章由姜涛编写，第 3 章、6 章由臧勇编写，第 4 章由臧勇、张立伟编写，第 1 章、8 章由唐友亮编写，第 7 章由宿迁龙净环保科技有限公司吴培亭编写，第 9 章由赵岩编写，全书由臧勇统稿。

在编写本书过程中，参考并引用了部分文献资料和相关教材，谨此向原作者表示衷心感谢！本书力求知识系统，结构紧凑，深入浅出，尽管如此，限于编者的水平和经验，书中难免存在不当之处，恳请广大读者不吝指正。

编　者
2023 年 4 月

目　录

第 0 章　绪　　论 ………………………………………………………………………… 1
第 1 章　金属切削基础知识 ……………………………………………………………… 3
1.1　切削运动与切削要素 …………………………………………………………… 4
1.2　刀具切削部分的几何参数 ……………………………………………………… 7
1.3　刀具材料 ……………………………………………………………………… 12
1.4　实践项目——刀具角度测量 ………………………………………………… 17
思考与练习 ……………………………………………………………………… 20
第 2 章　金属切削基本理论 …………………………………………………………… 22
2.1　金属切削过程 ………………………………………………………………… 22
2.2　金属切削过程的主要物理现象及规律 ……………………………………… 29
2.3　切削条件的合理选择 ………………………………………………………… 39
2.4　磨削过程 ……………………………………………………………………… 47
2.5　实践项目——车削力的测定及经验公式的建立 …………………………… 49
思考与练习 ……………………………………………………………………… 52
第 3 章　金属切削机床 ………………………………………………………………… 54
3.1　金属切削机床基本知识 ……………………………………………………… 55
3.2　车　　床 ……………………………………………………………………… 62
3.3　其他类型机床 ………………………………………………………………… 77
3.4　数控机床简介 ………………………………………………………………… 89
思考与练习 ……………………………………………………………………… 94
第 4 章　金属切削刀具 ………………………………………………………………… 96
4.1　概　　述 ……………………………………………………………………… 96
4.2　车　　刀 ……………………………………………………………………… 99
4.3　孔加工刀具 ………………………………………………………………… 103
4.4　铣　　刀 …………………………………………………………………… 113
4.5　螺纹刀具 …………………………………………………………………… 117
4.6　齿轮加工刀具 ……………………………………………………………… 120
4.7　磨　　具 …………………………………………………………………… 124
4.8　实践项目——金属切削刀具认知 ………………………………………… 128
思考与练习 …………………………………………………………………… 129
第 5 章　机床夹具设计 ……………………………………………………………… 131
5.1　概　　述 …………………………………………………………………… 132
5.2　工件的定位 ………………………………………………………………… 135

5.3 定位误差的分析与计算 ……………………………………………… 153

5.4 工件的夹紧 …………………………………………………………… 163

5.5 机床夹具的设计方法 ………………………………………………… 169

5.6 典型机床夹具的设计特点 …………………………………………… 172

5.7 实践项目——专用夹具设计实例 …………………………………… 182

思考与练习 ……………………………………………………………… 185

第6章 工艺规程设计 ……………………………………………………… 188

6.1 基本概念 ……………………………………………………………… 189

6.2 工艺规程的制订原则和步骤 ………………………………………… 193

6.3 零件图的分析与毛坯的选择 ………………………………………… 198

6.4 定位基准的选择 ……………………………………………………… 201

6.5 工艺路线的拟订 ……………………………………………………… 204

6.6 机床及工艺装备的选择 ……………………………………………… 211

6.7 加工余量与工序尺寸的确定 ………………………………………… 212

6.8 工艺尺寸链 …………………………………………………………… 216

6.9 工艺过程的生产率和经济性 ………………………………………… 225

6.10 机器装配工艺基础 …………………………………………………… 230

6.11 实践项目——机床传动齿轮工艺规程设计实例 …………………… 246

思考与练习 ……………………………………………………………… 255

第7章 典型零件加工 ……………………………………………………… 258

7.1 轴类零件加工及实例 ………………………………………………… 258

7.2 套筒类零件加工及实例 ……………………………………………… 264

7.3 箱体类零件加工及实例 ……………………………………………… 267

思考与练习 ……………………………………………………………… 274

第8章 机械加工质量 ……………………………………………………… 277

8.1 机械加工精度 ………………………………………………………… 277

8.2 机械加工表面质量 …………………………………………………… 301

8.3 机械加工过程中的振动及其控制 …………………………………… 312

8.4 实践项目——加工精度统计分析 …………………………………… 314

思考与练习 ……………………………………………………………… 323

第9章 智能制造技术 ……………………………………………………… 326

9.1 智能制造内涵和特征 ………………………………………………… 326

9.2 智能制造关键技术 …………………………………………………… 328

9.3 智能制造技术的应用及发展趋势 …………………………………… 331

思考与练习 ……………………………………………………………… 333

参考文献 …………………………………………………………………… 334

第 0 章 绪　论

1. 机械制造业的地位与作用

所谓制造,是指人类运用自己掌握的知识和技能,通过手工或工具(设备),采用有效的方法,按照所需的目的,将原材料或半成品转化为具有使用价值的物质产品并投放市场的过程。

所谓制造业是所有与制造有关的行业的总称。其中机械制造业(尤其包括装备制造业)是制造业的主要和重要组成部分。机械制造业不仅为广大消费者直接提供商品,满足人民群众日益增长的物质需求,还担负着为国民经济各部门和科技、国防等产业提供各种技术装备的重任。

机械制造业是为用户创造和提供机械产品的行业,包括机械产品的设计、开发、制造生产、流通和售后服务全过程。机械制造业是国家工业体系的重要基础和国民经济的重要组成部分,它以各种机器设备供应和装备国民经济的各个部门,并使其不断发展。国民经济各部门的生产水平和经济效益在很大程度上取决于机械制造业所提供的装备的技术性能、质量和可靠性。机械制造技术水平的提高与进步将对整个国民经济的发展和科技、国防实力产生直接的作用和影响,是衡量一个国家科技水平的重要标志之一,在综合国力竞争中具有重要的地位。因而,各发达国家都把发展机械制造业放在突出的位置。

2. 制造技术、制造过程与制造系统

制造技术是完成制造活动所施行的一切手段的总和。这些手段包括运用一定的知识、技能,操纵可以利用的物质、工具,采取各种有效的方法等。制造技术是制造企业的技术支柱,是制造企业持续发展的根本动力。

制造过程是制造业的基本行为,是将制造资源转变为有形财富或产品的过程。从系统工程的观点看,产品的制造是物料转变(物料流)、能量转化(能量流)和信息传递(信息流)的过程。物料流主要指由毛坯到产品的有形物质的流动;能量流是指在制造过程中将能量施加于加工对象并产生相应的变换;信息流主要指生产活动的设计、规划、调度与控制。为使整个制造系统有效地运行,三种流必须通畅、协调。

制造系统是制造业的基本组成实体。制造系统是由制造过程及其所涉及的硬件、软件和制造信息等组成的一个具有特定功能的有机整体,其中硬件包括人员、生产设备、材料、能源和各种辅助装置;软件包括制造理论和制造技术;而制造信息又包括制造工艺和制造方法等。

3. 现代制造技术的发展趋势

随着微电子技术、控制技术、传感技术、信息技术、机电一体化技术和新材料科学、系统科

学的快速发展与广泛应用,尤其是计算机的大量普及与应用,机械制造业正在继续发生着质的飞跃,经历着由主要依靠工人和技术人员经验技艺型的传统制造技术向多种先进技术结合的现代制造技术的过渡。制造业的生产方式已经由少品种、大批量向多品种、变批量生产方式转变;制造业的资源配置由劳动密集、设备密集向信息密集、知识密集方向发展;制造技术由机械化、刚性自动线向智能自动化、柔性自动线方向发展。

现代制造技术的发展方向主要体现在精密化、自动化、最优化、柔性化、集成化和智能化等方面的不断发展和完善。

4. 本课程的特点与学习要求

本课程主要论述机械产品的生产过程及生产活动的组织、机械加工与装配工艺过程及工艺系统。内容包括金属切削过程的基础知识与基本规律,机械加工工艺装备(机床、刀具、夹具)的结构特点及应用,机械加工与装配工艺的设计,机械加工质量的概念及其控制方法,以及智能制造技术简介等。

本课程具有以下特点:

①本课程既是一门技术基础课,为其他专业课的学习打下良好基础,又是一门专业课,其知识在机械制造专业领域内可直接应用于生产,指导实践。

②本课程系统性强,实践性强,工程性强,应用性强。本课程是在学习了前期一系列基础课的基础上进一步专业化的综合应用课程。强调与基础课的有机联系与衔接,强调理论密切联系工程实际,注重在工程实践中培养发现问题、综合分析问题和解决实际问题的能力。

学习本课程时应注意了解机械制造的基本概念;掌握金属切削过程的基本规律并能合理选择相关参数;熟悉常用机械加工方法的工作原理、工艺特点和应用范围并能正确选用;掌握常用工艺装备的基本原理、典型结构和合理选用;掌握机械加工和装配工艺规程的基本知识和有关计算方法,具备编制中等复杂程度零件机械加工工艺规程与夹具设计的能力;掌握机械加工质量的有关知识,具备对现场工艺技术问题进行分析和解决的初步能力。

学习本课程时应与生产实习、课外练习、实验和课程设计等实践性环节有机而紧密结合起来,不断地在实际训练中加深对书中基本知识的理解与应用。真正达到学习知识、积累经验和提高能力的目的。

第1章 金属切削基础知识

学习目标

通过本章的学习,掌握切削运动、切削层参数、切削用量等有关金属切削加工的基本概念;掌握刀具切削部分的构造和刀具角度的定义,了解安装条件与进给运动对刀具工作角度的影响;了解常用刀具材料的种类及特点,能够根据刀具材料的选择原则和方法正确选用刀具材料。

导入案例 切削加工的历史

切削加工的历史可追溯到原始人创造石劈、骨钻等劳动工具的旧石器时期。

在中国,早在公元前13世纪的商代中期,人们就已能用研磨的方法加工铜镜(见图1-1);到了商代晚期(公元前12世纪),已出现了用青铜钻头在卜骨上钻孔的方法;到西汉时期(公元前202年~公元8年),人们已经可以使用杆钻和管钻,以加砂研磨的方法,在"金缕玉衣"的4 000多块坚硬的玉片上钻出18 000多个直径1~2 mm的孔(见图1-2)。

图1-1　古代铜镜

图1-2　金缕玉衣局部

17世纪中叶,中国开始利用畜力代替人力驱动刀具进行切削加工。如公元1668年,古人曾在畜力驱动的装置上,用多齿刀具铣削天文仪上直径达两丈(古丈)的大铜环,然后再用磨石进行精加工。18世纪后期的英国工业革命开始后,由于蒸汽机和近代机床的发明,切削加工开始用蒸汽机作为动力。到19世纪70年代,切削加工中又开始使用电力。

对金属切削原理的研究始于19世纪50年代,对磨削原理的研究始于19世纪80年代。此后,各种新的刀具材料相继出现。19世纪末出现的高速钢刀具,使刀具许用的切削速度比碳素工具钢和合金工具钢刀具提高了两倍以上,达到 25 m/min 左右。1923 年出现的硬质合金刀具,使切削速度比高速钢刀具又提高了两倍左右。20 世纪 30 年代以后出现的金属陶瓷和超硬材料(人造金刚石和立方氮化硼),进一步提高了切削速度和加工精度。随着机床和刀具的不断发展,切削加工的精度、效率和自动化程度不断提高,应用范围也日益扩大,从而促进了现代机械制造业的发展。

1.1　切削运动与切削要素

金属切削加工是目前机械制造的主要方法和手段之一。金属切削过程是刀具与工件相互作用的过程。即利用刀具切去多余金属层,使工件的几何形状、尺寸精度、位置精度和表面质量达到预定的要求。为实现金属切削过程,刀具相对于工件必须要有相对运动,即切削运动。在金属切削过程中,机床、刀具、工件、夹具组成了机械加工工艺系统。机床提供切削运动,刀具直接参与切削工作。

1.1.1　切削运动

在切削加工过程中,刀具与工件间的相对运动称为切削运动。切削运动就是工件表面的成形运动,它由机床提供。切削运动包括主运动和进给运动。

1. 主运动

主运动是使刀具相对工件产生相对运动以进行切削的运动,是切除切屑所需的最基本运动。在切削运动中,主运动的速度最高、消耗的功率最大。主运动可以是刀具的运动,也可以是工件的运动。可以是直线运动,也可以是旋转运动。例如铣削时铣刀的旋转运动,车削时工件的旋转运动,刨削时刀具的直线运动。

2. 进给运动

进给运动是使新的金属层不断投入切削,从而加工出完整表面所需的运动。进给运动可以有一个或多个。进给运动通常消耗的功率较小。进给运动可以是连续运动,也可以是间歇运动。进给运动可以是刀具的运动,也可以是工件的运动。例如车削时车刀的纵向或横向运动,磨削外圆时工件的旋转和工作台带动工件的纵向移动。

1.1.2　切削加工表面

在切削过程中,工件上有三个不断变化着的表面。

1. 待加工表面

工件上即将被切除多余金属的表面。待加工表面在加工前就已存在,加工后不再存在。

2. 已加工表面

工件上已被切除多余金属而形成的工件新表面。已加工表面在加工前不存在,加工后才形成。

3. 过渡表面

工件上正在被切削的表面。过渡表面在加工前、后均不存在,只存在于加工过程中。

图 1-3 所示为车外圆时的切削运动和切削表面。

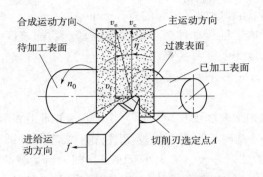

图 1-3　车外圆时的切削运动和切削表面

1.1.3　切削要素

切削要素包括切削用量和切削层几何参数。

1. 切削用量

切削用量是切削时各运动参数的总称,包括切削速度、进给量和背吃刀量三要素。

(1) 切削速度 v_c

在单位时间内,工件和刀具沿主运动方向的相对位移称为切削速度,单位为 m/s。

若主运动为旋转运动,则切削速度 v_c 的计算公式为

$$v_c = \frac{\pi d_w n}{1\,000 \times 60} \tag{1-1}$$

式中　d_w——工件待加工表面或刀具的最大直径,mm;

　　　n——工件或刀具每分钟转数,r/min。

若主运动为往复直线运动,则常用其平均速度作为切削速度 v_c,即

$$v_c = \frac{2Ln_r}{1\,000 \times 60} \tag{1-2}$$

式中　L——往复直线运动的行程长度,mm;

　　　n_r——主运动每分钟往复的次数,次/min。

(2) 进给量 f

主运动每转一圈,刀具与工件在进给运动方向上的相对位移称为进给量,单位为 mm/r。对于刨削、插削等主运动为直线运动的加工,单位为 mm/行程或 mm/双行程。对于铣刀、铰刀等多齿刀具,还可用每齿进给量 f_z,单位为 mm/齿。

进给量也可用进给速度 v_f 表示。进给量 f、进给速度 v_f 和每齿进给量 f_z 三者有如下关系:

$$v_f = nf = nzf_z \tag{1-3}$$

式中　z——刀具齿数;

　　　f_z——每齿进给量。

(3) 背吃刀量 a_p

待加工表面与已加工表面之间的垂直距离称为背吃刀量。车削外圆时为

$$a_p = \frac{d_w - d_m}{2} \tag{1-4}$$

式中 d_w, d_m——待加工表面和已加工表面的直径,mm。

主运动和进给运动合成后的运动称为合成切削运动。切削速度 v_c 与进给速度 v_f 的合成速度称为合成切削运动速度为 v_e。其关系为

$$\vec{v}_e = \vec{v}_c + \vec{v}_f \tag{1-5}$$

2. 切削层参数

工件上正在被切削刃切削着的那层金属称为切削层,亦即相邻两个过渡表面之间的一层金属。如图 1-4 所示为车外圆时的切削用量及切削层参数,车削外圆时,切削层是指工件每转一圈,刀具从工件上切下的那层金属。其大小反映了切削刃所受载荷的大小,直接影响到加工质量、生产率和刀具的磨损等。切削层截面尺寸的参数称为切削层参数,包括切削宽度 b_D、切削厚度 h_D 和切削面积 A_D。

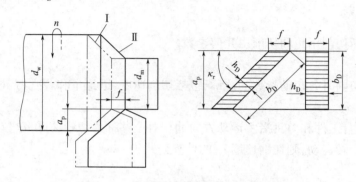

图 1-4 车外圆时的切削用量及切削层参数

(1)切削宽度 b_D

沿切削刃的方向所测得的切削层尺寸为切削宽度。切削宽度反映了切削刃参加切削的工作长度。车外圆时:

$$b_D = \frac{a_p}{\sin \kappa_r} \tag{1-6}$$

式中 κ_r——刀具主偏角,即图 1-4 中主切削刃与进给运动方向之间的夹角。

(2)切削厚度 h_D

两相邻过渡表面间的垂直距离为切削厚度。切削厚度反映了切削刃单位长度上的负荷。车外圆时:

$$h_D = f\sin \kappa_r \tag{1-7}$$

(3)切削面积 A_D

切削层垂直于切削速度截面内的面积为切削面积。车外圆时:

$$A_D = b_D h_D = a_p f \tag{1-8}$$

【例题 1-1】 切削速度 v_c、进给量 f 和背吃刀量 a_p 的计算

车削外圆时,已知工件转速 $n = 320$ r/min,车刀移动速度 $v_f = 64$ mm/min,已加工表面直径为 $\phi 94$ mm,待加工表面直径为 $\phi 100$ mm,试求切削速度 v_c、进给量 f、背吃刀量 a_p。

解:根据公式(1-1),可得

$v_c = \pi d_w n/1\,000 = \pi \times 100 \times 5.33/1\,000$ m/s $= 1.67$ m/s;

根据公式(1-3),可得

$f = v_f / n = 64 / 320 \ \text{mm/r} = 0.2 \ \text{mm/r};$

根据公式(1-4),可得

$a_p = (d_w - d_m)/2 = (100-94)/2 \ \text{mm} = 3 \ \text{mm}。$

1.1.4 切削方式

切削方式对切屑的流动方向,切削层金属的变形,切削刃的工作情况等都有直接影响。

1. 自由切削与非自由切削

只有一条直线切削刃参加切削工作的切削称为自由切削。图 1-5 所示为两种自由切削方式。若切削刃为曲线或直线的主、副切削刃均参加切削,则称为非自由切削。车削外圆、车削螺纹等是非自由切削。大多数切削都是非自由切削。自由切削时切削过程比较简单,切削刃上各点切屑流出的方向大致相同。非自由切削时,由于切削刃为曲线,或有多条切削刃参与切削,切削变形比较复杂。

2. 直角切削与斜角切削

主切削刃与切削速度方向垂直的切削称为直角自由切削或正交切削,如图 1-5(a)所示,其切屑流出方向是沿切削刃法向。直角非自由切削是同时有几条切削刃参加工作的直角切削,这时主切削刃上的切屑流出方向受邻近切削刃的影响,将偏离主切削刃的法向。

主切削刃与切削速度方向不垂直的切削称为斜角自由切削,如图 1-5(b)所示,主切削刃上的切屑流出方向将偏离其法向。斜角非自由切削是有几条切削刃参加工作的斜角切削,这时切屑将发生相当复杂的变形。

实际切削加工中大多数是斜角非自由切削。而在实验研究中,为了简化,比较常用直角自由切削方式。

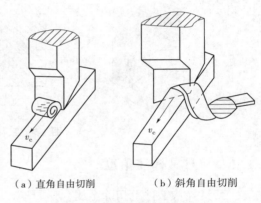

(a)直角自由切削   (b)斜角自由切削

图 1-5 两种自由切削方式

1.2 刀具切削部分的几何参数

1.2.1 刀具切削部分的结构要素

刀具一般都由刀柄(夹持部分)和刀头(切削部分)两部分组成。尽管切削刀具的种类繁多,结构也多种多样,但刀具切削部分的组成却有共同之处。下面以最基本、最典型的外圆车刀为例,说明刀具的结构。如图 1-6 所示为外圆车刀的组成,外圆车刀的切削部分由前面、主后面、副后面、主切削刃、副切削刃和刀尖组成,通常称为"三面""两刃""一尖"。

①前刀面(前面):切屑流经的表面。

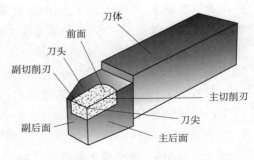

图 1-6 外圆车刀的组成

②主后刀面(主后面):与工件上过渡表面相对的表面。

③副后刀面(副后面):与工件上已加工表面相对的表面。

④主切削刃:前刀面与主后刀面的交线,用以完成主要切削工作。

⑤副切削刃:前刀面与副后刀面的交线,配合主切削刃完成切削工作,并最终形成已加工表面。

⑥刀尖:主切削刃与副切削刃连接点。在实际应用中,为增加刀尖的强度和耐磨性,一般在刀尖处磨出一段直线或圆弧的过渡刃。

其他刀具,就其单齿的切削部分而言,都可以看成是由外圆车刀的切削部分演变而来。如图 1-7 所示,为三种刀具切削部分的形状。图 1-7(a)为与车刀切削部分相同的刨刀;图 1-7(b)为钻头,可以看作是一正一反并在一起的两把车刀;图 1-7(c)为铣刀,可以看成是由多把车刀复合而成的,其每一个刀齿相当于一把车刀。

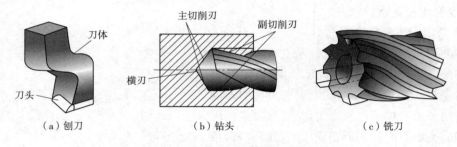

（a）刨刀　　　　　（b）钻头　　　　　（c）铣刀

图 1-7　三种刀具切削部分的形状

1.2.2　刀具标注角度

刀具要从工件上切除金属,必须具有一定的角度,以体现其锋利性。刀具角度是设计、制造、刃磨和测量刀具时的重要几何参数,也是确定刀具切削部分几何形状的重要参数。

用于定义刀具角度的各基准坐标平面称为参考系。刀具角度参考系分为刀具静止参考系和刀具工作参考系。

1. 刀具静止参考系

在设计、制造、刃磨和测量时,用于定义刀具几何参数的参考系称为刀具静止参考系,或称标注角度参考系。在该参考系中定义的角度称为刀具的标注角度。

刀具静止参考系包括正交平面参考系、法平面参考系和假定工作平面参考系。其中用得最多的是正交平面参考系,其由三个平面构成,如图 1-8 所示:

①基面 P_r:通过切削刃上的选定点,并垂直于该点切削速度方向的平面。

②切削平面 P_s:通过切削刃上的选定点与主切削刃相切,并垂直于基面的平面。

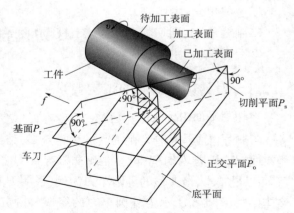

图 1-8　正交平面参考系

③正交平面 P_o：通过切削刃上的选定点，并同时与基面和切削平面垂直的平面。

组成正交平面参考系的基面、切削平面和正交平面三个平面两两垂直，组成空间直角坐标系。

2. 正交平面参考系中标注的刀具角度

图 1-9 为外圆车刀的标注角度，在正交平面中标注的角度有：

①前角 γ_o：前刀面与基面的夹角。

②后角 α_o：后刀面与切削平面的夹角。

③楔角 β_o：前刀面与后刀面之间的夹角。楔角属派生角度，$\beta_o = 90° - (\gamma_o + \alpha_o)$。

微课 1-2
刀具的标注角度

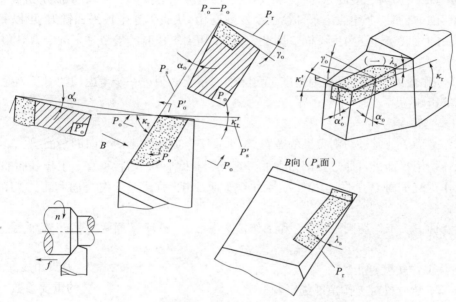

图 1-9 外圆车刀的标注角度

在基面中标注的角度有：

①主偏角 κ_r：主切削刃在基面上的投影与进给运动方向的夹角。

②副偏角 κ_r'：副切削刃在基面上投影与进给运动反方向的夹角。

③刀尖角 ε_r：主、副切削刃在基面上投影之间的夹角。刀尖角 ε_r 属派生角度，$\varepsilon_r = 180° - (\kappa_r + \kappa_r')$。

刀尖处常常为过渡刃，一般为圆弧过渡或直线过渡。

在切削平面中标注的角度有：

刃倾角 λ_s：主切削刃与基面的夹角。当主切削刃呈水平时，$\lambda_s = 0$；当刀尖为主切削刃上最高点时，$\lambda_s > 0$；当刀尖为主切削刃上最低点时，$\lambda_s < 0$。

从以上刀具标注角度的定义可知，对于主切削刃具有 4 个独立角度 γ_o、α_o、κ_r、λ_s。同理，对于副切削刃也有 4 个独立角度 γ_o'、α_o'、κ_r'、λ_s'。由于外圆车刀的主切削刃和副切削刃共一个前刀面，所以外圆车刀的独立角度只有 6 个，即 γ_o、α_o、κ_r、κ_r'、λ_s、α_o'。在刀具设计图上，必须标注这 6 个角度。

3. 其他平面参考系

除了正交平面参考系外,标注刀具角度的参考系还有法平面参考系、假定工作平面参考系、背平面参考系等。

1.2.3 刀具工作角度

以上介绍的刀具标注角度,是基于下列两个假设条件的基础上建立起来的。一是假定安装条件。即假定刀具刃磨、安装基准面垂直于切削平面,平行于基面,刀尖与工件中心等高,刀杆中心线垂直于进给方向。二是假定运动条件。即假定进给速度 v_f 相对于切削速度 v_c 很小,可以忽略不计,用切削速度的方向代替了切削速度与进给速度的合成切削运动方向。

实际切削加工时,上述假定条件往往会发生变化,从而引起坐标平面随之变化,最终导致实际起作用的角度与标注角度不同。因此,必须按切削工作时的参考系来确定刀具角度,即工作角度。

注意,工作角度不是实际切削角度。实际切削角度必须进一步考虑切削时积屑瘤、振动及流屑方向等影响。

1. 刀具工作参考系

①工作基面 P_{re}:通过切削刃上的考查点,垂直于合成切削运动方向的平面。

②工作切削平面 P_{se}:通过切削刃上的考查点,与切削刃相切且垂直于工作基面的平面。

③工作正交平面 P_{oe}:通过切削刃上的考查点,同时垂直于工作基面和工作切削平面的平面。

工作基面 P_{re}、工作切削平面 P_{se} 和工作正交平面 P_{oe} 三个平面两两垂直,组成了刀具工作参考系。

2. 刀具工作角度分析

1)刀具安装位置对工作角度的影响

(1)刀尖安装与工件中心不等高时对工作前、后角的影响

如图 1-10 所示,为车刀安装高度对工作角度的影响。车削外圆时,若车刀刀尖高于工件中心时,则工作前角增大,工作后角减小。若刀尖低于工件中心时,则工作前角减小,工作后角增大,即

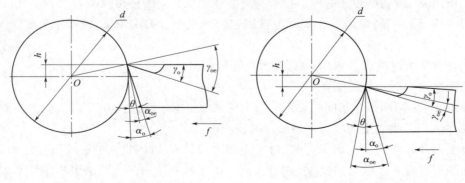

（a）刀尖高于工件中心　　　　　　　（b）刀尖低于工件中心

图 1-10　车刀安装高度对工作角度的影响

$$\gamma_{oe} = \gamma_o \pm \theta$$

$$\alpha_{oe} = \alpha_o \pm \theta$$

式中　γ_{oe}, α_{oe}——工作前角和工作后角；

　　　　θ——由于车刀安装而引起的工作切削平面与切削平面的夹角，$\sin\theta = \dfrac{2h}{d}$。

（2）刀杆轴线与进给方向不垂直对工作主、副偏角的影响

如图 1-11 所示，为刀杆安装偏斜对工作角度的影响。若刀杆轴线与进给方向不垂直，则工作主偏角和工作副偏角将发生变化。

$$\kappa_{re} = \kappa_r \pm \theta$$

$$\kappa'_{re} = \kappa'_r \pm \theta$$

式中　κ_{re}, κ'_{re}——工作主偏角、工作副偏角；

　　　　θ——由于车刀安装而引起的刀杆轴线与进给方向产生的偏转角度。

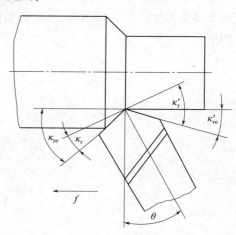

图 1-11　刀杆安装偏斜对工作角度的影响

2）进给运动对刀具工作角度的影响

（1）横向进给对工作前、后角的影响

图 1-12 为横向进给运动对工作角度的影响。车端面或切断时，切削刃相对工件运动轨迹不是一个圆，而是阿基米德螺旋线，工作基面和工作切削平面转过了一个 μ 角，使工作前角增大，工作后角减小。

$$\gamma_{oe} = \gamma_o + \mu$$

$$\alpha_{oe} = \alpha_o - \mu$$

式中　μ——工作切削平面与切削平面的夹角，$\tan\mu = \dfrac{f}{\pi d}$，其中 μ 是变量，越接近中心 μ 越大，

α_{oe} 越小，使主后面与工件摩擦剧烈；切断车削接近中心时，实际为挤断。

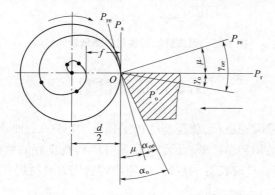

微课 1-3
工作角度的分析

图 1-12　横向进给运动对工作角度的影响

（2）纵向进给对工作前、后角的影响

图 1-13 为纵向进给运动对工作角度的影响。车外圆时，由于有纵向进给运动，工作切削平面相切于螺旋面，使工作基面和工作切削平面倾斜了一个 μ 角，使车刀的工作前角增大，工

作后角减小。

$$\gamma_{oe} = \gamma_o + \mu$$

$$\alpha_{oe} = \alpha_o - \mu$$

式中　μ——由于纵向进给使得工作切削平面相对于切削平面的倾斜角，$\tan\mu = \dfrac{f\sin\kappa_r}{\pi d_w}$。

　　μ 值与进给量和工件直径有关，一般车外圆时 $\mu = 30' \sim 40'$，可忽略不计。但车螺纹，尤其是车多头螺纹时则必须考虑，以校核工作角度。注意，车螺纹时左右两侧切削刃上 μ 值的影响相反。

左侧：　　　　　　　　　　　$\alpha_{oeL} = \alpha_o - \mu$

右侧：　　　　　　　　　　　$\alpha_{oeR} = \alpha_o + \mu$

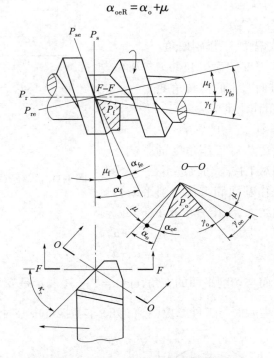

图 1-13　纵向进给运动对工作角度的影响

1.3　刀具材料

　　为了保证机械加工的顺利进行，获得高的加工精度、良好的表面质量及高的生产效率，除了要求刀具具有合理的结构和角度外，还要求刀具材料具有良好的性能。刀具材料是指刀具切削部分的材料，为使刀具具有良好的性能，必须合理选用刀具材料。

1.3.1　刀具材料应具备的性能

　　切削加工的工件材料主要是钢料和铸铁。在切削过程中，刀具承受着很大的切削力、剧烈的摩擦以及由摩擦产生的高温，工作条件极为恶劣。要使刀具在这样的条件下保持其良好的性能，就必须要求刀具材料具有如下性能。

1. 高的硬度

刀具材料应具有高的硬度,这是刀具材料应具备的最基本性能。刀具材料的硬度必须高于工件材料的硬度。一般要求在常温下硬度高于 60 HRC。

2. 足够的强度和韧性

在切削加工中,刀具要承受很大的切削力、冲击和振动。刀具材料必须具备足够的抗弯强度和冲击韧性。

3. 高的耐磨性

在切削过程中,刀具要经受剧烈地摩擦,很容易被磨钝。因此刀具材料必须具备良好的耐磨性。

4. 高的耐热性

耐热性是指刀具材料在高温下保持或基本保持其硬度、强度、韧度和耐磨性的能力。耐热性好,则允许的切削速度高,抵抗塑性变形的能力强。

5. 其他性能

除上述性能外,刀具材料还应具备良好的加工工艺性(锻造、焊接、切削、磨削等),化学稳定性,导热性和经济性等。

1.3.2　常用刀具材料

常用的刀具材料主要有碳素工具钢、合金工具钢、高速钢、硬质合金、陶瓷、金刚石和立方氮化硼等。目前生产中用得最多的主要是高速钢和硬质合金。碳素工具钢(如 T10A、T12A 等)和合金工具钢(如 9SiCr、CrWMn 等)由于耐热性差,目前主要用于手工工具或切削速度较低的刀具。陶瓷、金刚石和立方氮化硼等超硬材料目前应用还不够广泛,但由于其高硬度、高耐磨性和高耐热性,正受到越来越多的重视。

1. 高速钢

高速钢是含有较多的钨(W)、钼(Mo)、铬(Cr)、钒(V)等元素的高合金工具钢。高速钢具有较高的强度、硬度和耐热性。一般高速钢的淬火硬度可达 63~67 HRC,耐热温度可达 550~650 ℃。与普通合金工具钢相比,高速钢制成的刀具切削速度能够提高 1~3 倍,刀具寿命能够提高 10~40 倍。高速钢的综合机械性能和加工工艺性都很好,可用于制造各种刃形复杂的刀具。

按照切削性能可将高速钢分为通用高速钢和高性能高速钢。按制造工艺不同,可分为熔炼高速钢和粉末冶金高速钢。按基本化学成分,可分为钨系高速钢和钼系高速钢。常用高速钢的牌号与性能见表 1-1。

表 1-1　常用高速钢的牌号与性能

类　别	牌　号	常温硬度/HRC	抗弯强度/GPa	冲击韧性/(MJ/m^2)	高温(600 ℃)硬度/HRC
通用高速钢	W18Cr4V	63~66	3~3.4	0.18~0.32	48.5
	W6Mo5Cr4V2	63~66	3.5~4	0.3~0.4	47~48
	W14Cr4Mn-Re	64~66	4	0.25	48.5

续上表

类 别		牌 号	常温硬度/ HRC	抗弯强度/ GPa	冲击韧性/ (MJ/m^2)	高温(600 ℃)硬度/ HRC
高性能高速钢	高碳	9W18Cr4V	66~68	3~3.4	0.17~0.22	51
	高钒	W12Cr4V4Mo	63~66	3.2	0.25	51
	超硬	W6Mo5Cr4V2AL	67~69	2.9~3.9	0.23~0.3	55
		W10Mo4Cr4V3AL	67~69	3.1~3.5	0.2~0.28	54
		W2Mo9Cr4VCo8	67~69	2~3.8	0.23~0.3	55

(1)通用高速钢

按其化学成分,普通高速钢可分为钨系高速钢和钼系(或钨钼系)高速钢。

钨系高速钢的典型牌号是 W18Cr4V。钨系高速钢是我国应用最多的高速钢,具有较好的综合性能,通用性较强,常用于制造各种复杂刀具。由于钨资源有限,价格高,碳化物不够均匀等,目前正逐步被其他材料部分替代。

钼系高速钢的典型牌号是 W6Mo5Cr4V2。它是在钨系高速钢基础上用 Mo 代替了一部分 W。钼系高速钢的密度小于钨系高速钢,综合性能与钨系相近,但碳化物晶粒较细小、分布较均匀,故强度和韧度好于钨系高速钢,可用于制造大截面尺寸的刀具,特别是热状态下塑性好,适于制造热轧刀具(如热轧钻头)。主要缺点是热处理时脱碳倾向大,易氧化,淬火温度范围较窄。

(2)高性能高速钢

高性能高速钢是指在通用型高速钢中增加碳、钒、钴、铝等合金元素,使其常温硬度可达 67~70 HRC,耐磨性与热稳定性进一步提高,可用于加工不锈钢、高温合金、耐热钢和高强度钢等难加工材料。高性能高速钢包括高碳高速钢、高钒高速钢、钴高速钢、铝高速钢及粉末冶金高速钢等。高性能高速钢的典型牌号有 W6Mo5Cr4V2AL、W10Mo4Cr4V3AL、W2Mo9Cr4VCo8 等。

(3)粉末冶金高速钢

粉末冶金高速钢是将熔融的高速钢液,通过高压惰性气体雾化而得到细小的高速钢粉末,然后热压锻轧成形,再经烧结而成。与熔炼高速钢相比,其硬度和韧性较高,热处理变形小,磨削加工性好,材质均匀,质量稳定可靠,刀具寿命长。尤其适合制造各种精密刀具和形状复杂的刀具,如精密螺纹车刀、复杂成形刀具等。

2. 硬质合金

硬质合金是用高硬度难熔金属的碳化物(WC、TiC)微米级粉末,以钴(Co)或镍(Ni)、钼(Mo)等金属为黏结剂,以粉末冶金方法烧结而成的一种合金刀具材料。与高速钢相比,硬度更高,可达 89~91 HRA,有的高达 93 HRA;耐热性更好,为 800~1 000 ℃,允许的切削速度是高速钢的 5~10 倍;但强度和韧性比高速钢差,制造工艺性也较差。主要用于制造形状简单的高速切削刀片。

硬质合金按其化学成分与使用性能可分为 4 类:钨钴类 YG(WC+Co)、钨钛钴类 YT(WC+TiC+Co)、添加稀有金属碳化物类 YW(WC+TiC+TaC/NbC+Co)及碳化钛基类等。常用硬质合金的牌号及性能详见表 1-2。

表 1-2　常用硬质合金的牌号及性能

牌 号	物理力学性能			使用性能			使用范围		相当于 ISO 牌号
	硬度		抗弯强度/GPa	耐磨	耐冲击	耐热	材　料	加工性质	
	HRA	HRC							
YG3	91	78	1.08	↑		↑	铸铁、有色金属及其合金	连续切削时精加工、半精加工，不能承受冲击载荷	K05
YG6X	91	78	1.37				铸铁、冷硬铸铁、高温合金	精加工、半精加工	K10
YG6	89.5	75	1.42				铸铁、有色金属及其合金	连续切削粗加工、间断切削半精加工	K20
YG8	89	74	1.47				铸铁、有色金属及其合金	间断切削粗加工	K30
YT5	89.5	75	1.37	↑		↑	碳素钢、合金钢	粗加工，可用于间断切削加工	P30
YT14	90.5	77	1.25				碳素钢、合金钢	连续切削粗加工、半精加工，间断切削精加工	P20
YT15	91	78	1.13				碳素钢、合金钢	连续切削粗加工、半精加工，间断切削精加工	P10
YT30	92.5	81	0.88				碳素钢、合金钢	连续切削精加工	P01
YW1	92	80	1.28		较好	较好	难加工钢材	精加工、半精加工	M10
YW2	91	78	1.47		好		难加工钢材	半精加工、粗加工	M20

（1）钨钴类 YG(WC+Co)硬质合金

钨钴类硬质合金的代号是 YG,相当于 ISO 标准中的 K 类。主要牌号有 YG3、YG3X、YG6、YG6X、YG8 等。牌号中的"Y"表示硬质合金,"G"表示钴,数字表示钴含量的百分数,"X"表示细晶粒组织,无"X"的表示中晶粒。

YG 类硬质合金主要由 WC 和 Co 组成。含 Co 少则硬度高、耐热、耐磨性好,但脆性增加。含 Co 多则抗弯强度和冲击韧性好,适合粗加工。

YG 类硬质合金主要用于加工硬、脆的铸铁、有色金属和非金属材料。一般不适宜加工钢件,因为加工钢件温度较高,易产生黏结与扩散磨损而使刀具迅速失效。但加工一些特殊硬铸铁、不锈钢、Ti 合金等效果较好。

（2）钨钛钴类 YT(WC+TiC+Co)硬质合金

钨钛钴类硬质合金 YT,相当于 ISO 标准中的 P 类。主要牌号有 YT5、YT14、YT15、YT30 等。YT 类硬质合金除含 WC 外,还含有 5% ~30% 的 TiC。牌号中的数字表示 TiC 含量的百分数,其含量越高,硬度、耐磨性和耐热性越高,但抗弯强度降低。与 YG 类相比,YT 类的硬度、耐热、耐磨性较好,但更脆。

YT 类硬质合金主要用于加工钢件,不适宜加工铸件和含 Ti 的不锈钢。

（3）钨钛钽(铌)类硬质合金

钨钛钽(铌)类硬质合金的代号为 YW,相当于 ISO 标准中的 M 类。主要牌号有 YW1、YW2 等。它是在 YT 类硬质合金中加入 TaC 或 NbC,以提高抗弯强度、疲劳强度、冲击韧性、耐热性、耐磨性。

YW 类既可用于加工铸铁、有色金属,也可用于加工钢件,故称为通用硬质合金。

3. 涂层刀具材料

涂层刀具是在韧性较好的硬质合金基体上,或在高速钢基体上,涂覆一层耐磨性好的难熔金属化合物获得的。这是解决硬质合金硬度与冲击韧性之间的矛盾比较经济的办法,使用效果很好,近年发展较快。

常用的涂层材料有 TiC、TiN、Al_2O_3 等。其晶粒尺寸在 0.5 μm 以下,涂层厚度为 5 ~ 10 μm。TiC 涂层呈灰色,硬度高、耐磨性好,抗氧化性好,切削时产生氧化钛膜,能减少摩擦和磨损,但较脆,不耐冲击。TiN 涂层呈金黄色,硬度稍低于 TiC 涂层,高温时能产生氧化膜,与铁基材料摩擦小,抗黏结性好。Al_2O_3 在高温下具有良好的热稳定性。

单涂层刀片目前已不太用,而大多采用 TiC-TiN、TiC-Al_2O_3 双涂层刀片或 TiC-Al_2O_3-TiN 多涂层刀片。

4. 其他刀具材料

(1)陶瓷刀具材料

这类材料主要分三大类,即氧化铝(Al_2O_3)系陶瓷、氮化硅(Si_3N_4)系陶瓷和 Si_3N_4-Al_2O_3 系复合陶瓷。

Al_2O_3 系陶瓷的优点是硬度高,常温硬度可达 92 ~ 95 HRA;耐热性好,在 1 200 ℃时硬度下降很少,仍保持 80 HRA;化学稳定性好,与钢不易亲和,抗黏结、抗扩散能力较强。缺点是抗弯强度低、韧性差、抗冲击性能差。其中 Al_2O_3-TiC 复合陶瓷用得较多,主要用于高速精加工和半精加工冷硬铸铁、淬硬钢等。

Si_3N_4 系陶瓷的特点是有较高的抗弯强度和冲击韧性,可承受较大的冲击负荷;热稳定性高,可在 1 300 ~ 1 400 ℃下进行切削;导热系数大于 Al_2O_3 系陶瓷,热膨胀系数则小于 Al_2O_3 系陶瓷,故可承受热冲击。此种陶瓷加工铸铁很有效。其中 Si_3N_4-TiC-Co 复合陶瓷用得较广泛。

Si_3N_4-Al_2O_3 系复合陶瓷主要用于铸铁与高温合金加工,但不宜切钢。

(2)金刚石

金刚石硬度非常高,可达 10 000 HV。金刚石有天然金刚石与人造金刚石之分。天然金刚石价格昂贵,生产中应用很少。人造金刚石是在超高压(5 ~ 10 GPa)、高温(1 000 ~ 2 000 ℃)条件下由石墨转化而成的。由于人造金刚石无方向性、硬度很高、耐磨性好,刃口又可刃磨得很锋利,故可用于高速精加工有色金属及合金、非金属硬脆材料。由于性脆,故必须防止切削过程中的冲击和振动。

金刚石是碳的同素异形体,在空气中 600 ~ 700 ℃时极易氧化、碳化,与铁发生化学反应,使金刚石丧失切削性能,故不宜用来在空气中加工钢铁材料,主要用于高速精加工有色金属及合金、非金属材料等。近年还研制了金刚石薄膜(10 ~ 25 um)、涂层和厚膜(0.5 mm)作刀具,取得了很好的效果。金刚石的小颗粒还可用来作超硬磨料,制造磨具。

(3)立方氮化硼

立方氮化硼 CBN 是一种人工合成的新型刀具材料。由六方氮化硼在高温高压下加入催化剂转化而成,至今尚未发现其天然品。立方氮化硼有仅次于金刚石的高硬度和耐磨性,但耐热性高于金刚石(达 1 400 ℃),化学惰性很大,不会与铁产生化学反应,故可加工淬硬钢和冷硬铸铁等,实现以车代磨,但加工有色金属不如金刚石刀具。立方氮化硼颗粒还用来制造磨料和磨具。但在 800 ℃ 以上易与水起化学反应,故不宜用水基切削液。

加工一般普通材料时,主要选用普通高速钢及硬质合金。加工难加工的材料时,选用高性能高速钢;加工高硬度材料或精密加工时,选用超硬刀具材料。

1.4　实践项目——刀具角度测量

1.4.1　概述

切削加工过程中,刀具要从工件上切下金属,其切削部分必须具备一定的切削角度,也正是由于这些角度才决定了刀具切削部分上各刀面、刀刃和刀尖的空间位置。用于切削加工的刀具虽然种类繁多,具体结构各异,但其切削部分在几何特征上却具有共性。外圆车刀的切削部分可以看作是各类刀具切削部分的基本形态,故此在工程中,是以外圆车刀为例,给出刀具切削部分的基本定义。而刀具几何角度就是描绘切削部分几何特征的参数。为保证刀具制造和使用中角度的准确与合理,刀具角度的测量就显得十分重要。

1.4.2　刀具角度测量目的

通过对刀具角度进行测量,加深对刀具参考系和标注角度的理解,帮助掌握车刀切削部分的基本概念和基本定义。掌握测量车刀几何角度的方法及所用仪器,弄清楚车刀几何角度的含义及其在图纸上的表示方法。

1.4.3　刀具角度测量原理及方法

1. 刀具角度测量原理

车刀的静态角度可以用车刀量角台进行测量,其测量的基本原理是:按照车刀静态角度的定义,在刀刃选定点上,用量角台的指针平面(或侧面或底面),与构成被测角度的面或线紧密贴合(或相平行、或相垂直),把要测量的角度测量出来。

随着测量技术的发展,利用传感技术对传统的车刀量角台进行数字化改造,出现了数显刀具测量仪。此外,近年来,采用 Matlab 软件进行图像处理和使用机器视觉的刀具角度测量系统也逐步发展起来。

2. 刀具角度测量方法

(1)传统的测量方法

传统的测量方法一是采用游标万能角度尺,二是采用专用车刀量角台,如图 1-14 所示。目前,实际生产中多采用第二种方法进行测量,其测量方法如下。

图 1-15 为车刀量角台原始位置调整图。用车刀量角台测量车刀静态角度之前,必须先把车刀量角台的大指针、小指针和工作台指针全部调整到零位,然后把车刀按照图 1-15 所示平放在工作台上,这种状态下的车刀量角台位置为测量车刀静态角度的原始位置。

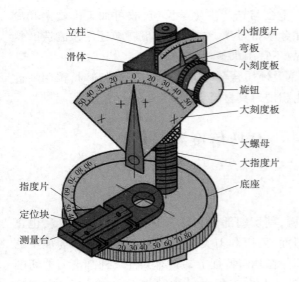

图 1-14　车刀量角台

立柱
滑体
小指度片
弯板
小刻度板
旋钮
大刻度板
大螺母
大指度片
底座
指度片
定位块
测量台

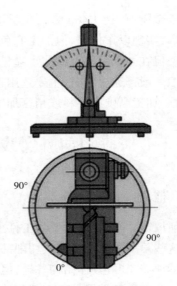

图 1-15　车刀量角台原始位置调整

在基面内测量主偏角、副偏角：按照图 1-16 所示，旋转测量台，使主切削刃与大指度片的大面贴合，根据主偏角的定义，即可直接在底座上读出主偏角的数值。同理，旋转测量台，使副切削刃与大指度片的大面贴合，即可直接在底座上读出副偏角的数值。

在切削平面内测量刃倾角：按照图 1-17 所示，旋转测量台，使主切削刃与大指度片的大面贴合，此时，大指度片与车刀主切削刃的切削平面重合。再根据刃倾角的定义，使大指度片底面与主切削刃贴合，即可在大刻度板上读出刃倾角的数值。

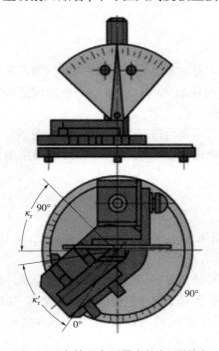

图 1-16　在基面内测量主偏角、副偏角

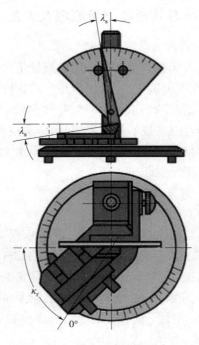

图 1-17　在切削平面内测量刃倾角

在主剖面内测量前角、后角:在主剖面内测量前角时,按照图 1-18 所示,将测量台从原始位置逆时针旋转($90°-\kappa_r$),此时大指度片所在的平面即为车刀主切削刃上的主剖面。根据前角的定义,调节大螺母,使大指度片底面与前刀面贴合。即可在大刻度上读出前角的数值。在主剖面内测量后角时,按照图 1-19 所示,量角台处于上述同一位置,根据后角的定义,调节大螺母,使大指度片侧面与后刀面贴合,即可在大刻度盘上读出后角的数值。

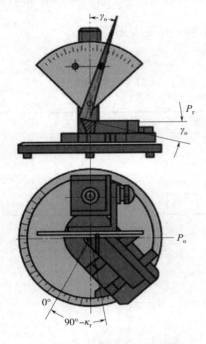

图 1-18　在主剖面内测量前角

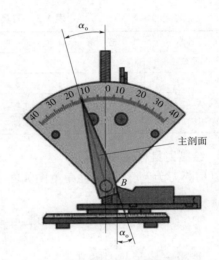

图 1-19　在主剖面内测量后角

（2）先进的测量方法

为了提高车刀几何角度参数的测量精度,在原有车刀角度测量仪的基础上,改进设计了一种数字显示式车刀角度测量仪,如图 1-20 所示。该角度测量仪以单片机为控制核心,通过角度传感器采集转角信息,利用模数转换器模块,将所测车刀角度值以数字形式实时显示出来,提高了车刀几何角度测量的精确性。

基于 OpenCV 的刀具图像成像测量。可以实现包括刀具角度、半径和长度等几何参数在内的自动测量,减少了人为误差,提高了测量精度。

基于机器视觉的刀具角度测量系统。此系统有别于传统手工测量,具有测量精度高、速度快、适应性广等特点。

图 1-20　数显式车刀量角仪

基于 Matlab 软件的图像处理平台。通过图像灰度转换、二值化、边缘提取等技术手段,获得刀具边缘轮廓,进一步用最小二乘法将轮廓拟合,最终求出刀具角度。该方法能较好地测量刀具角度,也可用于刀具几何参数的测试。

1.4.4 刀具角度测量实例

1. 测量要求

使用车刀量角台分别测量75°外圆车刀、90°外圆车刀、螺纹刀和切断刀的静态角度,并绘制其中某一刀具标注角度图。

2. 测量过程

以外圆车刀为例进行测量,测量方法与步骤如图1-14~图1-19所示。

3. 测量结果

刀具各角度数值见表1-3。

表1-3 刀具各角度数值[单位/(°)]

车刀名称	前 角	后 角	主偏角	副偏角	刃倾角
75°外圆车刀	3	3	75	10	2
90°外圆车刀	2	3	90	5	1
螺纹刀	4	5	60	60	3
切断刀	1	6	90	1	0.5

4. 绘制刀具标注角度图

以切断刀为例,绘制标注角度图如图1-21所示。

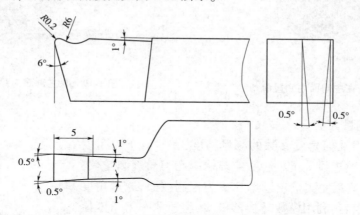

图1-21 切断刀标注角度图

思 考 与 练 习

一、填空题

1-1 切削用量三要素是:_____、_____、_____。

1-2 切削层参数包括:_____、_____、_____。

1-3 正交平面参考系是由_____、_____、_____构成。

1-4 在正交平面参考系中定义的刀具角度有_____、_____、_____、_____、_____、_____。

1-5　常用的刀具材料有_____、_____陶瓷材料和超硬材料。

二、简答题

1-6　在切削的过程中,工件上会形成哪些表面?

1-7　何谓自由切削、非自由切削?何谓直角切削、斜角切削?

1-8　外圆车刀的切削部分包括哪几部分?"三面"、"两刃"、"一尖"指的是什么?

1-9　什么是刀具静止参考系?什么是正交平面参考系?正交平面参考系由哪三个平面组成?它们是如何定义的?

1-10　刀具角度是如何定义的?前角、后角、主偏角、副偏角、刃倾角是如何定义的?它们分别在哪个平面内测量?外圆车刀独立的标注角度有哪几个?

1-11　刀具材料应具备哪些基本性能?常用的刀具材料有哪几类?各有何特点?

三、分析题

1-12　已知一把外圆车刀的前角为 30°、后角为 10°、主偏角为 45°、副偏角为 15°、刃倾角为 −30°、副后角为 8°,请绘图标注。

1-13　什么是刀具的工作角度?内孔镗刀的刀尖如果安装得高于机床主轴中心,在不考虑其他因素影响的前提下,试分析刀具工作前、后角变化情况。

1-14　车大导程螺纹时,为什么要校核工作后角?

1-15　常用的高速钢牌号有哪些?如何选用?

1-16　常用的硬质合金有哪几类?选用时应注意什么问题?

1-17　根据 1.4.4 测量实例中 75°或者 90°外圆车刀实际测量角度数值,利用三维软件完成其三维模型建模。

第 2 章 金属切削基本理论

学习目标

通过本章的学习,了解金属切削的基本原理,掌握切削变形、切削力、切削温度、刀具寿命的影响因素和影响规律,了解它们的内在联系,掌握合理选择刀具几何参数的要领和合理选择切削用量的原则和方法,能够利用金属切削过程中的物理现象及规律指导生产。

导入案例 周泽华:攀登学术之巅,力辩群儒创立鳞刺理论

周泽华是我国金属切削理论专家、鳞刺理论创立者。20世纪50年代,"鳞刺是积屑瘤碎片"的观点在理论界占有统治地位。传统的理解是"积屑瘤高频破坏和再生产生的碎片嵌入已加工表面形成鳞刺,使表面粗糙"。但是,周泽华经过长久思索之后,产生了怀疑:"积屑瘤是在前刀面上形成的,与已加工表面相对的是后刀面,积屑瘤的碎片是怎么跑到后刀面去的呢?"为了探究这个问题,他设计了快速落刀装置,制成金相磨片,放在显微镜下观察。他惊奇地发现:在没有积屑瘤形成的情况下,也能出现鳞刺。于是,他大胆提出:鳞刺不是积屑瘤的碎片,而是一种独立现象。观点一经提出,当时年仅三十多岁的周泽华便饱受质疑。对于质疑,周泽华显得坦然,他说:"不要怕受到质疑,别人的反对是自己前进的动力。"于是,不服输的个性使他用各种方法设计了多个试验,经过反复推敲,最终用试验观察和理论分析征服了各方学者,创立了鳞刺理论。这一理论纠正了在国内外流行了半世纪之久的错误观点,掷地有声地打破了学术权威,对金属切削理论的发展产生了深远影响。

2.1 金属切削过程

金属切削过程就是刀具从工件表面上切除多余金属,形成已加工表面的过程。换言之,就是被加工工件的切削层在刀具的作用下,产生塑性变形,从而形成切屑的过程。在切削过程中伴随着许多物理现象,如切削变形、切削力、切削热、刀具磨损等。这些现象又反过来影响切削过程。因此,研究金属切削的基本理论和规律,有助于优化切削过程。

2.1.1　金属切削层的变形

1. 切屑形成过程

切屑形成过程就其本质而言,是被切削金属层金属在刀具切削刃和前刀面的作用下,经受挤压而产生剪切滑移变形的过程。

金属切削过程中的滑移与晶粒的伸长如图 2-1 所示,工件上被切削金属层受到刀具的挤压后发生弹性变形,当被剪切和挤压的金属层所受应力达到材料的屈服点时,开始发生塑性变形,产生滑移现象,晶粒不断被拉长。随着刀具的不断移动,被挤压金属层不断向刀具靠拢,所受应力和变形也逐步增大。当到达材料的强度极限后,被切削层金属被迫脱离工件,沿着前刀面流出形成切屑。

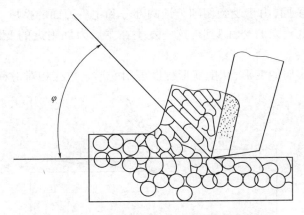

图 2-1　金属切削过程中的滑移与晶粒的伸长

2. 切削层的变形

切削塑性金属时,在切削层存在三个变形区域,即第一变形区、第二变形区和第三变形区,如图 2-2 所示。

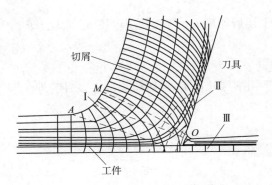

微课 2-1
切削变形区

图 2-2　金属切削过程中的三个变形区
Ⅰ—第一变形区;Ⅱ—第二变形区;Ⅲ—第三变形区

(1)第一变形区(剪切区)

如图 2-2 所示,塑性变形从始滑移面 OA 开始,至终滑移面 OM 为止,之间形成 AOM 塑性变形区,称为第一变形区。其变形特点是金属晶格间的剪切滑移,故也称为剪切区,是切削过程中产生变形的主要区域。由于其宽度很窄,为 0.02~0.2 mm,所以可近似地用 *OM* 滑移线来代替这个剪切区,称剪切面。剪切面与主运动方向的夹角称为剪切角,用 φ 表示,如图 2-1 所示,φ 为 40°~50°。

(2)第二变形区(摩擦区)

经过第一变形区后,切屑基本形成,沿前刀面流出时,受到前刀面的挤压和摩擦。在摩擦力的作用下,靠近前刀面的切屑底层金属会再次发生剪切变形,使底层(很薄)金属流动滞缓(这层金属称为滞留层),发生"纤维化"现象。切屑底层变形程度比上层金属大得多(几倍至几十倍)。这一发生在前刀面附近的变形区域称为第二变形区,也称摩擦区。这一区域的变形是造成切屑卷曲的原因之一。

(3)第三变形区(挤压区)

工件上的已加工表面,由于受到切削刃钝圆部分和主后刀面的挤压、摩擦和工件回弹的作用,使已加工表面产生较大的塑性变形,这一发生在主后刀面附近的变形区域称为第三变形区,也称挤压区。

如图 2-3 所示为切屑的变形,切削变形程度可用变形系数或相对滑移来描述。

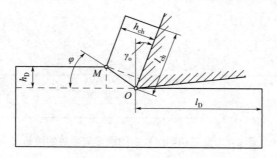

图 2-3 切屑的变形

变形系数 ξ 分为厚度变形系数 ξ_h 和长度变形系数 ξ_l。通常,切削后切屑的厚度增加,长度缩短。

厚度变形系数 ξ_h 等于切屑厚度 h_{ch} 与切削层厚度 h_D 之比,即

$$\xi_h = \frac{h_{ch}}{h_D} \tag{2-1}$$

长度变形系数 ξ_l 等于切削层长度 l_D 与切屑长度 l_{ch} 之比,即

$$\xi_l = \frac{l_D}{l_{ch}} \tag{2-2}$$

根据体积不变原理,显然有

$$\xi_h = \xi_l = \xi > 1 \tag{2-3}$$

切削过程中的切削变形主要是剪切滑移,故可用剪应变即相对滑移 ε 来衡量变形程度。相对滑移如图 2-4 所示,当平行四边形 *OHNM* 发生剪切变形后,变为 *OGPM* 时,沿剪切面产生的滑移量 Δs 与单元层高度 Δy 之比即为相对滑移 ε。

$$\varepsilon = \frac{\Delta s}{\Delta y} = \frac{NP}{MK} = \frac{NK + KP}{MK} = \frac{NK}{MK} + \frac{KP}{MK} = \cot \varphi + \tan(\varphi - \gamma_o)$$

或 $$\varepsilon = \frac{\cos \gamma_{\circ}}{\sin \varphi \cos(\varphi - \gamma_{\circ})} \qquad (2\text{-}4)$$

式中　φ——剪切角；

　　　$\gamma_{\circ}$——刀具前角。

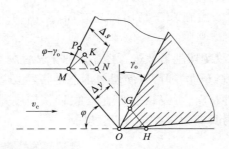

图 2-4　相对滑移

3. 切屑类型及其控制

由于工件材料的性能和切削条件的不同，产生的切屑类型也不相同。常见的切屑类型主要有带状切屑、挤裂切屑、单元切屑和崩碎切屑，如图 2-5 所示。

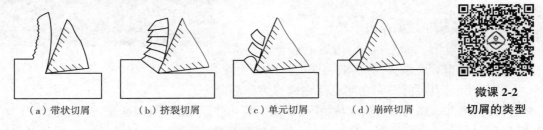

（a）带状切屑　　　（b）挤裂切屑　　　（c）单元切屑　　　（d）崩碎切屑

图 2-5　切屑的类型

微课 2-2
切屑的类型

（1）带状切屑

如图 2-5（a）所示，带状切屑内表面光滑，外侧呈毛茸状。一般加工塑性金属材料，切削厚度较小，切削速度较高，刀具前角较大时，易产生带状切屑。

形成带状切屑时，切削力较平稳，工件已加工表面粗糙度小，振动小，切屑连续不断。但带状切屑安全性差，且易划伤已加工表面，须采取断屑措施。

（2）挤裂切屑

如图 2-5（b）所示，挤裂切屑外表面呈锯齿状，内表面有裂纹。用较低的切削速度、较小的前角、较大的切削厚度切削钢等塑性金属时，易形成挤裂切屑。

形成挤裂切屑时切削力有波动，切削过程欠稳定，粗糙度较大。

（3）单元切屑

当用更低的切削速度、更大的切削厚度切削塑性较小的金属时，易形成单元切屑，如图 2-5（c）所示。

（4）崩碎切屑

在切削铸铁、黄铜等脆性材料时，易形成颗粒状的崩碎切屑，如图 2-5（d）所示。

形成崩碎切屑时，切削过程不稳定，切削力集中在刀刃附近，易引起刀具磨损、破损，工件表面质量差。

以上是四种典型的切屑类型。但在实际加工过程中,切屑的形状是多种多样的。在现代切削加工中,切削速度与金属切除率不断提高,切削条件恶化,常常会产生大量"不可接受"的切屑。这类切屑或拉伤工件的已加工表面,使表面粗糙度恶化;或划伤机床并卡在机床运动副之间;或造成刀具的早期破损;有时甚至影响操作者的安全。特别对于数控机床、生产自动线及柔性制造系统,应采取有效措施来控制切屑的卷曲、流出与折断,使之形成"可接受"的切屑。

切屑的形态还可以通过改变切削参数进行控制。对于塑性材料,若减小前角,降低切削速度,增大切削厚度,或降低材料塑性,都可以使切屑形态从带状切屑向挤裂切屑甚至向单元切屑转化,反之亦然。对于脆性材料,可以减小切削厚度,使切屑成针状或片状;提高切削速度以增加工件材料的塑性;减小刀具前角以提高刀刃强度。

4. 积屑瘤

一般在中等切削速度下切削钢件、球墨铸铁、铝合金等塑性材料时,常在前刀面上黏结一小块硬度很高的金属(硬度高达工件的 2~3.5 倍),它能代替切削刃进行切削,这就是积屑瘤,如图 2-6 所示。

(1)积屑瘤形成的原因

切屑经过第二变形区时,切屑上层金属与滞流层之间有相对滑移,其滑移阻力即为内摩擦力。切屑滞留层与刀具前刀面之间也存在摩擦力即外

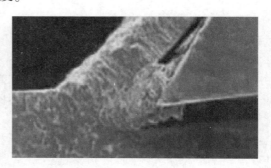

图 2-6　积屑瘤

摩擦力。当外摩擦力大于内摩擦力时,在高温高压作用下,滞留层金属与切屑本体分离,而黏结在前刀面上。这样一层一层地黏结,在刀具前刀面上逐渐形成了一个楔块,这就是积屑瘤的形成过程。

(2)积屑瘤对切削过程的影响

积屑瘤对粗加工有利。它可以保护刀具,增大实际前角,减小切削力,减少摩擦,延长刀具寿命。但同时会降低尺寸精度,增大加工表面粗糙度,影响切削厚度,并导致振动产生,故对精加工不利。

(3)影响积屑瘤的主要因素

影响积屑瘤的因素主要有切削速度、工件材料的塑性、刀具前角、进给量等。因为大约在300 ℃时外摩擦系数最大,所以中等速度时易形成积屑瘤。通过降低工件材料塑性、增大刀具前角、减小进给量和合理使用切削液均可抑制积屑瘤。

5. 已加工表面的变形

在切削过程中,由于受到切削刃钝圆部分和主后刀面的挤压、摩擦和工件回弹的作用,已加工表面易产生较大的塑性变形。伴随着这种变形,已加工表面会产生加工硬化,形成残余应力,甚至出现鳞刺等现象。

(1)加工硬化

经过第三变形区后,已加工表面上的硬度会明显提高,为原来的 1.2~2 倍,深度为 0.07~0.5 mm。这就是加工硬化现象,亦称为冷作硬化现象。形成冷硬层后,可使已加工表面的硬度提高,耐磨性提高,但塑性下降,抗冲击能力下降,同时给后续加工工序带来困难。

（2）残余应力

经过切削加工后,在工件已加工表面上,常常会有残余应力。残余应力分为压应力和拉应力。一般来说,压应力对提高零件使用性能有利(常人为形成——如喷丸、滚压处理)。拉应力则易使工件表面产生微裂纹,降低疲劳强度。

（3）鳞刺

在较低切削速度下,用高速钢、硬质合金、陶瓷刀具切削一些塑性金属(如低碳钢、中碳钢、20Cr、40Cr 等),在车、刨、插、钻、拉、滚齿、板牙绞螺纹等工序中,都可能在工件已加工表面上出现鳞片状毛刺,称为鳞刺,鳞刺的显微照片如图 2-7 所示。

鳞刺会严重影响已加工表面质量。因此,必须采取措施进行抑制。当切削速度较低时,可采取进一步降低速度、减小切削厚度、增大前角、采用润滑性能好的切削液等措施进行抑制。当切削速度较高时,可采用硬质合金刀具以进一步提高速度、对工件进行调质、减小刀具前角等措施,提高切削温度抑制鳞刺。一般当切削温度高于 500 ℃时,将不再出现鳞刺。

（a）圆孔拉削40Cr钢

（b）鳞刺剖面形状

图 2-7　鳞刺的显微照片

2.1.2　影响切屑变形的主要因素

影响切屑变形的因素很多,主要因素有工件材料、切削用量及刀具几何参数。

1. 工件材料的影响

工件材料的塑性对切屑变形的影响最大。一般塑性越小,强度越高,摩擦系数越小,切屑变形越小。图 2-8 为工件材料抗拉强度对变形系数的影响。图中曲线代表三种不同抗拉强度的钢材,其变形系数的对比说明,材料抗拉强度越高,塑性越小,则变形系数越小,切削变形越小。

2. 切削用量的影响

（1）切削速度

切削速度主要是通过积屑瘤的生长消失过程来影响切屑变形的。在积屑瘤增长的速度范围内,因积屑瘤导致实际工作前角增加,剪切角增大,变形系数减小,图 2-9 为切削速度对变形系数的影响。

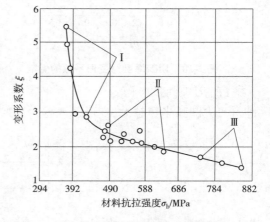

图 2-8　工件材料抗拉强度对变形系数的影响

若不考虑积屑瘤的影响,一般随切削速度增加,摩擦系数减小,变形系数逐渐减小。

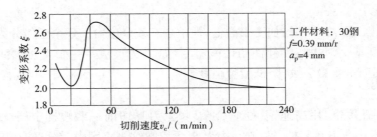

工件材料：30钢
f=0.39 mm/r
a_p=4 mm

图 2-9　切削速度对变形系数的影响

（2）进给量

在切削层金属变为切屑的过程中，沿切屑厚度方向的变形程度不同，底层的变形比外层要大。当进给量增加时，切削厚度增加，切屑的平均变形则减小，故变形系数减小，如图 2-10 所示为切削厚度对变形系数的影响。

3. 刀具几何参数

（1）前角 γ_o

一方面，前角增大，刀具锋利，切削变形减小；另一方面，前角增大导致刀具与切屑间平均摩擦系数增大，使切屑变形增大，但后者的影响比前者小。因此，前角增大会使切屑变形减小。前角对变形系数的影响如图 2-11 所示。

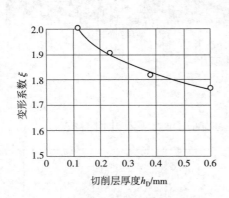

图 2-10　切削厚度对变形系数的影响

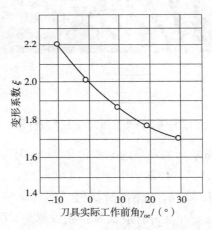

图 2-11　前角对变形系数的影响

（2）刀尖圆弧半径 r_ε

刀尖圆弧半径越大，变形系数越大，刀尖圆弧半径对变形系数的影响如图 2-12 所示。

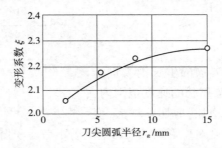

图 2-12　刀尖圆弧半径对变形系数的影响

2.2　金属切削过程的主要物理现象及规律

2.2.1　切削力

切削过程中刀具对工件的作用力称为切削力。切削力是切削过程中的一个重要物理现象,是机床、刀具、夹具设计和使用的重要因素,也是影响切削加工工艺过程的重要因素。切削力直接影响切削功率、切削热、刀具磨损和刀具寿命、加工精度和表面质量、生产率以及加工过程的状态等。

1. 切削力的来源和分解

切削力来源于三个变形区内工件材料的弹、塑性变形产生的抗力以及工件、切屑与刀具摩擦产生的阻力。上述各力的总和形成一个总切削力 F。为了便于测量和计算,适应机床、刀具、夹具等工艺装备设计以及工艺分析等的实际需要,常将 F 分解成为三个互相垂直的分力,图 2-13 为外圆车削时切削力的分解。

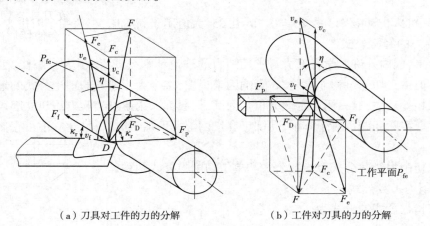

（a）刀具对工件的力的分解　　　　（b）工件对刀具的力的分解

图 2-13　外圆车削时切削力的分解

主切削力(切向力) F_c:总切削力在主运动方向的分力。是设计与校验机床功率、主传动系统各零部件以及夹具、刀具强度、刚度的主要依据。F_c 消耗的功率最多,约占车削总切削功率的 95%。

进给力(轴向力) F_f:总切削力在进给方向的分力。是设计和校验机床进给系统各零部件强度、计算进给功率的依据。

背向力(径向力) F_p:总切削力在垂直于工作平面方向的分力。背向力不做功,不消耗功率,但会影响工艺系统的刚性,是进行加工精度分析、计算工艺系统刚度以及分析工艺系统振动的重要参数。

一般外圆车削时,三个切削分力中 F_c 最大,F_f 次之,F_p 最小。如当 $\kappa_r = 45°$、$\lambda_s = 0°$、$\gamma_o = 15°$ 时,各分力之间比例的实验数据为

$$F_f = (0.4 \sim 0.5)F_c$$
$$F_p = (0.3 \sim 0.4)F_c$$

由图 2-13 可知

$$F = \sqrt{F_c^2 + F_f^2 + F_p^2} = \sqrt{F_c^2 + F_D^2} \tag{2-5}$$

式中　F_D——总切削力在基面 P_r 内的投影,也是 F_f 与 F_p 的合力。

$$F_f = F_D \sin \kappa_r$$

$$F_p = F_D \cos \kappa_r$$

从上式可知,主偏角 κ_r 直接影响 F_f 和 F_p 的比例。车削细长轴时采用大的主偏角,可减小背向力,从而减小工艺系统变形。

2. 切削功率

消耗在切削过程中的功率称为切削功率。切削力的功率为三力消耗功率之和。因为 F_p 方向没有位移,所以不消耗功率。又因为进给力 F_f 相对于主切削力 F_c 所消耗的功率很小,一般只占 1%～2%,故可忽略。因此切削功率 P_c 可近似认为是主运动消耗的功率,即

$$P_c = F_c v_c \times 10^{-3} \tag{2-6}$$

根据切削功率即可求出机床主运动电动机的功率 P_E,即

$$P_E \geqslant \frac{P_c}{\eta} \tag{2-7}$$

式中　η——机床传动效率,一般 $\eta = 0.75～0.85$,大值用于新机床,小值用于旧机床。

3. 切削力的经验公式

长期以来,国内外许多学者努力寻求切削力的理论计算公式,做了大量工作,也取得了一定的进展。但由于切削过程非常复杂,影响因素很多,迄今为止建立的理论公式的理论计算值与实际结果相差较大,故只用于定性分析。因此,一般都采用通过实验方法建立起来的经验公式来解决生产实际问题。对于车削、孔加工和铣削等一般加工方法,已建立了可直接应用的经验公式。

常用的切削力经验公式有指数公式和单位切削力公式两种。

(1) 切削力指数公式

切削力指数公式的形式为

$$F_c = C_{F_c} a_p^{x_{F_c}} f^{y_{F_c}} v_p^{n_{F_c}} K_{F_c} \tag{2-8}$$

$$F_f = C_{F_f} a_p^{x_{F_f}} f^{y_{F_f}} v_p^{n_{F_f}} K_{F_f} \tag{2-9}$$

$$F_p = C_{F_p} a_p^{x_{F_p}} f^{y_{F_p}} v_p^{n_{F_p}} K_{F_p} \tag{2-10}$$

式中　　　　　　　$C_{F_c}, C_{F_f}, C_{F_p}$——三个分力 F_c、F_f 和 F_p 的系数,由被加工材料的性质和切削条件决定;

$x_{F_c}, y_{F_c}, n_{F_c}, x_{F_f}, y_{F_f}, n_{F_f}, x_{F_p}, y_{F_p}, n_{F_p}$——三个分力 F_c、F_f 和 F_p 与背吃刀量、进给量和切削速度有关的指数;

$K_{F_c}, K_{F_f}, K_{F_p}$——当实际加工条件与经验公式的试验条件不同时,各种因素对各切削分力的修正系数。

式中的系数 C_{F_c}、C_{F_f}、C_{F_p} 和指数 x_{F_c}、y_{F_c}、n_{F_c}、x_{F_f}、y_{F_f}、n_{F_f}、x_{F_p}、y_{F_p}、n_{F_p} 及修正系数 K_{F_c}、K_{F_f}、K_{F_p} 均可从有关手册中查得。

(2) 单位切削力和单位切削功率

单位切削力是指切削层单位面积(mm^2)上的切削力 k_c,即

$$k_c = \frac{F_c}{A_c} = \frac{F_c}{f a_p} \qquad (2\text{-}11)$$

若已知单位切削力,就可方便地求出主切削力,即

$$F_c = k_c a_p f \qquad (2\text{-}12)$$

单位时间内切除单位体积的材料所需要的功率称为单位切削功率 $P_s [\,\mathrm{kW/(mm^3/s)}\,]$。

$$P_s = \frac{P_c}{Q_z} \qquad (2\text{-}13)$$

式中　Q_z——单位时间内的材料切除率,$\mathrm{mm^3/s}$,$Q_z = 1\,000\,v_c a_p f$;

　　　P_c——单位切削功率,kW。

将式(2-6)代入式(2-13),得

$$P_s = \frac{F_c v_c \times 10^{-3}}{Q_z} = \frac{F_c v_c \times 10^{-3}}{1\,000\,v_c a_p f} = \frac{k_c a_p f v_c \times 10^{-3}}{1\,000\,v_c a_p f} = k_c \times 10^{-6}\,[\,\mathrm{kW/(mm^3/s)}\,] \qquad (2\text{-}14)$$

若已知单位切削力 k_c,就可求得单位切削功率 P_s。不同材料和切削条件下的单位切削力和单位切削功率可查阅有关手册。

4. 影响切削力的因素

影响切削力的因素很多,除了工件材料、切削用量和刀具几何参数等主要因素外,刀具的材料、刃磨质量、磨损情况以及切削液使用情况等,都会对切削力产生不同程度的影响。

1)工件材料

工件材料的强度越大,硬度越高,切削时变形抗力越大,切削力也越大。强度、硬度相近的材料,塑性、韧性较大时,切削变形也较大,加工硬化明显,故切削力较大。例如,不锈钢 1Cr18Ni9Ti 与正火的 45 钢在强度和硬度上比较接近,但其塑性、韧性较 45 钢高(延伸率比值为 55∶16),因此切削力比 45 钢高约 25%;灰铸铁 HT200 的硬度与正火的 45 钢相近,但其塑性、韧性较低,其切削力比 45 钢(正火态)约低 40%。

2)切削用量

(1)进给量 f 和背吃刀量 a_p

进给量和背吃刀量增加,均使切削层面积增加,故切削力增加。但二者的影响程度不同。背吃刀量增大时,切削层宽度成正比增加,切削变形抗力和刀具前刀面上的摩擦力均成正比例增加。而进给量增加时,切削层厚度增大,平均变形减小,故切削力有所增加,但不成正比增加。据此,生产中可优先选用增大进给量的办法来提高生产效率。

(2)切削速度 v_c

切削塑性材料时,切削速度主要通过积屑瘤对切削力产生影响。例如车削 45 钢,当切削速度在 5 ~ 20 m/min 范围内增加时,积屑瘤高度逐渐增加,切削力减小。当切削速度在 20 ~ 35 m/min 范围内增加时,积屑瘤逐渐消失,切削力增加。当切削速度大于 35 m/min 时,由于切削温度上升,摩擦系数减小,切削力下降。当切削速度大于 90 m/min 时,切削力无明显变化。

切削脆性材料时,切削速度对切削力无明显影响。

3)刀具几何参数

(1)前角 γ_o

加工塑性材料时,刀具前角增大,切削力明显减小。加工脆性材料时,增大刀具前角对减小切削力作用不明显。

（2）主偏角 κ_r

主偏角的大小会影响切削厚度的大小，且可改变进给力与背向力的比例。在进给量和背吃刀量不变的情况下，主偏角增大，使切削厚度增大，切削变形减小，切削力减小。但当主偏角增大到 $60° \sim 90°$ 时，刀尖圆弧半径在切削刃中占切削宽度的比例增加，使切屑流出时挤压加剧，切削力逐渐加大。一般 $\kappa_r = 60° \sim 75°$ 时能减小 F_c 和 F_p，因此生产中主偏角 $75°$ 的车刀用得较多。

（3）刃倾角 λ_s

刃倾角对主切削力 F_c 几乎无影响，而对进给力 F_f、F_p 影响较大。随着 λ_s 的增大，F_p 减小，而 F_f 增大。

（4）刀尖圆弧半径 r_ε

刀尖圆弧半径 r_ε 增大，则切削刃圆弧部分的长度增加，切削变形增加，使切削力增大。

（5）负倒棱

为提高正前角刀具刀尖部分的强度，改善散热条件，常在主切削刃上磨出一个负倒棱，负倒棱对切削力的影响如图 2-14 所示。如图 2-14（a）所示，其负前角为 γ_{o1}，宽度为 $b_{\gamma1}$。负倒棱对切削力的影响与其在切屑形成过程中所起的作用有关；如图 2-14（b）所示，当负倒棱的宽度 $b_{\gamma1}$ 小于切屑与前刀面的接触长度 l_f 时，切屑除与负倒棱接触外，主要还与前刀面接触，切削力虽有增大，但增幅不大；如图 2-14（c）所示，当负倒棱的宽度 $b_{\gamma1}$ 大于切屑与前刀面的接触长度 l_f 时，切屑只与负倒棱接触，相当于用负前角的刀具进行切削，切削力将显著增加。

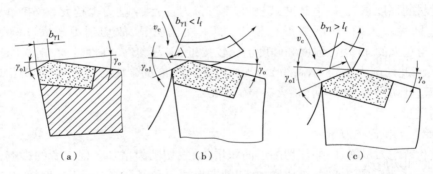

（a）　　　　　　　　　　（b）　　　　　　　　　　（c）

图 2-14　负倒棱对切削力的影响

4）其他因素

不同的刀具材料与工件材料的亲合力与摩擦系数不同，故切削力不同。硬质合金比高速钢的摩擦系数小。硬质合金中，YT 类的摩擦系数比 YG 类的摩擦系数小。

刀具的刃磨质量越好，切削力越小。刀具磨损后，摩擦力急剧增大，切削力增大。

使用润滑性能好的切削液，可减小摩擦，有利于减小切削力。

2.2.2　切削热和切削温度

切削过程中的另一重要物理现象是切削热以及由切削热产生的切削温度。切削热会使工艺系统产生热变形，影响刀具磨损和寿命，影响工件加工质量。因此研究切削热和切削温度具有重要意义。

1. 切削热的产生和传导

切削过程中产生的热量主要来源于三个变形区的弹性变形与塑性变形,以及前刀面与切屑、后刀面与工件加工表面之间的摩擦所做的功,切削热的产生与传导如图 2-15 所示。

产生的切削热可由切屑、工件、刀具和周围介质传导出去。切削条件不同,各部分传导的比例也不同。以车削和钻削为例,车削时,热量主要由切屑带走,其次是刀具,传给工件的热量较少。而钻削由于是在半封闭的状态下加工,主要热量通过工件传导,切屑带走的热量相对不多。车削与钻削时切削热的传导比例见表 2-1。

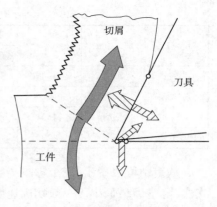

图 2-15　切削热的产生与传导

表 2-1　车削与钻削时切削热的传导比例

切削条件	导热部分			
	切屑	刀具	工件	介质
车削	50% ~ 86%	40% ~ 10%	9% ~ 3%	1%
钻削	28%	14.5%	52.5%	5%

2. 切削温度及其影响因素

切削温度是指切削区(刀具表面与工件、切屑接触区)的平均温度。切削温度是切削热产生与传出综合作用的结果。切削温度的高低,取决于切削热产生的多少和散热情况。影响切削温度的主要因素有工件材料、切削用量、刀具几何参数及磨损情况以及使用切削液的情况等。

1) 工件材料

工件材料的强度、硬度增大时,产生的切削热增多,切削温度升高。工件材料的热导率越低,通过工件和切屑所传散出去的热量越少,切削温度就越高。

例如,切削钛合金时,其热导率只有碳素钢的 1/3 ~ 1/4,切削产生的热量不易传导出去,切削温度因此随之升高,刀具很容易磨损。

2) 切削用量

切削用量对切削温度的影响可以用通过实验方法得到的经验公式说明:

$$\theta = C_\theta v_c^{z_\theta} f^{y_\theta} a_p^{x_\theta} \tag{2-15}$$

式中　θ——实验测得的刀具前刀面与切屑接触区的平均温度,℃;

　　　C_θ——切削温度系数,主要取决于加工方法和刀具材料;

$z_\theta, y_\theta, x_\theta$——切削速度、进给量和背吃刀量的指数。

刀具材料、加工方法和切削用量不同,切削温度的系数 C_θ 和指数 z_θ、y_θ、x_θ 不同,详细切削温度的系数和指数见表 2-2。

表 2-2　切削温度的系数和指数

刀具材料	加工方法	C_θ	z_θ			y_θ	x_θ
			f=0.1 mm/r	f=0.2 mm/r	f=0.3 mm/r		
高速钢	车削	140~170					
	铣削	80		0.35~0.45		0.20~0.30	0.08~0.10
	钻削	150					
硬质合金	车削	320	0.41	0.31	0.26	0.15	0.05

从表中可以看出,三个影响指数 $z_\theta>y_\theta>x_\theta$。说明切削速度对切削温度的影响最大,进给量次之,背吃刀量最小。一般切削速度提高一倍,切削温度上升 20%~30%,进给量提高一倍,切削温度仅上升 10% 左右,而背吃刀量提高一倍,切削温度只上升 3% 左右。

3)刀具几何参数

(1)前角 γ_o。

切削温度随前角的增大而降低。这是因为前角增大时,切削变形减小,单位切削力下降,产生的切削热减少。但前角过大,则会因刀具的楔角减小而使散热差,切削温度反而上升。

(2)主偏角 κ_r

随主偏角的增大,切削温度升高。这是因为主偏角增大,一方面使切削刃工作长度缩短,切削热相对集中,同时刀尖角减小,散热条件变差,因此切削温度升高。

4)其他因素

刀具材料的导热性影响切削热的导出,从而影响切削温度。

刀具磨损后,切削刃变钝,切削作用减小,挤压作用增大,切削变形增加,摩擦加剧,切削温度上升。切削速度越高,刀具磨损值对切削温度的影响越显著。

使用切削液对降低切削温度有明显效果。切削液的润滑作用可以减小刀具、切屑与工件之间的摩擦,减少切削热的产生。切削液的冷却作用可以直接带走大量的热量,加快切削热的导出。因此,使用切削液是降低切削温度的重要和常见措施。

2.2.3　刀具磨损和刀具寿命

1. 刀具磨损的形式

刀具失效的形式分为正常磨损和非正常磨损两类。

1)正常磨损

刀具正常磨损的形式主要有前刀面磨损、后刀面磨损和前后刀面同时磨损,刀具正常磨损的形态如图 2-16 所示。

微课 2-3
刀具失效的形式

(1)前刀面磨损

前刀面磨损又称月牙洼磨损,发生在前刀面上。切削速度较高、切削厚度较大的情况下加工塑性金属时,刀具前刀面与切屑产生剧烈摩擦,刀具前刀面上会磨出一个月牙洼,其最大深度用 KT 表示,最大宽度用 KB 表示,如图 2-16 所示。

(2)后刀面磨损

刀具的磨损发生在主后刀面上。切削速度较低、切削厚度较小的情况下加工塑性金属或脆性金属,易发生后刀面磨损。后刀面平均磨损宽度用 VB 来表示,如图 2-16 所示。

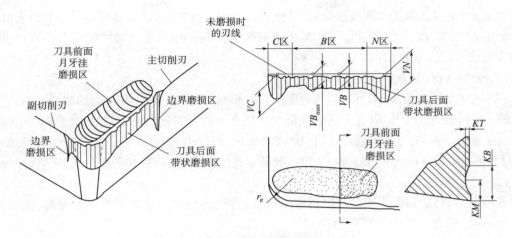

图 2-16　刀具正常磨损的形态

（3）前后刀面同时磨损

以中等切削速度和中等进给量切削塑性材料时，常会发生这种磨损。

此外，在主切削刃与工件外表皮处和副切削刃靠近刀尖处的副后刀面上也容易磨出较深的沟纹，这种磨损沟纹称为边界磨损，如图 2-16 所示。

考虑到通常情况下，刀具后刀面均会有磨损，且后刀面磨损对加工质量的影响明显，必须予以控制，加上后刀面磨损便于测量，生产中一般用后刀面的平均磨损量 VB 表示刀具磨损程度。

2）非正常磨损

刀具的非正常磨损（破损）主要有脆性破损（包括崩刃、碎裂、剥落、热裂等）和塑性破损（包括卷刃、烧刃、塌陷）两种形式。刀具的非正常磨损必须采取相应措施予以防止。主要措施有：合理选择刀具材料，根据切削条件，兼顾刀具材料的硬度、耐磨性和韧性；合理选择刀具几何参数，保证刀具具有足够的强度和良好的散热条件；保证刀具焊接和刃磨质量，尽量选用机夹可转位不重磨刀具；合理选择切削用量，避免过大的切削力和过高的切削温度，避免积屑瘤的产生；提高工艺系统的刚性，减小或消除振动；采用正确操作方法，防止突变性载荷；合理使用切削液等。

2. 刀具磨损的原因

刀具的磨损主要是机械、热和化学三种作用的综合结果。根据磨损机理不同，刀具磨损的原因主要有下列几种。

（1）磨料磨损（机械擦伤磨损）

工件或切屑中的硬质点，如工件中的碳化物（TiC、VC）、氮化物（TiN、SiN）、积屑瘤碎片等，在刀具表面刻划出沟纹，这种磨损称为磨料磨损，也叫机械擦伤磨损。在各种切削速度下的刀具都存在着磨料磨损。

（2）黏结磨损（冷焊磨损）

刀具前刀面与切屑、后刀面与工件之间存在很大的压力、高温和强烈的摩擦，使接触点产生塑性变形而发生黏结（冷焊）现象，从而将刀具上局部强度低的微粒带走。高速钢、硬质合金、陶瓷、立方氮化硼和金刚石刀具都可能发生黏结磨损。

（3）扩散磨损

在高温高压作用下，在接触处刀具材料和工件材料的化学元素在固态下互相扩散，改变了原化学成分,使刀具的强度和硬度降低,导致刀具磨损。例如,当切削温度达 800 ℃ 以上时,硬质合金中的 C、W、Co 等元素扩散到切屑中而被带走,切屑中的 Fe 元素扩散到刀具表层,形成新的较低硬度复合碳化物。

（4）化学磨损（氧化磨损）

在一定的切削温度下,刀具材料与周围介质的某些成分（如空气中的氧、切削液中的极压添加剂硫、氯等）会起化学作用,在刀具表面形成一层硬质较低的化合物,很容易被磨损,这种磨损称为化学磨损。例如,当切削温度达到 700~800 ℃ 时,空气中 O_2 与硬质合金中的 Co、TiC、WC 等发生氧化反应,生成 Co_3O_4、CoO、WO_3、TiO_2 等较软氧化物,易被工件、切屑擦去,造成磨损。

（5）相变磨损

若用工具钢作刀具,当切削温度超过了材料的相变温度时,金相组织发生改变,使刀具硬度显著降低（相当于退火）,磨损加快。

除上述几种主要的磨损原因外,还有热电磨损,即在切削区的高温作用下,刀具与工件材料形成自然热电偶,致使刀具与切屑及刀具与工件间有电流通过,加快了刀具磨损。

刀具磨损的原因比较复杂。造成刀具的磨损是多种因素综合作用的结果。对不同的刀具材料、工件材料和切削条件,造成磨损的主要原因是不同的。但切削温度（切削速度）对刀具磨损有着决定性影响。图 2-17 为切削速度（切削温度）对刀具磨损强度的影响,它体现出以硬质合金刀具加工钢料时,在不同切削速度（切削温度）下各类磨损所占的比例。值得关注的是,在黏结磨损已经减小而扩散磨损和氧化磨损才刚开始发生的这一温度区域,刀具磨损在整个切削温度范围内是相对最小的,这一切削温度就

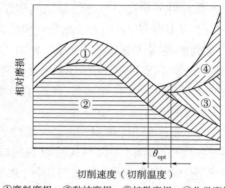
①磨料磨损；②黏结磨损；③扩散磨损；④化学磨损

图 2-17 切削速度（切削温度）对刀具磨损强度的影响

是最佳切削温度 θ_{opt}。在最佳切削温度下加工,刀具磨损最慢,刀具寿命最长。

3. 刀具磨损过程及磨钝标准

1）刀具磨损过程

与一般机械磨损过程相似,刀具正常磨损过程也分为三个阶段,如图 2-18 所示为刀具磨损曲线。

（1）初期磨损阶段

新刃磨的刀具在后刀面上存在粗糙不平之处,以及细微裂纹、氧化、脱碳层等缺陷,而且切削刃此时比较锋利,后刀面与过渡表面接触面积较小,压强较大,很快在后刀面上磨出一窄棱面。初期磨损阶段磨损曲线斜率较大,磨损较快。初期磨损量与刃磨质量有关,一般为 0.05 ~ 0.1 mm。经过仔细研磨的刀具,初期磨损较少。

（2）正常磨损阶段

经过初期磨损阶段后,刀具后刀面的高低不平及不耐

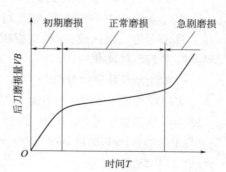
图 2-18 刀具磨损曲线

磨的表面层已经被磨去,进入正常磨损阶段。这个阶段的磨损比较缓慢均匀,后刀面的磨损量随切削时间的增长而近似成正比例增加。正常磨损阶段是刀具的有效工作阶段,正常切削时,这一阶段持续的时间较长。

(3)急剧磨损阶段

当刀具后刀面磨损值增加到一定限度时,摩擦加剧,切削力迅速增大,切削温度迅速升高,加工表面粗糙度值加大,刀具切削性能迅速下降,刀具磨损加剧,以致丧失切削能力。刀具磨损到一定程度后,由于振动会产生很大的噪声。在达到急剧磨损阶段之前,必须换刀或重磨,否则会损坏刀具,恶化已加工表面,损坏机床设备。

2)刀具的磨钝标准

刀具磨损值达到规定的标准就应该重磨或更换,这个规定的标准就是刀具的磨钝标准。

如前所述,一般刀具的后刀面上都有磨损,且后刀面上的磨损直接影响加工质量、切削力和切削温度,同时后刀面上的磨损量易于测量。因此,国际标准化组织 ISO 统一规定,以 1/2 背吃刀量处后刀面上测量的磨损带宽度 VB 作为刀具磨钝标准。对一次性对刀的自动化精加工刀具,为保证加工质量,常用径向磨损量 NB 作为刀具磨钝标准,图 2-19 为车刀的磨损量图。

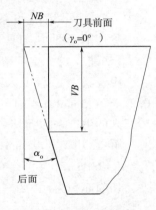

图 2-19　车刀的磨损量

磨钝标准的制定分两种情况,一种是从经济性角度考虑,尽可能充分利用正常磨损阶段,这样制定的磨钝标准称为经济磨钝标准,主要适用于粗加工和半精加工。另一种是从工艺角度考虑,尽可能保证工件的加工质量,称为工艺磨钝标准,主要适用于精加工。制定磨钝标准时,除了考虑加工对象的特点外,还应考虑工艺系统刚性等因素。刀具磨钝标准可从有关手册中查到。

4. 刀具寿命

一把新刀(含重新刃磨过的刀具)从开始使用直到磨损值达到磨钝标准为止的切削时间,称为刀具寿命,以 T 表示。对于可重磨刀具,刀具寿命是指两次刃磨之间的实际切削时间。从第一次使用直至完全报废所经历的实际切削时间称为刀具总寿命。

对于不重磨刀具,刀具总寿命等于刀具寿命。对于可重磨刀具,刀具总寿命等于刀具平均寿命与刃磨次数的乘积。

当工件、刀具材料和刀具集合参数确定以后,切削速度是影响刀具寿命的最主要因素。通过实验研究可得到刀具寿命方程式如下:

$$v_c T^m = C \tag{2-16}$$

式中　T——刀具寿命,min;

　　　v_c——刀具切削速度,m/s;

　　　m——指数,表示 v_c 与 T 之间的影响程度;

　　　C——系数,与刀具、工件材料和切削条件有关。

刀具寿命与切削用量三要素的一般关系可用下式表示:

$$T = \frac{C_T}{v_c^x f^y a_p^z} \tag{2-17}$$

式中　C_T——刀具寿命系数,与刀具、工件材料和切削条件有关;

x,y,z——指数,分别表示切削用量要素对刀具寿命的影响程度,一般 $x>y>z$。

例如,用 YT5 车刀,切削 $\sigma_b = 0.637$ GPa 碳钢时,切削用量与刀具寿命的关系为

$$T = \frac{C_T}{v_c^5 f^{2.25} a_p^{0.75}} \qquad (2\text{-}18)$$

从上式可看出,切削速度对刀具寿命影响最大,进给量次之,背吃刀量最小。与三者对切削温度的影响一致。实践证明,切削用量是通过切削温度影响刀具寿命的。生产中常根据刀具寿命选择切削用量。

$$v_c = \frac{C_v}{T^{0.2} f^{0.45} a_p^{0.15}} \qquad (2\text{-}19)$$

式中　C_v——切削速度系数,与切削条件有关,可查阅有关手册。

除切削用量外,刀具几何参数、刀具材料、工件材料都对刀具寿命有一定影响。

【例题 2-1】 生产率分析题

甲、乙、丙三名工人高速车削 $R_m = 750$ MPa 的碳钢。切削面积($a_p \times f$)各为 10 mm×0.2 mm/r、5mm×0.4 mm/r、4 mm×0.5 mm/r,三人使用的刀具经济寿命均为 $T = 60$ min。试比较三人的生产率,并解释生产率不同的原因。

解:已知 $a_{p1} = 10$ mm,$a_{p2} = 5$ mm,$a_{p3} = 4$ mm;$f_1 = 0.2$ mm/r,$f_2 = 0.4$ mm/r,$f_3 = 0.5$ mm/r;$T_1 = T_2 = T_3 = 60$ min。

切削面积为 $\qquad\qquad A_D = a_{p1} f_1 = a_{p2} f_2 = a_{p3} f_3 = 2$ mm²/r

切削速度为 $\qquad\qquad v_c = \frac{C_v}{T^{0.2} f^{0.45} a_p^{0.15}}$

因为三人的刀具寿命 T 相同,C_v 又为常数,所以有 $v_{c1} > v_{c2} > v_{c3}$,又因为材料切除率 $Q = 1\,000\,v_c a_p f$,所以有 $Q_1 > Q_2 > Q_3$,因此有甲的生产率最高,乙次之,丙最低。

5. 刀具寿命的确定原则

确定刀具寿命有两种方法,一是以单位时间内加工工件的数量最多,或加工每个工件的时间最少为原则,即最高生产率寿命。二是以单件工序成本最低为原则,即经济寿命。一般情况下多采用经济寿命。只有当生产任务紧迫或生产中出现节拍不平衡时,可考虑采用最高生产率寿命。

确定刀具寿命时,还应考虑如下几点:

①刀具结构复杂、制造和刃磨成本高时,刀具寿命应选得长些。

②对于机夹可转位刀具,由于换刀时间短,为了充分发挥其切削性能,提高生产效率,刀具寿命可选得短些。

③对于装刀、换刀和调刀比较复杂的多刀机床、组合机床与自动化加工刀具,刀具寿命应选得长些。

④某一工序的生产成为生产线上的瓶颈时,刀具寿命要选得长些;当某工序单位时间内所分担到的全厂开支较大时,刀具寿命也应选得低些。

⑤大件精加工时,为保证至少完成一次走刀,避免切削时中途换刀,刀具寿命应适当延长。

2.3　切削条件的合理选择

合理地选择切削条件,就是针对具体的加工要求,运用金属切削基本规律,合理地确定出刀具材料、刀具几何参数、切削用量、切削液等,以达到保证加工质量、提高生产率、降低成本的目的。而工件材料的切削加工性是合理选择切削条件的主要依据之一。

2.3.1　工件材料的可切削加工性

1. 切削加工的评定指标

工件材料的切削加工性是指对某种材料进行切削加工的难易程度。它主要由材料自身的化学成分、金相组织和物理性能所决定,也与切削条件有关。由于切削加工的具体情况和要求不同,所以切削加工的难易程度就有不同的含义。例如,不锈钢在普通机床上切削加工并不难,而在自动线上加工,由于断屑困难,属难加工材料。纯铁粗加工时切除余量很容易,但精加工时要获得较低的表面粗糙度就比较困难。因此,切削加工性的概念具有相对性。

对于同一种被加工材料,如果零件的技术要求和加工条件不同,其加工难易程度就有很大差异,这是零件的加工性问题。应与材料的切削加工性相区别,不可混淆。这里只讨论材料的切削加工性。

切削加工性的好坏,通常从刀具寿命、相对加工性、已加工表面质量、切屑的控制或断屑的难易以及切削力的大小等方面来评定。

在实际生产中,一般用刀具使用寿命指标,即相对加工性 K_r 来衡量工件材料的切削加工性。通常以 $\sigma_b = 0.637$ GPa 的 45 钢,刀具寿命为 60 min 时所允许的切削速度为基准,记为 $(v_{60})_j$。其他材料刀具寿命为 60 min 时所允许的切削速度为 v_{60},其比值即为相对加工性,或相对切削性。

$$K_r = \frac{v_{60}}{(v_{60})_j} \tag{2-20}$$

当 $K_r > 1$ 时,材料的切削加工性比 45 钢好,当 $K_r < 1$ 时,该材料比 45 钢难切削。目前常用的工件材料的相对加工性 K_r 共分为八个等级,详见表 2-3 工件材料相对切削加工性等级。

表 2-3　工件材料相对切削加工性等级

加工性等级	名称及种类		相对加工性 K_r	代表性工件材料
1	很容易切削材料	一般有色金属	>3.0	铜铅合金、铝铜合金、铝镁合金
2	容易切削材料	易削钢	2.5~3.0	退火 15Cr $\sigma_b = 0.373 \sim 0.441$ GPa 自动机钢 $\sigma_b = 0.392 \sim 0.490$ GPa
3		较易削钢	1.6~2.5	正火 30 钢 $\sigma_b = 0.441 \sim 0.549$ GPa
4	普通材料	一般钢及铸钢	1.0~1.6	45 钢、灰铸铁、结构钢
5		稍难切削材料	0.65~1.0	2Cr13 调质 $\sigma_b = 0.834$ GPa 85 钢轧制 $\sigma_b = 0.883$ GPa

续上表

加工性等级	名称及种类		相对加工性 K_r	代表性工件材料
6	难切削材料	较难切削材料	0.5~0.65	45Cr 调质 $\sigma_b = 1.03$ GPa 65Mn 调质 $\sigma_b = 0.932~0.981$ GPa
7		难切削材料	0.15~0.5	50CrV 调质,1Cr18Ni9Ti 未淬火,α 相钛合金
8		很难切削材料	<0.15	β 相钛合金,镍基高温合金

除刀具使用寿命指标外,根据需要,还可使用切削力和切削温度指标、加工表面质量指标、断屑性能指标等衡量材料的切削加工性。

2. 改善切削加工性的措施

改善材料切削加工性的途径主要包括合理选择材料的供给状态和对材料进行适当的热处理等。

(1)合理选择材料的供给状态

合理选择材料的供给状态非常重要。例如:低碳钢以冷拔状态较易切削,因为低碳钢的塑性较大,经过冷拔以后,塑性便大大地降低了,改善了材料的切削加工性;中碳钢以部分球化的球光体组织较易切削;高碳钢以完全球化的退火状态较易切削;锻件、气割件的余量不均匀,且有硬皮,切削加工性不如冷拔或热轧毛坯好。在不影响材料使用性能的前提下,可在钢中适当添加一些合金元素(如 S、Pb、Ca、P 等),获得易切削钢。

(2)对工件材料进行适当的热处理

对材料进行适当的热处理,可从一定程度上通过改变材料的金相组织来改善材料的切削加工性。例如,低碳钢可以通过正火处理来提高其硬度,从而改善其切削加工性。20Cr13、不锈钢,则可以通过调质处理来提高其硬度,降低塑性,获得较高的表面质量。

此外,选择合理的刀具材料及刀具几何参数,选择合理的切削用量等也可在一定程度上提高材料的切削加工性。

2.3.2 刀具几何参数选择

刀具材料对金属切削加工的影响很大,应根据工件材料、加工质量要求、加工条件合理选择。关于刀具材料,第一章已有详细讨论,故此处主要讨论刀具几何参数的影响及其正确选择。

刀具的几何参数包括刃区的切削角度(如 γ_o、α_o、κ_r、κ_r'、λ_s 等),前、后刀面型式以及切削刃的形状等。

在切削加工中,刀具材料、切削的形式等选定以后,刀具切削部分的几何参数对刀具切削性能的影响就成为主要因素了。它对切屑变形、切削力、切削温度和刀具磨损等都有重要的影响。最终将影响到刀具寿命、已加工表面质量、生产率、加工成本等。因而在实际生产中应在保证加工质量和刀具经济寿命的前提下,选择能够满足高效率、低成本的刀具几何参数。

1. 前角的选择

1)前角的作用与影响

前角是刀具上重要的几何参数之一,前角的大小决定着切削刃的锋利程度和强固程度,对切削过程有重要的影响。主要包括:

①影响切屑变形和切削力的大小。增大前角,能够减少前刀面对金属切削层的挤压,使切削轻快,从而减小切屑变形和切削力。

②增大前角,能减小加工硬化程度,并可抑制或消除积屑瘤,有利于提高加工表面质量。

③前角对刀具寿命有很大的影响。前角太大,刀刃和刀头强度下降,散热条件差,刀具寿命下降;前角太小,则切削力、切削温度增大,也会使刀具寿命下降。可见要获得最大刀具寿命,必须选择一个合理的刀具前角。

④前角越大,切屑变形越小,越不容易断屑。

硬质合金车刀合理前角与后角参考值见表 2-4。

表 2-4　硬质合金车刀合理前角与后角参考值

工件材料	合理前角		合理后角	
	粗车	精车	粗车	精车
低碳钢 Q235	20°～25°	25°～30°	8°～10°	10°～12°
中碳钢 45(正火)	15°～20°	20°～25°	5°～7°	6°～8°
合金钢 40(正火)	13°～18°	15°～20°	5°～7°	6°～8°
淬火钢 45 钢(45～50 HRC)	−15°～−5°		12°～15°	
不锈钢(奥氏体 1Cr18Ni9Ti)	15°～20°	20°～25°	6°～8°	8°～10°
灰铸铁(连续切削)	10°～15°	5°～10°	4°～6°	6°～8°
铜及铜合金(脆,连续切削)	10°～15°	5°～10°	4°～6°	6°～8°
铝及铝合金	30°～35°	35°～40°	8°～10°	10°～12°
钛合金 $\sigma_b \leqslant 1.17$ GPa	5°～10°		10°～15°	

2)前角的正确选择

实践证明,刀具的合理前角主要应根据工件材料、刀具材料和加工性质等进行选择。

(1)根据工件材料选择

加工塑性材料时,特别是加工硬化严重的材料(如不锈钢等),为了减小切屑变形和刀具磨损,应选用较大的前角;加工脆性材料时,切屑呈崩碎状,切削力带有冲击性,并集中在刃口附近,为防止崩刃,常选择较小的前角。工件材料的强度、硬度较低时,产生的切削力小、切削热少,刀具磨损较慢,且不易崩刃,常采用较大的前角,使切削轻快;工件的强度和硬度较高时,为了保证刀具的强度和改善刀具的散热条件,避免发生崩刃和迅速磨损,应选择较小的前角。

(2)根据刀具材料选择

刀具材料的抗弯强度和冲击韧度较低时,应选择较小的前角。高速钢刀具的抗弯强度和冲击韧度比硬质合金刀具要高得多,因此高速钢刀具可选择较大的前角,硬质合金刀具则选择较小的前角。陶瓷刀具的合理前角应选得比硬质合金刀具更小一些。

(3)根据加工性质选择

粗加工时,特别是断续切削,不仅切削力大,切削热多,并且承受冲击载荷,为保证切削刃有足够的强度和散热面积应适当减小前角;精加工时,对切削刃强度要求较低,为使切削刃锋利,减小工件变形和获得较高的表面质量,前角可取得大一些。

2. 前刀面的型式及其选择

前刀面的型式与前角的选择是相互联系的,常用的车刀前刀面型式有平面型、曲面型和带倒棱型三种,如图 2-20 所示。其中平面型根据前角正负又可分为正前角平面型、负前角平面型和负前角双面型。曲面型根据曲面的形状不同有圆弧曲面、波形曲面和其他形状的曲面型。倒棱型可分为平面带倒棱型和曲面带倒棱型。

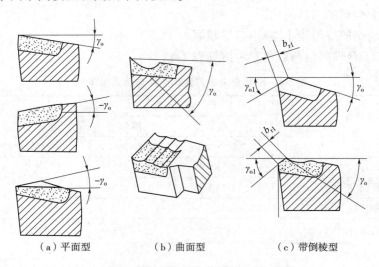

（a）平面型　　　　　（b）曲面型　　　　　（c）带倒棱型

图 2-20　常用的车刀前刀面型式

平面型前刀面制造容易,重磨方便,刀具廓形精度高。正前角平面型前刀面的切削刃强度较低,切削力小,主要用于精加工刀具、加工有色金属刀具和具有复杂刃形刀具上;负前角平面型前刀面的切削刃强度高,切削时切削刃产生挤压作用,切削力大,易产生振动,常用于受冲击载荷的刀具,加工高硬度、高强度材料的刀具和挤压切削刀具上。负前角双面型前刀面适用于前、后刀面同时磨损的刀具上,同时沿前、后刀面重磨时能减少刀具材料的磨耗量。

曲面型前刀面起卷屑作用,并有助于断屑和排屑,主要用于粗加工塑性金属刀具和孔加工刀具上。有些刀具的曲面型前刀面由刀具结构形成,如丝锥、钻头等。波形曲面型前刀面(或后刀面)是由许多弧形槽连接而成,由于弧形切削刃具有可变的刃倾角,使切屑挤向弧形槽底,改变材料应力状态,促使脆性材料形成的崩碎切屑转变成棱形切屑。可用于加工铸铁和铅黄铜的车刀和刨刀。

在硬质合金或陶瓷刀具的刃口上磨出倒棱面,可以提高刀具强度和刀具寿命,尤其是选用大前角时效果显著。

3. 后角的选择

后角的主要功用是减少后刀面与过渡表面间的摩擦。增大后角,可减小后刀面与过渡表面之间的接触面积,减少摩擦,并使刃口锋利而减轻刃口对金属的挤压,有利于提高刀具寿命和表面质量。但后角过大(楔角过小),刃口强度和散热条件变差,反而会降低刀具寿命,故应合理选择。

一般粗加工,后角取小些,精加工可取大些。例如,车削 45 钢时,粗车取 $\alpha_o = 4° \sim 7°$,精车取 $\alpha_o = 6° \sim 10°$。硬质合金车刀合理后角的选择可参考表 2-4。

副后角的作用主要是减少与已加工表面之间的摩擦。其大小一般与后角相同。

4. 主、副偏角的选择

主偏角、副偏角均影响已加工表面的粗糙度(残留面积),影响切削层的形状和切削分力的大小与比例,影响刀尖强度、断屑与排屑、散热条件等。

主偏角的选择原则是,粗加工时应选大些,以减振、防止崩刃;精加工时应选小些,以提高表面质量。工件材料强度、硬度高时,应取小些,以改善散热,提高刀具寿命。工艺系统刚性好时,应取小些;刚性差时取大些,以减小背向力。

若工艺系统刚性允许,副偏角应选较小值,一般 $\kappa_r' = 5 \sim 10°$,最大不超过 $15°$。精加工时 κ_r' 应更小,甚至磨出 $\kappa_r' = 0°$ 的修光刃。

5. 过渡刃的选择

为提高刀具刀尖强度,改善散热条件,延长刀具寿命,常在主、副切削刃交汇处磨出过渡刃。常用过渡刃形式有直线过渡刃和圆弧过渡刃两种形式,如图 2-21 所示。

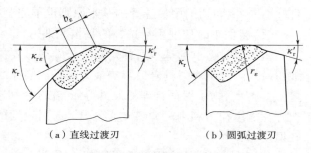

(a) 直线过渡刃　　　(b) 圆弧过渡刃

图 2-21　常用过渡刃形式

直线过渡刃形式简单,易刃磨,常用作粗加工或强力切削车刀、切断刀等的过渡刃。过渡刃的偏角 $\kappa_{r\varepsilon} = \kappa_r/2$,过渡刃长度 $b_\varepsilon = (0.2 \sim 0.25) a_p$。精车时,为降低表面粗糙度,必要时可磨出一段 $\kappa_{r\varepsilon}' = 0$ 的称为修光刃的过渡刃。

对于圆弧过渡刃,增大刀尖圆弧半径 r_ε,可减小粗糙度,但背向力增大,易引起振动。一般高速钢车刀 $r_\varepsilon = 0.5 \sim 5$ mm;硬质合金车刀 $r_\varepsilon = 0.2 \sim 2$ mm。

6. 刃倾角的选择

刃倾角影响切屑流出方向,图 2-22 为刃倾角对切屑流向的影响,λ_s 取负值时,切屑流向已加工表面,易将其划伤。增大刃倾角,可使工作前角显著增大,钝圆半径减小,可提高切削刃的锋利性。刃倾角还影响刀尖强度和散热条件。

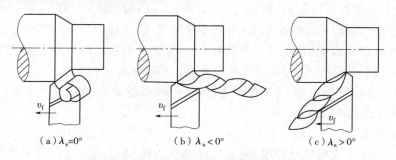

(a) $\lambda_s = 0°$　　　(b) $\lambda_s < 0°$　　　(c) $\lambda_s > 0°$

图 2-22　刃倾角对切屑流向的影响

选择刃倾角时应考虑工件材料和加工性质等因素。加工一般钢料及铸铁时,无冲击的粗车取 $\lambda_s = 0° \sim -5°$,精车取 $\lambda_s = 0° \sim +5°$;有冲击时取 $\lambda_s = -5° \sim -15°$;冲击特别大时取 $\lambda_s = -30° \sim -45°$。刨刀一般取 $\lambda_s = -10° \sim -20°$。采用大的负刃倾角时,最好同时选用正的前角。加工淬硬钢、高强度钢时取 $\lambda_s = -5° \sim -12°$。

2.3.3　切削用量

1. 合理切削用量及其选择

合理切削用量是指在保证加工质量的前提下,充分发挥刀具的切削性能和机床的动力性能,获得高生产效率和低加工成本的切削用量。

切削用量三要素 a_p、f、v_c 虽然对加工质量、刀具使用寿命和生产效率均有直接影响,但影响程度却不同,且它们之间又是相互联系,互相制约的,不可能同时都选择得很大。因此,就存在着从不同角度出发,优先将哪个要素选择得最大才合理的问题。

在选择合理切削用量时,必须考虑加工性质。由于粗、精加工要完成的加工任务和追求的目标不同,因而切削用量选择的基本原则也不完全相同。

(1)粗加工时切削用量选择的基本原则

粗加工时追求的基本目标是高生产效率。要提高生产效率,就必须使切削用量三要素的乘积最大。由于对刀具寿命影响最大的是切削速度 v_c,其次是进给量 f,影响最小的是背吃刀量 a_p。因此,为了保证合理的刀具寿命,在选择切削用量时应尽可能选择大的背吃刀量 a_p,其次要在机床动力和刚度允许的前提下,选用较大的进给量 f,最后根据刀具寿命选择合理的 v_c 值。

(2)精加工时切削用量选择的基本原则

精加工时首先要保证加工精度和表面质量,同时兼顾必要的刀具寿命和生产效率。因此,精加工时应选用较小的背吃刀量 a_p 和进给量 f,以减小切削力及工艺系统弹性变形,减小已加工表面残留面积高度。a_p 通常根据加工余量而定,f 的提高则主要受表面粗糙度的制约。a_p 和 f 确定之后,在保证合理刀具寿命的前提下,确定合理的切削速度 v_c。

2. 合理切削用量的选择方法

(1)确定背吃刀量 a_p

一般根据加工性质与加工余量确定背吃刀量 a_p。粗加工时,在保留半精加工与精加工余量的前提下,若机床刚度允许,加工余量应尽可能一次切掉,以减少走刀次数。在中等功率机床上采用硬质合金刀具车外圆时,粗车取 $a_p = 0.3 \sim 2$ mm,精车取 $a_p = 0.1 \sim 0.3$ mm。

在下列情况下,粗车可分多次走刀:工艺系统刚度低,或加工余量极不均匀,会引起很大振动时,如加工细长轴和薄壁工件;加工余量太大,一次走刀会使切削力过大,以致机床功率不足或刀具强度不够时;断续切削,刀具会受到很大冲击而造成打刀时。

多次走刀时,应当把第一次或头几次走刀的 a_p 取得尽量大些。若为两次走刀,则第一次的 a_p 一般取加工余量的 2/3~3/4。

(2)确定进给量 f

粗加工时,对加工表面质量要求不高,这时切削力较大,进给量 f 的选择主要受切削力的限制。在刀具、工件刚度与机床走刀机构强度允许的情况下,可选取较大的进给量。

半精加工和精加工时,因背吃刀量 a_p 较小,产生的切削力不大,进给量的选择主要受加工表面质量的限制。当刀具有合理的过渡刃、修光刃且采用较高的切削速度时,进给量 f 可适当选小些。但 f 不可选得太小,否则不但生产效率低,而且会因切削厚度太薄而切不下切屑,影响加工质量。

在生产中,进给量常常根据经验通过查表来选取。

粗加工时,进给量可根据工件材料、车刀刀杆尺寸、工件直径及已确定的背吃刀量 a_p 来选择。但是按经验确定的粗车进给量 f 在某些特殊情况下(如切削力很大、工件长径比很大、刀杆伸出长度很大时),还需要从刀具强度和刚度、机床进给机构强度、工件刚度等方面进行校验。

(3)确定切削速度 v_c。

当背吃刀量 a_p 与进给量 f 确定后,可根据刀具寿命 T 参照式(2-17)计算切削速度 v_c。

在确定切削速度时,还应考虑下列因素:精加工时,应尽量避开积屑瘤和鳞刺的生成区;断续切削时,宜适当降低切削速度,以减小冲击和热应力;加工大型、细长、薄壁工件时,应选用较低切削速度;端面车削应比外圆车削的速度高些,以获得较高的平均切削速度,提高生产效率;在易发生振动的情况下,切削速度应避开自激振动的临界速度。

微课 2-4
切削用量的选择

3. 提高切削用量的途径

①采用切削性能更好的新型刀具材料;

②在保证工件机械性能的前提下,改善工件材料切削加工性;

③采用性能好的切削液和高效冷却方式;

④改进刀具结构,提高刀具制造和刃磨质量。

2.3.4 切削液

1. 切削液的作用

(1)冷却作用

切削液通过液体的热传导作用,把切削区内刀具、切屑和工件上大量的切削热带走,从而有效地降低切削温度,减小工件和刀具的热变形,保持刀具硬度,提高加工精度和刀具寿命。切削液的冷却性能和其导热系数、比热、汽化热以及粘度有关。水的导热系数和比热均高于油,因此水的冷却性能要优于油。

(2)润滑作用

切削液的润滑作用,可以减小前刀面与切屑,后刀面与已加工表面间的摩擦,形成润滑膜,从而减小切削力、摩擦和功率消耗,降低刀具与工件摩擦部位的表面温度和刀具磨损,改善工件材料的切削加工性能。

在磨削过程中,加入磨削液后,磨削液渗入砂轮磨粒与工件及磨粒与磨屑之间形成润滑膜,使界面间的摩擦减小,防止磨粒切削刃磨损和粘附切屑,从而减小磨削力和摩擦热,提高砂轮使用寿命以及工件表面质量。

(3)清洗作用

切削液能对粘附在工件、刀具和机床表面的切屑、磨屑以及铁粉、油污和砂粒等起到清洗作用。防止机床和工件、刀具的沾污,使刀具或砂轮的切削刃口保持锋利。在精密加工、磨削加工、自动线加工和深孔加工中,切削液的清洗作用极其重要。

对于油基切削液,黏度越低,清洗能力越强,尤其是含有煤油、柴油等成分的切削油,渗透性和清洗性能就更好。含有表面活性剂的水基切削液,清洗效果较好,因为它能在表面上形成吸附膜,阻止粒子和油泥等黏附在工件、刀具及砂轮上。

（4）防锈作用

切削液中加入防锈添加剂,可以与金属表面起化学反应生成保护膜,起到防锈、防腐蚀作用。

2. 切削液的分类

常用的切削液可分为水溶液、切削油、乳化液三大类。

（1）水溶液

水溶液的主要成分是水,冷却性能好,如配成透明状液体,还便于操作者观察。但纯水易使金属生锈、润滑性能差,故使用时常加入适当的添加剂,使其保持冷却性能的同时,使其具有良好的防锈性能和一定的润滑性能。

（2）切削油

切削油的主要成分是矿物油(如机油、轻柴油、煤油)、动植物油(猪油、豆油)和混合油,这类切削液的润滑性能较好。

纯矿物油难以在摩擦界面上形成坚固的润滑膜,润滑效果一般。实际使用时,常加入油性、极压和防锈添加剂,以提高润滑和防锈性能。

动植物油适于低速精加工,但因其是食用油且易变质,最好不用或少用。

（3）乳化液

乳化液是用 95%~98% 的水将由矿物油、乳化剂和添加剂配制成的乳化油膏稀释而成,外观呈乳白色或半透明,具有良好的冷却性能。因含水量大,润滑、防锈性能较差,常加入一定量的油性、极压添加剂和防锈添加剂,配制成乳化液和防锈乳化液。

3. 切削液的选用

切削液的种类很多,性能各异,应根据工件材料、刀具材料、加工方法和加工要求合理选用。一般选用原则如下:

（1）粗加工

粗加工时切削用量较大,产生大量的切削热,容易导致高速钢刀具迅速磨损。这时宜选用以冷却性能为主的切削液(如 3%~5% 的乳化液),以降低切削温度。

硬质合金刀具耐热性好,一般不用切削液。在重型切削或切削特殊材料时,为防止高温下刀具发生黏结磨损和扩散磨损,可选用低浓度的乳化液或水溶液,但必须连续充分地浇注,切不可断断续续地浇注,以免因冷热不均产生很大的热应力,使刀具因热裂而损坏。

在低速切削时,刀具以硬质点磨损为主,宜选用以润滑性能为主的切削油;在较高速度下切削时,刀具主要是热磨损,要求切削液有良好的冷却性能,宜选用水溶液和乳化液。

（2）精加工

精加工以减小工件表面粗糙度值和提高加工精度为目的,因此应选用润滑性能好的切削液。

加工一般钢件时,切削液应具有良好的润滑性能和一定的冷却性能。高速钢刀具在中、低速下(包括铰削、拉削、螺纹加工、插齿、滚齿加工等)切削时,应选用极压切削油或高浓度极压乳化液。硬质合金刀具加工时,采用的切削液与粗加工时基本相同,但应适当提高其润滑性能。

加工铜、铝及其合金和铸铁时,可选用高浓度的乳化液。但应注意,因硫对铜有腐蚀作用,切削铜及其合金时不能选用含硫切削液。铸铁床身导轨加工时,用煤油作切削液效果较好。

（3）难加工材料的加工

切削高强度钢、高温合金等难加工材料时，由于材料中所含的硬质点多、导热系数小，加工均处于高温高压的边界摩擦润滑状态，因此宜选用润滑和冷却性能均好的极压切削油或极压乳化液。

（4）磨削加工

磨削速度高、温度高，热应力会使工件变形，甚至产生表面裂纹，且磨削产生的碎屑会划伤已加工表面，所以宜选用冷却和清洗性能好的水溶液或乳化液。但磨削难加工材料时，宜选用润滑性好的极压乳化液和极压切削油。

（5）封闭或半封闭容屑加工

钻削、攻丝、铰孔和拉削等加工的容屑为封闭或半封闭方式，需要切削液有较好的冷却、润滑及清洗性能，以减小刀具与切屑摩擦产生的热量并带走切屑，宜选用乳化液、极压乳化液和极压切削油。

2.4　磨削过程

在机械加工中，磨削是一种使用非常广泛的加工方法。磨削加工的精度高，表面粗糙度小。随着现代加工技术的发展，磨削不仅作为传统的精加工方法，而且应用范围已扩大到包括粗加工和毛坯去皮加工等工序。

2.4.1　磨削过程的实质

磨削也是一种切削加工。砂轮表面上分布着许多磨粒，每个磨粒就相当于一个刀齿。但磨粒上的刀齿具有较大的负前角，平均为$-65°\sim-80°$。负前角切削是磨削的一个特点。

单个磨粒的磨削过程如图 2-23 所示。磨粒对工件的作用包括切削作用、刻划作用和摩擦抛光作用。砂轮表面上比较凸出的磨粒以切削作用为主（也有刻划作用）。凸起高度不大和较钝的磨粒在工件表面上刻划出沟痕，工件材料向两边隆起，无明显切屑产生。比较凹下或已钝化的磨粒既不切削，也不刻划，只在表面滑擦，起摩擦抛光作用。

磨削过程的实质是切削、刻划和摩擦抛光综合作用的过程。其中粗磨以切削作用为主，精磨时切削作用和摩擦抛光作用并存。

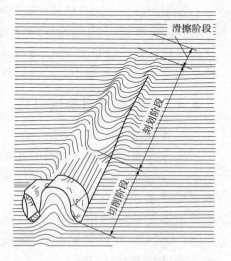

图 2-23　单个磨粒的磨削过程

2.4.2　磨削的特点

与普通切削加工相比，磨削具有如下特点。

1. 能加工硬度很高的材料

磨削能加工车、铣等其他方法所不能加工的各种硬材料，如淬硬钢、冷硬铸铁、硬质合金、宝石、玻璃和超硬材料氮化硅等。

2. 能加工出精度高、表面粗糙度很小的表面

由于径向进给量小，每齿切削量小，加上砂轮经过精细修整后具有微刃等高性，磨削可以达到很高的加工精度，尺寸精度通常可达 IT6~IT4，表面粗糙度可达 $Ra0.8 \sim 0.01 \ \mu m$。

3. 磨削温度高

由于磨削过程中产生的切削热多，而砂轮本身的导热性差，使得磨削区温度很高。所以在磨削过程中，为了避免工件烧伤和变形，应施以大量的切削液进行冷却。磨削钢件时，广泛采用的是乳化液和苏打水。

4. 磨削的径向分力大

磨削时径向分力很大，约为切削时径向分力的 1.6~3.2 倍，在径向分力的作用下，机床、砂轮、工件系统（工艺系统）将产生弹性变形，使得实际磨削深度比名义磨削深度小。因此在磨去主要加工余量以后，随着磨削力的减小，工艺系统弹性变形恢复，应继续光磨一段时间，直到磨削火花消失。光磨对于提高磨削精度和表面质量具有重要意义。

2.4.3 砂轮的自锐性与修整

砂轮具有一定的自锐性，即砂轮的磨粒可在磨削力作用下破碎、脱落、更新切削刃，保持磨粒锋利，并在高温下仍不失去切削的性能。例如粗磨时，砂轮的磨削表面就是靠自锐更新的，但自锐的结果会破坏砂轮微刃的等高性，所以砂轮使用一段时间后，应进行打磨修整。

砂轮的修整应起到两个作用：一是去除外层已钝化的磨粒或去除已被磨屑堵塞的一层磨粒，使新的磨粒显露出来，这一要求容易做到，因为只要去除适量的砂轮表面即可；二是使砂轮修整后具有足够数量的有效切削刃，保证砂轮的微刃具有等高性，从而提高已加工表面质量。要做到这一点，必须根据砂轮特性使用修整工具，控制修整用量。

常用的修整方法有单颗（或多颗）金刚石车削法、金属滚轮挤压法、碳化硅砂轮磨削法和金刚石滚轮磨削法等多种。金刚石滚轮修整效率高，一般用于成形砂轮的修整。金属挤轮、碳化硅砂轮修整一般亦用于成形砂轮。车削法修整是最常用的方法，用于修整普通圆柱形砂轮或型面简单、精度要求不高的仿形砂轮。

2.4.4 磨削运动与磨削用量

1. 磨削运动

以外圆磨削为例，磨削运动包括主运动（砂轮的旋转运动）、圆周进给运动（工件的旋转运动）、轴向进给运动（工件和砂轮之间沿轴线方向的相对运动）和径向进给运动（砂轮切入工件的运动）。磨削运动与磨削用量如图 2-24 所示。

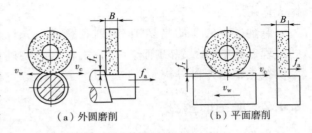

（a）外圆磨削　　　　（b）平面磨削

图 2-24　磨削运动与磨削用量

2. 磨削用量

对应磨削的 4 个运动，相应的磨削用量为：

①磨削速度 v_c：砂轮外圆的线速度，m/s。

②工件圆周进给速度 v_w：工件外圆线速度，m/min。

③轴向进给量 f_a：工件旋转一周沿轴线方向相对于砂轮移动的距离，mm/r。

④径向进给量(磨削深度) f_r：砂轮相对于工件在工作台每双(单)行程内移动的距离，mm/双行程或 mm/单行程。

2.5　实践项目——车削力的测定及经验公式的建立

2.5.1　概述

对于一种具体的切削条件(如工件材料、切削用量、刀具材料和刀具几何角度以及周围介质等)，切削力究竟有多大？关于切削力的理论计算，近百余年来国内外学者做了大量的工作。但由于实际的金属切削过程非常复杂，影响因素很多，因而现有的一些理论公式都是在一些假说的基础上得出的，还存在着较大的缺点，计算结果与实验结果不能很好地吻合。所以在生产实际中，切削力的大小一般采用由实验结果建立起来的经验公式计算。在需要较为准确地知道某种切削条件下的切削力时，还需进行实际测量。

2.5.2　实践项目的目的

通过该项目了解各种测力传感器的特点及测量原理，掌握车削力的测量方法，研究切削用量对车削力的影响规律；学会使用测力仪测出车削力，对实验数据进行处理，建立车削力的经验公式。

2.5.3　切削力的测量

随着测量手段的现代化，切削力的测量方法有了很大的发展，在很多场合下已经能很精确地测量切削力。目前采用的切削力测量方法主要有：

1. 功率反求法

用功率表测出机床电动机在切削过程中所消耗的功率 P_E 后，计算出切削功率 P_c。这种方法只能粗略估算切削力的大小，不够精确。

2. 切削力测力仪

切削力测力仪的测量原理是利用切削力作用在切削力测力仪的弹性元件上所产生的变形，或作用在压电晶体上产生的电荷经过转换处理后，读出 F_z、F_x 和 F_y 的值。近代先进的切削力测力仪常与计算机配套使用，直接进行数据处理，自动显示被测力值和建立切削力的经验公式。在自动化生产中，还可利用测力传感装置产生的信号优化和监控切削过程。

按切削力测力仪的工作原理可以分为机械、液压和电气切削力测力仪。目前常用的是电阻应变片式切削力测力仪和压电式切削力测力仪，如图 2-25 所示为压电切削力测力仪。图 2-26 所示为计算机辅助测量切削力的系统框图。

图 2-25　压电式切削力测力仪

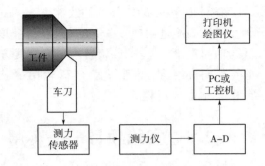

图 2-26　计算机辅助测量切削力的系统框图

2.5.4　经验公式的建立

用单因素法进行切削实验,建立切削力与每一单独变化因素间的关系式(如 F 与 f),分别求出各指数与系数,然后经过综合,求出总的系数。再通过图解法或一元线性回归法建立切削力的经验公式。

2.5.5　项目实例

1. 项目内容

用压电式切削力测力仪测量车削时的切削力;用单因素法,通过改变切削用量,建立切削力与切削用量的经验公式。

2. 仪器设备

CA6140 普通车床一台、外圆车刀一把、压电式三项测力仪一台、圆柱毛坯一根。

3. 车削力的测量过程

(1)准备工作

安装工件、测力仪(Kistler 9257B)及车刀。注意刀尖伸出长度应与标定时一致并对准工件中心。按测量系统框图连线,图 2-27 为测量系统安装图。

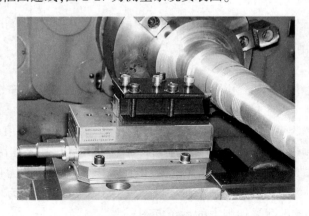

图 2-27　测量系统安装图

(2)切削实验

用单因素法进行实验,即在固定其他因素,只改变一个因素的条件下,测出切削力。

①固定 v、f 等（v 取 100 m/min 左右，f 取 0.2~0.3 mm/r），依次改变 a_p（在 0.5~4 mm 范围内取五个值），进行切削，并记下每改变一次 a_p 时的读数。

②固定 v、a_p 等（v 取 100 m/min 左右，a_p 取 2 mm），依次改变 f（根据机床进给量表，在 0.1~0.6 mm/r 范围内取五个值），进行切削，并记下每改变一次 f 时的读数。

4. 实验数据的处理与经验公式的建立

将实验所得数据点标在双对数坐标纸上，并用直线连接（使各实验数据点大约均布在该直线的上下），从而可得出 F_z-a_p 与 F_z-f 线图，如图 2-28 所示，该两直线可表示为

$$\lg F_z = \lg C_{a_p} + Y_{F_z} \lg a_p \tag{2-21}$$

$$\lg F_z = \lg C_f + Y_{F_z} \lg f \tag{2-22}$$

由上两式子可得幂函数关系式

$$F_z = C_{a_p} a_p^{x_{F_z}} \tag{2-23}$$

$$F_z = C_f f^{y_{F_z}} \tag{2-24}$$

综合上两式求得切削力与切削用量的经验公式

$$F_z = C_{F_z} a_p^{x_{F_z}} f^{y_{F_z}} \tag{2-25}$$

式中指数 x_{F_z}、y_{F_z} 分别为 F_z-a_p 与 F_z-f 线的斜率，由图 2-28 求得

$$x_{F_z} = \tan\theta_1 = \frac{a_1}{b_1} \tag{2-26}$$

$$y_{F_z} = \tan\theta_2 = \frac{a_2}{b_2} \tag{2-27}$$

式中 a_1、b_1、a_2、b_2 用普通米尺在图 2-28 中直接量出。

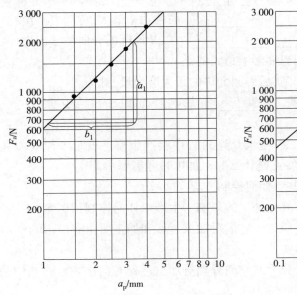
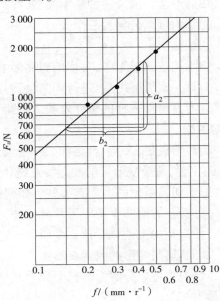

图 2-28　F_z-a_p 与 F_z-f 线图

系数 C_{a_p} 为 F_z-a_p 线在 $a_p = 1$ mm 时的 F_z 值，系数 C_f 为 F_z-f 线在 $f = 1$ mm/r 时的 F_z 值。而

系数 C_{F_z} 可按如下求得：由于式（2-23）是在 $f=f_0$（改变 a_p 实验时所固定的 f 值）的情况下得到的，故有

$$F_z = C_{a_p} a_p^{x_{F_z}} = C_{F_z} a_p^{x_{F_z}} f^{x_{F_z}}$$

则

$$C_{F_{z1}} = \frac{C_{a_p}}{f^{y_{F_z}}} \qquad (2\text{-}28)$$

而式（2-24）是在 $a_p=a_{p0}$（改变 f 实验时所固定的 a_p 值）的情况下得到的，故有

$$F_z = C_f f^{y_{F_z}} = C_{F_z} a_p^{x_{F_z}} f^{y_{F_z}}$$

则

$$C_{F_{z2}} = \frac{C_f}{a_p^{x_{F_z}}} \qquad (2\text{-}29)$$

由于实验误差，$C_{F_{z1}}$ 与 $C_{F_{z2}}$ 不一定相等，因此取两者的平均值，即

$$C_{F_z} = \frac{1}{2}(C_{F_{z1}} + C_{F_{z2}}) \qquad (2\text{-}30)$$

思考与练习

一、填空题

2-1 切削变形的主要特征是切削层金属沿滑移面的_____，并伴有加工硬化现象。

2-2 切屑形态一般分四种基本类型，即_____、_____、单元切屑和崩碎切屑。

2-3 切削力可以分解为三个分力，其中_____消耗功率最大，背向力不消耗功率。

2-4 切削热由_____、_____、_____以及周围的介质传导出去。

2-5 切削用量三要素中，对切削温度影响最大的是_____。

2-6 刀具一次刃磨之后，进行切削，后刀面允许的最大磨损量，称为_____。

2-7 对刀具磨损机理的研究表明，_____是影响刀具磨损的主要因素。

二、简答题

2-8 切屑形成过程的实质是什么？金属切削过程中会产生哪些变形？简要叙述三个变形区发生的位置，每个变形区的变形特点是什么？对加工过程有哪些影响？

2-9 影响切屑类型的因素有哪些？如何控制？

2-10 分析积屑瘤产生的原因及其对加工的影响。生产中如何控制积屑瘤？

2-11 什么是加工硬化？什么是鳞刺？它们对加工过程和加工质量有何影响？

2-12 影响切削变形的因素有哪些？

2-13 切削力可以分解为哪三个分力？它们分别对加工过程有何影响？影响切削力的因素主要有哪些？

2-14 什么是切削热？试述切削热和切削温度的关系。影响切削温度的因素有哪些？

2-15 刀具磨损有哪几种形式？刀具磨损的过程分为哪三个阶段？刀具使用时磨损应限制在哪个阶段？刀具磨损的原因（机理）有哪些？

2-16　什么是磨钝标准？什么是刀具寿命？何谓刀具最高生产率寿命？何谓刀具经济寿命。影响刀具寿命的因素有哪些？其中影响最大的是什么？

2-17　与普通切削加工相比,磨削有哪些特点？

三、分析思考题

2-18　选择切削用量的原则是什么？从保证刀具寿命角度出发,应按什么顺序选择切削用量？为什么？

2-19　切削液有哪些作用？切削液分为哪几类？如何选用？为什么有些加工不用切削液？使用硬质合金刀具切削时,如使用切削液应注意什么问题？为什么？

2-20　在表 2-5 切削因素对切削规律的影响中分别用曲线或"↑"(提高,上升)、"↓"(减小、下降)来表示各因素对切削规律的影响趋势。

表 2-5　切削因素对切削规律的影响

切削因素	切削用量			工件材料		刀具角度	切削液
	$v_c\uparrow$	$f\uparrow$	$a_p\uparrow$	$\sigma_b\uparrow HB\uparrow$	$\delta\uparrow\alpha_k\uparrow$	$\gamma_o\uparrow$	
切削力 F_c							
切削温度 θ							
刀具寿命 T							

2-21　磨削过程的实质是什么？磨削时如何利用其切削作用、刻划作用和摩擦抛光作用？

四、计算题

2-22　用硬质合金车刀($\gamma_o=15°,\kappa_r=75°,\lambda_s=0°$)车削外圆,工件材料为 40Cr(正火态,212 HBS),选用的切削用量为:$v_c=100$ m/min,$a_p=3$ mm,$f=0.2$ mm/r,机床额定功率为 7.5 kW,机床的传动效率为 0.8,单位切削力 $k_c=1962$ N/mm²,试:

(1)计算主切削力 F_c;

(2)校验机床功率。

2-23　用 YT5 的刀具材料,加工 $R_m=750$ MPa 的碳钢。当 v_c 增加一倍且 f 减小为一半时计算这两种情况下切削温度变化的百分数。

第3章 金属切削机床

学习目标

通过本章的学习,熟悉金属切削机床的分类和各类金属切削机床的工艺范围,掌握分析金属切削机床的方法,了解各类金属切削机床的用途与特点,能够在生产中合理选择金属切削机床。

导入案例 我国金属切削机床的发展与成就

金属切削机床(以下简称机床)是机械制造的主要加工设备,它是采用去除材料的方法将金属毛坯加工成机械零件的机器,也是制造机器的机器,通常又称为工作母机。机床在一般机械制造厂中占机器设备总数的 50%~70%,而所担负的加工工作量,占机器制造总工作量的 40%~60%。机床的技术性能直接影响着产品质量、生产率和经济性。因此,机床在现代制造业发展中起着重大的作用。

我国机床技术发展历经"引进—消化—吸收—创新"四个阶段,具体表现为以技术学习为主导、自主创新与开放创新相结合、创新链与产业链加快融合,创新生态系统由初创到不断优化,关键核心技术实现从无到有的突破,产业创新能力明显增强,国产化率和市场竞争力明显提升。例如 2013 年中国企业具有自主知识产权的高精度五轴立式机床首次出口德国,是中国企业首次向西方发达国家销售高档数控机床,标志着我国高端五轴数控机床产品成功打破精密机械加工领域的技术壁垒。值得关注的是,目前中国的中高端机床国产化率已达到 70% 以上。我国机床在高速铣床、大型数控机床、智能制造和绿色制造等领域都取得了一定的成就。机床产业的发展还应该继续探索和创新,不断提高产品质量和技术水平,为中国制造业的发展做出更大的贡献。

3.1　金属切削机床基本知识

3.1.1　机床的分类

金属切削机床的品种和规格繁多,为了便于区别、使用和管理,须对机床加以分类和编制型号。

机床主要是按加工性质和所使用的刀具进行分类的。根据国家标准《金属切削机床型号　编制方法》(GB/T 15375—2008),我国将机床分为 11 大类:车床、钻床、镗床、磨床、齿轮加工机床、螺纹加工机床、铣床、刨插床、拉床、切断机床及其他机床。

除了上述基本分类方法外,还有其他分类方法。

按照通用性程度,机床又可分为:

1. 通用机床

这类机床可以用于多种零件的不同工序的加工,加工范围较广。例如卧式车床、卧式铣镗床、万能升降台铣床等,都属于通用机床。通用机床由于通用性较好,结构往往比较复杂。通用机床主要适用于单件、小批生产。

2. 专门化机床

这类机床专门用于加工不同尺寸的一类或几类零件的某一种(或几种)特定工序。例如精密丝杠车床、凸轮轴车床和曲轴车床等都属于专门化机床。

3. 专用机床

这类机床主要用于加工某一种(或几种)零件的特定工序。例如,加工机床主轴箱的专用镗床、汽车发动机箱体顶面专用铣床等都是专用机床。专用机床是根据特定的工艺要求专门设计、制造的。其生产率较高,自动化程度往往也比较高。组合机床实质上是一种模块化专用机床。

按照加工精度不同,同一类机床又可分为普通、精密和高精密三种精度等级机床。

此外,机床还可按照自动化程度的不同,分为手动、机动、半自动和自动机床。

按照机床质量不同,分为仪表机床、中型机床(一般机床)、大型机床(质量大于 10 t)、重型机床(质量在 30 t 以上)和超重型机床(质量在 100 t 以上)。

按照机床主要工作部件的数目,分为单轴、多轴、单刀和多刀机床等。

通常,机床是按照加工方式(如车、钻、刨、铣、磨等)及某些辅助特征来进行分类的。例如,多轴自动车床,就是以车床为基本类型,再加上多轴、自动等辅助特征,以区别其他类型机床。

3.1.2　机床型号的编制方法

机床型号是机床产品的代号,用以简明表示机床的类型、通用和结构特性、主要技术参数等。我国现行机床的型号是按照 GB/T 15375—2008《金属切削机床　型号编制方法》规定编制的。标准规定,我国机床型号由汉语拼音字母和阿拉伯数字按一定规律排列组成。

1. 通用机床的型号编制

通用机床型号的表示方法为:

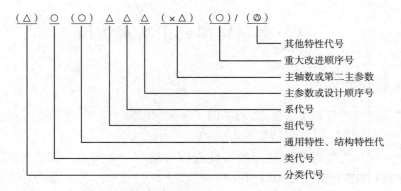

注：1. 有"（ ）"的代号或数字,当无内容时,则不表示;若有内容,则不带括号。
    2. 有"○"符号的,为大写的汉语拼音字母。
    3. 有"△"符号的,为阿拉伯数字。
    4. 有"⌀"符号的,为大写的汉语拼音字母或阿拉伯数字,或两者兼有之。

（1）机床类、组、系的划分及其代号

机床的类代号,用大写的汉语拼音字母表示,以区别 11 类不同机床。必要时,每类可分为若干分类。分类代号在类代号之前,以阿拉伯数字表示。第一分类代号前的"1"省略,第"2"、"3"分类代号则应予以表示。例如,磨床类分为 M、2M、3M 三个分类。机床的类别和分类代号及其读音见表 3-1。

表 3-1　机床的类别和分类代号及其读音

类别	车床	钻床	镗床	磨床			齿轮加工机床	螺纹加工机床	铣床	刨插床	拉床	锯床	其他机床
代号	C	Z	T	M	2M	3M	Y	S	X	B	L	G	Q
读音	车	钻	镗	磨	二磨	三磨	牙	丝	铣	刨	拉	割	其

机床按其工作原理划分为 11 类。每类机床划分为 10 个组,每个组又划分为 10 个系。在同一类机床中,主要布局或使用范围基本相同的机床,即为同一组。在同一组机床中,其主参数相同、主要结构及布局型式相同的机床,即为同一系。机床的组,用一位阿拉伯数字表示,位于类代号或通用特性代号、结构特性代号之后。机床的系,用一位阿拉伯数字表示,位于组代号之后。金属切削机床类、组划分及其代号表见表 3-2。

表 3-2　金属切削机床类、组划分及其代号表

类 别	组 别									
	0	1	2	3	4	5	6	7	8	9
车床 C	仪表车床	单轴自动车床	多轴自动、半自动车床	回轮、转塔车床	曲轴及凸轮轴车床	立式车床	落地及卧式车床	仿形及多刀车床	轮、轴、辊、锭及铲齿车床	其他车床
钻床 Z		坐标镗钻床	深孔钻床	摇臂钻床	台式钻床	立式钻床	卧式钻床	铣钻床	中心孔钻床	其他钻床

续上表

类　别		组　别									
		0	1	2	3	4	5	6	7	8	9
镗床 T				深孔镗床		坐标镗床	立式镗床	卧式铣镗床	精镗床	汽车、拖拉机修理用镗床	其他镗床
磨床	M	仪表磨床	外圆磨床	内圆磨床	砂轮机	坐标磨床	导轨磨床	刀具刃磨床	平面及端面磨床	曲轴、凸轮轴、花键轴及轧辊磨床	工具磨床
	2M		超精机	内圆珩磨机	外圆及其他珩磨机	抛光机	砂带抛光及磨削机床	刀具刃磨及研磨机床	可转位刀片磨削机床	研磨机	其他磨床
	3M		球轴承套圈沟磨床	滚子轴承套圈滚道磨床	轴承套圈超精机		叶片磨削机床	滚子加工机床	钢球加工机床	气门、活塞及活塞环磨削机床	汽车、拖拉机修磨机床
齿轮加工机床 Y		仪表齿轮加工机		锥齿轮加工机	滚齿及铣齿机	剃齿及珩齿机	插齿机	花键轴铣床	齿轮磨齿机	其他齿轮加工机	齿轮倒角及检查机
螺纹加工机床 S					套丝机	攻丝机		螺纹铣床	螺纹磨床	螺纹车床	
铣床 X		仪表铣床	悬臂及滑枕铣床	龙门铣床	平面铣床	仿形铣床	立式升降台铣床	卧式升降台铣床	床身铣床	工具铣床	其他铣床
刨插床 B			悬臂刨床	龙门刨床			插床	牛头刨床		边缘及模具刨床	其他刨床
拉床 L				侧拉床	卧式外拉床	连续拉床	立式内拉床	卧式内拉床	立式外拉床	键槽、轴瓦及螺纹拉床	其他拉床
锯床 G				砂轮片锯床		卧式带锯床	立式带锯床	圆锯床	弓锯床	锉锯床	
其他机床 Q		其他仪表机床	管子加工机床	木螺钉加工机		刻线机	切断机	多功能机床			

（2）通用特性代号

当某类机床除有普通型外，还有某些通用特性时，在类代号之后加通用特性代号予以区分。例如，CM6132 型精密卧式车床型号中的"M"表示精密。通用特性的代号在各类机床中所表示的意义相同。通用特性代号表见表3-3。

表 3-3　通用特性代号表

通用特性	高精度	精密	自动	半自动	数控	加工中心 （自动换刀）	仿形	轻型	加重型	柔性加 工单元	数显	高速
代号	G	M	Z	B	K	H	F	Q	C	R	X	S
读音	高	密	自	半	控	换	仿	轻	重	柔	显	速

（3）结构特性代号

为了区别主参数相同而结构不同的机床，在型号中用汉语拼音字母区分。例如，CA6140 型普通车床型号中的"A"，可理解为：CA6140 型普通车床在结构上区别于 C6140 型普通车床。当机床有通用特性代号时，结构特性代号应排在通用特性代号之后。为了避免混淆，通用特性代号已用的字母及"I"、"O"都不能作为结构特性代号。

（4）机床主参数、设计顺序号和第二主参数

机床主参数代表机床规格的大小，在机床型号中，用阿拉伯数字给出主参数的折算值（1/10 或 1/100）表示。各类主要机床的主参数及折算系数见有关表格。

对于某些通用机床，当无法应用一个主参数表示时，可以在型号中用设计顺序号表示。设计顺序号从 1 开始，当设计顺序号小于 10 时，原则在设计顺序号之前加 0。

机床第二主参数是为了更完整地表示机床的工作能力和加工范围，第二主参数一般是主轴数目、最大跨距、最大工件长度和工作台工作面长度等。第二主参数也用折算值表示。

（5）机床重大改进序号

当机床的性能和结构布局有重大改进并按新产品重新设计、试制和鉴定后，按其设计改进的次序，在原机床型号的尾部加重大改进顺序号，序号按 A、B、C……等字母的顺序选用。

（6）其他特性代号

主要用于反映各类机床的特性，如数控机床控制系统不同，同一型号机床的变型等，应用汉语拼音字母或者阿拉伯数字或者二者的组合来表示。

（7）企业代号

生产单位为机床厂时，由机床厂所在城市名称的大写汉语拼音字母及该厂在该城市建立的先后顺序号，或机床厂名称的大写汉语拼音字母表示。生产单位为机床研究所时，由该研究所名称的大写汉语拼音字母表示。

综上所述通用机床型号的编制方法，举例如下：

CA6140 机床型号的含义：

MKG1340 机床型号的含义：

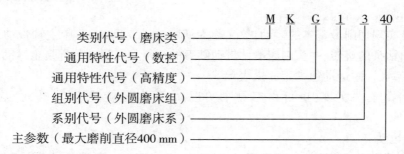

<table>
<tr><td>类别代号（磨床类）</td><td>M</td></tr>
<tr><td>通用特性代号（数控）</td><td>K</td></tr>
<tr><td>通用特性代号（高精度）</td><td>G</td></tr>
<tr><td>组别代号（外圆磨床组）</td><td>1</td></tr>
<tr><td>系别代号（外圆磨床系）</td><td>3</td></tr>
<tr><td>主参数（最大磨削直径400 mm）</td><td>40</td></tr>
</table>

2. 专用机床的型号编制

专用机床型号表示方法一般由设计单位代号和设计顺序号组成，其表示方法为：

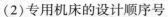

　　设计顺序号（阿拉伯数字）
　　设计单位代号

（1）设计单位代号

包括机床生产厂和机床研究单位代号，由北京机床研究所统一规定，位于型号之首。

（2）专用机床的设计顺序号

微课 3-1
机床型号的编制方法

按该单位的设计顺序号（从 001 起始）排列，位于设计单位代号之后，并用"—"隔开，读作"至"。

例如，上海机床厂设计制造的第 15 种专用机床为专用磨床，其型号为 H-015。

3.1.3　机床的运动与传动原理

1. 机床的运动

机床进行切削加工时，为了获得所需的具有一定几何形状、尺寸精度和表面质量的工件，必须使刀具和工件完成一系列的运动。按照机床上运动的功用分类，可将机床的运动分为表面成形运动和非表面成形运动。而非表面成形运动又可以分为切入运动、分度运动、辅助运动、操纵及控制运动和校正运动等。

1）表面成形运动

表面成形运动是保证得到工件要求的表面形状的运动，简称成形运动。表面成形运动是机床上刀具和工件为了形成表面发生线而作的相对运动，它是机床上最基本的运动。

表面成形运动按其组成情况不同，可分为简单表面成形运动和复合表面成形运动。如果一个独立的表面成形运动，是由单独的旋转运动或直线运动构成的，则此表面成形运动称为简单表面成形运动。例如，用外圆车刀车削外圆柱面时，工件的旋转运动和刀具的直线运动就是两个简单表面成形运动。如果一个独立的表面成形运动，是由两个或两个以上旋转运动或直线运动，按照某种确定的运动关系组合而成，则称此表面成形运动为复合表面成形运动。例如，车削螺纹时，形成螺旋线所需的刀具和工件之间的相对运动，不能彼此独立，它们之间必须保持严格的运动关系。即工件每转一转时，刀具就均匀地移动一个螺旋线导程。

按表面成形运动在切削加工中的作用,可分为主运动和进给运动。

(1)主运动

主运动是实现切削最基本的运动,故又称为切削运动。例如:车床主轴带动工件的旋转、钻床主轴带动钻头的旋转、牛头刨床滑枕带动刨刀的往复直线运动等都是主运动,其特点是转速高,消耗功率大。主运动通常用 n 来表示。

主运动可由工件实现,也可由刀具来实现,它可以是旋转运动,也可以是直线往复运动。

(2)进给运动

进给运动是保证切削连续进行的运动,其特点是速度较低,所消耗的动力功率也较少。根据刀具相对于工件被加工表面运动方向的不同,进给运动可分为纵向进给、横向进给、切向进给、径向进给等。进给运动通常用 f 来表示。

主运动和进给运动配合即可完成所需的表面几何形状的加工。

2)非表面成形运动

机床上除了表面成形运动外,还需要非表面成形运动来完成与工件加工有关的各种工作。非表面成形运动种类较多,主要有切入运动、分度运动、辅助运动和控制运动等。

(1)分度运动

分度运动是在工件上加工若干个完全相同的均匀分布表面时,为使表面成形运动得以重复进行而由一个表面过渡到另一个表面所作的运动。例如,车削多头螺纹,在车完一条螺纹后,工件相对于刀架要回转 $360°/k$(k 为螺纹头数),再车下一条螺纹。这个工件相对于刀架的旋转运动即为分度运动。

分度运动可以是间歇分度,如自动车床的回转刀架的转位;也可以是连续的,如插齿机、滚齿机的工件分度等,此时分度运动包含在表面成形运动之中。分度运动可以是手动、机动和自动的。

(2)切入运动

切入运动是使刀具切入工件从而保证工件被加工表面获得所需要尺寸的运动。一个表面切削加工的完成一般需要数次切入运动。

(3)辅助运动

为切削加工创造条件的运动称为辅助运动。例如,工件或刀具的调位、快速趋近、快速退出和工作行程中空程的超越运动,以及修整砂轮、排除切屑、刀具和工件的自动装卸和夹紧等。

辅助运动虽然不直接参与表面成形过程,但对整个加工过程却是不可缺少的,同时还对机床的生产率、加工精度和表面质量有较大的影响。

(4)操纵及控制运动

操纵及控制运动包括机床起动、停止、变速、换向、部件与工件的夹紧和松开、转位以及自动换刀、自动测量和自动补偿等运动。

2. 机床的传动联系

1)机床传动的组成

加工工件时,由机床驱动刀具和工件形成相对运动,产生各种表面成形运动和辅助运动。在机床上为实现加工过程中所需的各种运动,必须具备以下三个主要组成部分。

(1)运动源

运动源是提供运动和动力的装置,是机床上执行件运动的动力来源。运动源一般采用交流电动机、直流电动机、伺服电动机、变频调速电动机和步进电动机等。机床上可以几个运动共用一个运动源,也可以每个运动有单独的运动源。

(2)执行件

执行件是执行机床运动的部件,如主轴、刀架、工作台等。其任务是装夹刀具或工件,并且带动它们完成一定形式的运动,并且保证运动轨迹准确。

(3)传动装置(传动件)

传动装置是传递运动和动力的装置,通过它把执行件和运动源以及有关执行件之间联系起来,使执行件获得一定速度和方向的运动,并使有关执行件之间保持确定的相对运动关系。机床的传动装置有机械、液压与气压、电气等多种形式。传动装置可以实现变换运动的性质、方向、速度的作用。

2)机床的传动链

机床上为了得到所需要的运动,需要通过一系列的传动件把执行件与运动源(如主轴和电动机),或者执行件与执行件(如主轴和刀架)之间联系起来,称为传动联系。

构成一个传动联系的一系列传动件称为"传动链"。例如由动力源——传动装置——执行件,或执行件——传动装置——执行件构成的传动联系,就称为传动链。按传动链的性质不同可分为:

(1)外联系传动链

联系运动源与执行机构之间的传动链。它使执行件获得动力以及一定的速度和方向的运动。其传动比的变化,只影响生产率或表面粗糙度,不影响加工表面的形状和精度。因此,外联系传动链中可以采用摩擦传动等传动比不准确的传动副。如普通车床电动机与主轴之间的传动链就是外联系传动链。

(2)内联系传动链

联系一个执行机构和另一个执行机构之间运动的传动链。它直接决定着加工表面的形状和精度,对执行机构之间的相对运动有严格要求。因此,内联系传动链的传动比必须准确,不应有摩擦传动或瞬时传动比变化的传动副(如皮带传动和链传动)。车削螺纹时,保证主轴和刀架之间的严格运动关系的传动链就是内联系传动链。

传动链中通常包含两类传动机构:一类是传动比和传动方向固定不变的传动机构,如定比齿轮副、蜗杆蜗轮副、丝杠螺母副等,称为定比传动机构;另一类是根据加工要求可以变换传动比和传动方向的传动机构,如挂轮变速机构、滑移齿轮变速机构、离合器换向机构等,统称为换置机构。

微课 3-2
机床的传动联系

3)机床传动系统图

为便于研究机床运动的联系、传递情况,常采用机床传动系统图。它是表示机床全部运动传递关系的示意图。图中将每条传动链中的具体传动机构用机构运动简图符号表示,并标明齿轮和蜗轮的齿数、蜗杆头数、丝杠导程、带轮直径、电动机功率和转速等。传动链的传动机构,按照运动传递或联系顺序依次排列,以展开图形式画在能反映主要部件相互位置的机床外形轮廓中。

3.2 车 床

车床是制造业中使用最广泛的一类机床,在一般机器制造厂中,其数量占金属切削机床总台数的 20%~30%。车床主要用来加工各种回转表面,如内外圆柱表面、圆锥表面、成形回转表面以及内外螺纹面等。

车床的种类很多,按其用途和结构的不同,主要分为卧式车床、立式车床、转搭车床、单轴自动和半自动车床、多轴自动和半自动车床、仿形及多刀车床和各种专门化车床。随着科技的发展,各类数控车床及车削中心的应用也日趋广泛。

在各种车床中,卧式车床是应用最广泛的一种。卧式车床的经济加工精度一般可达 IT8 左右,精车的表面粗糙度可达 Ra1.25~2.5 μm。其中 CA6140 型普通卧式车床是比较典型的普通卧式车床,现以其为例介绍如下。

3.2.1 CA6140 型普通卧式车床的工艺范围

CA6140 型卧式车床的工艺范围很广,适用于加工各种轴类和盘套类零件的回转表面,如车削内外圆柱面、圆锥面、切槽、车成形面、车端面、车螺纹等。还可以进行孔加工,例如钻孔、扩孔、铰孔、钻中心孔和滚花加工等工艺,如图 3-1 所示为卧式车床所能完成的典型加工。CA6140 型卧式车床的通用性强,但结构复杂而且自动化程度不高,加工形状复杂的零件时,换刀比较麻烦,加工中辅助时间长,生产效率低。适用于单件、小批生产类型及维修车间使用。

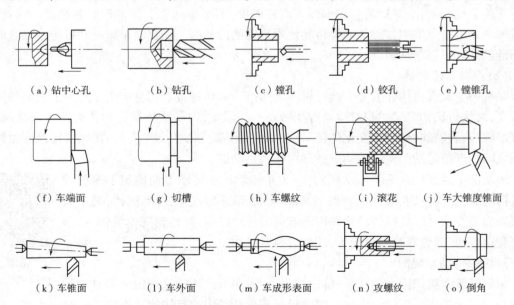

(a) 钻中心孔	(b) 钻孔	(c) 镗孔	(d) 铰孔	(e) 镗锥孔
(f) 车端面	(g) 切槽	(h) 车螺纹	(i) 滚花	(j) 车大锥度锥面
(k) 车锥面	(l) 车外面	(m) 车成形表面	(n) 攻螺纹	(o) 倒角

图 3-1 卧式车床所能完成的典型加工

3.2.2 CA6140 卧式车床的组成

CA6140 型卧式车床如图 3-2 所示,其主要组成部分有:主轴箱、进给箱、溜板箱、床鞍、床腿、床身、尾座和刀架以及电控系统、润滑和切削液供给系统等。

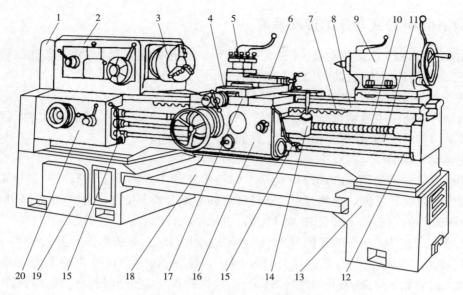

图 3-2　CA6140 卧式车床

1—侧盖；2—主轴箱；3—卡盘；4—滑板；5—四方刀架；6—刀架；7—齿条；8—床身；9—尾座；10—丝杠；11—光杠；
12—操纵杆；13—右床腿；14、15—操纵手柄；16—溜板箱；17—床鞍；18—接盘；19—左床腿；20—进给箱

左、右床腿之间设有接盘 18，以便回收切削液和切屑，之上安装了床身 8，左床腿 19 内安装着主电动机、润滑油箱和电控箱，右床腿 13 内安装有切削液箱。

床身 8 是车床的基础件，其左上方安装有主轴箱 2，左前面安装有进给箱 20，正侧面还安装了丝杠 10、光杠 11、操纵杆 12 以及齿条 7。床身 8 的功用是支承这些零部件，使它们在工作时保持准确的相对位置。另外，在床身 8 的上部还设置了山形和平形的导轨，为运动部件提供位置基准。

床鞍 17 可以在床身 8 导轨上滑动，这就是车床的纵向进给运动。床鞍 17 下方安装有溜板箱 16，床鞍 17 上部设有横向导轨，以使滑板 4 沿横向移动，这就是车床的横向进给运动。在滑板 4 上安装有可旋转的刀架 6，滑板 4 可沿刀架导轨做手动进给运动，除用于刀具位置的微调外，还可实现斜向手动进给。

在刀架 6 上方安装有四方刀架 5，在刀架 6 四个侧面的矩形槽内都可以安装车刀。逆时针扳动刀架手柄可使刀架 6 转动 90°，若顺时针扳动则可使刀架 6 夹紧。

主电动机的动力通过 V 带（在侧盖 1 内）传至主轴箱 2，经主轴箱 2 完成多级变速后驱动主轴实现主运动。主轴前端安装有卡盘 3，工件被夹紧在卡盘 3 内。可见，主轴箱 2 的功用是支承主轴并把动力经变速传动机构传给主轴，使主轴带动工件按规定的转速旋转，以实现主运动。

另外，主轴箱变速机构还将一部分动力传至进给箱 20，经进给箱 20 变速后，动力传至丝杠 10 和光杠 11。至于动力是经丝杠 10 还是经光杠 11 传动，或者是两者都脱开用手轮驱动，则由溜板箱的操纵手柄 14、15 控制。在丝杠 10 传动状态下，可以纵向车削各种圆柱螺纹；在光杠 11 传动状态下，可以采用不同的进给量纵向车削圆柱表面，或者横向车削端面。

尾座 9 的套筒前端的莫氏锥孔可套接麻花钻、扩孔钻、铰刀等刀具或顶尖，进行孔加工或使工件定位。扳动尾座手轮，可驱动尾座套筒沿机床纵向移动。尾座底板可在机床纵向导轨上移动，位置确定后，可用手柄夹紧。

3.2.3　CA6140 卧式车床的传动系统

CA6140 型卧式车床的传动系统图如图 3-3 所示,它包括主运动传动链、车螺纹进给运动传动链、机动进给运动传动链和刀架快速移动传动链。

1. 主运动传动链

主运动传动链由主电动机至主轴间的一系列传动元件组成,其作用是把动力源(电动机)的运动及动力传给主轴,实现主轴的起动、停止、变速和换向。

1) 主运动传动路线

电动机经带轮传动副 $\phi130/\phi230$ 传至主轴箱中的轴 I。轴 I 上装有双向多片摩擦离合器 M_1,其作用是控制主轴的起动、停止、正转和反转。离合器左半部接合时,主轴正转;右半部接合时,主轴反转;左右都不接合时,轴 I 空转,主轴停止转动。

当压紧离合器 M_1 左部的摩擦片时,轴 I 的运动经 M_1 左部的摩擦片及齿轮副 56/38 或 51/43 传给轴 II,当离合器 M_1 右部接合时,运动经齿轮副 50/34、34/30 由轴 I 传到轴 II,中间经过轴 VII 上的介轮 z 34,故轴 II 的旋转方向与经过离合器左部传递时相反。如离合器 M_1 处于中间位置时,其左部和右部的摩擦片都没有被压紧,空套在轴 I 的齿轮 56、51 和齿轮 50 都不转动,轴 I 的运动不能传至轴 II,则轴 I 空转,主轴停止转动。

运动由轴 II 传至轴 III,可分别经过三对齿轮副 22/58、39/41 或 30/50。从轴 III 至主轴 VI 有两条传动路线:

(1)高速传动路线

主轴上的滑移齿轮 z50 处于左端位置(与轴 III 上的齿轮 z 63 啮合),轴 III 的运动经齿轮副 63/50 直接传给主轴,使主轴实现高速旋转($n_主 = 450 \sim 1\,400$ r/min)。

(2)低速传动路线

将主轴上的滑移齿轮 z 50 移到右端(如图 3-3 示)位置,使齿式离合器 M_2 啮合。于是轴 III 上的运动经齿轮副 20/80 或 50/50 传给轴 IV,然后再由轴 IV 经齿轮副 20/80 或 51/50 传给轴 V,再经齿轮副 26/58 及齿式离合器 M_2 传给主轴。使主轴获得低速旋转($n_主 = 10 \sim 500$ r/min)。

上述的传动路线,可以用传动路线表达式来表示。CA6140 型卧式车床主运动传动链的传动路线表达式如下:

$$\begin{pmatrix} 主电动机 \\ 7.5\ kW \\ 1\,450\ r/min \end{pmatrix} - \frac{\phi130}{\phi230} - I - \begin{cases} M_1(左) - \begin{cases} \dfrac{56}{38} \\ \dfrac{51}{43} \end{cases} - \\ M_1(右) - \dfrac{50}{34} - VII - \dfrac{34}{30} - \end{cases} II - \begin{cases} \dfrac{39}{41} \\ \dfrac{30}{50} \\ \dfrac{22}{58} \end{cases}$$

$$- III - \begin{cases} \dfrac{63}{50} - M_2(左) - \\ \begin{cases} \dfrac{20}{80} \\ \dfrac{50}{50} \end{cases} - IV - \begin{cases} \dfrac{20}{80} \\ \dfrac{51}{50} \end{cases} - V - \dfrac{26}{58} - M_2(右) - \end{cases} VI(主轴)$$

微课 3-3
主运动传动链

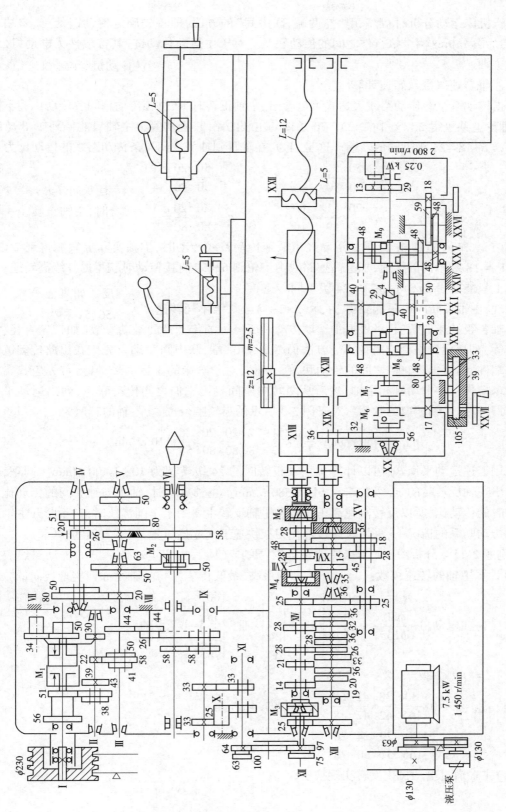

图3-3　CA6140型卧式车床的传动系统图

进行机床运动分析时,常采用"抓两端,联中间"的方法,即首先确定传动链的首、末端执行件,然后再分析这两个执行件之间的传动联系。对于主运动传动链,其首端件为电动机,末端件为主轴。

2)主轴转速级数及转速计算

根据传动系统图传动路线表达式可以看出,主轴正转时,通过各传动轴间各传动比的不同组合,理论上共可得 $2×3×(1+2×2)=30$ 条传动主轴的路线,但实际上主轴只能得到 $2×3×(1+2×2-1)=6+18=24$ 级不同的转速。这是因为,在轴Ⅲ到轴Ⅴ之间 4 条传动路线的传动比为

$$u_1 = \frac{50}{50} × \frac{51}{50} ≈ 1 \qquad\qquad u_2 = \frac{50}{50} × \frac{20}{80} = \frac{1}{4}$$

$$u_3 = \frac{20}{80} × \frac{51}{50} ≈ \frac{1}{4} \qquad\qquad u_4 = \frac{20}{80} × \frac{20}{80} = \frac{1}{16}$$

其中 u_2 和 u_3 近似相等,因此运动经由低速传动路线传动时,主轴实际上只能得到 $2×3×(2×2-1)=18$ 级不同的转速,加上高速路线由齿轮副 63/50 直接传动时获得的 6 级高转速,主轴实际上只能获得 $2×3×(1+3)=24$ 级不同转速。

同理,主轴反转时也只能获得 $3+3×(2×2-1)=12$ 级不同转速。

主轴各级转速的数值,可根据主运动传动时所经过的传动件的运动参数(如带轮直径、齿轮齿数等)列出运动平衡式来计算。方法仍然是"抓两端,联中间",即首先应找出此传动链两端的末端件,然后再找它们之间的传动联系。例如,对于车床的主运动传动链,首先应找出它的两个末端件——电动机和主轴,然后从两端向中间找出它们之间传动联系,列出运动平衡式,即可计算出主轴转速的数值。对于图 3-3 所示的齿轮啮合位置,主轴的转速为

$$n_{主} = 1\ 450\ \text{r/min} × \frac{130}{230} × \frac{51}{43} × \frac{22}{58} × \frac{20}{80} × \frac{20}{80} × \frac{26}{58} ≈ 10\ \text{r/min}$$

应用上述运动平衡式,可以计算出主轴正转时的 24 级转速为 10~1 400 r/min。同理,也可计算出主轴反转时的 12 级转速为 14~1 580 r/min。主轴反转时,轴Ⅰ与轴Ⅱ间的传动比大于正转时的传动比,所以反转转速高于正转。主轴反转主要用于车削螺纹时,在不断开主轴和刀架间传动联系的情况下,采用较高转速使刀架快速退至起始位置,可节省辅助时间。

【例题 3-1】 分析图 3-4 车床传动系统图,要求:(1)写出主运动传动链的传动路线表达式;(2)计算主轴的转速级数;(3)计算主轴的最高、最低转速;(4)主轴是如何实现换向的?

解:(1)主电动机 $-\dfrac{\phi 80}{\phi 165}-Ⅰ-\begin{Bmatrix}\dfrac{38}{42}\\[4pt]\dfrac{29}{51}\end{Bmatrix}-Ⅱ-\begin{Bmatrix}\dfrac{42}{42}\\[4pt]\dfrac{24}{60}\end{Bmatrix}-Ⅲ-\begin{Bmatrix}\dfrac{60}{38}\\[4pt]\dfrac{20}{78}\end{Bmatrix}-Ⅳ($主轴$)$;

(2)$Z=2×2×2$ 级 $=8$ 级;

(3)$n_{\max} = 1\ 440 × \dfrac{80}{165} × \dfrac{38}{42} × \dfrac{42}{42} × \dfrac{60}{38}\ \text{r/min} = 997.4\ \text{r/min}$

$n_{\min} = 1\ 440 × \dfrac{80}{165} × \dfrac{29}{51} × \dfrac{24}{60} × \dfrac{20}{78}\ \text{r/min} = 40.7\ \text{r/min}$;

(4)主轴通过电动机正反转实现换向。

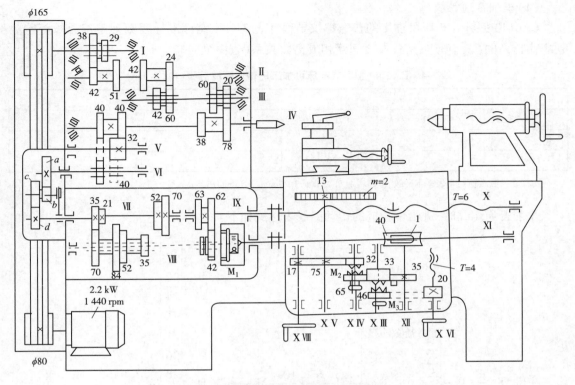

图 3-4　例题 3-3 车床的传动系统图

2. CA6140 型卧式车床进给运动传动链

1) 螺纹进给传动链

CA6140 型卧式车床的螺纹进给传动链可以车削米制、英制、模数制和径节制四种标准的常用螺纹。此外,还可以车削大导程、非标准和较精密的螺纹。这些螺纹可以是右旋的,也可以是左旋的。

无论车削哪一种螺纹,都必须在加工中形成螺纹左、右旋表面的母线和螺旋导线。一般用螺纹车刀形成母线,即按成形法形成母线,因此不需要表面成形运动;同时按轨迹法形成螺旋导线,螺旋导线的形成需要一个复合的表面成形运动,这个复合的表面成形运动必须保证主轴旋转一周,刀具准确地移动一个导程。根据这个相对运动关系,可列出车削螺纹时的运动平衡式为:

$$s = 1\mathrm{r}_{主轴}\ uL_{丝}$$ (3-1)

式中　$1\mathrm{r}_{主轴}$——车床主轴转 1 转,下同;

　　　u——从主轴到丝杠之间的总传动比;

　　　$L_{丝}$——机床丝杠的导程,mm,CA6140 型卧式车床的 $L_{丝} = 12\ \mathrm{mm}$;

　　　s——被加工螺纹的导程。

由式(3-1)可见,为了车削不同类型、不同导程的螺纹,必须对车削螺纹的传动链进行适当调整,使 u 值有相应的改变。

（1）车削普通螺纹

CA6140 型卧式车床可加工的普通螺纹导程见表 3-4，米制标准导程数列是按分段等差数列规律排列的（表中横向），各段之间互相成倍数关系（表中纵向）。

表 3-4 CA6140 型卧式车床可加工的普通螺纹导程（单位：mm）

—	1	—	1.25	—	1.5
1.75	2	2.25	2.5	—	3
3.5	4	4.5	5	5.5	6
7	8	9	10	11	12

注：标注模数数值与本表基本一致，但需增加 2.75 mm、3.25 mm、3.75 mm、6.5 mm 等。

车削普通螺纹时，进给传动链的传动路线表达式如下：

$$主轴 VI - \frac{58}{58} - IX - \begin{Bmatrix} （右旋螺纹） \\ \frac{33}{33} \\ （左旋螺纹） \\ \frac{33}{25} - X - \frac{25}{33} \end{Bmatrix} - XI - \frac{63}{100} \times \frac{100}{75} - XII - \frac{25}{36} - XIII - \begin{Bmatrix} \frac{19}{14} \\ \frac{20}{14} \\ \frac{36}{21} \\ \frac{26}{28} \\ \frac{28}{28} \\ \frac{36}{28} \\ \frac{32}{28} \\ \frac{33}{21} \end{Bmatrix} -$$

$$XIV - \frac{25}{36} \times \frac{36}{25} - XV - \begin{Bmatrix} \frac{28}{35} \times \frac{35}{28} \\ \frac{18}{45} \times \frac{35}{28} \\ \frac{28}{35} \times \frac{15}{48} \\ \frac{18}{45} \times \frac{15}{48} \end{Bmatrix} - XVII - M_5 - XVIII - 刀架$$

车削普通螺纹时，进给箱中的离合器 M_3 和 M_4 脱开，M_5 接合（见图 3-3），运动由轴 VI 经齿轮副 58/58、换向机构 33/33（车左旋螺纹时经 33/25、25/33）、交换齿轮（63/100）×（100/75）传到进给箱中，然后由移换机构的齿轮副 25/36 传至轴 XIII，再经过双轴滑移变速机构的齿轮副 19/14 或 20/14、36/21、33/21、26/28、28/28、36/28、32/28 传至轴 XIV，然后再由移换机构的齿轮副（25/36）×（36/25）传至轴 XV，接着再由轴 XV 至轴 XVII 间的两组滑移变速机构，最后经

离合器 M_5 传至丝杠 XⅧ。当溜板箱中的开合螺母与丝杠相啮合时,就可带动螺纹车刀车削普通螺纹。

其中,轴 XⅢ—XⅣ之间的变速机构可变换 8 种不同的传动比 $u_{基1} \sim u_{基8}$,CA6140 型卧式车床的普通螺纹导程与传动比之间的对应见表 3-5。$u_{基1} \sim u_{基8}$ 也可用公式表示,即

$$u_{基j} = \frac{s_j}{7}(j=1\sim8; s_j=6.5,7,8,9,9.5,10,11,12)$$

表 3-5　CA6140 型卧式车床的普通螺纹导程与传动比之间的对应

基本组的传动比	增倍组的传动比			
	$u_{倍1}=\frac{18}{45}\times\frac{15}{48}=\frac{1}{8}$	$u_{倍2}=\frac{28}{35}\times\frac{15}{48}=\frac{1}{4}$	$u_{倍3}=\frac{18}{45}\times\frac{35}{28}=\frac{1}{2}$	$u_{倍4}=\frac{28}{35}\times\frac{35}{28}=1$
$u_{基1}=\frac{26}{28}=\frac{6.5}{7}$	—	—	—	—
$u_{基2}=\frac{28}{28}=\frac{7}{7}$	—	1.75	3.5	7
$u_{基3}=\frac{32}{28}=\frac{8}{7}$	1	2	4	8
$u_{基4}=\frac{36}{28}=\frac{9}{7}$	—	2.25	4.5	9
$u_{基5}=\frac{19}{14}=\frac{9.5}{7}$	—	—	—	—
$u_{基6}=\frac{20}{14}=\frac{10}{7}$	1.25	2.5	5	10
$u_{基7}=\frac{33}{21}=\frac{11}{7}$	—	—	5.5	11
$u_{基8}=\frac{36}{21}=\frac{12}{7}$	1.5	3	6	12

这些传动比的分母都是 7,分子除 6.5 和 9.5 用于其他种类的螺纹外,其余按等差数列排列。这套变速机构称为基本组。轴 XⅤ—XⅦ间的变速机构可变换 4 种传动比 $u_{倍1} \sim u_{倍4}$(见表 3-5 的顶行),可实现螺纹导程标准中的倍数关系,称为增倍机构或增倍组。基本组、增倍组和移换机构组成进给变速机构。

根据传动系统图或传动路线表达式,可以列出车削普通(右旋)螺纹的运动平衡式为

$$s = 1r_{主轴} \times \frac{58}{58} \times \frac{33}{33} \times \frac{63}{100} \times \frac{100}{75} \times \frac{25}{36} \times u_{基} \times \frac{25}{36} \times \frac{36}{25} \times u_{倍} \times 12 \tag{3-2}$$

式中　s——被加工螺纹的导程;

　　　$u_{基}$——基本组的传动比;

　　　$u_{倍}$——倍增组的传动比。

将式(3-2)简化后可得

$$s = 7u_{基}\ u_{倍} = 7 \times \frac{s_j}{7} u_{倍} = s_j u_{倍} \tag{3-3}$$

由式(3-3)可见,选择不同的 $u_基$ 和 $u_倍$ 的值,就可以组配得到各种螺纹导程 s 的值。利用基本组可以得到按等差数列排列的基本导程 s_j,利用增倍组可把由基本组得到的 8 种基本导程值按 1/1、1/2、1/4、1/8 缩小,两者串联使用就可以获得普通螺纹标准导程。

由表 3-5 可知,经这一条传动路线能获得的最大导程是 12 mm,当需要获得导程大于 12 mm 的螺纹(如车削多线大导程螺纹或车削油槽时,可将轴Ⅸ上的滑移齿轮 58 向右移动,使之与轴Ⅷ上的齿轮 26 啮合。于是,主轴Ⅵ与轴Ⅸ之间传动路线表达式可以写为

$$主轴Ⅵ - \begin{cases} （正常螺纹导程） \\ \dfrac{58}{58} \\ （扩大螺纹导程） \\ \dfrac{58}{26} - V - \dfrac{80}{20} - IV - \begin{cases} \dfrac{50}{50} \\ \dfrac{80}{20} \end{cases} - Ⅲ - \dfrac{44}{44} - Ⅷ - \dfrac{26}{58} \end{cases} - Ⅸ - \cdots$$

加工扩大螺纹导程的螺纹时,自轴Ⅸ以后的传动路线仍与加工正常导程的螺纹时相同。

由此可算出从轴Ⅵ到Ⅸ间的传动比为

$$u_{扩1} = \frac{58}{26} \times \frac{80}{20} \times \frac{50}{50} \times \frac{44}{44} \times \frac{26}{58} = 4 \; ; \; u_{扩2} = \frac{58}{26} \times \frac{80}{20} \times \frac{80}{20} \times \frac{44}{44} \times \frac{26}{58} = 16$$

而在加工正常导程螺纹时,主轴Ⅵ与轴Ⅸ间的传动比 $u_正 = 58/58 = 1$。可见,当传动链其他部分不变时,只做上述调整,便可使导程相应地扩大 4 倍或 16 倍。因此,通常把上述传动机构称为扩大导程机构,它实质上也是一个增倍组。

(2)车削米制螺纹

米制螺纹是我国常用的螺纹,其标准螺距值在国家标准中有规定。米制螺纹标准螺距值的特点是按分段等差数列的规律排列的,为此要求螺纹进给传动链的变速机构能按照分段等差数列的规律变换其传动比。这一要求是通过适当调整进给箱中的变速机构来实现的。

2)车削圆柱面和端面

车削圆柱面和端面时,形成母线的表面成形运动是相同的(主轴旋转),但形成导线时表面成形运动(刀架移动)的方向不同。运动从进给箱经光杠输入溜板箱,经转换机构实现纵向进给车削圆柱面,或横向进给车削端面。

(1)传动路线

为了避免丝杠磨损过快,车削圆柱面和端面时的进给运动是由光杠经溜板箱传动的,同时为了便于操纵,将操纵机构放在溜板箱上。车削圆柱面和端面时,将进给箱中的离合器 M_5 脱开,使轴ⅩⅦ的齿轮 28 与轴ⅩⅨ左端的齿轮 56 相啮合。运动由进给箱传至光杠ⅩⅨ,再经溜板箱中的齿轮副(36/32)×(32/56)、超越离合器 M_6 及安全离合器 M_7、轴ⅩⅩ、蜗杆副 4/29 传至轴ⅩⅪ。当运动由轴ⅩⅪ经齿轮副 40/48 或(40/30)×(30/48)、双向离合器 M_8、轴ⅩⅫ、齿轮副 28/80、轴ⅩⅩⅢ传至小齿轮 12 时,由于小齿轮 12 与固定在床身上的齿条相啮合,小齿轮转动使刀架做纵向机动进给以车削圆柱面。当运动由轴ⅩⅪ经齿轮副 40/48 或(40/30)×(30/48)、双向离合器 M_9、轴ⅩⅩⅤ及齿轮副(48/48)×(59/18)传至横向进给丝杠ⅩⅩⅦ后,就使横刀架做横向机动进给以车削端面。

（2）纵向机动进给量

CA6140 型卧式车床纵向机动进给量有 64 种。当运动由主轴经正常导程的米制螺纹传动路线时，可获得 0.08~1.22 mm/r 的 32 种正常进给量。其余 32 种进给量可通过英制螺纹传动路线和扩大螺纹导程机构得到。

（3）横向机动进给进给量

横向进给量的计算，除在溜板箱中由于使用离合器 M_9，因而从轴 XXI 以后传动路线有所不同外，其余与纵向进给时的计算方法相同。由传动分析可知，在对应的传动路线下，所得到的横向机动进给量是纵向机动进给量的一半。

3）刀架的快速移动

为了减轻工人劳动强度和提高工作效率，刀架可以实现纵向和横向机动快速移动。当需要刀架快速接近或退离工件的加工部位时，可按下快速移动按钮，使快速电动机（250 W，2 800 r/min）起动。这时运动经齿轮副 13/29 使轴 XX 高速转动，再经蜗杆副 4/29 传到溜板箱内的转换机构，使刀架实现纵向或横向的快速移动，快速移动方向仍由溜板箱中的双向离合器 M_8 和 M_9 控制。为了缩短辅助时间和简化操作，在刀架快速移动时不必脱开进给运动传动链。这时，为了避免仍在转动的光杠和快速电动机同时传动轴 XX 而造成破坏，在齿轮 56 与轴 XX 之间装有超越离合器。

3.2.4　CA6140 卧式车床的主要部件

1. 主轴箱

主轴箱的功用是支承并传动主轴，使其实现起动、停止、变速和换向等作业，并且将进给运动从主轴传至进给系统。因此，主轴箱中通常包含有主轴及其轴承，传动机构，起动、停止、以及换向装置，制动装置，操纵机构和润滑装置等。

（1）主轴组件

CA6140 型卧式车床主轴组件如图 3-5 所示。

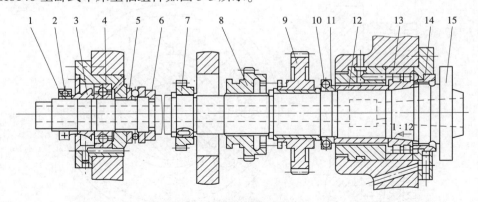

图 3-5　CA6140 型卧式车床主轴组件

1、11、14—螺母；2、10—锁紧螺钉；3、6、12—轴套；4、5、13—轴承；7、8、9—齿轮；15—主轴

CA6140 型卧式车床的主轴 15 是一个空心阶梯轴，其内孔用于通过长棒料或穿入钢棒卸下顶尖。主轴 15 前端的莫氏 6 号锥孔用于安装前顶尖或心轴，利用锥面配合摩擦力直接带动顶尖或心轴转动。

　　主轴 15 安装在两支承上,前支承是 P5 级精度的双列圆柱滚子轴承 13,用于承受径向力。该轴承 13 刚性好、精度高、尺寸小且承载能力大。轴承 13 内环和主轴 15 之间通过 1：12 锥度相配合,当内环与主轴 15 在轴向相对移动时,内环可产生弹性膨胀或收缩,以调整轴承 13 的径向间隙,调整时,松开螺母 14,拧动螺母 11,推动轴套 12、轴承 13 内圈向右移动。调整后,用锁紧螺钉 10 锁紧螺母 11。

　　后支承有两个滚动轴承,一个是 P5 级精度的角接触球轴承 4(大口向外安装),另一个是 P5 级精度的推力球轴承 5,前者用于承受径向力和由后向前的轴向力。后者用于承受由前向后的轴向力。后支承轴承的间隙调整和预紧可以用主轴尾端的螺母 1、轴套 3 和 6 调整,用锁紧螺钉 2 锁紧。

　　主轴 15 前后支的润滑,都是由润滑油泵供油。润滑油通过进油孔对轴承 4、5、13 进行充分的润滑,并带走轴承 4、5、13 运转所产生的热量。为避免漏油,前后支承采用油沟式密封。主轴 15 旋转时,由于离心力的作用,油液就沿着朝箱内方向的斜面,被甩到轴承端盖的接油槽内,经回油孔流回主轴箱。

　　主轴 15 上装有三个齿轮。右端的斜齿圆柱齿轮 9 空套在主轴 15 上。中间的齿轮 8 可以在主轴 15 的花键上滑移,它是内齿离合器。左端的齿轮 7 固定在主轴 15 上,用于进给传动链。

　　主轴前端结构如图 3-6 所示。它采用短锥法兰式结构,以短锥和轴肩端面作定位面。卡盘、拨盘等夹具通过卡盘座 4,用四个双头螺柱 5 及螺母 6 固定在主轴 3 上。安装卡盘时,只需将预先拧紧在卡盘座 4 上的双头螺柱 5 及螺母 6 一起通过主轴 3 的轴肩和锁紧盘 2 的圆柱孔,然后将锁紧盘 2 转过一个角度,使双头螺柱 5 进入锁紧盘 2 宽度较窄的圆弧槽内,把螺母 6 卡住,然后拧紧螺钉 1 和螺母 6 就可以使卡盘或拨盘可靠地安装在主轴 3 的前端。这种结构定心精度高,装卸方便,夹紧可靠,主轴前端悬伸长度较短,联接刚度好,应用广泛。

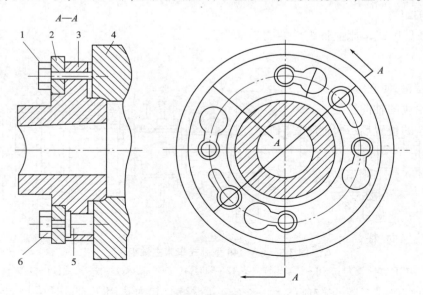

图 3-6　主轴前端结构
1—螺钉;2—锁紧盘;3—主轴;4—卡盘座;5—双头螺柱;6—螺母

（2）变速操纵机构

图 3-7 是轴Ⅱ及轴Ⅲ上滑动齿轮的变速操纵机构。轴Ⅱ上的双联滑动齿轮有左、右两个位置,轴Ⅲ上的三联滑动齿轮有左、中、右三个位置。两个滑动齿轮共用一个手柄操纵,变速手柄每转一周,变换全部六种转速。

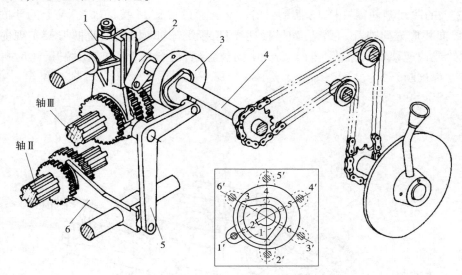

图 3-7　轴Ⅱ及轴Ⅲ上滑动齿轮的变速操纵机构
1、6—拨叉;2—曲柄;3—凸轮;4—轴;5—杠杆;

变速手柄装在主轴箱前壁面上,手柄通过链传动使轴 4 转动,在轴 4 上固定安装了凸轮 3 和曲柄 2。在凸轮 3 的侧面上开有一条封闭的曲线槽,它由两段不同半径的圆弧和两条过渡直线组成,与杠杆 5 相联的滚子位于曲线槽中。凸轮曲线槽有六个不同的变速位置(如图中 3-7 标出的 1′~6′),凸轮曲线槽通过杠杆 5 操纵轴Ⅱ上的双联滑动齿轮。当杠杆 5 的滚子中心位于凸轮槽曲线的大半径处时,齿轮处于左端位置,若处于小半径时,齿轮处于右端位置。

曲柄 2 上的滚子,嵌在拨叉 1 的长槽中。当曲柄 2 随着轴 4 转动时,可带动拨叉 1 拨动轴Ⅲ上的滑动齿轮,使它处于左、中、右三种不同的位置。顺次转动手柄至各个变速位置,就可使两个滑动齿轮块的轴向位置实现 6 种不同的组合,从而使轴Ⅲ得到 6 种不同的转速。滑移齿轮块移至规定的位置后,采用钢球定位装置实现可靠定位。

2. 溜板箱

溜板箱的功用是将丝杠或光杠传来的旋转运动转变为溜板箱的直线运动并带动刀架进给,控制刀架运动的接通、断开和换向。当机床过载时,能使刀架自动停止;还可以手动操纵刀架移动或实现快速运动等。因此,溜板箱通常设有开合螺母及其操纵机构、双向牙嵌式离合器 M_8 和 M_9 以及纵向、横向机动进给和快速移动的操纵机构、互锁机构、超越离合器和安全离合器等机构。

（1）纵向、横向机动进给及快速移动的操纵机构

纵向、横向机动进给及快速移动是由一个手柄集中操纵,如图 3-8 所示为机动进给操纵机构。当需要纵向移动刀架时,向相应方向(向左或向右)扳动手柄 1。而操纵手柄 1 只能绕销 2 摆动,于是手柄 1 下部的开口槽就拨动轴 3 轴向移动。轴 3 通过杠杆 7 及推杆 8 使鼓形凸轮 9

转动,鼓形凸轮9的曲线槽推动拔叉10移动,从而操纵轴XXII上的牙嵌式双向离合器M_8向相应方向啮合。这时,如光杠(轴XIX)转动,运动传给轴XX,从而使刀架作纵向机动进给;如按下手柄1上端的快速移动按钮S,快速电动机启动,刀架就可以向相应方向快速移动,直到松开快速移动按钮时为止。如向前或向后扳动操纵手柄1,可通过轴14使鼓形凸轮13转动,鼓形凸轮13上的曲线槽使得杠杆12摆动,杠杆12又通过拔叉11拨动轴XXV上的牙嵌式双向离合器M_9向相应方向啮合。此时,如果接通光杠或快速电动机就可使横刀架实现前后的横向机动进给或快速移动。操纵手柄1处于中间位置时,离合器M_8和M_9脱开,这时机动进给及快速移动都被断开。

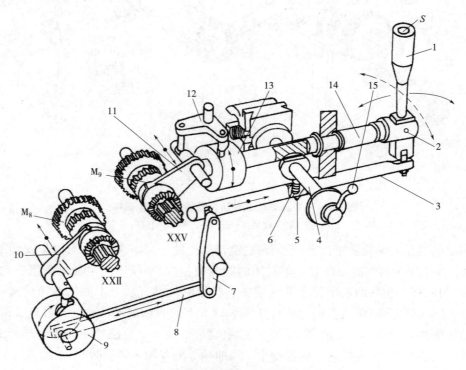

图 3-8 机动进给操纵机构

1—手柄;2、6—销;3、4、14—轴;5—横梁;7—杠杆;8—推杆;

9、13—鼓形凸轮;10、11—拔叉;12—杠杆;15—手柄

(2)超越离合器

为了避免快速电动机和光杠同时传动而造成轴XX损坏,在溜板箱左端齿轮56与轴XX之间装有超越离合器,如图3-9所示。由光杠传来的进给运动(低速),使齿轮56(外环1)按图示逆时针方向转动。三个滚子3分别在弹簧5的弹力及滚子3与外环1间摩擦力作用下,楔紧在外环1和星形体2之间,外环通过滚子3带动星形体2一起转动,于是运动便经过安全离合器M_7传至轴XX,实现正常的机动进给。当按下快移按钮时,快速电动机的运动由齿轮副13/29传至轴XX,使星形体2得到一个与齿轮56转向相同而转速却快得多的旋转运动(高速)。此时由于滚子3与外环1及星形体2之间的摩擦力,使滚子3通过柱销4压缩弹簧5而向楔形槽的宽端滚动,从而脱开外环1和星形体2(及轴XX间的传动联系)。这时光杠XIX不再驱动轴XX。因此,刀架可实现快速移动。如果快速电动机停止转动,超越离合器自动接

合,刀架立即恢复正常的机动进给运动。

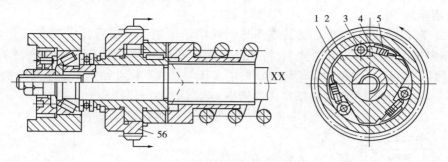

图 3-9　超越离合器
1—外环;2—星形体;3—滚子;4—柱销;5—弹簧

3.2.5　其他常用车床简介

1. 立式车床

如图 3-10 所示为立式车床,立式车床一般用于加工径向尺寸大而轴向尺寸相对较小、且形状比较复杂的大型和重型零件,图 3-10(a)为单柱式立式车床,图 3-10(b)为双柱式立式车床,前者零件加工直径一般小于 1 600 mm,后者一般加工直径大于 2 000 mm。

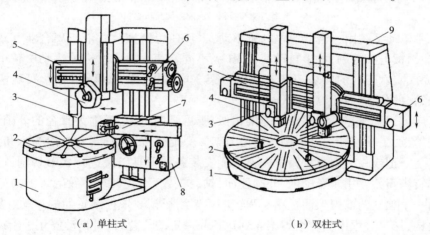

（a）单柱式　　　　　　　　　　（b）双柱式

图 3-10　立式车床
1—底座;2—工作台;3—立柱;4—垂直刀架;5—横梁;
6—垂直刀架进给箱;7—侧刀架;8—侧刀架进给箱;9—顶梁

立式车床在结构布局上的主要特点是主轴垂直布置,工作台台面水平布置。因此,工件的装夹和找正都比较方便,而且工件及工作台的重量能均匀地作用在工作台导轨或推力轴承上,大大地减轻了主轴及轴承的载荷,易于机床长期保持工作精度。

立式车床的工作台 2 装在底座 1 上,工件装夹在工作台 2 上并由工作台 2 带动作旋转主运动。进给运动由垂直刀架 4 和侧刀架 7 来实现。侧刀架 7 可在立柱 3 的导轨上移动作垂直进给,还可沿刀架滑座的导轨作横向进给。同理,垂直刀架 4 可沿其刀架滑座的导轨作垂直进给,也可以沿横梁 5 的导轨移动作横向进给。横梁 5 可以沿立柱导轨上下移动,以适应加工不同高度工件的需求。

立式车床是电厂辅机装备、重型电机以及冶金矿山机械制造等行业不可缺少的加工装备。

2. 转塔车床

图 3-11 为 CB3463-1 型半自动转塔车床。转塔车床适于在成批生产中加工形状比较复杂,需要较多工序和较多刀具的加工,特别是有内孔和内外螺纹的工件,如各种阶梯小轴、套筒、螺钉、螺母、接头、法兰盘和齿轮坯等。转塔车床与卧式车床在结构上的主要区别是没有尾座和丝杠。卧式车床的尾座由转塔车床的转塔刀架 4 代替。

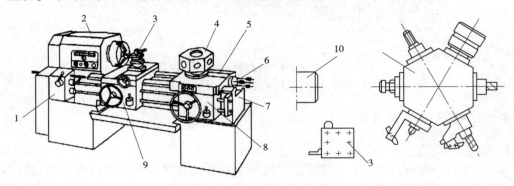

图 3-11　CB3463-1 型半自动转塔车床

1—进给箱;2—主轴箱;3—前刀架;4—转塔刀架;5—纵向溜板;6—定程装置;

7—床身;8—转塔刀架溜板箱;9—前刀架溜板箱;10—主轴

该机床主传动系统由一台双速电动机驱动,采用四组摩擦片式液压离合器和双联滑移齿轮变速,由插销板电液控制,可半自动获得 16 级不同转速。机床的进给运动由转塔刀架 4 和前、后刀架完成。六工位的转塔刀架 4 和前刀架 3 均由机、电、液联合控制,实现快速趋近工件—工作进给—快速退回原位的工作循环。

转塔车床前刀架 3 与卧式车床的刀架相似,既可纵向进给,切削大直径的外圆柱面,也可以作横向进给,加工端面和内外沟槽。转塔刀架 4 只能作纵向进给,它一般为六角形,可在六个面上各安装一把或一组刀具。为了在刀架上安装各种刀具以及进行多刀切削,可采用各种辅助工具。转塔刀架 4 用于车削内、外圆柱面,钻、扩、铰、镗孔和攻螺纹等。前刀架 3 和转塔刀架 4 各由一个独立的前刀架溜板箱 9 和转塔刀架溜板箱 8 来控制它们的运动。转塔刀架 4 设有定程机构,加工过程中当转塔刀架 4 到达预先调定的位置时,可自动停止进给或快速返回原位。

在转塔车床上加工工件时,需根据工件的加工工艺过程,预先将所用的全部刀具装在刀架上,每把(组)刀具只用于完成某一特定工步,并根据工件的加工尺寸调整好位置。同时还需相应地调整定程装置,以便控制每一刀具的行程终点位置。机床调整完成后,只需接通刀架的进给运动,以及工作行程终了时将其退回,便可获得所要求的加工尺寸。在加工中不需频繁地更换刀具,也不需经常对刀和测量工件尺寸,从而可以大大缩短辅助时间,提高生产率。当零件改变时,只要改变程序并重新调整机床上纵向、横向行程挡块即可。

3.3　其他类型机床

3.3.1　钻床

钻床是一种孔加工机床,它一般用于加工直径不大、精度要求不高的孔。其主要加工方法是钻孔,此外还可在原有孔的基础上进行扩孔、铰孔、锪平面、攻螺纹等加工。钻床的加工方法如图 3-12 所示。

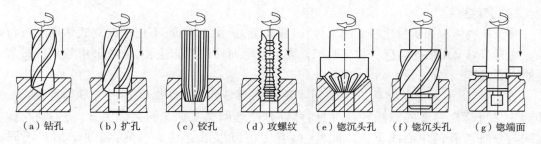

（a）钻孔　　（b）扩孔　　（c）铰孔　　（d）攻螺纹　　（e）锪沉头孔　　（f）锪沉头孔　　（g）锪端面

图 3-12　钻床的加工方法

钻床加工时,工件固定不动,主运动是刀具(主轴)的旋转,进给运动是刀具(主轴)沿轴向的移动。钻床的主参数是最大钻孔直径。钻床的主要类型有立式钻床、摇臂钻床、台式钻床、深孔钻床等。

1. 立式钻床

图 3-13 所示为立式钻床。立式钻床主要由工作台 1、主轴 2、主轴箱 3、进给操纵机构 4 和立柱 5 等部件组成。

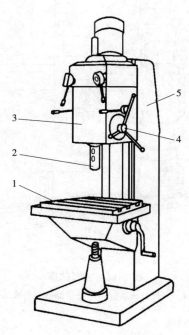

图 3-13　立式钻床

1—工作台;2—主轴;3—主轴箱;4—进给操纵机构;5—立柱

主轴箱 3 中装有主运动和进给运动的变速传动机构、主轴部件以及操纵机构等。主轴箱 3 固定不动,用移动工件的方法使刀具旋转中心与被加工孔的中心重合。进给运动由主轴 2 随主轴套筒在主轴箱 3 中作直线移动来实现。利用装在主轴箱 3 上的进给操纵机构 4,可以使主轴 2 实现手动快速升降、手动进给以及接通或断开机动进给。被加工工件可直接或通过夹具安装在工作台 1 上。工作台 1 和主轴箱 3 都装在方形立柱 5 的垂直导轨上,可上下调整位置,以适应加工不同高度的工件。

立式钻床通过移动工件的办法来对准孔中心与主轴中心,因而操作不便,生产率不高,常用于单件、小批生产中、小型工件。

2. 摇臂钻床

对于一些体积和质量比较大的工件,因移动费力,找正困难,不便于在立式钻床上进行加工。这时可以采用摇臂钻床。加工时工件固定不动而移动机床主轴,使主轴中心对准被加工孔的中心,找正十分方便。

图 3-14 所示为摇臂钻床。主轴箱 4 装在摇臂 3 上,可沿摇臂 3 的导轨水平移动,而摇臂 3 又可绕立柱 2 的轴线转动,因而可以方便地调整主轴 5 的坐标位置,使主轴 5 旋转轴线与被加工孔的中心线重合。此外,摇臂 3 还可以沿立柱 2 升降,以便于加工不同高度的工件。同时为保证机床在加工时有足够的刚度,并使主轴 5 在钻孔时保持准确的位置,摇臂钻床具有立柱 2、摇臂 3 及主轴箱 4 的夹紧机构,当主轴位置调整完毕后,可以迅速地将它们夹紧。

摇臂钻床主轴中心位置调整方便,主轴转速范围和进给范围大,适用于单件和中、小批量生产中大、中型零件。

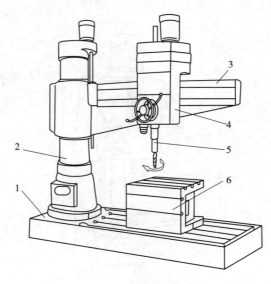

图 3-14 摇臂钻床
1—底座;2—立柱;3—摇臂;4—主轴箱;5—主轴;6—工作台

3.3.2 镗床

镗床是一种主要用镗刀在有预制孔的工件上加工的机床。通常用于加工尺寸较大、精度要求较高的孔,特别是分布在不同表面上、孔中心距和位置精度要求较高的孔。如各种箱体类零件上的孔。镗床的工艺范围较广,除镗孔外,还可以进行铣削、钻孔、扩孔、铰孔和锪平面等加工。镗床的主要类型有卧式镗床、坐标镗床和金刚镗床等。

1. 卧式镗床

图 3-15 所示为卧式镗床。主轴箱 8 可沿前立柱 7 的垂直导轨上下移动,以实现垂直进给运动或调整镗轴轴线的位置。主轴箱中安装有水平布置的主轴组件、主传动和进给传动的变速机构。加工刀具可以安装在镗轴 4 前端的锥孔中,或装在平旋盘 5 的径向刀具溜板 6 上。主轴 4 不仅完成旋转主运动,还可沿轴向移动作进给运动。平旋盘 5 只能作旋转主运动,而装在平旋盘 5 导轨上的径向刀具溜板 6,除了随平旋盘 5 一起作旋转外,还可作径向进给运动,这时可以车端面。工件安装在工作台 3 上,可与工作台 3 一起随上下滑座 12 和 11 作横向或纵向移动。工作台 3 也可在上滑座 12 的圆导轨上绕垂直轴线转位,以便加工相互平行或成一定角度的孔与平面。后立柱 2 上装有后支架 1,用以支承悬伸长度较长的镗杆的悬伸端,以增加刚性。后支架 1 可沿后立柱 2 的垂直导轨与主轴箱 8 同步升降,以保证其支承孔与主轴在同一轴线上。后立柱还可沿床身导轨调整纵向位置,以适应不同长度的镗杆的需求。

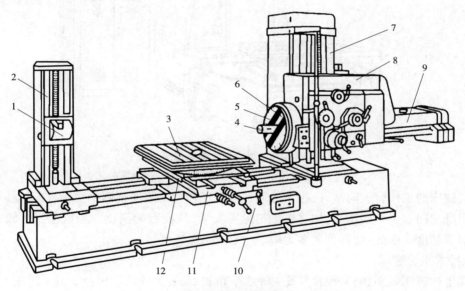

图 3-15　卧式镗床

1—后支架;2—后立柱;3—工作台;4—镗轴;5—平旋盘;6—径向刀具溜板;
7—前立柱;8—主轴箱;9—后尾筒;10—床身;11—下滑座;12—上滑座

卧式镗床的主要参数是主轴直径。其工艺范围广泛,尤其适合大型、复杂的箱体类零件上孔的加工。卧式镗床机构复杂,生产效率较低,故经常应用于单件、小批生产。

2. 坐标镗床

坐标镗床是指具有精密坐标定位装置的镗床。这种机床主要零部件的制造和装配精度很高,且具有良好的刚性和抗振性。它主要用来镗削精密孔(IT5 级或更高)和位置精度要求很高的孔系(定位精度可达 0.002~0.01 mm)。例如钻模和镗模上的精密孔。

坐标镗床除镗孔外,还可进行钻孔、扩孔、铰孔、铣端面以及精铣平面和沟槽等加工。此外,因其具有很高的定位精度,故还可用于精密刻线和划线以及进行孔中心距和直线尺寸的精密测量等工作。

坐标镗床按其布局型式有立式单柱、立式双柱和卧式等主要类型。

(1)立式单柱坐标镗床

立式单柱坐标镗床如图 3-16 所示。主轴箱 5 可在立柱 4 的竖直导轨上调整上下位置,以适应不同高度的工件。主轴箱 5 内装有主电动机、主轴组件和变速、进给及其操纵机构。主轴由精密轴承支承在主轴套筒中。当进行镗孔、钻孔、铰孔等工作时,主轴由主轴套筒带动,在垂直方向作机动或手动进给运动。工件固定在工作台 3 上,坐标位置由工作台 3 的移动来确定。工作台 3 的移动包括沿床鞍 2 导轨的纵向移动和沿床身 1 导轨的横向移动。

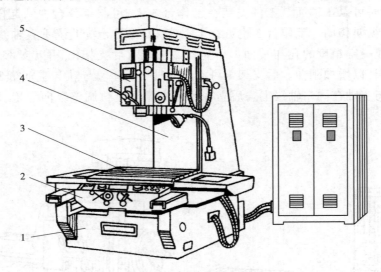

图 3-16 立式单柱坐标镗床
1—床身;2—床鞍;3—工作台;4—立柱;5—主轴箱

这类镗床的工作台三向敞开,操作方便。但是工作台必须实现两个坐标方向的移动,使工作台和床身之间多了一层床鞍,加之主轴箱悬臂安装,从而影响刚度。当机床尺寸较大时,难于保证加工精度。因此,此种型式多为中、小型坐标镗床。

(2)卧式坐标镗床

卧式坐标镗床如图 3-17 所示。其主轴水平布置,安装工件的工作台 3 由下滑座 1、上滑座 2 以及可作精密分度的回转工作台 3 等组成。镗孔坐标位置由下滑座 1 沿床身导轨的纵向移动和主轴箱 5 沿立柱导轨的垂直方向移动来确定。回转工作台 3 可以在水平面内回转一定的角度,以进行精密分度。进行孔加工时的进给运动,可由主轴轴向移动完成,也可由上滑座 2 横向移动完成。

卧式坐标镗床具有较好的工艺性能,工件沿垂直方向尺寸不受限制,安装调整方便,利用回转工作台的分度运动,可以实施工序集中加工。近年来这种类型的坐标镗床应用得日趋广泛。

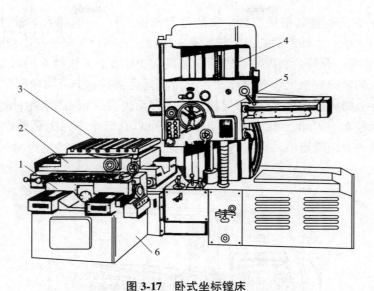

图 3-17　卧式坐标镗床

1—下滑座；2—上滑座；3—回转工作台；4—立柱；5—主轴箱；6—床身

3.3.3　铣床

铣床是用铣刀进行铣削加工的机床，可以加工平面、沟槽（键槽、T 型槽、燕尾槽等）、分齿零件（齿轮、链轮、棘轮、花键轴等）、螺旋形表面及各种曲面等。铣床加工的典型表面如图 3-18 所示。

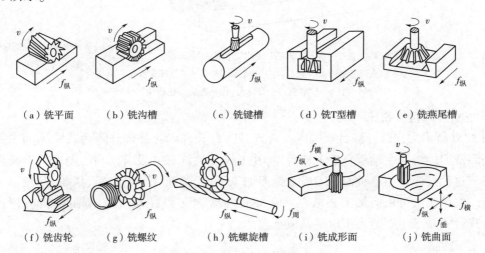

（a）铣平面　　　（b）铣沟槽　　　（c）铣键槽　　　（d）铣T型槽　　　（e）铣燕尾槽

（f）铣齿轮　　　（g）铣螺纹　　　（h）铣螺旋槽　　　（i）铣成形面　　　（j）铣曲面

图 3-18　铣床加工的典型表面

由于铣刀是多齿刀具，切削过程又是断续切削，所以加工精度较低，一般多用于粗加工或半精加工。铣床是机械制造行业中应用十分广泛的一种机床。

铣床的主要类型有：卧式升降台式铣床、立式升降台式铣床和龙门铣床等。

1. 卧式升降台式铣床

卧式万能铣床是目前应用较广泛的一种卧式升降台式铣床，如图 3-19 所示，床身 2 固定在底座上。在床身内部装有主电动机、主轴变速机构 1 及主轴 3 等。床身顶部的导轨上装有横梁 4,可沿水平方向调整其前后位置。安装铣刀的铣刀杆,一端插入主轴,另一端由横梁 4 上的刀杆支承 5 支承。主轴带动铣刀旋转实现主运动。升降台 9 安装在床身前侧的垂直导轨上,可上下垂直移动。升降台 9 内装有进给变速机构 10,用于工作台 6 的进给运动和快速移动。在升降台 9 的横向导轨上装有回转盘 7,它可绕垂直轴在±45°范围内调整角度。工作台 6 安装在回转盘 7 上的床鞍导轨上,可沿导轨作纵向移动。横滑板可带动工作台 6 沿升降台 9 横向导轨作横向移动。因此,固定工件的工作台 6,可以在三个方向上调整位置,并可以带动工件实现其中任一方向的进给运动。

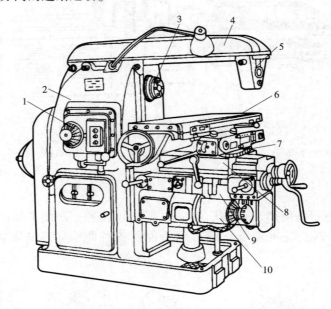

图 3-19　卧式升降台铣床

1—主轴变速机构;2—床身;3—主轴;4—横梁;5—刀杆支承;6—工作台;
7—回转盘;8—横滑板;9—升降台;10—进给变速机构

2. 立式升降台式铣床

图 3-20 所示为立式升降台式铣床。立式升降台式铣床与卧式升降台式铣床的主要区别在于安装铣刀的机床主轴垂直于工作台面,其工作台 3、床鞍 4 及升降台 5 与卧式升降台式铣床相同。这种铣床可用各种面铣刀或立铣刀加工平面、斜面、沟槽、台阶、齿轮、凸轮以及螺旋表面等。立铣头 1 可根据加工要求在垂直平面内调整角度,主轴 2 可沿轴线方向进行调整。立式升降台式铣床主要适用于单件及成批生产。

3. 龙门铣床

如图 3-21 所示为龙门铣床。龙门铣床是一种大型高效通用铣床,主要工艺范围是大型工件的平面和沟槽的加工。机床主体采用龙门式框架,横梁 3 可以在立柱 5、7 上升降,以适应不同高度工件的加工。横梁 3 上的两个垂直铣头 4、8 可在横梁 3 上沿水平方向调整位置。立柱 5、7 上的两个水平铣头 2、9 则可沿垂直方向调整位置。每个铣头都是一个独立部件,内装有主运动变速机构、主轴部件及操纵机构等。各铣刀的切削深度均可由铣头主轴套筒带动铣刀主轴沿轴向移动来实现。有些龙门铣床上的立铣头主轴可以作倾斜调整,以便铣斜面。加工时,工件固定在工作台上作直线进给运动。

龙门铣床的刚性好,加工精度较高,可用几把铣刀同时铣削,所以生产率较高。适宜成批和大量的生产方式。

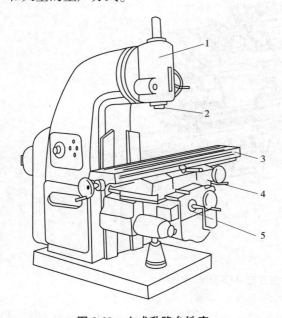

图 3-20　立式升降台铣床

1—立铣头;2—主轴;3—工作台;4—床鞍;5—升降台

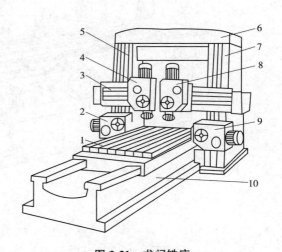

图 3-21　龙门铣床

1—床身;2、9—水平铣头;3—横梁;4、8—垂直铣头;
5、7—立柱;6—顶梁;10—工作台

3.3.4　磨床

用磨具(砂轮、砂带、油石或研磨料等)或磨料作为工具对工件进行切削加工的机床,统称为磨床。磨床工艺范围非常广泛,可用于磨削内、外圆柱面和圆锥面,平面,螺旋面,齿面以及各种成形面等,还可以刃磨刀具。

随着科学技术的不断发展,各种高硬度材料的使用日益增多,同时对机械零件的精度和表面质量的要求愈来愈高。因此,磨床的应用范围日益扩大,在金属切削机床总量的构成比例不断上升。目前在工业发达的国家中,磨床在机床总数中的比例已达 30% ~40%。

磨床的种类很多,主要类型有外圆磨床、内圆磨床、平面磨床、工具磨床、各种刀具刃具磨床以及专门化磨床(如曲轴磨床、花键轴磨床、凸轮轴磨床及导轨磨床)等。下面以万能外圆磨床、无心外圆磨床和平面磨床为例进行介绍。

1. 万能外圆磨床

万能外圆磨床主要用于磨削内、外圆柱和圆锥表面,也能磨削阶梯轴的轴肩和端面。一般加工精度为 IT6~TT7,表面粗糙度为 $Ra1.25~0.08~\mu m$。其主参数是最大磨削直径。万能外圆磨床的通用性好,但生产率较低,适用于单件小批生产。

(1)机床结构

图 3-22 所示为 M1432B 型万能外圆磨床,机床主要组成部件如下:

床身 1 是磨床的基础支承件,在它的上面装有砂轮架 4、工作台 8、头架 2、尾座 5 及滑鞍 6 等部件,使这些部件在工作时保持准确的相对位置。床身内部有用作液压油的油池;头架 2 用于安装及夹持工件,并带动工件旋转,头架 2 在水平面内可逆时针方向转 90°;内圆磨具 3 用于

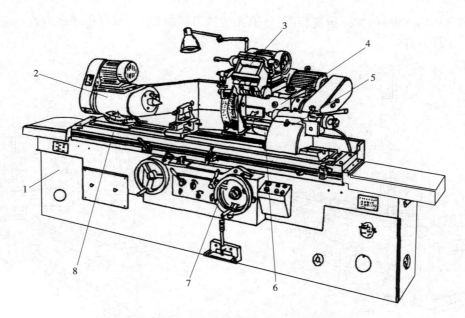

图 3-22 M1432B 型万能外圆磨床
1—床身；2—头架；3—内圆磨具；4—砂轮架；5—尾座；6—滑鞍；7—手轮；8—工作台

支承磨内孔的砂轮主轴，内圆磨具 3 主轴由单独的电动机驱动；砂轮架 4 用于支承并传动高速旋转的砂轮主轴，装在滑鞍 6 上，当需磨削短圆锥面时，砂轮架 4 还可以在水平面内调整至一定角度位置（±30°）；尾座 5 和头架 2 的顶尖一起支承工件；滑鞍 6 及横向进给机构，转动横向进给手轮 7，可以使横向进给机构带动滑鞍 6 及其上的砂轮架 4 做横向进给运动；工作台 8 由上下两层组成，上工作台可绕下工作台在水平面内回转一个角度（±10°），用以磨削锥度不大的长圆锥面，上工作台上面装有头架 2 和尾座 5，它们可随工作台一起沿床身导轨做纵向往复运动。

（2）机床的运动

图 3-23 所示为万能外圆磨床加工示意图。由图可以看出，为了实现磨削加工，机床必须具备以下运动：砂轮的旋转主运动 $n_砂$；工件的圆周进给运动 $f_周$；工件的往复纵向进给运动 $f_纵$，通常由液压传动实现；砂轮的周期或连续横向进给运动 $f_横$，由手动或者液压传动实现。此外，还有砂轮架快速进退和尾座套筒缩回两个辅助运动，它们也采用液压传动实现。

（3）机床的机械传动系统

M1432A 型万能外圆磨床的运动由机械和液压联合传动。除工作台的纵向往复运动、砂轮架的快速进退和自动周期进给、尾座套筒的缩回采用液压传动外，其余运动都是机械传动。

2. 无心外圆磨床

无心外圆磨床磨削的工作原理如图 3-24 所示。无心磨削加工时，工件 4 不用顶尖定心或支承，而是置于磨削砂轮 1 和导轮 3 之间并用托板 2 支承定位。导轮 3 为刚玉砂轮（一般以橡胶为结合剂），不起磨削作用，它与工件 4 间的摩擦系数较大，依靠摩擦力带动工件旋转，实现圆周进给运动。导轮 3 的线速度在 10~50 m/min 范围内，工件 4 的线速度基本上等于导轮的线速度。磨削砂轮 1 线速度很高，一般为 35 m/s 左右，所以在磨削砂轮 1 与工件 4 之间有很

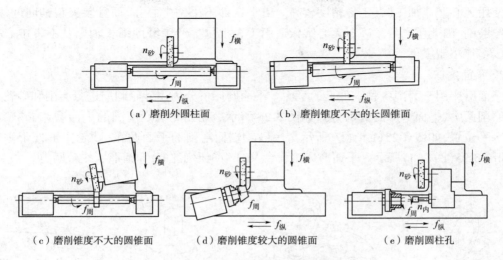

（a）磨削外圆柱面　　　　　　　　　　（b）磨削锥度不大的长圆锥面

（c）磨削锥度不大的圆锥面　　　（d）磨削锥度较大的圆锥面　　　（e）磨削圆柱孔

图 3-23　万能外圆磨床加工示意图

大的相对速度，这就是磨削工件的切削速度。

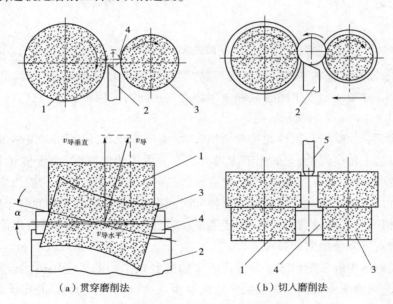

（a）贯穿磨削法　　　　　　　　　　（b）切入磨削法

图 3-24　无心外圆磨床的工作原理

1—磨削砂轮；2—托板；3—导轮；4—工件；5—挡块

为了避免磨削出棱圆形工件，工件 4 中心必须高于磨削砂轮 1 和导轮 3 的中心连线（高出工件直径的 15%～25%），使工件 4 与磨削砂轮 1 及工件 4 与导轮 3 间的接触点不在同一直径线上，从而可以使工件 4 在多次转动中逐步被磨圆。

无心磨削通常有纵磨法（贯穿磨削法）和横磨法（切入磨削法）两种，如图 3-24 所示。

图 3-24（a）所示为纵磨法。导轮轴线相对于工件轴线偏转 $\alpha = 1° \sim 4°$ 的角度，粗磨时取大值，精磨时取小值。此偏转角使工件获得轴向进给速度。

图 3-24（b）所示为横磨法。工件无轴向运动，导轮作横向进给运动，为了使工件在磨削时紧靠挡块，一般取偏转角 $\alpha = 0.5° \sim 1°$。

使用无心磨床加工时,工件精度较高。由于工件不用钻中心孔,而且装夹辅助时间短,可以连续磨削,因此生产效率高。无心磨床适用于大批量生产中磨削细长轴以及不带中心孔的轴、套、销等小型零件。

3. 平面磨床

平面磨床用于磨削各种零件上的平面。平面磨床可分为用砂轮圆周进行磨削和砂轮端面进行磨削两类,平面磨床的磨削方式如图 3-25 所示。用砂轮圆周磨削的平面磨床,砂轮主轴处于水平位置,如图 3-25(a)、(b)所示。用砂轮端面磨削的平面磨床,砂轮主轴处于垂直位置,如图 3-25(c)、(d)所示。平面磨床工作台又分为矩形工作台和圆形工作台两类。

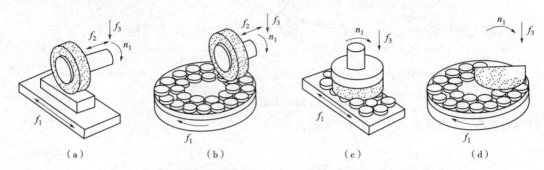

(a)　　　　　　　　(b)　　　　　　　　(c)　　　　　　　　(d)

图 3-25　平面磨床的磨削方式

根据砂轮主轴的布置和工作台的形状不同,平面磨床主要有:卧轴矩台式平面磨床、卧轴圆台式平面磨床、立轴矩台式平面磨床和立轴圆台式平面磨床四种类型,它们的磨削方式分别如图 3-25(a)、(b)、(c)、(d)所示。

采用端面磨削时,砂轮与工件的接触面积较大,生产率较高,但磨削时发热量大,冷却和排屑条件差,所以加工精度较低,表面粗糙度较大。而采用周边磨削时,由于砂轮和工件接触面积较小,发热量少,冷却和排屑条件较好,可获得较高的加工精度和较小的表面粗糙度。另外,由于磨削时圆台式是连续进给,而矩台式有换向时间损失,所以圆台式平面磨床比矩台式平面磨床的生产率稍高些。但是,圆台式只适于磨削小零件和大直径的环形零件端面,不能磨削窄长零件,而矩台式可方便地磨削各种零件。

目前,平面磨床中卧轴矩台式平面磨床和立轴圆台式平面磨床应用得比较广泛。图 3-26 为卧轴矩台式平面磨床。其砂轮主轴是内连式异步电动机的轴,电动机的定子就装在砂轮架 3 的壳体内,砂轮架 3 可沿滑座 4 的燕尾导轨作横向间歇进给运动(可手动或液动)。滑座 4 与砂轮架 3 一起可沿立柱 5 的导轨作间歇的垂直进给运动。工作台 2 沿床身 1 的导轨作纵向往复运动(液压传动)。

3.3.5　齿轮加工机床

齿轮加工机床是用来加工齿轮轮齿的机床。按照切削方法分类,主要有滚齿机、插齿机、剃齿机、珩齿机、磨齿机、刨齿机、铣齿机等。

1. 滚齿机

图 3-27 所示为 Y3150E 型滚齿机。滚齿机主要用于加工直齿和斜齿圆柱齿轮、蜗轮和花键轴等工件。立柱 2 固定在床身 1 上,刀架溜板 3 可沿立柱 2 导轨作垂直进给运动和快速移

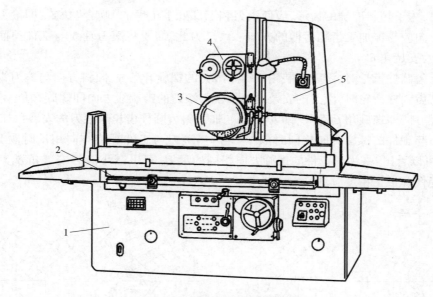

图 3-26　卧轴矩台式平面磨床

1—床身；2—工作台；3—砂轮架；4—滑座；5—立柱

动,以实现滚刀的轴向进给及调整。安装滚刀的刀杆 4 装在滚刀架 5 的主轴上,滚刀与滚刀架 5 可一起沿刀架溜板 3 上的圆形导轨在 0°～240°范围内调整安装斜角度。工件安装在工作台 9 的心轴 7 上,由工作台 9 带动作旋转运动。工作台 9 和后立柱 8 装在同一溜板上,可沿床身 1 的水平导轨移动,以调整工件的径向位置或作手动径向进给运动。后立柱 8 上的支架 6 可通过轴套或顶尖支承工件的心轴。

　　滚刀的旋转是主运动,滚刀与工件之间的啮合是展成运动,由机床的内联系传动链实现,滚刀沿工件轴向的移动是进给运动;此外,在滚斜齿轮时,还必须有一个附加的转动即差动运动。

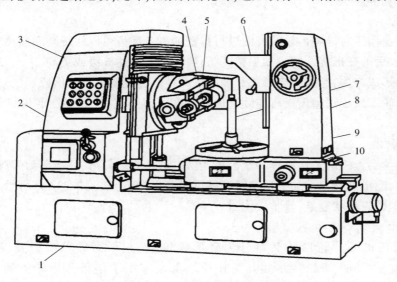

图 3-27　Y3150E 型滚齿机

1—床身；2—立柱；3—刀架溜板；4—刀杆；5—滚刀架；6—支架；

7—心轴；8—后立柱；9—工作台；10—床鞍

滚齿时,为了切出准确的齿形,应使滚刀和工件处于正确的"啮合"位置,即滚刀在切削点的螺旋线方向应与被加工齿轮齿槽的方向一致。为此,需要将滚刀轴线与工件顶面调整一定的角度,即为安装角 δ。

加工直齿圆柱齿轮时,滚刀安装角 δ 等于滚刀的螺旋升角 γ,倾斜方向与滚刀螺旋方向有关。加工斜齿圆柱齿轮时,滚刀的安装角 δ 不仅与滚刀的螺旋线方向即螺旋升角 γ 有关,还与工件的螺旋方向即螺旋角 β 有关,即 $\delta=\beta\pm\gamma$。加工斜齿圆柱齿轮时滚刀的安装角如图 3-28 所示。当滚刀与工件的螺旋方向相同时取"−"号;当滚刀与工件螺旋方向相反时取"+"号。从图 3-28 中可以看出,采用与工件的螺旋方向相同的滚刀,可以减小滚刀安装角 δ,对于提高机床运动平稳性及加工精度有利。

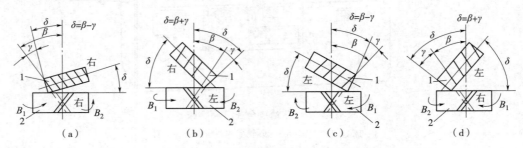

图 3-28　加工斜齿圆柱齿轮时滚刀的安装角

2. 插齿机

插齿机主要用于加工直齿圆柱齿轮的轮齿,尤其适合加工内齿轮和多联齿轮,还可加工斜齿轮、齿条、齿扇及特殊齿形的齿轮。其加工精度为 IT7~IT8 级,表面粗糙度值为 $Ra0.16\ \mu m$。

插齿加工时的运动有:插齿刀沿工件轴线所作的直线往复主运动;工件与插齿刀之间的展成运动;插齿刀绕自身轴线的圆周进给运动;插齿刀(或工件)径向进给运动;插齿刀在工作回程时的让刀运动等。

3. 磨齿机

磨齿机主要用于对淬硬齿轮的齿面进行精密加工。磨齿可以纠正磨削前预加工中的各项误差,消除淬火后的变形等。磨齿加工精度高,齿轮精度可达 6 级或更高。

按齿廓的形成方法,磨齿有成形法和展成法两种。传统磨齿机采用成形法较少,大多采用展成法磨削齿轮。展成法磨齿机有连续磨齿和分度磨齿两大类,展成法磨齿机的工作原理如图 3-29 所示。

（1）连续磨齿

展成法连续磨齿机的工作原理与滚齿机相似。砂轮为蜗杆形,相当于滚刀,加工时它与工件作展成运动,磨出渐开线。加上进给运动就可以磨出全齿,如图 3-29(a)所示。这类磨齿机生产效率高,但砂轮形状复杂,修整较困难。

（2）分度磨齿

这类磨齿机根据砂轮形状又可分为碟形砂轮型、大平面砂轮型以及锥形砂轮型三种,如图 3-29(b)、(c)、(d)所示。其工作原理都是应用了齿条和齿轮的啮合原理,用砂轮代替齿条并与齿轮啮合运动,从而磨出齿轮齿面。碟形砂轮磨齿机用两个碟形砂轮代替齿条的两个齿侧面;大平面砂轮磨齿机用砂轮的端面代替齿条的一个齿侧面;锥砂轮磨齿机用锥形砂轮的侧面代替齿条的一个齿。齿条的齿廓形状简单,易于修整砂轮廓

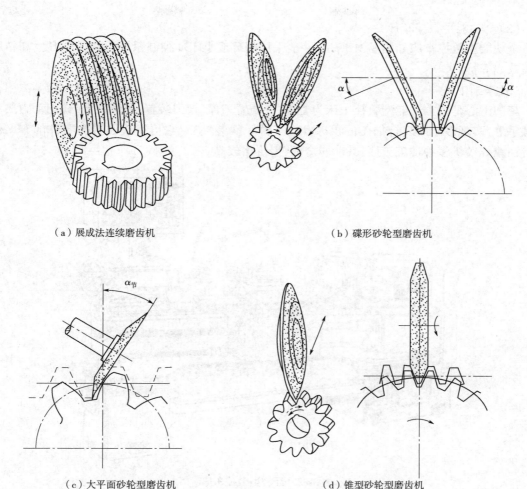

（a）展成法连续磨齿机　　　　　　　　　　（b）碟形砂轮型磨齿机

（c）大平面砂轮型磨齿机　　　　　　　　　　（d）锥型砂轮型磨齿机

图 3-29　展成法磨齿机的工作原理

形。加工时，被磨齿轮在假想齿条上滚动，每往复滚动一次，可完成一个或两个齿面的磨削。因此，磨削全部齿面，需多次分度。

3.4　数控机床简介

3.4.1　数控车床

1. 数控车床的分类

数控车床按数控系统的功能划分，可分为以下几类机床：

（1）经济型数控车床

如图 3-30 所示为经济型数控车床，一般是在普通车床的基础上改进设计的，采用步进电动机驱动的开环伺服系统，其控制部分采用单板机或单片机实现。此类车床结构简单，价格低廉，但无刀尖圆弧半径自动补偿和恒线速切削等功能。

（2）全功能型数控车床

全功能型数控车床如图 3-31 所示，一般采用闭环或半闭环控制系统，具有高刚度、高精度和高效率等特点。

（3）车削中心

车削中心是以全功能型数控车床为主体，并配置刀库、换刀装置、分度装置、铣削动力头和机械手等，实现多工序复合加工的机床。在工件一次装夹后，它可完成回转类零件的车、铣、钻、铰、攻螺纹等多种加工工序，其功能全面，但价格较高。

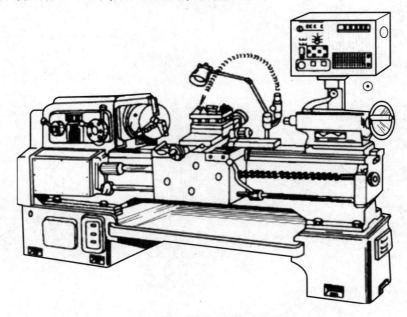

图 3-30　经济型数控车床

（4）FMC 数控车床

FMC 数控车床是一个由数控车床、机器人等构成的柔性加工单元，如图 3-32 所示。它能实现工件搬运、装卸的自动化和加工调整准备的自动化。

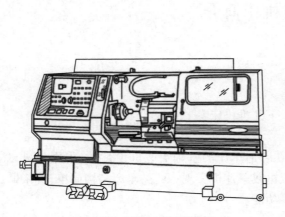

图 3-31　全功能型数控车床

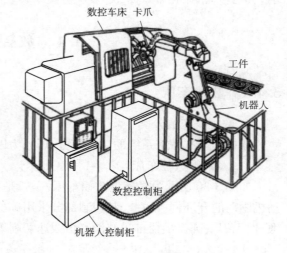

图 3-32　FMC 数控车床

2. 数控车床的结构特点

数控车床由数控系统和机床本体组成,数控系统由控制电源、伺服控制器、主机、主轴编码器、图像管显示器等组成。机床由床身、电动机、主轴箱、电动回转刀架、进给传动系统、冷却系统、润滑系统、安全保护系统等组成。按照结构可将数控车床分为立式数控车床和卧式数控车床。立式数控车床主要用于回转直径较大的盘类零件的车削加工;卧式数控车床主要用于轴向尺寸较大或较小的盘类零件的加工。相对于立式数控车床来说,卧式数控车床的结构形式较多、加工功能丰富、使用的范围较广。

从结构和性能上看,数控车床:

(1)采用全封闭或半封闭式防护装置

数控车床采用封闭式防护装置可防止切屑或切削液飞出,给操作者带来意外伤害。

(2)采用自动排屑装置

数控车床大都采用斜床身结构布局,排屑方便,便于采用自动排屑机。

(3)主轴转速高,工件装夹安全可靠

数控车床大都采用了液压夹盘,夹紧力调整方便可靠,同时也降低了操作者的劳动强度。

(4)可自动换刀

数控车床都采用了自动回转刀架,在加工过程中可自动换刀,从而能够连续完成多道工序的加工。

(5)主、进给传动分离

数控车床的主传动与进给传动采用了各自独立的伺服电动机,使传动链变得简单、可靠,同时,各电动机既可单独运动,也可实现多轴联动。

3.4.2　数控铣床

数控铣床常用的分类方法是按其主轴的布局形式来分类的,分为立式数控铣床、卧式数控铣床和立卧两用数控铣床。

(1)立式数控铣床

立式数控铣床一般可以进行三坐标联动加工,目前三坐标立式数控铣床占大多数。此外,还有机床主轴可以绕 X、Y、Z 坐标轴中其中一个或两个做数控回转运动的四坐标和五坐标立式数控铣床。一般来说,机床控制的坐标轴越多,尤其是要求联动的坐标轴越多,机床的功能、加工范围及可选择的加工对象也越多。但随之而来的就是机床结构更加复杂,对数控系统的要求更高,编程难度更大,设备的价格也更高。立式数控铣床也可以附加数控转盘、采用自动交换台、增加靠模装置等来扩大其功能、加工范围及加工对象,进一步提高生产率。

(2)卧式数控铣床

卧式数控铣床与通用卧式铣床相同,其主轴轴线平行于水平面。为了扩大加工范围和扩充功能,卧式数控铣床通常采用增加数控转盘或万能数控转盘来实现四坐标和五坐标加工。这样,不但工件侧面上的连续回转轮廓可以加工出来,而且可以实现在一次安装中,通过转盘改变工位,进行"四面加工"。尤其是通过万能数控转盘可以把工件上各种不同的角度或空间角度的加工面摆成水平来进行加工。

(3)立卧两用数控铣床

目前,立卧两用数控铣床正逐步增多。由于这类铣床的主轴方向可以更换,在一台机床上既可以进行立式加工,又可以进行卧式加工,其应用范围更广,功能更全,选择加工对象的余地更大,给用户带来了很大的方便。尤其是当生产批量小,品种多,又需要立、卧两种方式加工时,用户只需购买一台这样的机床就可以满足要求。

3.4.3　加工中心

按照机床形态,加工中心可分为立式加工中心、卧式加工中心、龙门式加工中心、五面加工中心和虚轴加工中心。

(1)立式加工中心

如图 3-33 所示为立式加工中心。立式加工中心主轴的轴线为垂直设置,结构多为固定立柱式,工作台为十字滑台,适合加工盘类零件,一般具有三个直线运动坐标轴,并可在工作台上安置一个水平轴的数控转台(第四轴)来加工螺旋线类零件。立式加工中心结构简单,占地面积小,价格低,应用广泛。

(2)卧式加工中心

如图 3-34 所示为卧式加工中心。卧式加工中心主轴轴线水平布置,一般具有 3~5 个运动坐标轴,常见的是三个直线运动坐标轴和一个回转运动坐标轴(回转工作台),可在工件一次装夹后完成除安装面和顶面以外的其余四个面的加工,最适合加工箱体类工件。它与立式加工中心相比,结构复杂、占地面积大,质量大,价格也高。

图 3-33　立式加工中心

图 3-34　卧式加工中心

(3)龙门式加工中心

如图 3-35 所示为龙门式加工中心。龙门式加工中心的形状与龙门铣床相似,主轴多为垂直设置,带有自动换刀装置,带有可换的主轴头附件,数控装置的软件功能也较齐全,能够一机多用,尤其适用于大型或形状复杂的工件,如航天工业及大型汽轮机上的某些零件的加工。

(4)五面加工中心

五面加工中心具有立式和卧式加工中心的功能,在工件一次装夹后,可完成除安装面外的所有五个面的加工。这种加工方式可以使工件的形状误差降到最低,省去二次装夹工件,从而提高生产率,降低加工成本。但其结构复杂,造价高,占地面积大,因此应用范围较窄。

(5)虚轴加工中心

如图 3-36 所示为虚轴加工中心。虚轴加工中心改变了以往传统机床的结构,通过连杆运动实现主轴多自由度的运动,完成对工件复杂曲面的加工。

图 3-35　龙门式加工中心

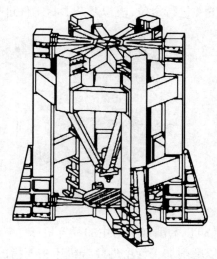

图 3-36　虚轴加工中心

3.4.4　复合机床

随着现代制造业的发展,仅靠提高加工速度已无法满足更高的加工效率目标,因此减少零件加工的辅助时间成为增效的另一条途径。以传统加工中心"集中工序、一次装夹实现多工序复合加工"的理念为指导发展起来的新一类数控机床,它能够在一台主机上完成或尽可能完成从毛坯至成品的多种要素的加工,此类机床称为复合机床或复合加工中心。

复合机床是当前世界机床技术发展的潮流。当工件在复合机床上装夹后,通过对加工所需工具(切削刀具或模具)的自动更换,便能自动地按数控程序依次进行同一工艺方法中的多个工序或不同工艺方法中的多个工序的加工,从而减少非加工时间,缩短加工周期,节约作业面积,达到提高加工精度和加工效率的目的。

复合机床的定义及其具有的功能是随着时代的变化而变化的。过去的复合机床主要是指工序复合型的加工中心,但因工具交换和加工的品种受到限制,而且也走不出切削加工的领域。现在的复合机床主要是指工艺复合型的数控机床。这里从工艺的角度将复合机床分为四大类:

(1)以车削加工为主的复合机床

以车削加工为主的复合机床主要指的是车铣复合加工中心,也有车磨加工中心等类型。车铣复合加工中心是以车床为基础的加工机床,除车削用工具外,在刀架上还装有能铣削加工的回转刀具,可以在圆形工件和棒状工件上加工沟槽和平面。这类复合加工机床常把夹持工件的主轴做成两个,既可同时对两个工件进行相同的加工,也可通过在两个主轴上交替夹持,完成对夹持部位的加工。图 3-37 所示是以车削为主的复合机床。

(2)以铣削加工为主的复合机床

以铣削加工为主的复合机床如图 3-38 所示,主要指的是铣车加工中心,也有铣磨复合加工中心等。它除铣削加工外,还装载有一个能进行车削的动力回转工作台。针对五轴复合加工机床,除 X、Y、Z 三直线轴外,为适应使用刀具姿势的变化,可以使各进给轴回转到特定的角度位置并进行定位,模拟复杂形状工件进行加工。

图 3-37　以车削加工为主的复合机床

图 3-38　以铣削加工为主的复合机床

(3)以磨削加工为主的复合机床

以磨削加工为主的复合机床主要指的是磨削复合加工中心。在一台磨削复合加工中心上能完成内圆、外圆、端面磨削的复合加工。另外,珩磨机也属于此类,它适用于圆柱形(包括带有台阶的圆柱孔等)深孔工件的珩磨和抛光加工。

思考与练习

一、简答题

3-1　解释下列机床型号的含义:X6132,CG125B,Z3040,Y3150E。

3-2　机床的主要技术参数有哪些?

3-3　举例说明何谓简单的表面成形运动?何谓复合的表面成形运动?

3-4　CA6140 型主传动链中,能否用双向牙嵌式离合器或双向齿轮式离合器代替双向多片式摩擦式离合器,实现主轴的开停及换向?在进给传动链中,能否用单向摩擦式离合器代替齿轮式离合器 M_3、M_4、M_5,为什么?

3-5　为什么卧式车床溜板箱中要设置互锁机构?丝杠传动与纵向、横向机动进给能否同时接通?纵向和横向机动进给之间是否需要互锁?为什么?

3-6　CA6140 型车床主轴前后轴承的间隙怎样调整?作用在主轴上的轴向力是怎样传递到箱体上的?

3-7　说明转塔车床、立式车床的特点及主要加工用途。

3-8　单柱、双柱及卧式坐标镗床布局各有什么特点?各适用什么场合?

3-9　万能外圆磨床在磨削外圆柱面时需要哪些运动?

3-10　无心外圆磨床工件托板的顶面为什么做成倾斜的?工件中心为什么必须高于砂轮与导轮的中心连线?

3-11　应用展成法与成形法加工圆柱齿轮各有何特点?

3-12　在滚齿机上加工直齿和斜齿圆柱齿轮时,如何确定滚刀刀架扳转角度与方向?如扳转角度有误差或方向有误,将会产生什么后果?

3-13　对比滚齿机和插齿机的加工方法,说明它们各自的特点及主要应用范围。

3-14　磨齿有哪些方法?各有什么特点?

3-15　数控机床一般由哪些部分组成？各有什么功用？

二、分析题

3-16　试用简图分析采用下列方法加工表面时的成形方法，并标明所需的机床运动。

1. 用成形车刀车外圆；

2. 用普通外圆车刀车外圆锥面；

3. 用圆柱铣刀铣平面；

4. 用插齿刀插削直齿圆柱齿轮；

5. 用钻头钻孔；

6. 用丝锥攻螺纹；

7. 用(窄)砂轮磨(长)圆柱体。

3-17　欲在 CA6140 型车床上车削 $P=10$ mm 的米制螺纹，试分析能够加工这一螺纹的传动路线有哪几条？

3-18　如果卧式车床刀架横向进给方向相对于主轴轴线存在垂直度误差，将会影响哪些加工工序的加工精度？产生什么样的加工误差？

3-19　摇臂钻床可以实现哪几个方向的运动？

3-20　卧式镗床可实现哪些运动？

三、计算题

3-21　根据图 3-39 所示传动系统：

1. 写出传动路线表达式；

2. 分析主轴的转速级数；

3. 计算主轴的最高、最低转速。

(注：图中 M₁ 为齿轮式离合器)

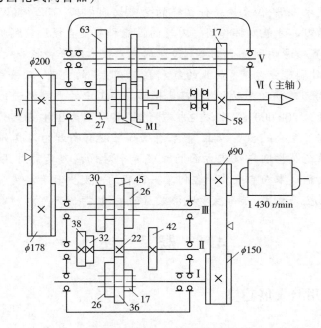

图 3-39　题 3-21 传动系统图

第4章 金属切削刀具

学习目标

通过本章的学习,了解金属切削刀具的作用和分类,掌握常用金属切削刀具的结构和特点,能够根据加工条件正确选择金属切削刀具种类和参数。

导入案例 金属切削刀具在机械加工中的重要性

在机械加工中,金属切削机床和金属切削刀具(以下简称刀具)是切削加工的基础工艺装备,目前金属切削机床不断更新换代,高速主轴采用陶瓷轴承、液体静压轴承、空气静压轴承、磁浮轴承后,其主轴转速可达 10 000~50 000 r/min,有的最高甚至可达 150 000 r/min,采用滚珠丝杠的进给机构其速度可达 40~60 m/min,直线电机可达 90~120 m/min,精密数控加工中心的加工加速度可以达到两倍重力加速度。金属切削机床的快速发展为现代制造业的发展提供了基本的前提和技术保障,但无论是什么样的金属切削机床,都必须依靠与工件直接接触、从工件上切除材料的刀具才能发挥作用。刀具的性能和质量直接影响到机床生产效率的高低和加工质量的好坏,直接影响到整个机械制造业的生产技术水平和经济效益。

正因为如此,国外制造业才有"企业的红利在刀刃上"的说法,汉语成语中的"工欲善其事,必先利其器"、"磨刀不误砍柴功"也对刀具在切削加工中的重要性进行了生动而深刻的描述。如一根装机容量为 200 000 kW 的发电机转子轴,其净重为 30 t,而其锻件毛坯达 60~70 t,需切除的切屑占了零件毛重的 50% 以上,很难想象如果没有高效的刀具如何能完成这样的加工任务。国际上一位金属切削与机床方面的权威专家对切削刀具的作用作了如下评价:"改进切削刀具对降低切削成本而言比其他任何单一过程的改变更具有潜力。合理地选择和应用现代切削刀具是降低生产成本,获得主要经济效益的关键。"

4.1 概　　述

4.1.1 刀具的作用与发展趋势

1. 刀具的作用

金属切削加工是现代机械制造工业中应用最广泛的一种加工方法,一般占机械制造总工作量的 50% 以上。金属切削刀具是直接参与切削过程,从工件上切除多余金属层的重要工具。无论是普通机床,还是先进的数控机床和加工中心,以至柔性制造系统,都必须依靠刀具才能完成各种切削工作。它是保证加工质量、降低生产成本和提高生产效率的极其重要因素。在现代制造技术迅猛发展的今天,刀具对于机床性能的发挥更具有决定性的作用。

刀具是制造技术发展的重要支撑。1898 年高速钢的发明,使切削速度提高了 2~4 倍。1927 年硬质合金的出现,切削速度比高速钢又提高了 2~5 倍。随着刀具材料技术的不断发展,在近一个世纪内,刀具的切削速度已提高了 100 多倍。在刀具材料为碳素钢时,切削速度不超过 10 m/min,自 20 世纪 80 年代以来,随着金刚石、立方氮化硼等新型刀具材料的出现,最高切削速度已达 1 000 m/min。新型刀具材料(含磨料)的研制,新型刀具结构及新的磨削加工方法的应用,不仅对金属切削刀具、切削加工技术的发展起着重要的作用,而且还促进了加工工艺和加工设备的更新与发展。

实践证明,刀具的更新可以成倍地提高生产效率。例如:群钻与麻花钻相比,工作效率可提高 3~5 倍,而数控机床、加工中心等先进设备效率的发挥,很大程度上取决于刀具的性能。

刀具技术是提高加工精度的基础。各种新型刀具材料的出现以及特种加工、精密加工等新技术、新工艺的应用,使加工精度已超过 0.01 μm。为适应航天、航空、激光、电子等新型工业发展的需要,目前加工精度业已接近或者达到纳米等级,因而对刀具的要求也越来越高。没有刀具的基础,加工精度的提高会受到严重制约。

2. 刀具的发展

现代机械制造技术正在向高精度、高速度方向发展,同时数控、计算机控制加工技术应用日趋普及。为适应这一新的潮流,刀具作为一种切削工具,发生了很大的变化。其内涵已从过去单纯的刀具扩展为工具系统、工具识别系统、刀具状态监测系统以及刀具管理系统,以满足数控机床(CNC)、加工中心(MC)、柔性制造单元(FMC)和柔性制造系统(FMS)等加工的要求,提高加工过程的生产效率。因此,刀具技术已发展到包括刀具识别技术、监测技术和管理技术在内的现代刀具技术。

近年来,随着机械制造业的发展,金属切削刀具也在不断更新、不断发展。下面从几个方面简单介绍国内外刀具的发展动向。

①进一步研究、开发新型刀具材料,以满足精密、高速加工的需求,提高切削效率和加工质量。例如,采用钴高速钢、粉末冶金高速钢、细颗粒硬质合金材料,并可涂覆 TiN、TiCW、TiAlN、金刚石膜等复合涂层等。

②不断研制、改革刀具的结构、几何参数与切削方法,扩大硬质合金(及涂层刀片)、可转位刀具的应用范围,提高刀具标准化、系列化程度。

③采用现代刀具技术,建立工具系统、工具识别系统、刀具状态监测系统以及刀具管理系统等,以适应日益发展的先进制造技术的需求。

④应用刀具计算机辅助设计技术,建立切削数据库,优化参数,设计复杂刀具,提高设计质量和工作效率。

4.1.2　刀具的分类

刀具的种类很多,一般可以分为单刃(单齿)刀具和多刃(多齿)刀具;标准刀具(如麻花钻、铣刀)和非标准刀具(如拉刀、成形刀具等);定尺寸刀具(如扩孔钻、铰刀等)和非定尺寸刀

具(如端面车刀、直刨刀等);整体式刀具、装配式刀具和复合式刀具等。根据用途和加工方法不同,通常把刀具分为以下类型:

1. 切刀

包括各种车刀、刨刀、插刀、镗刀、成形车刀、自动和半自动机床用切刀以及一些专用切刀等。

2. 孔加工刀具

包括各种钻头、扩孔钻、铰刀、锪钻、复合孔加工刀具等。

3. 铣刀

包括加工平面的圆柱铣刀、面铣刀等;加工沟槽的立铣刀、键槽铣刀、三面刃铣刀、锯片铣刀等;加工特形面的模数铣刀、凸(凹)圆弧铣刀、成形铣刀等。

4. 拉刀

包括圆拉刀、平面拉刀、成形拉刀(如花键拉刀)等。

5. 螺纹刀具

包括螺纹车刀、螺纹梳刀、丝锥、板牙、螺纹切头、滚丝轮、搓丝板等。

6. 齿轮刀具

包括齿轮滚刀、蜗轮滚刀、插齿刀、剃齿刀、花键滚刀等。

7. 磨具

包括砂轮、砂带、砂瓦、油石和抛光轮等。

微课 4-1
刀具的分类

尽管各种刀具的结构、形状和功能各不相同,但它们一般都由两部分组成,即工作部分和夹持部分。通常,工作部分承担切削加工任务,夹持部分则负责将工作部分与机床连接在一起,传递切削运动和动力,并确保刀具处于正确的工作位置。

4.1.3 刀具的合理使用

刀具的合理使用一般是指在保证加工质量的前提下,获得相对高的刀具寿命,从而达到提高切削效率或降低生产成本的目的。

刀具的合理使用涉及到刀具材料、刀具结构、参数以及具体的工艺条件等因素,分述如下。

1. 合理选择刀具材料

一般情况下,普通刀具(如孔加工刀具、铣刀和螺纹刀具)相对于复杂刀具制造工艺较为简单,精度要求较低,材料费用占刀具成本的比重较大,所以生产上常采用 W6Mo5Cr4V2、W18Cr4V 等通用型高速钢。而拉刀、齿轮刀具等一些复杂刀具,由于制造精度高,制造费用占刀具成本的比重较大,因此宜采用硬度和耐磨性均较高的高性能高速钢。如为了提高生产效率,延长刀具寿命,则应尽量采用硬质合金。近年来,国内外已广泛选用涂层刀具。

2. 选择合理的刀具类型

加工同一个零件,有时可用多种不同类型的刀具. 这就需要根据零件的加工要求、生产批量、工艺要求、设备条件等因素综合考虑,选用合适的刀具。基本原则是,在保证加工质量的前提下,优先考虑提高生产率。

3. 合理选择刀具的结构形式

先进的刀具结构能有效地减少换刀次数、换刀时间和重磨时间,提高切削效率和加工质量。应根据不同的条件选用合理的刀具结构,优先采用机夹式、可转位式、模块式、成组式等结构。同时,应根据切削力、刚度等要求,正确设计刀具夹持部分的结构尺寸。

4. 处理好容屑、排屑和强度、刚度的关系

对于麻花钻、立铣刀、丝锥、拉刀等有容屑要求的刀具,切屑能否顺利排出,是确保刀具能否正常工作的关键。若切屑堵塞在槽内,就会划伤已加工表面或损坏刀齿。而刀具的容屑、排屑与其强度、刚度有着密切的关系。例如,加大麻花钻的螺旋槽(容屑空间)就会降低刀具的强度和刚度,因此,应合理兼顾两者的关系。

5. 考虑刀具的刃磨或重磨

刀具的刃磨表面应根据磨损形式和刀具使用要求来选择。如成形车刀、成形铣刀等要求刃磨后切削刃的形状保持不变,应选择前面作为刃磨表面;铰刀、钻头等刀具,后面磨损量较大,故刃磨表面常选择后面;而对于粗加工使用的车刀、刨刀等,因其前、后面磨损均较大,故前、后面都应刃磨。刃磨时要保证刀具原始的几何参数和表面质量,刃磨后表面不能有烧伤或裂纹,切削刃应锋利,不允许有缺口、崩刃、毛刺等缺陷存在。

6. 选择合理的几何参数

刀具合理几何参数的选择主要取决于工件材料、刀具材料、刀具类型、刀具重磨及其具体工艺条件,如切削用量、工艺系统刚度及机床功率等。

此外,还应考虑刀具与机床、工装的合理配置,及选择合理的切削用量和切削液等。

4.2　车　刀

4.2.1　普通车刀

车刀是金属切削加工中使用最广泛的刀具之一。它可以用来加工各种内、外回转体表面,如外圆,内孔,端面、螺纹,也可用于切槽和切断等。车刀由刀体(夹持部分)和切削部分(工作部分)组成。按不同的使用要求,可采用不同的材料和不同的结构。

车刀的种类较多。按用途分类,有外圆车刀、车槽车刀、螺纹车刀、内孔车刀等。图 4-1 所示为常用车刀的种类。按结构分类,有整体车刀、焊接车刀、机夹车刀和可转位车刀等。

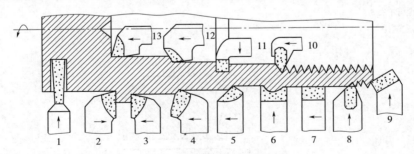

图 4-1　常用车刀的种类

1—切断刀;2—左偏刀;3—右偏刀;4—弯头车刀;5—直头车刀;6—成形车刀;7—宽刃精车刀;
8—外螺纹车刀;9—端面车刀;10—内螺纹车刀;11—内槽车刀;12—通孔车刀;13—不通孔车刀

1. 整体车刀
整体车刀主要是高速钢车刀,截面为矩形,使用时可根据不同用途进行修磨。

2. 焊接车刀

焊接车刀是在普通碳钢刀杆上镶焊硬质合金刀片，经过刃磨而成，如图 4-2 所示。其优点是结构简单，制造方便，使用灵活，并且可以根据需要进行刃磨，硬质合金的利用也较充分，故得到广泛的应用。硬质合金焊接车刀的缺点是工艺性能稍差，刀片在焊接和刃磨时会产生内应力，容易引起裂纹；刀杆不能重复使用，当刀片用完以后，刀杆也随之报废；刀具互换性差。

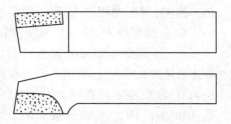

图 4-2　焊接车刀

3. 机夹车刀 (机夹重磨式车刀)

机夹车刀是用机械夹固的方法将硬质合金刀片安装在刀杆上的车刀。机夹车刀刀片磨损后，可以卸下重磨刀刃，然后再安装使用。与焊接式车刀相比，刀杆可多次重复使用，而且避免了因焊接而引起刀片裂纹、崩刃和硬度降低等缺点，提高了刀具寿命。图 4-3 所示为上压式机夹车刀。它是用螺钉和压板从刀片的上面将刀片夹紧，并用可调节螺钉适当调整切削刃的位置，需要时可在压板前端钎焊上硬质合金作为断屑器。机夹车刀刀片的夹固方式一般应保证刀片重磨后切削刃的位置有一定的调整余量，并应考虑断屑要求。安装刀片可保留所需的前角，重磨时仅刃磨后面即可。此外，较常用的夹紧方式还有侧压式、弹性夹紧式及切削力夹紧式等。

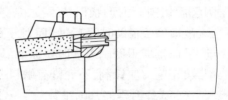

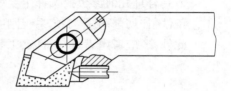

图 4-3　上压式机夹车刀

4. 可转位车刀 (机夹不重磨车刀)

可转位车刀是使用可转位刀片的机夹车刀。可转位车刀由刀片、销轴、楔块和螺钉组成，如图 4-4 所示。与普通机夹车刀的不同点在于刀片为多边形。多边形刀片上压制出卷屑槽，用机械夹固方式将刀片夹紧在刀杆上。切削刃用钝后，不需要重磨，只要松开夹紧装置，将刀片转过一个位置，重新夹紧后便可使用一个新的切削刃进行切削。当全部刀刃都用钝后可更换相同规格的新刀片。

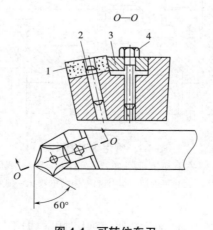

微课 4-2
可转位车刀

图 4-4　可转位车刀

1—刀片；2—销轴；3—楔块；4—螺钉

可转位车刀与焊接式车刀相比,具有以下优点:

(1)刀具寿命长

避免了焊接式车刀在焊接、刃磨刀片时所产生的热应力,提高了刀具的耐磨及抗破损能力。刀具寿命一般比焊接式车刀提高 1 倍以上。

(2)切削稳定可靠

可转位刀片的几何参数及断屑槽的形状是压制成形的(或用专门的设备刃磨),几何参数合理。只要切削用量选择适当,完全能保证切削性能稳定、断屑可靠。

(3)生产效率高

可转位车刀刀片转位、更换方便迅速,并能保持切削刃与工件的相对位置不变,从而减少了辅助时间(辅助时间缩短 75% ~ 85%),提高了生产效率。

(4)有利于涂层刀片的使用

可转位刀片不须焊接和刃磨,有利于涂层刀片的使用。涂层刀片耐磨性、耐热性好,可提高切削速度和使用寿命。

(5)刀具标准化

可实现一刀多用,减少储备量,便于刀具管理。可转位刀具是国家重点推广的刀具项目,是刀具发展的一个重要方向。

4.2.2　成形车刀

成形车刀是一种在车床上加工回转体成形表面的专用刀具。作为成形表面发生线的刀具刃形取决于被加工工件的廓形。其加工精度为 IT10 ~ IT9,加工表面粗糙度一般为 $Ra6.3$ ~ 3.2 um。

成形车刀加工时,加工精度主要取决于刀具的设计、制造和安装的质量,不受工人技术水平的影响,工件表面尺寸和形状精度的一致性好。只要一次切削行程就可以加工出工件的成形表面,所以操作简便,生产率较高。此外,刀具可重磨的次数多,寿命长。重磨时刃磨呈平面的前面,操作比较方便。但是它的制造比较复杂,成本较高,当切削刃的工作长度过长时,容易产生振动。一般用于成批和大量生产中、小尺寸零件。限于制造工艺,成形车刀一般用高速钢材料制造。

1. 成形车刀的类型

生产中常用的是径向成形车刀,如图 4-5 所示,它们在切削时沿零件径向进给。这类成形车刀按刀体形状不同又可分为平体成形车刀、棱体成形车刀和圆体成形车刀等三种。

(1)平体成形车刀

如图 4-5(a)所示,刀体为平条形状,与普通车刀相似,但是其切削刃是成形刃。常用于加工简单的外成形表面,例如铲齿、车螺纹和车圆弧等,其装夹方法与普通车刀一样。

(2)棱体成形车刀

如图 4-5(b)所示,刀体呈棱柱形状,利用燕尾部分装夹在刀杆燕尾槽中,用于加工外成形表面。可重磨次数较平体成形车刀多。

(3)圆体成形车刀

如图 4-5(c)所示,刀体是个带孔回转体,并磨出容屑缺口和前面,利用刀体内孔作为定位基准与刀杆连接。刀具制造较方便,可用于内、外成形表面加工。重磨在前刀面进行,可重磨次数更多。

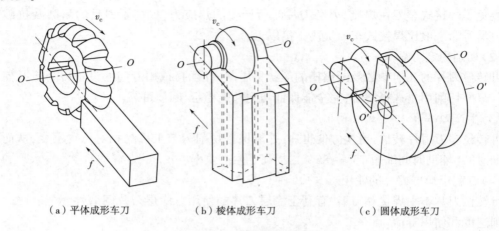

（a）平体成形车刀　　　　　（b）棱体成形车刀　　　　　（c）圆体成形车刀

图 4-5　径向成形车刀

2. 成形车刀的角度

成形车刀前角和后角的作用和选择原则与普通车刀基本相同。由于成形车刀刃形复杂,切削刃上各点的正交平面的方向均不相同,因此其前角和后角规定在假定工作平面内表示,并且以切削刃的最外缘(工件廓形半径最小处)与工件中心等高点(称为基准点)的前角 γ_f 和后角 α_f 表示,如图 4-6 所示为成形车刀前角和后角的形成。

成形车刀实际工作时的前、后角是通过制造、安装而形成的。预先将刀具制成一定的角度,然后依靠刀具相对工件的安装位置,形成所需要的前、后角。如图 4-6(a)所示为棱体成形车刀的前角和后角。在制造时,把前面和后面的夹角磨成 $90°-(\gamma_f+\alpha_f)$,在安装时,使基准点

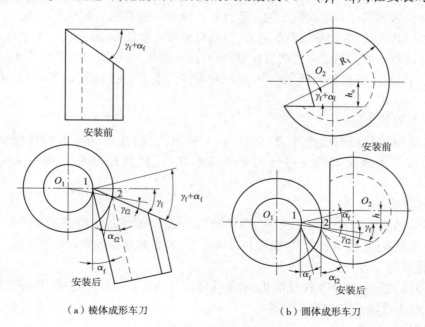

（a）棱体成形车刀　　　　　　　　（b）圆体成形车刀

图 4-6　成形车刀前角和后角的形成

与工件中心等高,且刀体倾斜 α_f 角,即可形成所需的前角和后角。如图 4-6(b)所示为圆体成形车刀的前角和后角,在制造时使车刀中心至前刀面的垂直距离为 $h_0 = R_1 \sin(\gamma_f + \alpha_f)$,安装时要求基准点与工件中心等高。刀具中心 O_2 比工件中心 O_1 高 $h = R_1 \sin\alpha_f$ 即可形成所需的前角和后角。

从图 4-6 可看出,成形车刀切削刃上各点处的切削平面与基面位置不同,因而前角和后角都不相同。而且,切削刃上离基点越远的各点,前角越小,后角则越大,即 $\gamma_{f2} < \gamma_f$;$\alpha_{f2} < \alpha_f$。

圆体成形车刀还由于切削刃上各点的后刀面的切线方向的改变,使后角的变化比棱体成形车刀更大。加工时,成形车刀的前角可根据不同的工件材料选取,一般取 $\gamma_f = 10° \sim 30°$。因圆体成形车刀切削刃上的后角变化比棱体成形车刀大,故应选用较大的数值。

成形车刀属于专用刀具,生产中需要根据具体要求专门设计。

4.3　孔加工刀具

孔加工刀具按照用途分为两类,一类是在实体工件上加工出孔的刀具,如扁钻、麻花钻、中心钻及深孔钻等;另一类是对工件上已有孔进行进一步加工的刀具,如扩孔钻、锪钻、铰刀、镗刀及内拉刀等。

这些孔加工刀具工艺特点相近。刀具均在工件内表面切削,其工作部分处于加工表面包围之中。刀具的强度、刚度及导向、容屑、排屑及冷却润滑等都比切削外表面时问题突出。

4.3.1　麻花钻

麻花钻是钻削中最常用的刀具,它是一种形状复杂的双刃钻孔或扩孔的标准刀具。一般应用于孔的粗加工,也可用于攻螺纹、铰孔、镗孔等预制孔加工。其加工精度一般为 IT11 ~ IT13,表面粗糙度为 $Ra6.3 \sim 50\ \mu m$。

1. 麻花钻的结构

如图 4-7 所示为麻花钻的结构,麻花钻由柄部、颈部和工作部分 3 个部分组成。

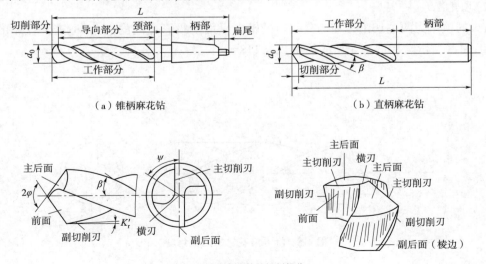

（a）锥柄麻花钻　　　　　　　　　　（b）直柄麻花钻

（c）麻花钻的切削部分

图 4-7　麻花钻的结构

（1）柄部

柄部是钻头的夹持部分，用于与机床的连接，并传递动力。钻头柄部有直柄与锥柄两种，前者用于小直径钻头，后者用于大直径钻头。

（2）颈部

颈部是工作部分和柄部间的连接部分，也是磨削钻头时砂轮的退刀槽。此外也用于打印钻头标记。为制造方便，小直径直柄钻头没有颈部。

（3）工作部分

工作部分是钻头的主要部分，包括切削部分和导向部分。钻头的工作部分有两条对称的螺旋槽，是容屑和排屑的通道。

切削部分由两个前面、两个后面、两个副后面组成，如图 4-7（c）所示。螺旋槽的螺旋面形成了钻头的前面。与工件过渡表面（孔底面）相对的端部曲面为后面。与工件已加工表面（孔壁）相对的两条棱边为副后面。螺旋槽与后面的两条交线为主切削刃。两个主切削刃由钻心连接，为增加钻头的刚度与强度，钻心制成正锥体。螺旋槽与棱边（副后面）的两条交线为副切削刃。两后面在钻心处的交线构成了横刃。

导向部分，起引导钻头的作用，也是切削部分的后备部分。导向部分有两条棱边（刃带），棱边直径磨有 0.03~0.12 mm/100 mm 倒锥量，形成一定的副偏角 κ'_r。以减少钻头与加工孔壁的摩擦。

2. 麻花钻的几何角度

（1）螺旋角 β

钻头的螺旋角 β 是螺旋槽刃带棱边螺旋线的切线与钻头轴线间的夹角。在主切削刃上半径不同的点的螺旋角不相等。钻头外缘处的螺旋角最大，越靠近钻头中心，其螺旋角越小。螺旋角实际上是钻头假定工作平面内的前角。螺旋角大即钻头的前角大，钻头锋利，切削扭矩和轴向力减小，排屑状况好。但是螺旋角过大，会降低钻头的强度和散热条件，使钻头的磨损加剧。标准高速钢麻花钻的 $\beta=25°~32°$，直径小的钻头 β 值较小。

（2）顶角 2φ

钻头的顶角为两主切削刃在与其平行的轴向平面上投影之间的夹角，标准麻花钻的几何角度如图 4-8 所示。标准麻花钻的顶角 $2\varphi=118°$。

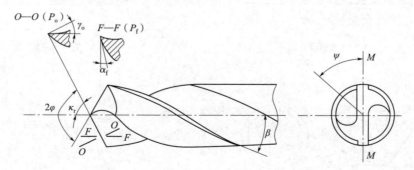

图 4-8 标准麻花钻的几何角度

(3)主偏角 κ_r

钻头的主偏角是主切削刃在基面上的投影与进给方向的夹角,如图 4-8 所示。由于钻头主切削刃上各点的基面位置不同,因此主切削刃上各点的主偏角也是变化的。愈接近钻芯,主偏角愈小。注意,主偏角与顶角的定义是不一样的。

(4)前角 γ_o

麻花钻主切削刃上任意点的前角是在主剖面内测量的前刀面与基面间的夹角。由于前刀面是螺旋面,因此麻花钻主切削刃各点前角是变化的($+30° \sim -30°$)。越接近钻芯,前角越小,对于标准麻花钻,外缘处前角为 30°,到钻芯减到 $-30°$,如图 4-8 所示。

(5)后角 α_f

麻花钻主切削刃上任意点的后角是在假定工作平面(即以钻头轴线为轴心的圆柱面的切平面)内测量的切削平面与主后刀面之间的夹角,如图 4-8 所示。如此确定后角的测量平面是由于主切削刃在进行切削时作圆周运动,进给后角比较能够反映钻头后刀面与过渡表面之间的摩擦关系,而且测量也比较方便。刃磨钻头后角时,应沿主切削刃将后角从外缘处向钻心逐渐增大,一般后面磨成圆锥面。标准麻花钻的后角(外缘处)$\alpha_f = 8° \sim 20°$,大直径钻头取小值,小直径钻头取大值。

(6)横刃斜角 ψ

横刃是两个主后刀面的交线,横刃斜角 ψ 是在端面投影上,横刃与主切削刃之间的夹角。它是后刀面刃磨时形成的,标准麻花钻的 $\psi = 50° \sim 55°$。在后角磨得偏大时,横刃斜角减小,横刃长度增大。因此,在刃磨麻花钻时,可以观察横刃斜角的大小来判断后角是否磨得合适。横刃是通过钻头中心的,其在钻头端面上的投影为一条直线,因此横刃上各点的基面和切削平面的位置是相同的。

4.3.2　扩孔钻和锪钻

1. 扩孔钻

扩孔钻是用于扩大孔径、提高孔精度等级的刀具。扩孔加工既可以作为精加工孔前的预加工,也可以作为要求不高孔的最终加工。扩孔钻的加工精度为 IT10 ~ IT9,表面粗糙度为 $Ra6.3 \sim 3.2 \mu m$。扩孔钻如图 4-9 所示,其结构与麻花钻相近,但齿数较多,一般有 3 ~ 4 齿,因而导向性好。扩孔余量较小,扩孔钻无横刃,切削条件得以改善。且容屑槽较浅,钻心直径大,扩孔钻的强度和刚度较高。扩孔钻的加工质量和生产率均比麻花钻高。国家标准规定,高速钢扩孔钻直径为 7.8 ~ 50 mm 的制成锥柄,直径为 25 ~ 100 mm 的制成套式。近些年来,硬质合金扩孔钻和可转位扩孔钻也被普遍采用。

2. 锪钻

如图 4-10 所示为锪钻。锪钻用于加工各种埋头螺钉沉孔、锥孔和凸台面等。图 4-10(a)为带导柱平底锪钻,适用于加工圆柱形沉孔。它在端面和圆周上都有刀齿,前端有导柱,通过导柱作用使沉孔及其端面与圆柱孔保持一定的同轴度与垂直度。导柱尽可能做成可拆卸的,以利于制造和刃磨。图 4-10(b)为锥面锪钻,它的钻尖角有 60°、90° 和 120° 三种,用于加工中心孔或孔口倒角。图 4-10(c)为端面锪钻,仅在端面上有切削齿,用来加工孔的端面。导柱可以保证端面与孔垂直。锪钻可制成高速钢锪钻、硬质合金锪钻和可转位锪钻等。

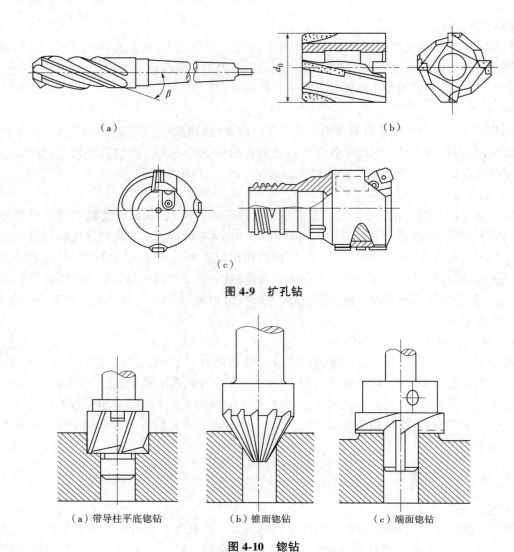

（a）　　　　　　　　　　　　　　（b）

（c）

图 4-9　扩孔钻

（a）带导柱平底锪钻　　　（b）锥面锪钻　　　（c）端面锪钻

图 4-10　锪钻

4.3.3　铰刀

1. 铰刀的种类和用途

如图 4-11 所示为铰刀。铰刀是对已有的孔进行半精加工和精加工所使用的刀具。根据使用方式可以分为手用铰刀及机用铰刀两种。手用铰刀柄部为直柄,工作部分较长,导向作用较好。手用铰刀分为整体式(见图 4-11(a))和外径可调整式(见图 4-11(b))两种。机用铰刀可分为带柄(见图 4-11(c))和套式(见图 4-11(d))两种。铰刀不仅可加工圆形孔,也可用锥度铰刀加工锥孔(见图 4-11(e))。

铰刀一般用于中小直径孔的精加工。铰刀的加工余量小,齿数多(6~12 个),刚性和导向性好,铰孔的加工精度可达 IT7~IT6 级,甚至 IT5 级,表面粗糙度可达 $Ra1.6 \sim 0.4 \, \mu m$。铰孔的生产效率较高,费用较低,生产中应用广泛。

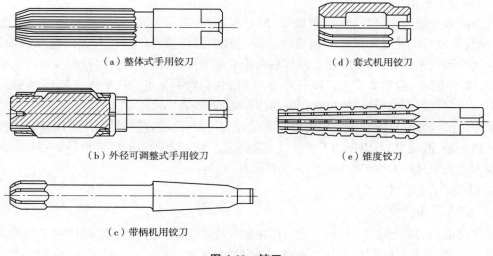

（a）整体式手用铰刀　　　　　　　　　　（d）套式机用铰刀

（b）外径可调整式手用铰刀　　　　　　　　（e）锥度铰刀

（c）带柄机用铰刀

图 4-11　铰刀

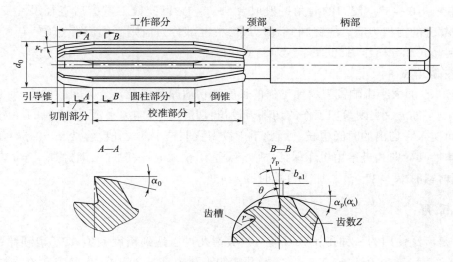

图 4-12　铰刀的结构

　　铰刀由工作部分、颈部及柄部组成,铰刀的结构如图 4-12 所示。工作部分又分为切削部分与校准部分,铰刀切削部分承担主要的切削工作,校准部分起校准孔径、修光孔壁及导向作用。增加校准部分长度,可提高铰削时的导向作用,但会使摩擦增大,排屑困难。对于手用铰刀,为增加导向作用,校准部分应做得长些;对于机用铰刀,为减少摩擦,校准部分应做得短些。校准部分包括圆柱部分和倒锥部分。被加工孔的加工精度和表面粗糙度取决于圆柱部分的尺寸精度和形状精度等。倒锥部分的作用是减少铰刀与孔壁的摩擦。

　　2. 铰刀的结构参数

　　（1）直径及公差

　　铰刀的公称直径 d_0 是指校准部分的圆柱部分直径。铰刀的直径及其公差的选取主要取决于被加工孔的直径及其精度,同时也要考虑铰刀的使用寿命和制造成本。具体确定铰刀直径和公差时,应考虑被铰削孔的公差、铰刀的制造公差、铰刀磨损储备量和铰削后孔径可能产生的扩张量或收缩量。

（2）齿数及槽形

铰刀齿数一般为 4~12 个齿。齿数多，则导向性好，刀齿负荷小，铰孔质量高。但齿数过多，会降低铰刀刀齿强度和减小容屑空间。故通常根据直径和工件材料性质选取铰刀齿数。大直径铰刀取较多齿数，加工韧性工件材料取较小齿数，加工脆性材料取较多齿数。为便于测量直径，铰刀齿数一般取偶数。刀齿在圆周上一般为等齿距分布。在某些情况下，为避免周期性切削负荷对孔表面的影响，也可选用不等齿距结构。

铰刀齿槽方向有直槽和螺旋槽两种。直槽铰刀刃磨、检验方便，生产中常用。螺旋槽铰刀切削过程平稳，振动小，适用于加工较深孔和断续孔。螺旋槽铰刀的螺旋角根据被加工材料选取。加工铸铁等材料取 $\beta = 7° ~ 8°$；加工钢件取 $\beta = 12° ~ 20°$。

3. 铰刀的几何角度

（1）前角 γ_p 和后角 α_o

铰削时由于切削厚度小，切屑与前刀面接触长度短，前角对切削变形的影响不显著。为了便于制造，一般取 $\gamma_p = 0°$。仅在加工不锈钢等韧性材料时，取 $\gamma_p = 5° ~ 10°$；硬质合金铰刀为防止崩刃，取 $\gamma_p = 0° ~ 5°$。铰刀的后角一般取 $\alpha_o = 6° ~ 8°$，以使铰刀重磨后直径尺寸变化小些。铰刀切削部分的刀齿刃磨后应锋利，不留刃带，校准部分刀齿则必须留有 0.05 ~ 0.3 mm 宽的刃带，以起修光和导向作用，也便于铰刀制造和检验。

（2）主偏角 κ_r

主偏角 κ_r 的大小影响铰刀参加工作的长度和切屑厚薄以及各分力间的比值，对加工质量有较大影响。如 κ_r 小，则参加工作的切削刃较长，切屑薄，轴向力小，且切入时的导向好，但变形较大，而切入和切出的时间也长。因此手用铰刀宜取较小的 κ_r 值，通常 $\kappa_r = 0.5° ~ 1°$。机用铰刀工作时，其导向和进给由机床保证，故 κ_r 可选用较大值，一般加工钢材时，$\kappa_r = 15°$，铰削铸铁和脆性材料时，$\kappa_r = 3° ~ 5°$。加工盲孔时，$\kappa_r = 45°$。

4.3.4 镗刀

镗刀是广泛使用的一种孔加工刀具。一般镗孔可以达到精度 IT9 ~ IT7，精细镗孔时能达到 IT6，表面粗糙度为 $Ra1.6 ~ 0.8 \mu m$。镗孔能纠正孔的直线度误差，获得较高的位置精度，特别适合于箱体零件较大直径孔的粗、精加工。镗孔是大孔加工的主要精加工方法。镗刀的特点是工作时悬伸长，刚性差，容易产生振动。镗刀种类很多，按结构特点可分为单刃镗刀和双刃镗刀等。

单刃镗刀如图 4-13 所示，结构与车刀类似。只有一个主切削刃，其结构简单、制造方便、通用性强，但刚性差，镗孔尺寸调节不方便，操作技术要求高，精度不容易控制，生产效率低。单刃镗刀一般均有调整装置。在精镗机床上常采用微调镗刀以提高调整精度，如图 4-14 所示。

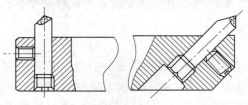

图 4-13 单刃镗刀

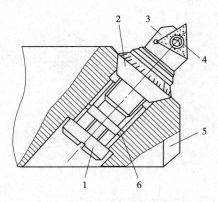

图 4-14　微调镗刀

1—紧固螺钉；2—精调螺母；3—刀块；4—刀片；5—镗杆；6—导向键

　　双刃镗刀如图 4-15 所示，其两边都有切削刃，工作时镗杆径向力平衡，工件的孔径尺寸与精度由镗刀径向尺寸保证。镗刀上的两个刀片可以径向调整，因此，可以加工一定尺寸范围的孔。双刃镗刀多采用浮动连接结构，刀块 1 以间隙配合状态浮动地安装在镗杆的径向孔中。工作时，刀块 1 在切削力的作用下保持平衡对中，可以减少镗刀块安装误差及镗杆径向跳动引起的加工误差。

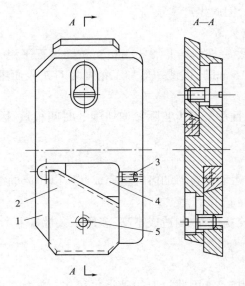

图 4-15　双刃镗刀

1—刀块；2—刀片；3—调节螺钉；4—斜面垫板；5—紧固螺钉

4.3.5　拉刀

1. 拉削过程及拉削特点

　　拉刀是一种高生产率、高精度的多齿刀具。拉削时，拉刀沿其轴线作等速直线运动。由于拉刀的后一个（或一组）刀齿比前一个（或一组）刀齿高出一个齿升量 a_f，所以能够依次从工件上切下一层层金属，从而获得所需的各种表面。拉削的典型表面形状如图 4-16 所示。

　　拉削与其他加工方法比较，具有以下特点：

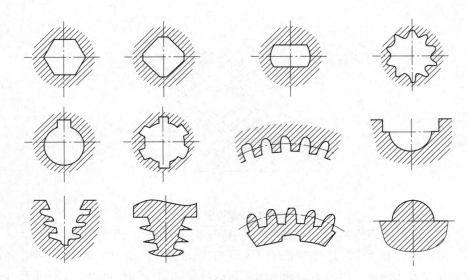

图 4-16　拉削的典型表面形状

（1）生产率高

拉刀是多齿刀具，同时参加工作的刀齿多，切削刃的总长度大，而且多为直线运动，一次行程即完成粗、半精及精加工，因此生产率很高。

（2）工件精度与表面质量高

拉削时的切削速度很低（一般 $v_c = 1 \sim 8$ m/min），拉削过程平稳，切削厚度小（一般精切齿的切削厚度 $h = 0.005 \sim 0.015$ mm），因此一般加工精度为 IT7，表面粗糙度 Ra 不大于 0.8 μm。

（3）拉刀使用寿命长

由于拉削速度很低，而且每个刀齿实际参加切削的时间很短，因此切削刃磨损慢，拉刀使用寿命长。

（4）拉削运动简单

拉削只有主运动，进给运动由拉刀的齿升量完成。所以拉床的结构比较简单。

（5）制造成本高

由于拉刀本身结构比较复杂，故制造成本高，多用于大批量生产。

2. 拉刀的结构

（1）拉刀的组成

由于拉削加工方法应用广泛，因此拉刀的种类也很多。按加工表面不同可分为内拉刀和外拉刀。前者用于加工如圆孔、方孔、花键孔等内表面；后者用于加工平面、成形面等外表面。

拉刀的类型不同，其结构上虽各有特点，但它们的组成部分仍有共同之处。如图 4-17 所示为圆孔拉刀的组成部分。

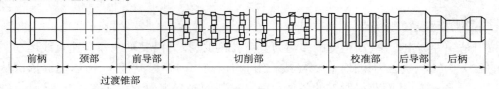

图 4-17　圆孔拉刀的组成部分

圆孔拉刀由前柄、颈部、过渡锥部、前导部、切削部、校准部、后导部及后柄组成,其各部分功用如下:

前柄——拉刀的夹持部分,用于传递动力;

颈部——头部与过渡锥部之间的连接部分,也是打标记的地方;

过渡锥部——使拉刀前导部易于进入工件孔中,起对准中心的作用;

前导部——起引导作用,防止拉刀进入工件孔后发生歪斜,并可检查拉前孔径是否符合要求;

切削部——担负切削工作,由粗切齿、过渡齿与精切齿三部分组成;

校准部——校准和刮光已加工表面,也作为精切齿的后备齿;

后导部——用于保证拉刀工作即将结束要离开工件时的正确位置,防止工件下垂损坏已加工表面与刀齿;

微课 4-3
拉刀

后柄——用于支撑拉刀、防止拉刀下垂。

(2)拉刀切削部分几何参数

如图 4-18 所示,拉刀切削部分的主要几何参数有:

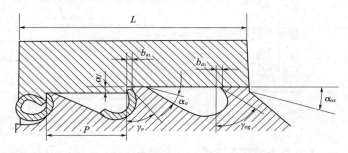

图 4-18　拉刀切削部分的主要几何参数

a_f 齿升量——切削部前、后刀齿(或组)高度之差;

齿距 P——两相邻刀齿之间的轴向距离;

刃带 b_{a1}——用于在制造拉刀时控制刀齿直径,也为了增加拉刀校准齿前刀面的可重磨次数,提高拉刀使用寿命,还可以提高拉削过程平稳性;

前角 γ_o——前角根据工件材料来选择;

后角 α_o——拉刀后角直接影响拉刀刃磨后的径向尺寸,一般取较小值。

4.3.6　复合孔加工刀具

复合孔加工刀具是由两把或两把以上同类或不同类孔加工刀具组合而成的刀具。它的优点是生产率高,能保证各加工表面间的相互位置精度,可以集中工序,减少机床台数。但复合刀具制造复杂,重磨和调整尺寸较困难,主要用于大批量生产。按零件工艺类型可分为同类和不同类工艺复合孔加工刀具,分别如图 4-19 和图 4-20 所示。

复合刀具由通用刀具组合而成,除具有一般孔加工刀具的属性外,还要注意如下一些特殊问题:

1. 要有足够的强度和刚度

复合孔加工刀具切削时切削力较大,同时刀具的尺寸又受到孔径的限制,所以复合刀具为

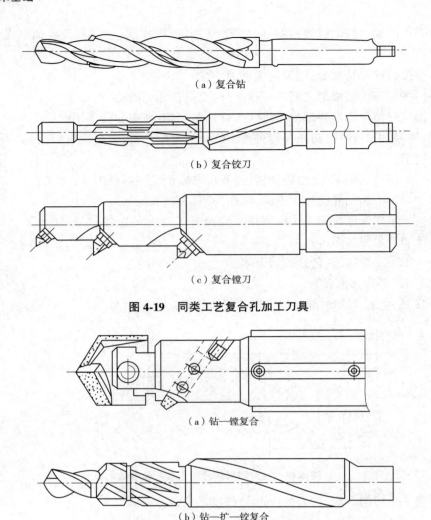

（a）复合钻

（b）复合铰刀

（c）复合镗刀

图 4-19 同类工艺复合孔加工刀具

（a）钻—镗复合

（b）钻—扩—铰复合

图 4-20 不同类工艺复合孔加工刀具

提高自身强度和刚度,其刀体材料通常采用合金钢。对于孔的同轴度要求高的复合刀具,在刀体上一定要有导向部分,以支承在夹具上的导套内。导向部分可安置在复合刀具的前端、后端或中间位置处。

2. **注意排屑**

复合孔加工刀具切削时产生的切屑相对多,因此需要有足够大的容屑槽和排屑通道,以避免切屑阻塞和相互干扰。对切屑的控制一般从分屑、断屑、控制切屑流向及适当加大容屑槽等方面考虑,也可以发挥切削液的作用。

3. **保证刃磨、调整方便**

尺寸小的复合孔加工刀具采用整体式结构,刚性好,能使各单刀间保持高的同轴度、垂直度等位置精度,但制造、刃磨困难,使用寿命较短。尺寸较大的刀具可采用装配式结构,从而避免上述缺点。

4. **尽量采用可转位刀片**

在复合刀具上采用可转位刀片可避免因焊接引起的缺陷,从而延长刀具的寿命。还可以缩短换刀、调刀等辅助时间,提高生产率。此外,刀杆可重复使用,经济性好。

5. 合理选择切削用量

确定孔加工复合刀具的切削用量时,要兼顾各个刀具的特点。切削速度应按最大直径的刀具选择,以免由于速度过高而影响刀具寿命。背吃刀量由相邻单刀的直径差来决定,不宜过大。进给量是各刀共用的,应按最小尺寸的单刀来选定。对于先后切削的复合刀具,例如采用钻—铰复合刀具加工时,切削速度应按铰刀确定,而进给量应按钻头确定。

4.4　铣　　刀

铣削加工是一种应用非常广泛的加工方法,可以加工平面、各种沟槽、螺旋表面、轮齿表面和成形表面等,铣削加工生产率高。

4.4.1　铣削特点

1. 断续切削

铣刀刀齿(尤其是面铣刀)切入或切出工件时易产生冲击,当冲击频率与机床固有频率相同或为倍数时,冲击振动加剧。另外,高速铣削时刀齿还经受时冷时热的温度骤变,硬质合金刀片在这样的热应力剧烈冲击下,容易出现裂纹和崩刃,使刀具寿命下降。

2. 多刀多刃切削

铣刀是多刀多刃回转刀具,刀齿易出现径向跳动和端面跳动(径向跳动是由于磨刀误差、刀杆弯曲、机床主轴轴线与刀具轴线不重合等原因造成的)。这会引起刀齿负荷不均匀,各齿磨损量不一致,从而使刀具使用寿命降低,工件表面粗糙度值加大。而且,面铣刀刀齿的端面跳动将在工件表面划出深浅不一的刀痕,对工件表面粗糙度影响很大。

因此,必须严格控制刀齿的径向圆跳动和端面圆跳动误差,同时还要提高刀杆刚性,减小刀具与刀杆的配合间隙。

3. 铣削为半封闭容屑形式

因铣刀是多齿刀具,刀齿与刀齿之间的空间有限,每个刀齿在切削过程中切下的切屑被封闭在刀槽中,直至该刀齿完全脱离开工件时才能将切屑排出,所以要求刀槽应有足够的容屑空间。

4. 切入过程

圆柱铣刀逆铣时,由于刀齿的切削刃钝圆半径的存在,使刀齿都要在工件已加工表面上滑行一段距离之后才能切入工件基体。在刀齿切入基体前的过程中,刀齿的刃口圆弧面推挤金属,实际工作前角为负值,加剧了刃口与工件之间的摩擦,导致切削温度升高,表面冷作硬化程度增加,刀齿磨损加快,已加工表面粗糙度增加。

5. 切削层参数

铣削时切削层的公称厚度及铣削力都是周期性变化的,这种周期性断续切削过程容易引发铣削工艺系统的振动,使得铣削加工精度和加工表面质量等级降低,并影响铣削生产率。因此,对铣床、铣刀和铣削夹具的刚性要求都较高

4.4.2　铣削方式

选择合理的铣削方式可以减少振动,使铣削过程平稳,并且可以提高工件表面质量、铣刀

寿命以及铣削生产率。

1. 逆铣和顺铣

圆周铣削有两种铣削方式,逆铣和顺铣,如图 4-21 所示。

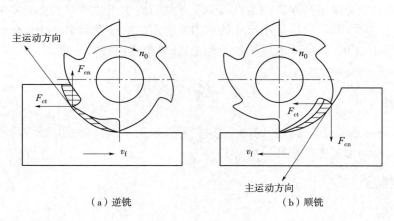

（a）逆铣　　　　　　　　　　　　　　（b）顺铣

图 4-21　逆铣和顺铣

（1）逆铣

铣削时,铣刀切入工件时的切削速度方向和工件的进给方向相反,这种铣削方式称为逆铣,如图 4-21(a)所示。逆铣时,刀齿的切削厚度从零逐渐增大至最大值。刀齿在开始切入时,由于切削刃钝圆半径的影响,刀齿在已加工表面上滑擦一段距离后才能真正切入工件,因而刀齿磨损快,加工表面质量较差。此外,刀齿对工件的垂直铣削分力向上,不利于工件的夹紧。但是逆铣时,工作台所受纵向铣削分力与纵向进给方向相反,使工作台丝杠与螺母间传动面始终贴紧,故工作台不会发生窜动现象,铣削过程较平稳。

（2）顺铣

铣削时,铣刀切入工件时的切削速度方向与工件的进给方向相同,这种铣削方式称为顺铣。如图 4-21(b)所示。顺铣时,刀齿的切削厚度从最大逐渐递减至零,没有逆铣时的刀齿滑行现象,加工硬化程度大为减轻,已加工表面质量较高,刀具使用寿命也比逆铣时长。从图 4-21(b)中可看出,顺铣时,刀齿对工件的垂直铣削分力始终将工件压向工作台,避免了上下振动,加工比较平稳。纵向铣削分力方向始终与进给方向相同,如果工作台驱动丝杠与螺母传动副有间隙,铣刀会带动工件和工作台窜动,使铣削进给量不均匀,容易打刀。因此,如采用顺铣,必须要求铣床工作台进给丝杠螺母副有消除侧向间隙机构,或采取其他有效措施。

综上所述,顺铣和逆铣各有特点,一般顺铣优于逆铣,应根据具体加工条件合理选择。

2. 对称铣削与不对称铣削

端铣的三种铣削方式如图 4-22 所示:

（1）对称铣削

如图 4-22(a)所示,铣刀转速为 n_0,切削厚度为 a_e,切入、切出时切削厚度相同,具有较大的平均切削厚度,这样可以避免下一个刀齿在前一刀齿切过的冷硬层上工作。一般端铣多用此种铣削方式,尤其适用于铣削淬硬钢。

（2）不对称逆铣

如图 4-22（b）所示，这种铣削在切入时切削厚度最小，切出时切削厚度最大，铣削碳钢和一般合金钢时，可减小切入时的冲击，故可提高硬质合金端铣刀使用寿命。

（3）不对称顺铣

微课 4-4
铣削方式

如图 4-22（c）所示，这种铣削方式切入时切削厚度最大，切出时切削厚度最小。实践证明，不对称顺铣用于加工不锈钢和耐热合金时，可减少硬质合金的剥落磨损，可提高切削速度 40%～60%。

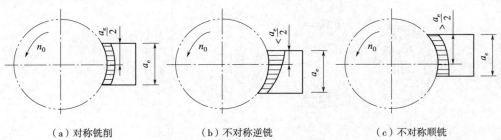

（a）对称铣削　　　　　（b）不对称逆铣　　　　　（c）不对称顺铣

图 4-22　端铣的三种铣削方式

4.4.3　常用铣刀及其选用

铣刀为多齿回转刀具，种类很多，结构不一，铣刀类型如图 4-23 所示。一般按其用途可分为加工平面用铣刀、加工沟槽用铣刀、加工成形面用铣刀等三种类型。通用规格的铣刀已标准化，一般均由专业工具厂生产。现介绍几种常用铣刀的特点及其适用范围。

1. 圆柱铣刀

圆柱铣刀如图 4-23（a）所示。它的结构形式分为高速钢整体制造的圆柱铣刀和镶焊硬质合金刀片的镶齿圆柱铣刀。螺旋形切削刃分布在圆柱表面上，没有副切削刃。螺旋形的刀齿切削时是逐渐切入和脱离工件的，所以切削过程较平稳。主要用于卧式铣床上加工宽度小于铣削长度的狭长平面。

根据加工要求不同，圆柱铣刀有粗齿、细齿之分。粗齿的容屑槽大，用于粗加工，细齿用于精加工。

2. 面铣刀

面铣刀如图 4-23（b）所示，主切削刃分布在圆柱或圆锥表面上，端面切削刃为副切削刃，铣刀的轴线垂直于被加工表面。按刀齿材料，可分为高速钢和硬质合金两大类，多制成套式镶齿结构。主要用在立式铣床上加工平面，特别适合较大平面的加工。主偏角为 90° 的面铣刀可铣底部较宽的台阶面。用面铣刀加工平面，同时参加切削的刀齿较多，又有副切削刃的修光作用，使加工表面粗糙度值小，因此可以采用较大的切削用量，生产效率高，应用广泛。

3. 盘形铣刀

盘形铣刀分槽铣刀、两面刃铣刀、三面刃铣刀和错齿三面刃铣刀，如图 4-23（c）、（d）、（e）、（f）所示。槽铣刀一般用于加工浅槽；两面刃铣刀用于加工台阶面；三面刃铣刀用于切槽和加工台阶面。

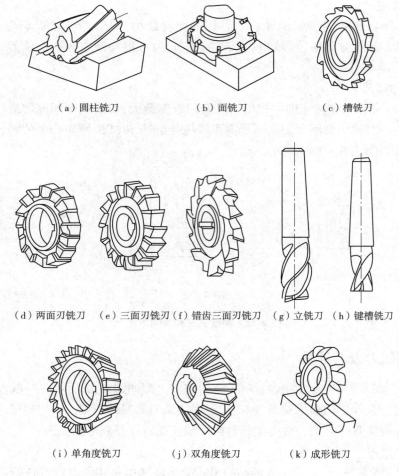

（a）圆柱铣刀 （b）面铣刀 （c）槽铣刀

（d）两面刃铣刀 （e）三面刃铣刃 （f）错齿三面刃铣刀 （g）立铣刀 （h）键槽铣刀

（i）单角度铣刀 （j）双角度铣刀 （k）成形铣刀

图 4-23 铣刀类型

4. 锯片铣刀

锯片铣刀是薄片的槽铣刀,只在圆周上有刀齿,用于切削窄槽或切断工件。为了避免夹刀,其厚度由边缘向中心减薄,使两侧形成副偏角。

5. 立铣刀

立铣刀如图 4-23（g）所示,用于加工平面、台阶、槽和相互垂直的平面。立铣刀一般由 3～4 个刀齿组成,圆柱表面上的切削刃是主切削刃,端刃是副切削刃。用立铣刀铣槽时槽宽有扩张,故应取直径比槽宽略小的铣刀(0.1 mm 以内)。

6. 键槽铣刀

键槽铣刀如图 4-23（h）所示。它的外形与立铣刀相似,所不同的是它在圆周上只有两个螺旋刀齿;其端面刀齿的刀刃延伸至中心,因此在铣两端不通的键槽时,可以作适量的轴向进给。它主要用于加工圆头封闭键槽,加工时,要作多次垂直进给和纵向进给才能完成键槽加工。键槽铣刀重磨时只磨端刃。

7. 角度铣刀

角度铣刀有单角度铣刀[见图 4-23（i）]和双角度铣刀[见图 4-23（j）],应用于铣削沟槽和斜面。角度铣刀大端和小端直径相差较大时,往往造成小端刀齿过密,容屑空间过小,因此常在小端将刀齿间隔地去掉,使小端的齿数减少一半,以增大容屑空间。

8. 成形铣刀

成形铣刀如图 4-23(k)所示,成形铣刀是用于加工成形表面的刀具,其刀齿廓形要根据被加工工件的廓形专门设计。

9. 模具铣刀

模具铣刀用于加工模具型腔或凸模成形表面,在模具制造中广泛应用。按工作部分外形可分为圆锥形平头、圆柱形球头、圆锥形球头等。硬质合金模具铣刀可取代金刚石锉刀和磨头来加工淬火后硬度小于 65 HRC 的各种模具。切削效率可提高几十倍。

4.5 螺纹刀具

螺纹刀具是指加工内外螺纹表面的刀具。按螺纹加工方法,可将螺纹刀具分为切削加工螺纹刀具和滚压螺纹刀具。切削加工螺纹刀具又可分为车刀类、铣刀类、拉刀类螺纹刀具。其中有代表性的应用较广的是丝锥。

4.5.1 丝锥

丝锥是加工内螺纹的刀具,按切削方式和结构的不同,可分为手用丝锥、机用丝锥、螺母丝锥、锥形丝锥、板牙丝锥、拉削丝锥、挤压丝锥和螺旋槽丝锥等。

1. 丝锥的结构与几何参数

如图 4-24 所示为丝锥的结构,它由工作部分和柄部组成。工作部分包括切削和校准两部分,实际上是一个轴向开槽的外螺纹。槽向有直槽和螺旋槽两种,其中螺旋槽丝锥排屑效果好,并使实际工作前角增大,降低转矩。切削部分担负着整个丝锥的切削工作。为了切入导向并使切削负荷能分配到几个刀齿上,切削部分一般磨出锥角 2φ。校准部分有完整的齿形,以控制螺纹参数并引导丝锥沿轴向运动。柄部方尾的作用是与机床连接,或通过扳手传递扭矩。

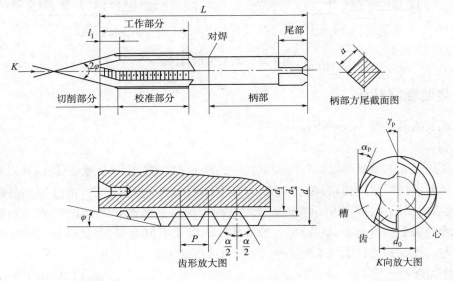

图 4-24 丝锥的结构

丝锥轴向开槽以容纳切屑,同时形成前角。切削锥顶刃与齿形侧刃经铲磨形成后角。丝锥的中心部是锥心,用以保持丝锥的强度。

丝锥的参数包括螺纹参数与切削参数两部分。螺纹参数如大径 d、中径 d_2、小径 d_1、螺距 P、牙形角 α 及螺纹旋向(一般为右旋)等,按被加工的螺纹的规格来选择。切削参数如锥角 2φ、端剖面前角 γ_p、后角 α_p 和槽数 z 等,根据被加工的螺纹的精度、尺寸来选择。对于一般材料中、小规格的通孔螺纹,可用单只丝锥加工完成。但在螺孔尺寸较大和材料硬度、强度较高的工件上加工通孔或盲孔螺纹时,单只丝锥在切削能力和加工质量上往往不能满足要求。此时宜采用由 2~3 只丝锥组成的成组丝锥依次切削,使切削工作由 2~3 只丝锥分担。其依次被称为头锥、二锥和精锥。

2. 几种主要类型丝锥的结构特点

常用的几种丝锥如图 4-25 所示:

(1)手用丝锥

如图 4-25(a)所示,手用丝锥的刀柄为方头圆柄,齿形不铲磨,加工时手工操作,常用于单件小批生产和修配工作。手用丝锥因切削速度较低,常用优质碳素工具钢 T12A 和合金工具钢 9SiCr 制造。

(2)机用丝锥

机用丝锥如图 4-25(b)所示,是用于在机床上加工螺纹的丝锥,其刀柄除有方头外,还有环形槽以防止丝锥从夹头中脱落。机用丝锥的螺纹齿形均经铲磨。因机床传递的扭矩大,导向性好,故常用单只丝锥加工。有时加工直径大、材料硬度高或韧性大的螺孔,也用成组丝锥依次进行切削。机用丝锥因其切削速度较高,工作部分常用高速钢制造,并与 45 钢的刀柄经对焊而成。一般用于成批大量生产通孔、盲孔螺纹加工。

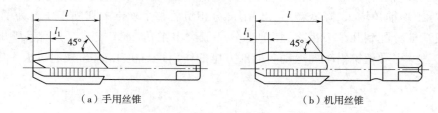

(a)手用丝锥　　　　(b)机用丝锥

图 4-25　常用的几种丝锥

4.5.2　其他螺纹刀具

其他螺纹刀具如图 4-26 所示。

1. 板牙

板牙是加工和修整外螺纹的标准刀具之一,它的基本结构是一个螺母,轴向开出容屑槽以形成切削齿前面。因结构简单,制造方便,故在小批量生产中应用很广。加工普通外螺纹常用圆板牙,其结构如图 4-26(a)所示。圆板牙左右两个端面上都磨出切削锥角,齿顶经铲磨形成后角。板牙的廓形在内表面,很难加工,校准部分的后角不但为零,而且热处理的变形等缺陷也难以消除。因此板牙只能用于加工精度要求不高的螺纹。

2. 螺纹切头

螺纹切头是一种组合式螺纹刀具,分为自动板牙切头和自动丝锥切头,通常是开合式。

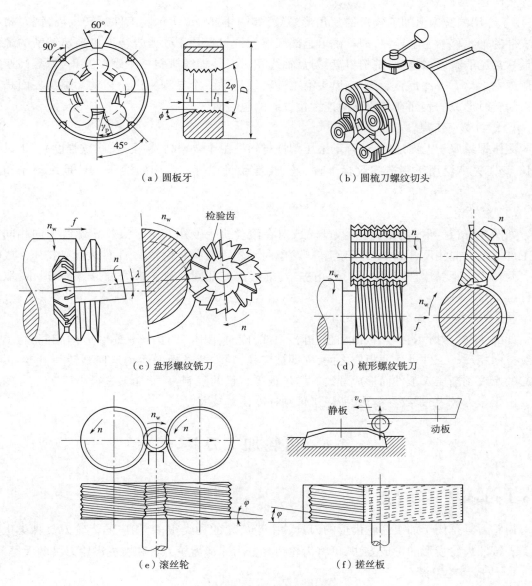

（a）圆板牙　　　　　　　　　　（b）圆梳刀螺纹切头

（c）盘形螺纹铣刀　　　　　　　　（d）梳形螺纹铣刀

（e）滚丝轮　　　　　　　　　　（f）搓丝板

图 4-26　其他螺纹刀具

图 4-26（b）所示为加工外螺纹的圆梳刀螺纹切头。工作时，梳刀合拢，几把梳刀同时切削。切削结束，梳刀自动张开。这时切头快速退回，梳刀又自动合拢，准备下一个工作循环，生产效率很高。梳刀可多次重磨，使用寿命较长。板牙头结构复杂，成本较高，通常在转塔、自动或组合机床上使用。

3. 螺纹铣刀

螺纹铣刀分盘形、梳形与铣刀盘三类，多用于批量大、铣削精度不高场合的螺纹加工。

如图 4-27（c）所示为粗切蜗杆或梯形螺纹的盘形螺纹铣刀。铣刀与工件轴线交错成 λ 角。由于是铣螺旋槽，为了减少铣槽的干涉，通常将直径选得较小，齿数选择较多，以保持铣削平稳。为改善切削条件，刀齿两侧可磨成交错结构，以增大容屑空间，但需要有一个完整的齿形，以供检验。梳形螺纹铣刀由若干个环形齿纹构成，宽度大于工件的长度，一般做成铲齿结构,用于专用的铣床上加工较短的三角形螺纹,如图 4-26(d)所示。工件每转一周,铣刀相对于工件的轴线移动一个导程,即可铣出全部螺纹。铣刀盘是用硬质合金刀头高速铣削的螺纹刀具。常见的有内、外旋风铣削刀盘,刀盘轴线相对工件轴线倾斜一个螺旋升角,刀盘高速旋转形成主运动。工件每转一周,旋风头沿工件轴线移动一个导程为进给运动。螺纹表面是切削刃回转时形成的表面在各个不同连续位置时的包络面。

4. 螺纹滚压工具

滚压螺纹属于无屑加工,适合于滚压塑性材料。由于效率高,精度好,螺纹强度高,工具寿命长,该工艺广泛用于制造螺纹标准件、丝锥、螺纹量规等。常用的滚压工具是滚丝轮和搓丝板。

(1)滚丝轮

如图 4-26(e)所示为滚丝轮,滚丝轮成对在滚丝机上使用。两个滚丝轮螺纹方向相同且与工件螺纹方向相反,以同一方向旋转。滚丝时动轮逐渐向静轮靠拢,工件表面被挤压形成螺纹。两轮中心距到达预定尺寸后,停止进给,继续滚转几圈以修正螺纹廓形,然后退出,取下工件。

(2)搓丝板

如图 4-26(f)所示,搓丝板由动板、静板组成,成对使用。两搓丝板螺纹方向相同,与工件螺纹方向相反。工件进入两板块之间,立即被夹住,随着搓丝板的运动迫使其转动,搓丝板上凸起的螺纹逐渐压入工件而形成螺纹。搓丝板受行程的限制,只能加工直径小于 24 mm 的螺纹。由于压力较大,螺纹易变形,所以工件圆柱度误差较大。

4.6 齿轮加工刀具

4.6.1 齿轮刀具的种类

齿轮刀具是用于加工齿轮齿形的刀具。由于齿轮的种类很多,相应的齿轮刀具种类也非常多。按照齿轮齿形的形成方法,可将齿轮刀具分为成形齿轮刀具和展成齿轮刀具两大类。

1. 成形齿轮刀具

成形齿轮刀具切削刃的廓形与被切齿轮的齿槽形状相同或者相近,通常适用于加工直齿圆柱齿轮、斜齿圆柱齿轮和齿条等。常用的成形齿轮刀具有盘形齿轮铣刀和指形齿轮铣刀,如图 4-27 所示。盘形齿轮铣刀是铲齿成形铣刀,结构简单,成本低廉,在一般铣床上就可加工齿轮,但其加工精度(一般低于 9 级)和生产率都比较低,适用于单件小批生产及修配作业。指形齿轮铣刀主要用于加工大模数($m=10\sim100$ mm)直齿、圆柱齿轮、人字齿轮。

2. 展成齿轮刀具

展成齿轮刀具的齿形或其齿形的投影均不同于所切齿轮齿槽的任意截形。工件的齿形是经刀具刃形若干次切削包络而成的。展成法加工齿轮时,同一把刀具可加工模数相同而齿数不同的渐开线齿轮,刀具的通用性较好,加工精度和生产率都比较高,生产中被广泛采用。但这种加工方法一般需要有专门的齿轮加工机床。常用的展成齿轮刀具有齿轮滚刀、插齿刀和剃齿刀等。

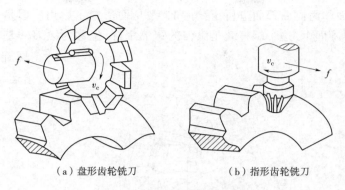

（a）盘形齿轮铣刀　　　　　　　　　（b）指形齿轮铣刀

图 4-27　常用的成形齿轮刀具

4.6.2　齿轮滚刀

　　齿轮滚刀是按展成法加工直齿和螺旋圆柱齿轮的最常用的一种刀具,在齿轮制造中应用广泛,可以用来加工外啮合的直齿轮、斜齿轮、标准齿轮和变位齿轮。加工齿轮的范围很大,从模数大于 0.1 到小于 40 的齿轮,都可用滚刀加工。加工齿轮的精度一般达 7~9 级,在使用超高精度滚刀和严格的工艺条件下也可以加工 5~6 级精度的齿轮。

　　1. 齿轮滚刀工作原理

　　齿轮滚刀是利用螺旋齿轮啮合原理来加工齿轮的。在加工过程中,滚刀相当于一个螺旋角很大的斜齿圆柱齿轮,与被加工齿轮作空间啮合。当机床使滚刀和工件严格地按一对螺旋齿轮的传动关系作相对旋转运动时,就可在工件上连续不断地切出齿形来。

　　图 4-28 为用齿轮滚刀的工作原理。滚刀轴线与工件端面倾斜一个角度 δ,以使滚刀刀齿方向与被切齿轮的齿槽方向一致。滚刀的旋转运动为主运动。加工直齿齿轮时,滚刀每转一转,工件转过一个齿(当滚刀为单头时)或数个齿(当滚刀为多头时),以形成展成运动(即圆周进给运动)。为了切出全齿宽上齿形,滚刀还需要沿齿轮轴线方向进给。加工斜齿轮时,除上述运动外,还需要给工件一个附加的转动,以形成斜齿轮的螺旋齿槽。

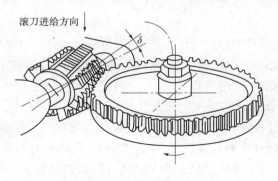

图 4-28　齿轮滚刀的工作原理

　　2. 齿轮滚刀的基本蜗杆

　　齿轮滚刀相当于一个齿数很少、螺旋角很大,而且轮齿很长的斜齿圆柱齿轮。因此,其外形就像一个蜗杆。为了使这个蜗杆能起到切削作用,需在其上开出几个容屑槽(直槽或螺旋槽),形成若干较短的刀齿,由此而产生前刀面和切削刃。每个刀齿有两个侧刃和一个顶刃。

同时,对齿顶后刀面和齿侧后刀面进行了铲齿加工,从而形成了后角。但是,滚刀的切削刃必须保持在蜗杆的螺旋面上,这个蜗杆就是滚刀的铲形蜗杆,也称为滚刀的基本蜗杆,如图 4-29 所示。

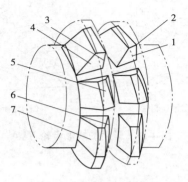

图 4-29　滚刀的基本蜗杆
1—前面;2—顶刃;3、4—侧刃;5—顶后面;6、7—侧后面

　　理论上,加工渐开线齿轮的齿轮滚刀基本蜗杆应该是渐开线蜗杆。渐开线蜗杆在其端剖面内的截形是渐开线,在其基圆柱的切平面内的截形是直线,但在轴剖面和法剖面内的截形都是曲线,这就使得滚刀在制造和检验方面都较为困难。因此,生产中一般采用阿基米德蜗杆或法向直廓蜗杆,作为齿轮滚刀的基本蜗杆。阿基米德蜗杆在轴剖面内的齿形为直线,而法向直廓蜗杆是在法剖面内的齿形为直线。因此,以这两种蜗杆为基本蜗杆的阿基米德滚刀和法向直廓滚刀,在制造和检验上就方便多了。

　　应用阿基米德滚刀和法向直廓滚刀加工出来的齿轮齿形,理论上都不是渐开线,有一定的加工原理误差。但由于齿轮滚刀的分度圆柱上的螺旋升角很小,所以加工出的齿形误差也很小。尤其是阿基米德滚刀,不仅误差较小,而且误差的分布对齿轮齿形造成一定的修缘,有利于齿轮的传动。因此,一般精加工用的和小模数(m≤10 mm)的齿轮滚刀,均为阿基米德滚刀。而法向直廓滚刀误差较大,多用于粗加工和大模数齿轮的加工。

4.6.3　插齿刀

　　插齿刀是一种展成法齿轮刀具,可以用来加工同模数、同压力角的任意齿数的齿轮。既可以加工标准齿轮,也可以加工变位齿轮。通常用于加工直齿轮、斜齿轮、内齿轮、塔轮、人字齿轮和齿条等,是一种应用很广泛的刀具。

　　1. 插齿刀的基本工作原理

　　插齿刀的形状与圆柱齿轮相似,但具有前角、后角和切削刃。插齿时,其切削刃随插齿机床的往复运动在空间形成一个渐开线齿轮,称为产形齿轮,插齿刀的基本工作原理。如图 4-30 所示。插齿刀的上、下往复运动就是机床的主运动,同时,内联系的刀具回转运动与工件齿轮的回转运动相配合形成展成运动(相当于产形齿轮与被切齿轮之间的无间隙啮合运动)。展成运动一方面包络形成齿轮渐开线齿廓,另一方面又是切削时的圆周进给运动和连续的分齿运动。在开始切削时,还有径向进给运动,切到全齿深时径向进给运动自动停止。为了避免后刀面与工件的摩擦,插齿刀每次空行程退刀时,工件有让刀运动。

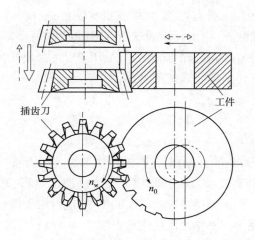

图 4-30　插齿刀的基本工作原理

2. 插齿刀的结构形式

插齿刀的结构形式可分为盘形插齿刀、碗形插齿刀、锥柄插齿刀,如图 4-31 所示。

盘形插齿刀主要用于加工普通的外啮合直齿轮、斜齿圆柱齿轮、人字齿轮、大直径内齿轮和齿条等。碗形插齿刀主要用于加工台阶齿轮、双联齿轮等,当然也可用于加工盘形插齿刀能加工的各种齿轮。锥柄插齿刀主要用于加工小直径的内啮合直齿和斜齿圆柱齿轮。

根据用途的不同,插齿刀可分为通用插齿刀、专用插齿刀、剃前插齿刀、修缘插齿刀和硬齿面加工用插齿刀等。

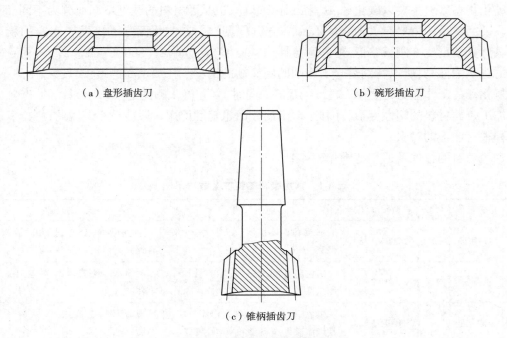

（a）盘形插齿刀　　　　　　　　　　　　　　　（b）碗形插齿刀

（c）锥柄插齿刀

图 4-31　插齿刀的结构形式

插齿刀一般为整体结构,根据需要,也可做成机夹镶齿式、焊接(或者粘接)式等结构。插齿刀一般采用高速工具钢制造。用于硬齿面加工或其他特殊用途的插齿刀,其切削部分材料可采用硬质合金。对高速工具钢制造的插齿刀可采用PVD(物理气相沉积)涂层,或者采用其他表面处理方法,以提高其切削性能和使用寿命。

4.7 磨 具

磨削是用磨具(砂轮、砂带、油石等)对工件进行切削加工的方法。磨削的应用范围很广,它既可以磨削难以切削的各种高硬、超硬金属材料,也可以加工宝石、光学玻璃、陶瓷等非金属材料。不但可用于外圆、内孔、平面等简单形状表面的加工,也可用于螺纹、齿形和其他复杂形状表面的加工。磨削是目前半精加工和精加工的主要方法之一,并已逐步拓展到了粗加工之中。

4.7.1 砂轮

砂轮是最重要的磨削工具。它是用结合剂把磨粒黏结起来,经压坯、干燥、焙烧而制成的多孔疏松体。砂轮的特性主要由磨料、粒度、结合剂、硬度、组织及形状尺寸等因素所决定。磨削加工时,应根据具体的加工条件选用合适的砂轮。

1. 磨料

磨料是制造砂轮的主要材料,直接担负切削工作。磨料应具有高硬度、耐磨性、高耐热性和一定的韧性,具有相当锋利的形状。常用的磨料有氧化物系、碳化物系、高硬磨料系三类。氧化物系磨料的主要成分是氧化铝,由于它的纯度不同和加入金属元素不同,而分为不同的品种。碳化物系磨料主要以碳化硅、碳化硼等为基体,也是因材料的纯度不同而分为不同品种。

高硬磨料系中主要有人造金刚石和立方氮化硼。立方氮化硼是近年发展起来的新型磨料。虽然其硬度比金刚石略低,但其耐热性(1 400 ℃)比金刚石(800 ℃)高出许多,而且对铁元素的化学惰性高,所以特别适合于磨削既硬又韧的钢材。在加工高速钢、模具钢、耐热钢时,立方氮化硼的工作能力是金刚石的5~10倍。同时,立方氮化硼的磨粒切削刃锋利,磨削时可减小加工表面材料的塑性变形。因此,磨出的表面粗糙度比用一般砂轮小。因此,立方氮化硼是一种很有前途的磨料。

常用磨料的特性及适用范围见表4-1。

表4-1 常用磨料的特性及适用范围

系列	磨料名称	代号	显微硬度/HV	特 性	适用范围
氧化物系	棕刚玉	A	2 200~2 280	棕褐色。硬度高,韧性大,价格便宜	磨削碳钢、合金钢、可锻铸铁、硬青铜
	白刚玉	WA	2 200~2 300	白色。硬度比棕刚玉高,韧性比棕刚玉低	磨削淬火钢、高速钢、高碳钢及薄壁零件
碳化物系	黑碳化硅	C	2 840~3 320	黑色,有光泽。硬度比白刚玉高,性脆而锋利,导热性和导电性良好	磨削铸铁、黄铜、铝、耐火材料及非金属材料
	绿碳化硅	GC	3 280~3 400	绿色。硬度和脆性比黑碳化硅高,具有良好的导热性和导电性	磨削硬质合金、宝石、陶瓷、玉石、玻璃等材料

系列	磨料名称	代号	显微硬度/HV	特　性	适用范围
高硬磨料系	人造金刚石	D	6 000~10 000	无色透明或淡黄色、黄绿色、黑色，硬度高，比天然金刚石脆	磨削硬质合金、宝石、光学玻璃、半导体等材料
	立方氮化硼	CBN	6 000~8 500	黑色或淡白色。立方晶体，硬度仅次于金刚石，耐磨性高	磨削各种高温合金，高钼、高钒、高钴钢，不锈钢等材料

2. 粒度

粒度表示磨料颗粒的大小。通常把磨料粒度按大小分为磨粒和微粉两类。颗粒尺寸大于 40 μm 的磨料称为磨粒，用机械筛分法决定其粒度号。号数就是该种颗粒刚能通过的筛网号，即每英寸（25.4 mm）长度上的筛孔数，粒度号为 8#~240#。例如 40# 粒度是指磨粒刚可通过每英寸长度上有 40 个孔眼的筛网。粒度号越大，颗粒尺寸越小。尺寸小于 40 μm 的颗粒称为微粉，其尺寸用显微镜分析法测量。微粉以颗粒最大尺寸的微米数为颗粒号数，并在其前加"W"。例如 W20 表示磨粒的最大尺寸为 20 μm。常用磨粒粒度和尺寸及其应用范围见表 4-2。

表 4-2　常用磨粒粒度和尺寸及其应用范围

粒度号	颗粒尺寸/μm	应用范围	粒度号	颗粒尺寸/μm	应用范围
12~36	2 000~1 600 500~400	荒磨 打毛刺	W40~W28	40~28 28~20	珩磨 研磨
46~80	400~315 200~160	粗磨 半精磨 精磨	W20~W14	20~14 14~10	研磨、超级加工、超精磨削
100~280	160~125 50~40	精磨 珩磨	W10~W5	10~7 5~3.5	研磨、超级加工、镜面磨削

磨粒粒度对磨削生产率和加工表面粗糙度有很大影响。一般来说，粗磨用颗粒较粗的磨粒，精磨用颗粒较细的磨粒。当工件材料软、塑性大和磨削面积大时，为避免堵塞砂轮，也可采用较粗的磨粒。

3. 结合剂

结合剂的作用是将磨粒黏合在一起，使砂轮具有要求的形状和强度。砂轮的强度、耐腐蚀性、耐热性、抗冲击性和高速旋转而不破裂的性能，主要取决于结合剂的性能。常用的砂轮结合剂有陶瓷结合剂、树脂结合剂、橡胶结合剂和金属结合剂，其性能及适用范围参见表 4-3。陶瓷结合剂的性能稳定，耐热、耐酸碱，价格低廉，应用最为广泛；树脂结合剂强度高，韧性好，多用于高速磨削和薄片砂轮；橡胶结合剂适用于无心磨的导轮、抛光轮、薄片砂轮等；金属结合剂主要用于金刚石砂轮。

表 4-3　常用结合剂的性能及适用范围

结合剂	代号	性　　能	适用范围
陶瓷	V	耐热、耐蚀、气孔多、易保持廓形,弹性差	最常用,适用于各类磨削
树脂	B	弹性好,强度较 V 高,耐热性差	适用于高速磨削、切断、开槽
橡胶	R	弹性更好,强度更高,气孔少,耐热性差	适用于切断、开槽,及作无心磨的导轮
金属	M	强度最高,导电性好,磨耗少,自锐性差	适用于金刚石砂轮

4. 硬度

砂轮的硬度是指在磨削力的作用下,砂轮工作表面磨粒脱落的难易程度。它反映磨粒与结合剂的黏结强度。磨粒不易脱落,称砂轮硬度高。反之,称砂轮硬度低。因此,砂轮的硬度与磨料的硬度是两个不同的概念。

砂轮的硬度从低到高分为超软、软、中软、中、中硬、硬、超硬 7 个大级,还可细分为 14 个小级,砂轮的硬度等级名称及代号见表 4-4。

表 4-4　砂轮的硬度等级名称及代号

大级名称	超软			软			中软		中		中硬			硬		超硬
小级名称	超软			软1	软2	软3	中软1	中软2	中1	中2	中硬1	中硬2	中硬3	硬1	硬2	超硬
代号	CR			R1	R2	R3	ZR1	ZR2	Z1	Z2	ZY1	ZY2	ZY3	Y1	Y2	CY
	D	E	F	G	H	J	K	L	M	N	P	Q	R	S	T	Y

工件材料较硬时,为使砂轮有较好的自锐性,应选用较软的砂轮。工件与砂轮的接触面积大,工件的导热性差时,为减少磨削热,避免工件表面烧伤,应选用较软的砂轮。对于精磨或成形磨削,为了保持砂轮的廓形精度,应选用较硬的砂轮。粗磨时应选用较软的砂轮,以提高磨削效率。

5. 组织

砂轮的组织是指砂轮中磨料、结合剂和气孔三者间的体积比例关系。按磨料在砂轮中所占体积的不同,砂轮的组织分为紧密、中等和疏松三大类,砂轮的组织号见表 4-5。

表 4-5　砂轮的组织号

类别	紧密			中　等					疏　松						
组织号	0	1	2	3	4	5	6	7	8	9	10	11	12	13	14
磨粒占砂轮体积的百分比(%)	62	60	58	56	54	52	50	48	46	44	42	40	38	36	34

组织号越大,磨粒所占体积越小,表明砂轮越疏松,因此气孔就越多,砂轮不易被切屑堵塞,同时可把冷却液或空气带入磨削区,使散热条件改善。但过分疏松的砂轮,磨粒含量少,容易磨钝,砂轮廓形也不容易长久保持。生产中最常用的是中等组织(组织号 4~7)的砂轮。

6. 砂轮的形状、尺寸及代号

根据不同的用途、磨削方式和磨床类型,砂轮被制成各种形状和尺寸,并已标准化。表 4-6 列出了常用砂轮的形状、代号及其主要用途。

表 4-6 常用砂轮的形状、代号及其主要用途

砂轮名称	代号	断面简图	基本用途
平形砂轮	1		根据不同尺寸分别用于外圆磨、内圆磨、平面磨、无心磨、工具磨、螺纹磨和砂轮机上
筒形砂轮	2		用于立式平面磨床上
碗形砂轮	11		通常用子刃磨刀具,也可用于导轨磨上,用以磨机床导轨
碟形一号砂轮	12a		适于磨铣刀、铰刀、拉刀等,大尺寸的砂轮一般用于磨齿轮的齿面

砂轮的特性代号一般标注在砂轮的端面上,用以表示砂轮的磨料、粒度、硬度、结合剂、组织、形状、尺寸及允许的最高线速度。例如:1—300×30×75—A60L5V—35 m/s,表示该砂轮为平形砂轮(Ⅰ),外径为 300 mm,厚度为 30 mm,内径为 75 mm,磨料为棕刚玉(A),粒度号为60,硬度为中软 2(L),组织号为 5,结合剂为陶瓷(V),最高圆周速度为 35 m/s。

4.7.2 其他磨具

磨具除了砂轮以外,还有油石、砂瓦、磨头、砂带和研磨膏等。其中用高速运动的砂带作为磨具的砂带磨削发展迅速,目前工业发达国家的砂带磨削已占磨削加工总量的一半左右。现仅对砂带及砂带磨削作以下简介。

1. 砂带

砂带由基体、结合剂和磨粒组成,砂带的结构如图 4-32 所示。常用的基体材料是纸、布(尼龙纤维、涤纶纤维等)和纸—布组合体。纸基砂带平整,磨出的工件表面粗糙度小;布基砂带承载能力高,应用广泛;纸—布基综合两者的优点。砂带上有两层结合剂,底胶把磨粒黏结在基体上,复胶固定磨粒间位置,常用的结合剂是树脂。砂带上仅有一层经过精选的粒度均匀的磨粒,通过静电植砂,使其间隔均匀,锋刃向上,且切削刃具有较好的等高性。

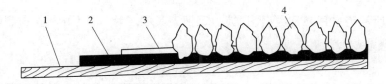

图 4-32 砂带的结构
1—基体;2—底胶;3—复胶;4—磨粒

2. 砂带磨削的特点

①砂带上磨粒锋利,砂带磨削面积大,所以生产率比砂轮磨削都高得多。除了可磨削金属外,还可磨削木材、皮革、橡胶、石材和陶瓷等。

②磨削温度低,砂带富有弹性、加工时磨粒可退让,工件不会烧伤和变形,加工质量好。

③砂带柔软,能贴住成形表面磨削,适合磨削复杂的曲面。

④砂带磨床结构简单,功率消耗少,但占用空间大,噪声高,砂带消耗量很大。

⑤不能磨削小直径深孔、盲孔、阶梯外圆和齿轮等。

砂带磨削目前正朝着进一步提高加工精度、自动化程度以及砂带寿命等方向发展。

4.8 实践项目——金属切削刀具认知

4.8.1 概述

金属切削加工作为制造技术的主要基础工艺,对制造业和制造技术的发展起着十分重要的作用。工欲善其事,必先利其器。要高质量、高效率进行切削加工,就必须有高质量、高性能的生产工具。

金属切削刀具是用于直接对零件进行切削的刀具,刀具的性能和质量的优劣,不但直接影响切削加工精度、表面质量和加工效率,而且,还会影响到金属切削加工工艺的发展。通过该项目使学生增强对金属切削刀具的感性认识和体会,理解刀具的分类方法、名称、刀具材料、参数、形状特征等各种参数。

4.8.2 项目目的

通过该项目使同学对金属切削刀具能有一些基本的感性认识和体会,对刀具的分类方法、名称、刀具材料、刀具结构等有所了解。

4.8.3 项目内容与要求

项目展示常用刀具,对所观察到的刀具,进行分类,并说出该刀具的主要参数和使用场合。要求学生能在指导教师的讲解和辅导下,达到下述要求:

①了解各类刀具的用途。

②能识别各类刀具几何结构特征和参数。

③结合课程内容,掌握本课程内所介绍的各种刀具的用途,特点、装夹方式、使用要求。

4.8.4 项目实例

如图 4-33 所示为多种刀具类型图,其中每把刀具的名称、刀具的制作材料和加工范围见表 4-7 刀具识别表。

表 4-7　刀具识别表

编号	刀具名称	刀具制作材料	加工范围
1	可转为车刀	刀杆(40Cr),刀片(硬质合金)	加工各种内、外回转体表面
2	麻花钻	高速钢	45 钢、铁、铝等材料钻孔
3	锪钻	6542 高速钢	广泛应用于不锈钢、铝合金、铸铁、铜、镀锌管等金属材质打孔
4	铰刀	硬质合金	不锈钢、铝、合金钢、模具钢、铸铁、铝合金、钛合金铰孔
5	镗刀	刀杆(钨钢)、刀片(硬质合金)	加工槽、镗孔加工、切入加工、挖掘加工等
6	拉刀	6542 高速钢	适用于加工钢件、铝件、铸件

续上表

编号	刀具名称	刀具制作材料	加 工 范 围
7	复合钻	HSS	用于加工钢铝、铸铁、不锈钢
8	立铣刀	钨钢硬质合金	用于加工工具钢、铸铁、模具钢、复合材料等
9	面铣刀	高硬合金钢材	适合中等硬度、强度的金属的台阶面和铣平面
10	丝锥	6542 高速钢（镀钛）	适用于钻床、攻丝机、自动机床、加工中心等机器
11	板牙	合金钢	可加工高精度外螺纹
12	齿轮滚刀	高速钢母材 TICRALN 涂层	加工不锈钢、合金钢、模具钢、铸铁
13	插齿刀	高速钢母材 TICRALN 涂层	加工不锈钢、合金钢、模具钢、铸铁

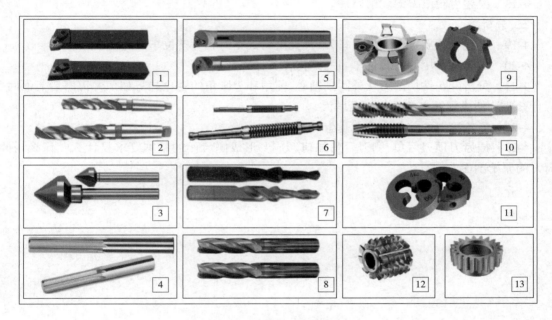

图 4-33　多种刀具类型图

思考与练习

一、简答题

4-1　车刀按用途和结构可以分为哪些类型？它们的使用场合如何？

4-2　成形车刀的前、后角是怎样形成的？规定在哪些平面上测量？

4-3　成形车刀切削刃上各点的前角、后角是否相同？为什么？

4-4　标准高速钢麻花钻由哪几部分组成？切削部分包括哪些几何参数？

4-5　铰刀的直径及其公差是怎样确定的？

4-6　孔加工复合刀具设计有哪些特点？

4-7　铣削有哪些主要特点，可采用什么措施改进铣刀和铣削特性？

4-8　什么是逆铣？什么是顺铣？试分析逆铣和顺铣、对称铣和不对称铣的工艺特征。

4-9　螺旋齿圆柱形铣刀和面铣刀的切削层参数各有何特点？

4-10 螺纹刀具有哪些类型？它们各适用于什么场合？能加工哪些类型螺纹？

4-11 加工齿轮时,如何选择齿轮刀具的类型和参数？

4-12 砂轮有哪些组成要素？如何选择砂轮的粒度？

二、简述题

4-13 简述金属切削刀具的作用和发展方向。

4-14 说明刀具的类型,如何合理使用刀具？

4-15 简述孔加工刀具的类型及其用途。

4-16 说明圆孔拉刀的组成及其工作原理。

4-17 说明拉削加工的特点与应用。

4-18 简述齿轮滚刀的切削原理。

三、分析题

4-19 试比较硬质合金焊接式车刀、机夹重磨式车刀和可转位车刀的优缺点。

4-20 试分析常用的可转位车刀的结构各有什么特点？

4-21 分析麻花钻切削刃从外圆到钻心,前角和刃倾角的变化趋势如何？刃磨后刀面时,为什么要从外缘到钻心使后角逐渐增大？

4-22 齿轮滚刀的前角和后角是怎样形成的？

4-23 插齿刀顶刃后角、侧刃后角如何形成？形成侧齿面的基本要求是什么？什么叫插齿刀的原始剖面？

第 5 章　机床夹具设计

📺 学习目标

　　通过本章的学习,掌握机床夹具的工作原理与作用;掌握常用的定位元件与夹紧装置的结构特点;熟悉典型机床夹具的设计特点,能够掌握机床夹具的设计方法。

✍ 导入案例　"无所不夹"的万能机床夹具

　　机床夹具是重要的工艺装备,但它同时又是机床的辅助装置,因此机床的变化和零件的变化必然使得机床夹具(以下简称夹具)随之变化。随着现代科学技术的高速发展和社会需求的多样化,多品种、中小批量生产逐渐占具优势,因此在大批量生产中有着长足优势的专用夹具逐渐暴露出它的不足。

　　当今,许多企业采用先进的五轴加工中心,来减少专用夹具的使用数量。但五轴加工中心只能减少专用夹具的使用数量,而不能排除专用夹具。目前,由国内企业自主研发的一款"无所不夹"的万能机床夹具(见图5-1),能在几分钟内实现方形的、圆形的、异形的、长的、短的、

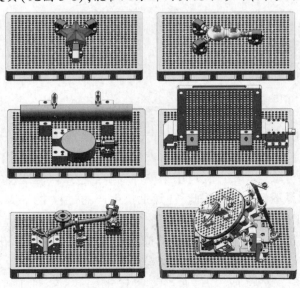

图 5-1　万能机床夹具

扁平的,高的、矮的、扭曲的等零部件的装夹。该万能机床夹具是利用刚性定位件满足工件的点、线、面、孔、弧、圆定位要求;用快速调整组件满足工件的三维尺寸的任意长度要求;用集成平台满足工件的任意空间角度加工要求;用手、液、气动元件将工件用挤、夹、压方式快速夹持。各种空间角度的零部件,万能机床夹具都能瞬间响应,无所不夹。

5.1 概　　述

机械加工过程中,为了装夹工件,使之占据正确位置以便接受加工,从而保证加工质量的工艺装备统称为机床夹具,简称夹具。机床夹具是机械加工工艺系统的重要组成部分,也是机械加工工艺装备的重要组成部分。在机械加工中,机床夹具占有十分重要的地位。

5.1.1　机床夹具的工作原理与作用

1. 机床夹具工作原理

图 5-2 所示为一扇形工件简图,现欲在钻床上钻、铰 3 个 ϕ8H8 孔,其加工精度要求为:孔径 ϕ8H8,孔轴线对 A 面的平行度公差为 0.08 mm,对孔 ϕ22H7 的对称度公差为 0.1 mm,3 个孔的夹角为 20°±10′,孔的表面粗糙度为 Ra3.2 μm。其余表面均已在前面工序中完成加工。

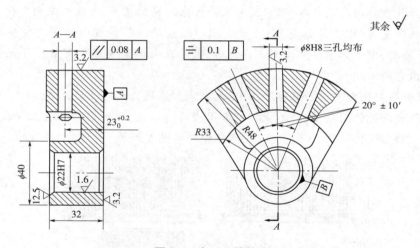

图 5-2　扇形工件简图

若该工件批量较小,且加工要求不高,则可先在工件上划线,然后在钻床上逐个按所划孔中心线找正孔的中心位置,用机用虎钳夹紧后就可进行钻孔。这种按找正方式装夹工件的方法,能适应不同的加工对象,经济方便,适用于单件或小批生产。但这种方法生产效率低,劳动强度大,而且加工质量得不到保证。因此,在大批量生产的过程中一般不采用这种方法,而是采用机床夹具来装夹工件。

图 5-3 所示为加工该扇形工件的钻孔夹具简图。工件 1 以 ϕ22H7 孔和 A 面在定位销轴 2 的外圆表面和大端面上定位,工件 1 的侧面靠紧挡销 3。工件 1 装好后,拧紧螺母 10,通过快换垫圈 9 将工件 1 夹紧。钻头(或铰刀)通过钻套 12 的引导对工件 1 进行加工。加工完 1 个孔后,松开手柄 7,拔出分度定位销 5,转动转盘 11,带动工件 1 一起转过 20°后,将分度定位销

5 插入另一分度定位套 4 中,转动手柄 7,将转盘 11 和工件 1 夹紧,加工下一个孔。加工时,分别用钻头和铰刀对工件 1 上的每一个孔依此进行钻削和铰削。与此相对应,需分别使用钻套和铰套(外圆尺寸一致,内孔尺寸不一)引导钻头和铰刀。工件 1 加工完毕后,稍稍松开螺母 10,抽出快换垫圈 9,即可快速卸下工件 1。

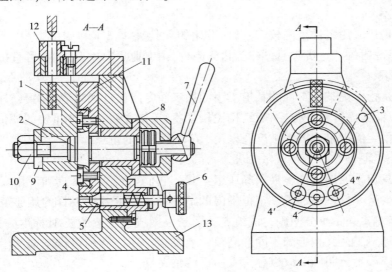

图 5-3　钻孔夹具简图

1—工件;2—定位销轴;3—挡销;4—分度定位套;5—分度定位销;6—分度销手柄;
7—手柄;8—衬套;9—快换垫圈;10—螺母;11—转盘;12—钻套;13—夹具体

2. 机床夹具的作用

从以上实例中,可归纳出机床夹具具有以下作用:

(1)保证加工精度

使用夹具安装工件,是通过夹具上的定位元件来确定工件相对于夹具的位置。由于夹具相对机床的位置已事先调好,故工件相对机床的位置也随之确定。用夹紧机构保证工件的位置在加工过程中不发生变化。通过夹具上的导向和对刀装置,确定刀具相对工件的位置。因此,使用夹具加工不仅可以保证工件安装正确,定位准确,保证了工件的加工精度,而且加工过程稳定,保证了工件的加工精度的一致性。

(2)提高生产率和降低成本

使用夹具装夹工件,方便可靠,省去了大量划线、找正、对刀等辅助时间。尤其是采用高效自动化夹具,更加能够大大地缩短辅助时间。此外,使用夹具后对操作者的技术水平的要求也比较低,还可以改善劳动条件,减轻劳动强度。因此,使用夹具可以显著提高劳动生产率和降低成本。

(3)扩大机床的工艺范围

采用夹具加工可以扩大机床加工范围,甚至改变机床的用途。如在车床上安装镗床夹具可以进行箱体上的孔系加工。也可在车床上进行拉削加工。

综上所述,机床夹具在机械加工中具有重要的作用。在工厂,机床夹具的设计与改进,常常作为技术革新的重要内容,受到高度重视。

5.1.2　机床夹具的分类

机床夹具的种类很多,分类的方法也有多种。一般按其应用范围可分为通用夹具、专用夹具、可调整夹具和组合夹具等。

1. 通用夹具

通用夹具是指适用工件范围较广、已标准化的夹具。如三爪和四爪卡盘、万能分度头、回转工作台、机用虎钳等。这类夹具已作为机床附件,由专业厂家生产供应,可直接选购。

2. 专用夹具

专用夹具是指专为某一工件的某道工序的加工而专门设计和制造的夹具。由于专用夹具不考虑通用性,而考虑针对性强,一般结构比较紧凑,操作方便,生产率高。专用夹具在产品相对固定和工艺稳定的批量生产中被广泛采用,是本章研究的重点。

3. 可调整夹具

可调整夹具包括通用可调整夹具和成组夹具。它们兼有通用夹具和专用夹具的特点,通过调整或更换少量元件就能加工一定范围内的工件。通用可调整夹具的调整范围较大,适用范围较宽,加工对象并不十分明确。成组夹具则是根据成组工艺的要求,针对一组结构、形状及尺寸相似而加工工艺又相近的不同产品零件的某道工序而专门设计制造的。因此,其加工对象和适用范围都十分明确。故也称为专用可调整夹具。

4. 组合夹具

组合夹具是由一套预先制造好的各种不同形状、不同规格尺寸、具有完全互换性和高精度、高耐磨性的标准元件(不同于专用夹具的标准元件)或合件,按照不同工件的工艺要求,可以迅速组装成所需要的夹具。使用完毕后,可以方便地拆散成元件或合件。待需要时可重新组装成其他工序的夹具。

机床夹具也可按所适用的机床分为钻床夹具、铣床夹具、车床夹具、镗床夹具、磨床夹具等。

机床夹具还可按驱动夹具工作的动力源分为手动夹具、气动夹具、液压夹具、电动夹具等。

除机床夹具外,还有用于检验的检验夹具,用于装配的装配夹具,用于焊接的焊接夹具等等。

微课 5-1
夹具的分类

5.1.3　机床夹具的组成

虽然机床夹具的种类繁多,使用场合各不相同,但它们的工作原理基本上是相同的。将各类夹具中作用相同的结构或元件加以概括,可以将夹具归纳为既相互独立,又相互联系的 6 个组成部分:

1. 定位元件

定位元件的作用是确定工件在夹具中的正确位置,如图 5-3 中的定位销轴 2、挡销 3 等。

2. 夹紧装置

夹紧装置的作用是将工件夹紧压牢,以保证在加工过程中工件的位置不变,或防止在加工过程中发生振动,如图 5-3 中螺母 10、快换垫圈 9 等。

3. 对刀及导向装置

这些元件的作用是保证工件与刀具之间的正确位置。铣床夹具中用于确定刀具在加工前的正确位置的元件称为对刀元件,如对刀块;钻床或镗床夹具中用于确定刀具位置并引导刀具进行加工的元件称为导向元件,如图 5-3 中的钻套 12。

4. 夹具体

夹具体是夹具的基础件,用以安装所有元件和装置并将夹具连成一个整体。如图 5-3 中的夹具体 13。

5. 其他装置或元件

为了满足加工和其他要求,有的夹具上还设有分度装置、靠模装置、上下料装置、安全防护装置、夹具与机床的连接元件等其他装置或元件。如图 5-3 中由转盘 11、分度定位销 5、分度销手柄 6 等组成的分度装置。

微课 5-2
夹具的组成

对于具体的夹具而言,上述的各个组成部分并非必须同时具备。但是,定位元件、夹紧装置和夹具体作为夹具的基本组成部分,一般来说是不可缺少的。

5.2　工件的定位

5.2.1　基准及其分类

任何一个机器零件都是由一些点、线、面等几何要素构成的,这些几何要素之间是有一定的尺寸和位置公差要求的。基准就是用来确定生产对象上几何要素间的几何关系所依据的那些点、线、面。根据基准作用的不同,基准可分为设计基准和工艺基准两大类。

1. 设计基准

在设计图样上所采用的基准称为设计基准,它是标注设计尺寸的起点。例如图 5-4 所示的某箱体零件简图中,顶面 B 的设计基准为底面 A(尺寸为 H);孔 I 的设计基准为底面 A 与面 C(尺寸为 Y_1、X_1);孔 II 的设计基准为底面 A 与孔 I 的中心(尺寸为 Y_2、R_1);孔 III 的设计基准为孔 I 与孔 II 的中心(尺寸为 R_2、R_3)。

一般来讲,设计人员是根据零件的工作性能要求来确定设计基准的。例如图 5-4 中,孔 I 与孔 II 之间、孔 II 与孔 III 之间均有齿轮啮合传动关系。为保证齿侧啮合间隙量,孔 II 采用孔 I 中心作为设计基准,孔 III 采用孔 I 与孔 II 的中心作为设计基准。

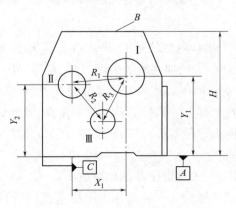

微课 5-3
基准及其分类

图 5-4　某箱体零件简图

2. 工艺基准

工艺基准是指在工艺过程中所采用的基准,即零件在加工、测量、装配等工艺过程中所使用的基准。如图 5-5 所示为零件工艺基准示例。按其用途不同,工艺基准可分为工序基准、定位基准、测量基准与装配基准。

1)工序基准

工序基准是在工序图上用来确定本工序被加工表面加工后的尺寸、形状和位置的基准。如图 5-5(a)所示,当加工侧平面 E 时,要保证的工序尺寸为 L_3 或 L_5,则工序基准为大外圆的中心线或侧母线 F,工序基准实际上就是工序尺寸标注的起点。

选择工序基准应注意以下两个方面的问题:

①尽可能用设计基准作为工序基准。当采用设计基准作为工序基准有困难时,可另选工序基准,但必须可靠地保证零件的设计技术要求。

②所选工序基准应尽可能用于工件的定位和工序尺寸的测量。

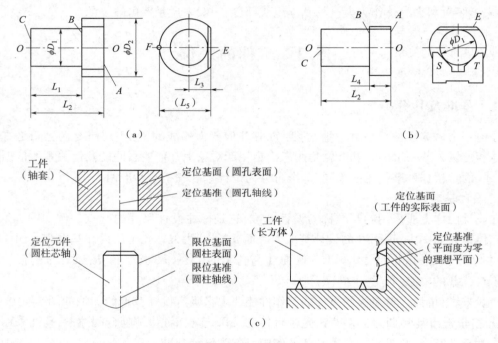

（a）　　　　　　　　　　　　　　（b）

（c）

图 5-5　零件工艺基准示例

2)定位基准

定位基准是工件在加工中用作定位的基准,即工件在机床上或夹具中占据正确位置所依据的点、线、面。如图 5-5(b)所示,铣削或磨削平面 E 时,是以 ϕD_1 的外圆柱面与 V 形块相接触的母线 S、T 定位的,因此 ϕD_1 的中心线为定位基准,ϕD_1 外圆面为定位基准面。

当工件以回转面定位时,工件上的回转面称为定位基面,其轴线称为定位基准。当工件以平面定位时,工件的实际表面为定位基面,其理想状态为定位基准,如图 5-5(c)所示。

（1）限位基准和限位基面

限位基准是指定位元件上与工件定位基准相对应的点、线、面。当定位元件以回转面限位时,定位元件上与定位基面相接触的工作表面称为限位基面,其轴线称为限位基准。如图 5-5

(c)所示,定位元件为圆柱芯轴,芯轴的轴线为限位基准,芯轴的圆柱面为限位基面。当定位元件以平面限位时,定位元件的这个平面为限位基面,其理想状态为限位基准。

（2）定位副

工件上的定位基面和与之相接触(或配合)的定位元件的限位基面合称为定位副。如图 5-5(c)所示,工件的圆孔表面与定位元件芯轴的圆柱表面就可合称为一对定位副。

3)测量基准

测量基准是零件检验时,用以测量加工表面的尺寸,或者用于测量零件加工表面的形状误差或位置误差所采用的基准。如图 5-5(a)所示,测量尺寸 L_3 是很困难的,因为很难找准 ϕD_2 的中心线 O—O,所以实际测量尺寸是 L_5,此时点 F 所代表的大外圆柱表面的侧母线就是测量基准。

4)装配基准

装配时用来确定零件或部件在产品中的相对位置所采用的基准,称为装配基准。装配基准一般与零件的主要设计基准相一致。图 5-6 所示为齿轮、键与传动轴之间的装配关系。齿轮的内孔和传动轴的外圆 A 实现二者的径向(间隙)定位,齿轮的端面和传动轴的台阶面 B 实现二者的轴向定位;通过传动键及与其侧面相接触的传动轴的和齿轮的键槽侧面 C 或 D,可实现传动轴和齿轮圆周方向的定位。所以,图 5-6 中传动轴与齿轮的装配基准共有上述 A、B、C 或 D 三个。

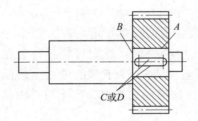

图 5-6　齿轮、键与传动轴之间的装配关系

此外,还需注意以下几点:

①作为基准的点、线、面在工件上不一定具体存在,如孔的中心线、外圆的轴线以及对称平面等,而是常常由某些具体的表面来体现的,这些面称为基准面。例如在车床上用自定心卡盘定位工件时,基准是工件的轴线,而实际使用的是外圆柱面。因此,选择定位基准就是选择恰当的基准面。

②作为基准,可以是没有面积的点、线或很小的面,但具体的基面与定位元件实际接触总是有一定的面积。例如,代表中心线的是中心孔面;用 V 形块支承轴颈定位时,理论上是两条线,但实际上由于弹性变形的关系也总有一定的接触面积。

③基准均具有方向性。

④基准不仅涉及尺寸间的关系,还涉及表面间的相互位置关系,如平行度、垂直度等。在实际生产中,应尽量使以上各种基准重合,以消除基准不重合误差。设计零件时应尽量以装配基准作为设计基准,以便保证装配技术要求;在制订加工工艺路线时,应尽量以设计基准作为工序基准,以保证零件加工精度;在加工和测量零件时,要尽量使定位基准、测量基准和工序基准重合,以减少加工误差和测量误差。

5.2.2 工件在工艺系统内的装夹

1. 装夹的概念

（1）工件定位

定位就是使工件在机床上或夹具中占据一个正确位置的过程。工件具有什么样的位置才算正确？应针对工件加工的要求进行具体的分析。

（2）工件夹紧

对工件施加一定的外力，使工件在加工过程中保持定位后的正确位置且不发生变动的过程称为夹紧。

工件定位、夹紧的全过程，称为工件的装夹。工件装夹是否正确、迅速、方便、可靠，将直接影响工件的加工质量、生产率、操作者的安全及生产成本，故在机械加工中有着非常突出的重要性。

2. 工件的装夹方式

工件在机床上的安装方式，取决于生产批量、工件大小及复杂程度、加工精度要求、定位特点等。主要的装夹方式有三种：直接找正装夹、划线找正装夹和使用夹具装夹等。

（1）直接找正装夹

在机床上，用划针或用百分表等工具直接找正工件正确位置的方法称为直接找正装夹。直接找正装夹效率较低，但找正精度可以达到很高，适用于单件小批生产或定位精度要求特别高的场合。

图 5-7 所示为套筒工件内孔位置的直接找正。若加工时只要求被加工孔 A 的加工余量均匀（使孔 A 的中心与机床的回转中心一致），这时可将工件装在单动卡盘中，用划针直接指向被加工表面 A，慢慢回转单动卡盘，调整四个卡爪的位置至表面 A 与划针间的间隙大致相等，即实现了套筒工件的正确找正。如果加工要求为孔 A 与外圆柱面 B 同心，此时则应按外圆柱面 B 找正。

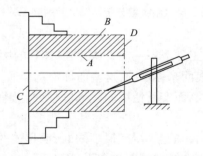

图 5-7 套筒工件内孔位置的直接找正

（2）划线找正装夹

划线找正装夹方法是按图样要求在工件表面上事先划出位置线、加工线或找正线，装夹工件时，先按找正线找正工件的位置，然后夹紧工件。

划线找正装夹不需要专用的工装夹具，通用性好，但效率低，精度也不高，通常划线找正精度只能达到 0.1~0.5 mm。此方法多用于单件小批生产中形状复杂的铸件粗加工工序。

（3）使用夹具装夹

使用夹具装夹,工件在夹具中可迅速而正确地定位和夹紧。如图5-8所示,套筒钻孔专用夹具是根据工件的加工要求——套筒上钻孔而专门设计的。夹具上的定位销6能使工件相对机床与刀具迅速占有正确位置,不需要划线和找正就能保证工件的定位精度;夹具上的夹紧螺母5、开口垫圈4和定位销6上的螺杆配合,对已定位的工件实施夹紧;钻套1、衬套2和钻模板3组成对刀导向装置,能快速、准确地确定刀具(钻头)的位置。

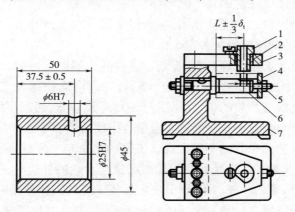

图 5-8　套筒钻孔专用夹具

1—钻套;2—衬套;3—钻模板;4—开口垫圈;5—夹紧螺母;6—定位销;7—夹具体

使用夹具安装效率高,能准确确定工件与机床、刀具之间的相对位置,定位精度高,稳定性好,还可以减轻操作者的劳动强度和降低对操作者技术水平的要求,因而广泛应用于各种生产类型。

5.2.3　工件的六点定位原理

1. 六点定位原理

一个物体在三维空间中可能具有的运动称为自由度。如图5-9所示,任何一个工件在空间直角坐标系中都具有6个自由度,即分别沿 X、Y、Z 三个坐标轴的移动自由度(用符号 $\vec{X}$、$\vec{Y}$、$\vec{Z}$ 表示)和绕 X、Y、Z 三个坐标轴的转动自由度(用符号 $\hat{X}$、$\hat{Y}$、$\hat{Z}$ 表示)。要使工件在夹具中占据一致的正确位置,就必须限制(约束)这6个自由度。

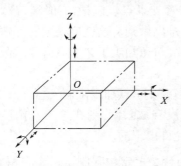

图 5-9　工件在空间直角坐标系中的 6 个自由度

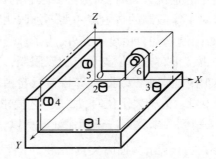

图 5-10　六点定位简图

六点定位简图如图5-10所示,采用空间适当分布的六个定位支承点,分别与工件的定位基面接触,每一个支承点可限制工件的一个自由度,便可将工件六个自由度完全限制,从而使工件在空间的位置唯一确定。这就是通常所说的六点定位原理。如图 5-10 所示,支承点 1、2、3 与工件底面接触,可限制工件 $\vec{Z}$、$\hat{X}$、$\hat{Y}$ 三个自由度;支承点 4、5 与工件左侧面接触,可限制工件 $\vec{X}$、$\hat{Z}$ 两个自由度;支承点 6 与工件后侧面接触,可限制工件 $\vec{Y}$ 自由度。

从以上分析可知,用合理分布的六个支承点限制工件的六个自由度,使工件在夹具中的位置完全确定,这个原理称为"六点定位原理",也称"六点定位规则",简称"六点定则"。

应用六点定位原理需要注意的几个问题:

①定位支承点限制工件自由度的作用,应理解为定位支承点与工件定位基准面始终保持紧贴接触。若二者脱离,则意味着失去定位作用。

②六个支承点的位置必须合理分布,否则不能有效地限制工件的六个自由度。如图 5-10 中所示,XOY 平面的三个支承点应呈三角形分布,且三角形面积越大,定位越稳定;YOZ 平面上的两个支承点上的连线应尽量的长,且不能与 XOY 平面垂直,否则不能限制 Z 自由度。

③机械加工中关于自由度的概念与物理学中自由度的概念不完全相同。机械加工中的自由度实际上是指工件在空间位置的不确定性。工件的某一自由度被限制,是指工件在这一方向上有确定的位置,并非指工件在受到使其脱离定位支承点的外力时,不能运动,欲使其在外力作用下不能运动,是夹紧的任务。因此,分析定位支承点的定位作用时,不考虑力的影响,特别要注意将定位与夹紧的概念区分开来。工件一经夹紧,其空间位置就不能再改变,但这并不意味着其空间位置是确定的。

④六点定位原理中"点"的含义是限制自由度,不能机械地理解成接触点。

⑤定位支承点是由定位元件抽象而来的,在夹具中,定位支承点总是通过具体的定位元件体现,至于具体的定位元件应转化为几个定位支承点,需结合其结构进行分析。需注意的是,一种定位元件转化成的支承点数目是一定的,但具体限制的自由度与支承点的布置有关。

2. 工件限制的自由度数目与加工要求的关系

当工件的六个自由度均被限制时,称为"完全定位"。并不是所有情况下都必须将工件的 6 个自由度全部加以限制,而是根据加工工艺的要求,有的自由度可以不予限制。例如,车削外圆时只需限制 4 个自由度,沿轴向的移动和绕轴线的转动 2 个自由度可以不限制;磨平面时则只需限制三个自由度。我们把这种根据加工要求,不需要限制工件全部自由度的定位称为"不完全定位"。在实际生产中,不完全定位不仅是允许的,而且往往可以简化夹具结构。因此,在考虑定位方案时,对不必要限制的自由度一般不布置支承点。但是,有时情况却正好相反,若对不需限制的自由度一律不加限制,反而在结构上难以做到。这就应根据实际情况来决定是否限制这些自由度。此外,为了承受切削力等的需要,对于加工工艺上没有要求限制的自由度,也常常布置定位支承点加以限制,这仍属正常现象。

如果根据加工要求,应该限制的自由度没有布置适当的支承点加以限制,这种定位就称为"欠定位"。由于欠定位时,加工工艺要求限制的自由度没有被限制,则在这个自由度方向上的加工精度要求就无法得到保证。所以,欠定位是决不允许出现的。

图 5-11 所示为插齿夹具简图。工件以端面在支承凸台 2 上定位限制了三个自由度($\vec{Z}$、$\hat{X}$ 和 $\hat{Y}$),如果内孔较深,采用长心轴定位,又限制了 4 个自由度($\vec{X}$、$\vec{Y}$、$\hat{X}$、$\hat{Y}$)。显然,在这里 $\hat{X}$、$\hat{Y}$ 两个自由度被重复限制了。像这种重复限制工件同一个或几个自由度的定位称为"过定位"。工件端面与内孔不垂直时的定位情况如图 5-12 所示,此时端面无法贴紧,起不到定位作用。

若强行夹紧,虽然端面能贴紧,但工件可能发生变形,或可能导致心轴弯曲,这就是过定位所产生的干涉现象。因此,在设计夹具时,应尽量避免出现过定位。本例中如果将长轴改为短轴,则可避免发生过定位。

为了增加刚性和稳定性,或者为了简化夹具结构等,实际生产中有时也采用过定位方案。但此时,应采取相应措施防止发生干涉。图 5-12 中,若工件端面对内孔的垂直度误差很小,则可避免发生干涉现象。

微课 5-6
工件的定位方式

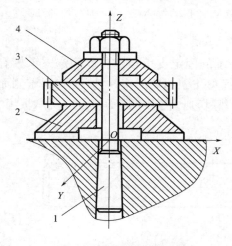

图 5-11　插齿夹具简图
1—心轴;2—支承凸台;3—工件;4—压板

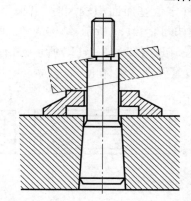

图 5-12　工件端面与内孔不垂直时的定位情况

5.2.4　常见的定位方式及定位元件

尽管工件的形状多种多样,但常用的定位基面主要有平面、内孔和外圆柱面及其组合。设计夹具时,应根据工件定位基面来选择定位方式,确定相应的定位元件。这是夹具设计中的一项重要工作。由于常用的定位元件大都已标准化,设计时可参照行业标准《机床夹具零件及部件》(简称《夹具零部件》),根据实际情况选用。

1. 工件以平面定位

以平面作为定位基准的工件,在生产中非常广泛,如箱体、机座、支架、盘盖等。工件以平面定位时,常用的定位元件有固定支承、可调支承、自位支承和辅助支承等。

1)固定支承

固定支承在夹具中的位置固定不变,主要有支承钉和支承板等。如图 5-13 所示为几种常用的固定支承钉,分别用于不同场合。如图 5-13(a)所示为平头支承钉,主要用于工件的精基准定位。当定位基面为粗基准时,其误差较大,若采用平面支承,理论上只是最高的三点接触,常因三点过于接近或偏向一边而导致定位不稳定,因此,一般采用三个如图 5-13(b)所示的球头支承钉,布置成面积尽可能大的三角形,以提高定位稳定性和定位精度。如图 5-13(c)所示为头部带齿形网纹的支承钉,有利于增加摩擦力,但齿纹中的切屑不易清除,故常用于工件以粗基准定位或要求摩擦力较大的侧面定位。如图 5-13(d)所示为带衬套的支承钉,用于大批量生产中,便于磨损后更换。固定支承钉与夹具体孔的配合推荐选用 H7/r6 或 H7/n6。

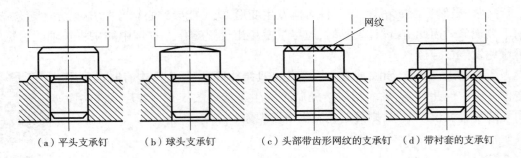

（a）平头支承钉　　（b）球头支承钉　　（c）头部带齿形网纹的支承钉　（d）带衬套的支承钉

图 5-13　几种常用的固定支承钉

工件定位基面面积较大时,可采用如图 5-14 所示的固定支承板定位。固定支承板有两种,A 型如图 5-14(a)所示,结构简单,便于制造,但沉头孔中的切屑不易清除,宜用于侧面或顶面定位。B 型如图 5-14(b)所示,带有斜槽,便于清除切屑,宜用于底面定位。支承板用 2~3 个螺钉紧固在夹具体上。

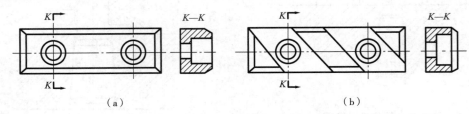

图 5-14　固定支承板

2）可调支承

当工件以粗基准定位且毛坯分批制造,其形状、尺寸变化较大时,若采用固定支承定位,则可能引起加工余量变化较大,甚至造成某个方向的加工余量不足而影响加工质量。此时可采用可调支承。可调支承的高度可以根据需要进行调节。如图 5-15 所示为几种常用的可调支承。根据每批毛坯的实际情况,在加工前调节好高度,在同一批工件加工过程中不再进行调节,其作用和固定支承相同。当用同一夹具(如可调整夹具)加工形状相同、尺寸不同的工件时,也可使用可调支承。

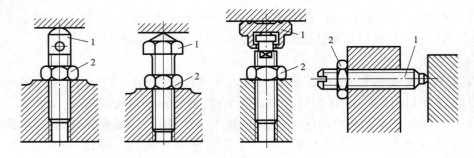

图 5-15　几种常用的可调支承

1—可调支撑钉;2—锁紧螺母

3）自位支承

自位支承又称浮动支承。自位支承在定位过程中,其支承点的位置可随工件定位基面的位置变化而自动与之适应。如图 5-16 所示是几种常用的自位支承。需要指出的是,自位支承与工件的接触点虽然有两点、三点甚至多点,但它所起的定位作用相当于一个固定支承,只限制一个自由度。由于采用自位支承后,定位元件与工件的接触点增加了(并不产生过定位),从而增加了工件的安装刚性和稳定性。

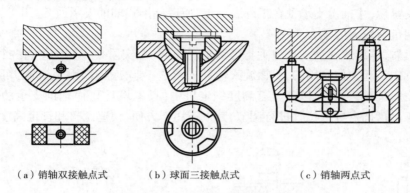

（a）销轴双接触点式　　　（b）球面三接触点式　　　（c）销轴两点式

图 5-16　几种常用的自位支承

4)辅助支承

为了提高工件的安装刚性和定位稳定性,有的工件安装时常需设置辅助支承。如图 5-17 所示为辅助支承的作用,工件以定位平面 1 定位被加工平面 2,在右侧底面处设置了辅助支承 3,可以减少和避免加工时工件的变形,增加工件的安装刚性和稳定性。需要指出的是,使用辅助支承时,工件的位置由主要支承确定,辅助支承不起限制自由度的作用,也不允许破坏原有的定位。因此,应在主要支承定位并夹紧后,根据每个工件的位置而逐个进行调整。

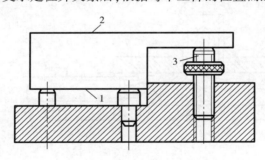

图 5-17　辅助支承的作用

1—定位平面;2—被加工平面;3—辅助支承

几种常用的辅助支承如图 5-18 所示,按工作原理可分为三种类型:

(1)螺旋式辅助支承

如图 5-18(a)、(b)所示为螺旋式辅助支承。这种支承的特点是支承工作面在工件定位前低于工作位置,不与工件接触。当工件定位夹紧后,向上拧动螺旋支承 1,使其与工件接触而起到支承的作用,以承受夹紧力、切削力等。

(2)弹性辅助支承

如图 5-18(c)所示为弹性辅助支承,它的支承工作面在工件定位前高于工作位置,在工件定位的过程中,借助弹簧 3 产生的弹簧力使支承滑柱 4 的工作面与工件保持接触。当工件定位后,先转动手柄 5 使顶柱将支承滑柱 4 锁紧,然后再夹紧工件。

（3）推式辅助支承

如图 5-18（d）所示为推式辅助支承，它的支承工作面在工件定位前低于工作位置，不与工件接触。工作时，将支承滑柱 7 向上推与工件接触，然后用锁紧机构锁紧。这种辅助支承都是在工件定位夹紧后，才推出支承顶在工件表面上，所以称推式辅助支承，它适用于工件较重、垂直作用的切削负荷较大的场合。

从结构上看，螺旋式辅助支承似乎与可调支承类同，但实质是不同的。首先，可调支承在工件定位过程中是起定位作用的，而螺旋式辅助支承是不起定位作用的；其次，可调支承在加工一批工件时只调整一次，所以其上有高度锁定机构（锁紧螺母），而辅助支承的高低位置必须每次都按工件已确定好的位置进行调节，其上有用于方便、快速调整和锁定高度的机构。

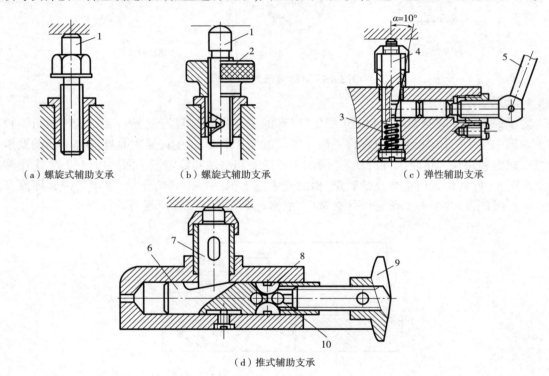

（a）螺旋式辅助支承　　（b）螺旋式辅助支承　　（c）弹性辅助支承

（d）推式辅助支承

图 5-18　几种常用的辅助支承

1—螺旋支承；2—螺母；3—弹簧；4、7—支承滑柱；5、9—手柄；6—推杆；8—半圆键；10—钢球

2. 工件以圆柱孔定位

实际生产中，套筒、盘类、拨叉类工件常常以圆柱孔作为定位基准，与之相应的定位元件主要有定位销、定位心轴以及定心夹紧装置等。

（1）定位销（或称定位销轴）

如图 5-19 所示为常用的圆柱定位销结构。其中如图 5-19（b）所示为最常用的带肩结构，有较好的稳定性和工艺性，其工作部分直径为 $D>10\sim18$ mm。当工作部分直径 $D>3\sim10$ mm 时，为增加强度，台肩上部采用过渡圆角，并将圆角部分装入沉孔，以避免干涉，如图 5-19（a）所示。当定位孔尺寸较大时（$D>18$ mm），可选用如图 5-19（c）所示的结构形式。在大批量生产中，为便于定位销磨损后更换，可采用图 5-19（d）所示带衬套结构的可换定位销。

如图 5-20 所示为常用的圆锥定位销结构，其中如图 5-20（a）所示为精基准定位的圆锥定

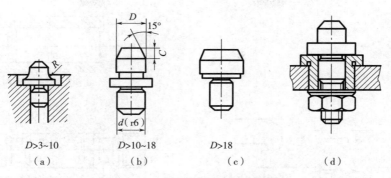

$D>3\sim10$	$D>10\sim18$	$D>18$	
（a）	（b）	（c）	（d）

图 5-19　常用的圆柱定位销结构

位销结构,如图 5-20(b)所示为粗基准定位的圆锥定位销结构。与圆柱销相比,圆锥销多限制了一个沿轴向移动的自由度。由于圆锥销定位时,可消除与工件孔之间的间隙,对中性好,定位精度高,尤其适用于公差较大的工件孔的粗基准定位。因此,生产中常常将圆锥销做成可上下浮动的结构(不限制该方向自由度),代替圆柱销与其他定位元件组合起来使用,形成自位支承,如图 5-21 所示为自位支承的结构。

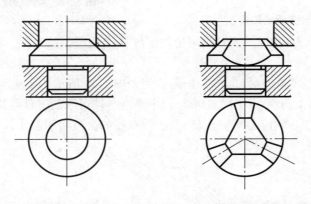

（a）精基准定位的圆锥定位销结构　　　（b）粗基准定位的圆锥定位销结构

图 5-20　常用的圆锥定位销结构

（2）心轴

心轴主要用于车、铣、磨、齿轮加工等机床上加工套筒类和盘类工件。心轴的种类较多,这里介绍几种常用的定位心轴结构,如图 5-22 所示。

如图 5-22(a)所示为间隙配合心轴结构。心轴定位部分直径以基孔制按 h6、g7 或 f7 制造。由于有配合间隙,装卸工件方便,但定位精度不高。安装时通过带台肩的快换垫圈,采用螺母夹紧工件。

如图 5-22(b)所示为过盈配合心轴结构。它由引导部分 1、定位部分 2 和传动部分 3 组成。引导部分的作用是便于工件迅速而正确地装入,其直径 d_3 以工件孔的最小极限尺寸为基本尺寸,并按 e8 制造。当工件孔的长径比(L/D)≤1 时,定位部分的直径 $d_1=d_2$,以工件孔的最小极限尺寸为基本尺寸,并按 r6 制造;当工件孔的长径比(L/D)>1 时,定位部分应略呈锥度,d_2 按 h6 制造。心轴上的凹槽是供车削工件端面时退刀用的。过盈配合心轴制造简便,定心精度高,能同时加工两端面,可传递一定扭矩(不需夹紧)。但装卸工件费时,且易损伤工件定位孔。因此,常用于批量不大而定心精度要求高的小型工件的精加工。

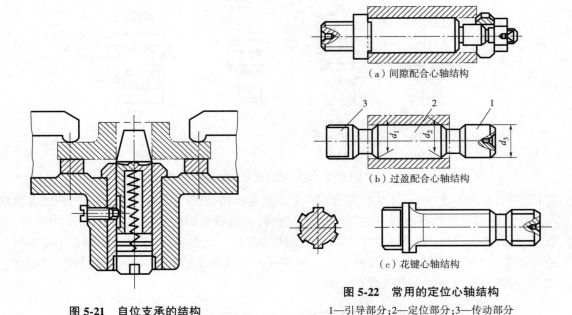

图 5-22　常用的定位心轴结构

1—引导部分；2—定位部分；3—传动部分

图 5-21　自位支承的结构

如图 5-22(c)所示为花键心轴结构，用于加工以花键孔定位的工件，其配合可参考上述两种心轴。

当工件要求定心精度高且装卸方便时，可采用如图 5-23 所示的小锥度心轴来实现圆柱孔的定位，通常锥度为($1 : 1\,000$)~($1 : 5\,000$)。小锥度心轴可限制工件除绕轴线旋转以外的其余五个自由度。小锥度心轴定心精度较高，但工件孔径的公差将引起工件轴向位置变化很大，且不易控制。

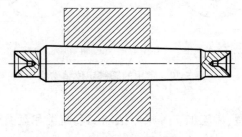

图 5-23　小锥度心轴

3. 工件以外圆柱面定位

工件以外圆柱面定位时，根据外圆表面的完整程度、加工要求和安装方式等，可在 V 形块或圆孔(包括定位套和半圆孔)上定位，其中以 V 形块定位最为常见。一般认为，短 V 形块限制 2 个自由度，长 V 形块限制 4 个自由度。

如图 5-24 所示为几种常用的 V 形块。如图 5-24(a)所示 V 形块用于较短的精基准定位；如图 5-24(b)所示 V 形块用于较长的粗基准或阶梯轴定位；如图 5-24(c)所示 V 形块用于两段精基准面相距较远的工件。当工件定位外圆直径和长度很大时，V 形块不必做成整体钢件，而采用铸铁底座(一般和夹具体连为一体)上镶淬硬钢板，如图 5-24(d)所示。

V 形块上两斜面的夹角有 $60°$、$90°$ 和 $120°$，其中以 $90°$ 的 V 形块应用最多。

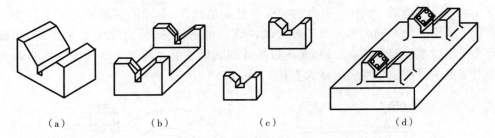

（a）　　　　　　（b）　　　　　　（c）　　　　　　（d）

图 5-24　几种常用的 V 形块

当工件定位外圆直径尺寸有误差时,用 V 形块定位也仍能保证工件的定位基准轴线在 V 形块两斜面的对称平面上,这种特性称为 V 形块的对中性。对中性好是 V 形块的优点之一。此外,V 形块还有安装工件方便、适用范围广等优点。无论是粗基准还是精基准,也无论是完整圆柱面还是局部圆弧面,都可以采用 V 形块定位。

起主要定位作用的 V 形块通常都是做成固定的。但实际生产中,V 形块有时不仅用作定位元件,而且还兼作夹紧元件,这时应选用活动 V 形块。如图 5-25 所示为 V 形块应用实例。连杆工件以平面定位限制了 3 个自由度,固定 V 形块限制了 2 个自由度,活动 V 形块限制了 1 个转动自由度,不限制左右移动的自由度,同时兼有夹紧作用。

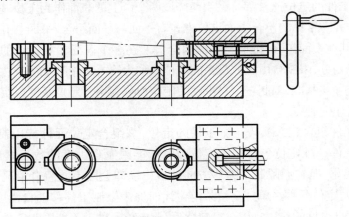

图 5-25　V 形块应用实例

工件以外圆柱面在圆孔中定位所用的定位元件多制成套筒式并固定在夹具体上,如图 5-26 所示为工件以外圆柱面定位的定位套。定位套定位的优点是简单方便,但定位时有间隙,定心精度不高。如果工件是以工件台阶端面为主要定位基准与定位套接触,而圆柱孔定位套较短,则短定位套只限制工件的两个移动自由度;如果工件是以外圆柱面为主要定位基准时,则长定位套限制工件的四个自由度。

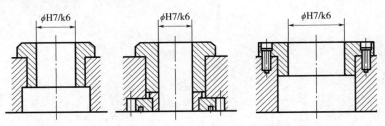

图 5-26　工件以外圆柱面定位的定位套

图 5-27 所示为半圆孔定位,下面的半圆套是定位元件,上面的半圆套起夹紧作用。这种定位方式主要用于大型轴类零件及不便于轴向装夹的零件,其稳固性优于 V 形块,而定位精度则取决于定位基准面的精度。因此,定位基准面的尺寸公差等级不应低于 IT8、IT9,半圆孔的最小内径取工件定位基准面的最大直径。

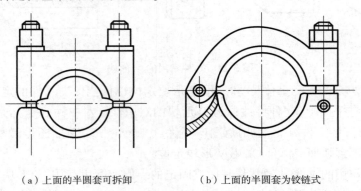

（a）上面的半圆套可拆卸　　　　　　（b）上面的半圆套为铰链式

图 5-27　半圆孔定位

4. 工件的组合定位

生产实际中,工件的定位通常都是采用两个或两个以上的表面作为定位基准的,即采用组合表面定位的定位方式。常见的组合表面定位方式有平面与平面组合、平面与孔组合、平面与外圆柱面组合、平面与其他表面组合、锥面与锥面组合等。在多个表面参与定位的情况下,按其限制自由度数的多少来划分,限制自由度数最多的定位面称为第一定位基准面或主定位面,次之称为第二定位基准面或导向基准,限制一个自由度的定位面称为第三定位基准或定程基准。

（1）组合定位分析要点

①几个定位元件组合起来实现一个工件的定位,该组合定位元件能限制工件的自由度总数等于各个定位元件单独定位各自相应定位面时所能限制自由度的数目之和,不会因组合后而发生数量上的变化,但它们限制了哪些方向的自由度却会随不同组合情况而改变。

②组合定位中,定位元件在单独定位某定位面时原来限制工件移动自由度的作用可能会转化成限制工件转动自由度的作用。但一旦转化后,该定位元件就不能限制工件移动自由度了。

③单个表面的定位是组合定位分析的基本单元。

如图 5-28 所示为三个支承钉定位一个平面时的情况,此时就以平面定位作为定位分析的基本单元,限制 $\vec{Z}$、$\vec{X}$、$\vec{Y}$ 三个自由度,而不再进一步去探讨这三个自由度分别由哪个支承钉来限制。否则易引起混乱,对定位分析毫无帮助。

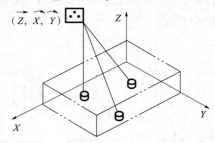

图 5-28　三个支承钉定位一个平面时的情况

【例 5-1】　分析如图 5-29 所示组合定位分析实例。各定位元件可限制哪几个自由度？按图示坐标系又限制了哪几个自由度？有无重复定位现象？

解：一个固定短 V 形块能限制工件两个自由度，三个短 V 形块组合起来可限制工件六个(2+2+2)自由度，不会因定位元件的组合而发生数量上的增减。

按图示坐标系短 V 形块 1 限制了 $\vec{X}$、$\vec{Z}$ 自由度，短 V 形块 2 与 1 组合起限制 $\widehat{X}$、$\widehat{Z}$ 自由度的作用，即短 V 形块 2 由单独定位时限制两个移动自由度转化成限制工件两个转动自由度。也可以把固定短 V 形块 1、2 组合起来视为一个长 V 形块，共限制 $\vec{X}$、$\vec{Z}$、$\widehat{X}$ 及 $\widehat{Z}$ 四个自由度，两种分析结果是等同的。固定短 V 形块 3 限制了 $\vec{Y}$ 和 $\widehat{Y}$ 两个自由度，其单独定位时限制 $\vec{Z}$ 自由度的作用在组合定位时转化成限制 $\widehat{Y}$ 自由度的作用。

这是一个完全定位，没有重复定位现象。

（2）一面两孔定位

在众多的组合表面定位方式中，最常见的是一面两孔定位方式。例如加工箱体、杠杆、盖板等零件时就常

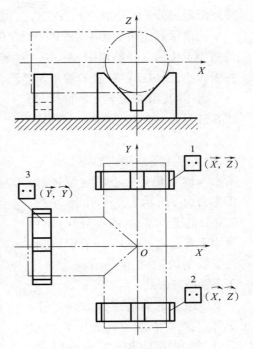

图 5-29　组合定位分析实例
1、2、3—固定短 V 形块

采用一面两孔定位。这种定位方式易于做到工艺过程中的基准统一，保证工件的位置精度，减少夹具设计、制造的工作量。为此，本节以它为例对工件的组合定位方式进行介绍。

箱体类零件常以工件上的一面两孔作为定位基准，即以工件上的一个大平面及该平面上其轴线与之垂直的两个孔来进行定位。为使定位可靠性较高，要求此二孔的孔距尽可能大。若该平面上没有合适的孔，可采用孔口部进行了加工的螺纹孔，或者专门加工出两个工艺孔作为定位孔。相应的定位元件是支撑板和两定位销。如图 5-30 所示为某箱体镗孔时以"一面两孔"定位的示意图。

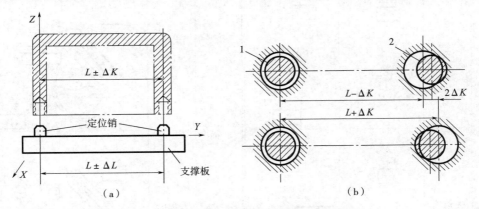

图 5-30　某箱体镗孔时以一面两孔定位的示意图
1、2—定位销

如图 5-30（a）所示，支撑板限制工件 $\widehat{X}$、$\widehat{Y}$、$\vec{Z}$ 三个自由度；如图 5-30（b）所示，短圆柱销 1 限制工件 $\vec{X}$、$\vec{Y}$ 两个自由度；短圆柱销 2 限制工件的 $\widehat{Z}$、$\vec{Y}$ 两个自由度。可见 $\vec{Y}$ 被两个圆柱销

重复限制,即产生了过定位,受工件孔距精度 $L±ΔK$ 的影响,有部分工件不能装入。

为消除过定位的影响,通常采用定位销"削边"的方法。这样,在两孔连心线的方向上,起到缩小定位销直径的作用,使中心距误差得到补偿。而在垂直于连心线的方向上,销 2 的直径并未减小,所以以工件定位的转角误差没有增大,定位精度高。

常用削边销的结构已标准化,如图 5-31 所示为削边销结构。为保证削边销的强度,一般多采用菱形结构,故又称为菱形销。如图 5-31(a)所示为用于孔径很小的定位销,如图 5-31(b)所示为用于孔径为 3～50 mm 的定位销,如图 5-31(c)所示为用于孔径大于 50 mm 的定位销。在安装削边销时,削边方向应垂直于两销的连心线。

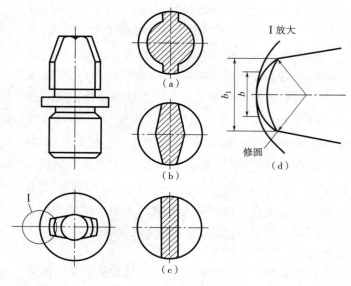

图 5-31　削边销结构

除以上的典型定位方式之外,工件以某些特殊的表面定位也较常见,如利用工件的 V 形导轨面、燕尾形导轨面、齿形表面、花键表面、螺纹表面等定位。这些表面作为定位基准其定位精度也较高。

常用定位元件及其组合所能限制的自由度见表 5-1。

表 5-1　常用定位元件及其组合所能限制的自由度

工件定位基准面	定位元件	定位方式及所限制的自由度	工件定位基准面	定位元件	定位方式及所限制的自由度
平面	支承钉		平面	固定支承与自位支承	
	支承板			固定支承与辅助支承	

工件定位基准面	定位元件	定位方式及所限制的自由度	工件定位基准面	定位元件	定位方式及所限制的自由度
圆孔	定位销（心轴）	$\vec{X} \cdot \vec{Y}$	外圆柱面	支承板或支承钉	$\vec{Z}$
		$\vec{X} \cdot \vec{Y}$ $\widehat{X} \cdot \widehat{Y}$			$\vec{Z} \cdot \widehat{Y}$
	锥销	$\vec{X} \cdot \vec{Y} \cdot \vec{Z}$		V 形块	$\vec{Y} \cdot \vec{Z}$
					$\vec{Y} \cdot \vec{Z}$ $\widehat{Y} \cdot \widehat{Z}$
	固定锥销与浮动锥销组合	$\widehat{X} \cdot \widehat{Y}$ $\vec{X} \cdot \vec{Y} \cdot \vec{Z}$			$\vec{Y}$

续表

工件定位基准面	定位元件	定位方式及所限制的自由度	工件定位基准面	定位元件	定位方式及所限制的自由度
外圆柱面	短定位套	$\vec{Y}\cdot\vec{Z}$	外圆柱面	固定锥套 浮动锥套 组合	$\vec{X}\cdot\vec{Z}\cdot\vec{Y}$
	长定位套	$\vec{Y}\cdot\vec{Z}$ $\vec{Y}\cdot\vec{Z}$			$\vec{X}\cdot\vec{Y}\cdot\vec{Z}$ $\vec{Y}\cdot\vec{Z}$
	半圆孔	$\vec{Y}\cdot\vec{Z}$	锥孔	顶尖	$\vec{X}\cdot\vec{Y}\cdot\vec{Z}$ $\vec{Y}\cdot\vec{Z}$
		$\vec{Y}\cdot\vec{Z}$ $\vec{Y}\cdot\vec{Z}$		锥心轴	$\vec{X}\cdot\vec{Y}\cdot\vec{X}$ $\vec{Y}\cdot\vec{Z}$

5.3　定位误差的分析与计算

5.3.1　定位误差的概念及产生的原因

1. 定位误差的概念

定位误差(如图 5-32 所示)是由于工件在夹具上(或机床上)定位不准确,而产生的工序尺寸的加工误差。

工件在夹具中的位置是由定位元件确定的,工件上的定位表面一旦与夹具上的定位元件相接触或相配合,工件的位置也就相应确定了。在用调整法加工一批工件时,由于各个工件的有关表面之间存在尺寸及位置上的差异(在公差范围内),并且夹具定位元件本身和各定位元件之间也具有一定的尺寸和位置公差,工件虽已定位,但工件在某些表面上都会有自己的位置变动量,这样就造成了工件工序尺寸的加工误差。

如图 5-32(a)所示,在轴上铣键槽时,要求保证槽底至轴心的距离 H。若工件采用 V 形块定位,键槽铣刀按规定尺寸 H 调整好到图 5-32(a)所示的位置。在实际加工中,由于一批工件的外圆直径尺寸有大有小(在公差范围内变动),在用 V 形块定位时,工件外圆中心的位置将发生变化。若不考虑加工过程中产生的其他加工误差,仅由于工件外圆中心位置的变化就会使工序尺寸 H 发生变化,由于此变化量(即加工误差)是由于工件的定位而引起的,故称为定位误差。

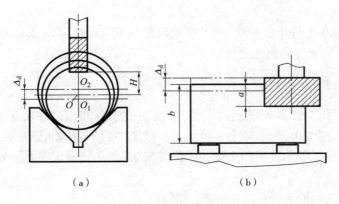

（a）　　　　　　　　（b）

图 5-32　定位误差

2. 定位误差产生的原因

造成定位误差 Δ_d 的原因可根据性质的不同分为两部分:一是由于基准不重合而产生的误差,称为基准不重合误差 Δ_{jb};二是由于定位副的制造误差而引起定位基准的位移,称为基准位移误差 Δ_{jy}。当定位误差 $\Delta_d \leqslant T/3$(T 为本工序要求保证的工序尺寸公差)时,一般认为选定的定位方案可行。

（1）基准位移误差 Δ_{jy}

由于工件的定位表面或夹具上的定位元件制造不准确引起的定位误差,通常称为基准位移误差。例如图 5-32(a)所示例子,其定位误差就是由于工件定位面(外圆表面)尺寸不准确而引起的。

（2）基准不重合误差 Δ_{jb}

由于工件的工序基准与定位基准不重合,从而造成工序基准相对于定位基准在工序尺寸方向上的最大可能变化量而引起的定位误差,通常称为基准不重合误差。如图 5-32（b）所示例子,工件被加工表面（台阶面）的设计基准为顶面,要求保证的工序尺寸为 $a\pm\Delta_a$,现工件以底面定位加工台阶面,即工序基准为工件顶面而定位基准则为工件底面,即基准不重合。在对工件台阶面进行加工时,由于采用调整法加工,即在加工一批工件时,刀具根据事先已调整好的位置进行加工。这时,上工序尺寸 b 的误差 Δ_b 会使工件顶面位置发生变化,从而使工序尺寸 a 产生相应的加工误差,而该误差是由基准不重合带来的,故称为基准不重合误差。

微课 5-7
定位误差的组成

3. 定位误差产生的规律

由上述分析和介绍可知,定位误差产生的一般规律为：

①定位误差只产生在采用调整法加工一批工件的场合。如一批工件逐个按试切法加工,则不产生定位误差。

②定位误差 Δ_d 可分为两部分,即定位基准与工序基准不重合时的基准不重合误差 Δ_{jb} 和定位基准（基面）与定位元件本身存在的制造误差和最小配合间隙使定位基准偏离其理想位置而产生的基准位移误差 Δ_{jy}。

③并不是在任何情况下的定位误差都包含了基准不重合误差和基准位移误差两部分。实际上,当定位基准与工序基准重合时,$\Delta_{jb}=0$;当工序基准无位移变化时,$\Delta_{jy}=0$。即总的定位误差为

$$\Delta_d = \Delta_{jb} + \Delta_{jy} \tag{5-1}$$

由此可知,要提高工件定位精度,除了应使定位基准与工序基准重合外,还应尽量提高定位基准（基面）和定位元件的制造精度。

5.3.2 定位误差的分析计算

由前面的分析可知,只要出现定位误差,就会使工序基准在工序尺寸方向上发生位置偏移。因此,分析计算定位误差,实际上就是找出一批工件的工序基准位置沿工序尺寸方向上可能发生的最大偏移量。下面以不同类型的定位方案为例,介绍定位误差的分析与计算方法。

1. 工件以平面定位

工件以平面定位时的定位误差如图 5-33 所示。

（1）基准重合时

如图 5-33（b）所示工件以 G 面定位。因 N 面所标尺寸 B 的工序基准也是 G 面,如图 5-33（a）所示。因此,定位基准与工序基准重合,基准不重合误差 $\Delta_{jb}=0$。定位基准位移误差为定位面 G 和定位元件平面的平面度误差在工序尺寸 B 方向上的投影值的代数和 δ_1,故 $\Delta_{jy}=\delta_1$。

图 5-33（b）所示定位方案的定位误差 $\Delta_d=\Delta_{jb}+\Delta_{jy}=\delta_1$。

（2）基准不重合时

如图 5-33（c）所示,工件以 M 面定位,因 N 面所标工序尺寸 B 的设计基准是 G 面,工序基准与定位基准不重合,基准不重合误差为工序基准 G 相对于定位基准 M 的变动量在工序尺寸 B 方向上的投影值,$\Delta_{jb}=T_A$。定位基准位移误差为定位基准 M 面和定位元件平面的平面度误差在工序尺寸 B 方向上的投影值的代数和 δ_2,故 $\Delta_{jy}=\delta_2$。

图 5-33（c）所示定位方案的定位误差 $\Delta_d = \Delta_{jb} + \Delta_{jy} = T_A + \delta_2$。

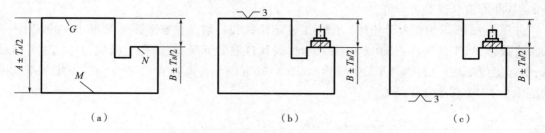

图 5-33　工件以平面定位时的定位误差

工件以平面定位时需要注意的是,基准位移误差取决于定位基准面和定位元件两者的制造精度。由于定位元件本身制造精度较高,并且使用一段时间后及时更换,因此,基准位移误差一般是由定位基准面的精度产生的。如果定位基准平面是已加工表面可以认为定位基准(工序基准)没有位移变化,故 $\Delta_{jy} = 0$。如果定位基准平面是未加工的毛坯平面,此时,由于毛坯面存在制造误差,使工件定位基准在 δ 范围内变化,故 $\Delta_{jy} = \delta$。

【例 5-2】　如图 5-34 所示,工件以 A 面(已加工表面)定位加工 $\phi20H8$ 孔,求工序尺寸$(20\pm0.1)\,\text{mm}$ 的定位误差。

解:定位基准面为已加工平面,故 $\Delta_{jy} = 0$。

由于工序尺寸$(20\pm0.1)\,\text{mm}$ 的工序基准 B 与工件在工序尺寸方向的定位基准 A 不重合,因此产生的基准不重合误差为

$$\Delta_{jb} = \Sigma T = 0.05\,\text{mm} + 0.1\,\text{mm} = 0.15\,\text{mm}$$

$$\Delta_d = \Delta_{jb} + \Delta_{jy} = 0.15\,\text{mm} + 0\,\text{mm} = 0.15\,\text{mm}$$

2. 工件以圆孔定位时的定位误差

工件以圆孔在不同的定位元件上定位时,所产生的定位误差是随工件定位孔与心轴(销)的不同配合而变化的。在此,以工件圆孔在间隙配合心轴(或定位销)上定位时,其心轴(或定位销)的两种放置方位为例,进行定位误差的分析与计算。

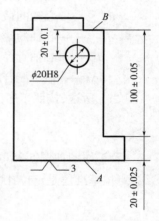

图 5-34　例 5-2 配图

(1)心轴(定位销)水平放置

心轴(定位销)水平放置又称为单边接触。现工件以圆孔在间隙配合心轴上定位,要求在工件上加工一侧平面,铣平面的两种工序简图如图 5-35 所示。若工序图如图 5-35(a)所示,保

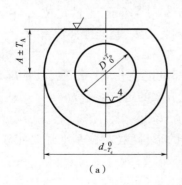

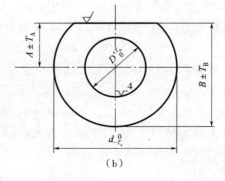

图 5-35　铣平面的两种工序简图

证加工尺寸 $A \pm T_A$。由于尺寸 $A \pm T_A$ 的工序基准与定位基准都是定位孔的中心线,故基准是重合的,基准不重合误差 $\Delta_{jb} = 0$。

如图 5-36 所示为误差分析图。由于工件定位孔和心轴存在制造误差和最小间隙,如果心轴水平放置,当工件装在心轴(定位销)上时,因其自重会下降,使圆孔上母线与心轴上母线接触,引起定位基准(工序基准)发生偏移,如图 5-36(a)所示,由 O 点移至 O_1 点,工序基准的变动范围为 OO_1,基准位移误差为

$$\Delta_{jy} = OO_1 = \frac{1}{2}(D_{max} - d_{轴min}) \tag{5-2}$$

由于 $D_{max} = D_{min} + T_D$;$d_{轴min} = d_{轴max} - T_{轴}$。所以,

$$\Delta_{jy} = \frac{1}{2}[D_{min} + T_D - (d_{轴max} - T_{轴})] = \frac{1}{2}(T_D + T_{轴} + \Delta s) \tag{5-3}$$

式中　D_{max}——定位孔的最大直径;

　　　D_{min}——定位孔的最小直径;

　　　T_D——定位孔的孔径尺寸公差;

　　$d_{轴max}$——心轴的最大直径;

　　$d_{轴min}$——心轴的最小直径;

　　　$T_{轴}$——心轴直径尺寸公差;

　　　Δs——最小配合间隙,$\Delta s = D_{min} - d_{轴max}$。

综上所述,按照工序图 5-35(a)心轴(定位销)水平放置定位方案的定位误差为

$$\Delta_d = \Delta_{jb} + \Delta_{jy} = \frac{1}{2}(T_D + T_{轴} + \Delta s) \tag{5-4}$$

若工序图如图 5-35(b)所示,保证加工尺寸 $B \pm T_B$。此时,工序基准为大外圆 $d_{-T_d}^{0}$ 的下母线,定位基准还是定位孔的中心线,故基准不重合,基准不重合误差为

$$\Delta_{jb} = \frac{T_d}{2}$$

心轴(定位销)水平放置的基准位移误差不变,则按照工序图 5-35(b)的定位误差为

$$\Delta_d = \Delta_{jb} + \Delta_{jy} = \frac{T_d}{2} + \frac{1}{2}(T_D + T_{轴} + \Delta s) \tag{5-5}$$

(2)心轴(定位销)垂直放置

心轴(定位销)垂直放置又称为双边接触。如图 5-36(b)所示,工件定位孔与心轴母线的接触可以是任意方向的,此时工件工序基准的变化范围为 OO_2,基准位移误差为

$$\Delta_{jy} = OO_2 = 2OO_1 = T_D + T_{轴} + \Delta s \tag{5-6}$$

如果工序图为 5-35(a),则工序基准与定位基准都是定位孔的中心线,故基准是重合的,基准不重合误差 $\Delta_{jb} = 0$。心轴(定位销)垂直放置定位方案的定位误差为

$$\Delta_d = \Delta_{jb} + \Delta_{jy} = T_D + T_{轴} + \Delta s \tag{5-7}$$

若工序图为 5-35(b),则工序基准为大外圆 $d_{-T_d}^{0}$ 的下母线,定位基准还是定位孔的中心线,故基准不重合,基准不重合误差为

$$\Delta_{jb} = \frac{T_d}{2}$$

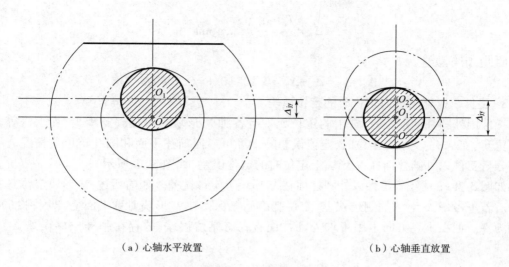

（a）心轴水平放置　　　　　　　　　　　　（b）心轴垂直放置

图 5-36　误差分析图

心轴（定位销）垂直放置的基准位移误差不变，则按照工序图 5-35（b）的定位误差为

$$\Delta_{d}=\Delta_{jb}+\Delta_{jy}=\frac{T_{d}}{2}+(T_{D}+T_{轴}+\Delta s) \tag{5-8}$$

【例 5-3】　如图 5-37 所示为套类工件铣键槽，要求保证尺寸 $\phi94_{-0.20}^{0}$ mm，采用如图 5-37（b）所示的定位销定位方案，请计算定位误差。

解：图 5-37（b）采用的是定位销水平放置，属于单边接触，根据公式（5-3），该定位方案的基准位移误差为

$$\Delta_{jy}=\frac{1}{2}(T_{D}+T_{轴}+\Delta s)=\frac{0.3}{2}+\frac{0.11}{2}+\frac{60-60}{2}=0.205(mm)$$

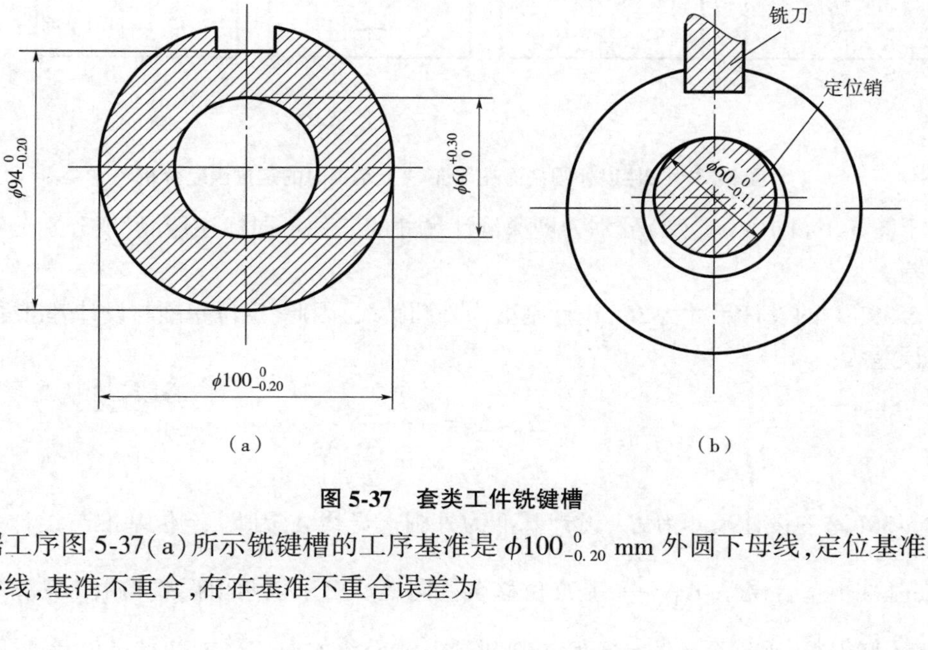

（a）　　　　　　　　　　　　　　　　　　　　（b）

图 5-37　套类工件铣键槽

根据工序图 5-37（a）所示铣键槽的工序基准是 $\phi100_{-0.20}^{0}$ mm 外圆下母线，定位基准为定位孔的中心线，基准不重合，存在基准不重合误差为

$$\Delta_{jb} = \frac{T_d}{2} = \frac{0.2}{2} = 0.1 \text{ mm}$$

因此,定位误差为

$$\Delta_d = \Delta_{jb} = \Delta_{jy} + \Delta_{jb} = 0.205 + 0.1 = 0.305 \text{ mm}$$

3. 工件以以外圆柱面定位时的定位误差

工件用外圆柱面定位时,常用的定位元件有各种 V 形块、定位套、支承板、支承钉等。采用定位套、支承板、支承钉定位时,定位误差的计算可参照前述平面和圆孔定位的情况。下面主要分析工件以外圆柱面在 V 形块上定位时的定位误差(如图 5-38 所示)。

如图 5-38(a)所示,工件以外圆柱面在 V 形块上定位铣槽。如前所述,V 形块定位具有对中性。若不考虑 V 形块的制造误差,定位基准始终保持在 V 形块对称平面上,即水平方向的位移为零。但在垂直方向上因工件外圆柱面直径有制造误差,故存在基准位移误差 Δ_{jy}。其值为

$$\Delta_{jy} = O_1 O_2 = \frac{O_1 M}{\sin \frac{\alpha}{2}} - \frac{O_2 N}{\sin \frac{\alpha}{2}} = \frac{d}{2\sin \frac{\alpha}{2}} - \frac{d - T_d}{2\sin \frac{\alpha}{2}} = \frac{T_d}{2\sin \frac{\alpha}{2}} \tag{5-9}$$

式中 T_d——工件定位外圆柱面的直径公差;

   α——V 形块的夹角。

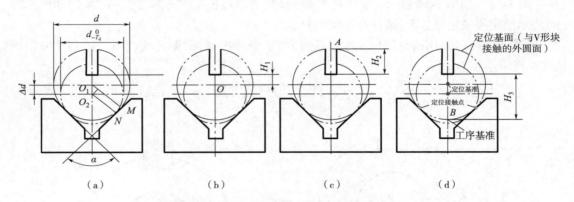

图 5-38   工件以外圆柱面在 V 形块上定位时的定位误差分析

对于图 5-38(b)、(c)、(d)分别为槽深设计尺寸的三种不同标注情况,现分别分析计算其定位误差。

图 5-38(b)的设计尺寸为 H_1,设计基准为外圆轴线,因此,定位基准与设计基准重合,$\Delta_{jb} = 0$,定位误差为:

$$\Delta_d = \Delta_{jy} = \frac{T_d}{2\sin \frac{\alpha}{2}}$$

图 5-38(c)的设计尺寸为 H_2,设计基准为外圆上母线 A,因此,定位基准与设计基准不重合,存在基准不重合误差:$\Delta_{jb} = \frac{T_d}{2}$,基准位移误差同上。由于该两项误差均由工件直径误差引起,属于关联误差,采用合成法计算时应判断其误差变化方向。当工件直径尺寸减小时,工件

的定位基准将向下移动。假设工件的定位基准位置不变,当工件直径减小时,设计基准也将向下移动,即当工件直径减小时,工件的定位基准和设计基准都将向下移动,方向一致。因此定位误差为

$$\Delta_d = \Delta_{jb} + \Delta_{jy} = \frac{T_d}{2} + \frac{T_d}{2\sin\frac{\alpha}{2}} = \frac{T_d}{2}\left(\frac{1}{\sin\frac{\alpha}{2}} + 1\right) \tag{5-10}$$

图 5-38(d)的设计尺寸为 H_3,设计基准为外圆下母线 B。和图 5-38(c)情况相似,同时存在基准位移误差和基准不重合误差。但要注意,此时的两项误差的变化方向相反,即当工件直径尺寸减小时,工件的定位基准将向下移动,而设计基准将向上移动。因此定位误差为

$$\Delta_d = \Delta_{jy} - \Delta_{jb} = \frac{T_d}{2\sin\frac{\alpha}{2}} - \frac{T_d}{2} = \frac{T_d}{2}\left(\frac{1}{\sin\frac{\alpha}{2}} - 1\right) \tag{5-11}$$

从以上分析可知,工件以外圆在 V 形块上定位时,设计基准为下母线时的定位误差最小,而设计基准为上母线时的定位误差最大。利用此特性,可以在设计与制造时有效地控制和减少加工误差。

综上分析,定位误差的分析计算步骤总结如下:

①根据定位原理图及零件图,找到定位基准和设计基准;

②判断定位基准和设计基准是否重合,并计算 Δ_{jb};

③计算定位副(定位元件与定位基面)制造不准确引起的定位基准在工序尺寸方向上的变化量 Δ_{jy};

④判断定位基面与工序基准面是否是同一表面:不是同一表面 $\Delta_d = \Delta_{jb} + \Delta_{jy}$,例如图 5-35 所示定位基准面是孔 D 的内圆表面,图 5-35(a)所示工序基准面是定位孔的中心线,图 5-35(b)所示工序基准面是外圆 d 的下母线,因此定位基准面和工序基准面都不是同一表面,所以定位误差直接相加。

若两者是同一表面就要判断 Δ_{jb} 与 Δ_{jy} 的方向。方向的判断方法为:若工序基准和定位接触点在定位基准的异侧,即方向相同,则 $\Delta_d = \Delta_{jy} + \Delta_{jb}$;若工序基准和定位接触点在定位基准的同侧,即方向相反,则 $\Delta_d = \Delta_{jy} - \Delta_{jb}$。例如图 5-38(d)所示工序基准与定位接触点都在定位基准的下侧,即为同侧,所以 $\Delta_d = \Delta_{jy} - \Delta_{jb}$。

【例 5-4】　如图 5-39 所示为阶梯轴上加工键槽的定位方案,已知 $d_1 = \phi 25_{-0.021}^{0}$ mm;$d_2 = \phi 40_{-0.025}^{0}$ mm;两外圆柱面的同轴度误差为 $\phi 0.02$ mm;V 形块夹角 $\alpha = 90°$;键槽深度尺寸为 $A = 34.8_{-0.17}^{0}$ mm,试计算其定位误差。

解:如图 5-39 所示,工件的定位基准是 d_1 中心线,工序基准为 d_2 的外圆下母线,该工序存在基准不重合误差,由于两外圆柱面的同轴度误差,因此总的基准不重合误差为

$$\Delta_{jb} = \frac{T_{d_2}}{2} + e = \frac{0.025}{2} + 0.02 = 0.032\,5\,(\text{mm})$$

工件在 V 形块上定位时又存在基准位移误差为

$$\Delta_{jy} = \frac{T_{d_1}}{2\sin\frac{\alpha}{2}} = \frac{0.021}{2\sin\frac{90°}{2}} = 0.014\,8\,(\text{mm})$$

则该工序定位误差为

$$\Delta_d = \Delta_{jb} + \Delta_{jy} = 0.032\ 5 + 0.014\ 8 = 0.047\ 3\,(\text{mm})$$

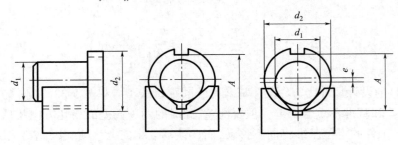

图 5-39　阶梯轴上加工键槽的定位方案

4. 工件以组合表面定位时的定位误差

工件以组合表面定位的情况非常多,其定位误差的分析与计算也较为复杂。但是,只要画出工件工序基准的两个极限位置,通过几何关系的分析也是不难计算的。下面以生产中最常用的一面两孔定位为例,说明组合定位时定位误差的分析与计算方法。

工件采用一面两孔组合定位时,其定位误差的分析和计算同样应该分别从各定位表面是否存在着基准不重合误差和基准位移误差两个方面来进行。一面两孔组合定位时,若所选择的定位基准存在着基准不重合,则基准不重合误差的分析和计算可参见前述,此处不再赘述。在此,主要对一面两孔定位方式下所存在的基准位移误差进行分析和计算。

例如,当一批箱体工件在夹具中定位时,两销定位的定位误差如图 5-40 所示。销孔的配合及配合间隙如图 5-40(a)所示,工件上作为第一定位基准的底面无基准位移误差(该面通常已精加工过)。由于工件定位孔较浅,由于内孔与底面垂直度误差而引起的内孔中心线基准位移误差也可忽略不计。但作为第二、第三定位基准的 O_1、O_2,由于与定位销的配合间隙及两孔、两销中心距误差引起的基准位移误差则是需要重点考虑并进行计算的。

如图 5-40(b)所示,设工件上定位孔 O_1 与圆柱销的最大配合间隙为 X_{1max},孔 O_2 与菱形销的最大配合间隙为 X_{2max},由此产生的基准位置(位移和转角)误差分析如下:

(1)孔 1 中心 O_1 的基准位移误差

孔 1 中心 O_1 的基准位移误差在任何方向上均为

$$\Delta_{jy(O_1)} = X_{1max} = T_{D_1} + T_{d_1} + X_{1min} \tag{5-12}$$

(2)孔 2 中心 O_2 的基准位移误差

孔 2 在两孔连线 X 方向上不起定位作用,所以在该方向上基准位移误差不计。在垂直于两孔连线的 Y 方向上,存在最大配合间隙 X_{2max},产生的基准位移误差为

$$\Delta_{jy(O_2)} = X_{2max} = T_{D_2} + T_{d_2} + X_{2min} \tag{5-13}$$

(3)转角误差

由于 X_{1max} 和 X_{2max} 的存在,在水平面内,两孔连线 O_1O_2 产生的基准转角误差为

$$\Delta_{\left(\frac{\alpha}{2}\right)} = \tan\frac{X_{1max} + X_{2max}}{2L} = \frac{X_{1max} + X_{2max}}{2L} = \frac{T_{D_1} + T_{d_1} + X_{1min} + T_{D_2} + T_{d_2} + X_{2min}}{2L} \tag{5-14}$$

式中　T_{D_1},T_{D_2}——两孔直径公差;

T_{d_1},T_{d_2}——两销直径公差;

X_{1min}, X_{1max}——第一孔与圆柱销之间的最小间隙和最大间隙;

X_{2min}, X_{2max}——第一孔与削边销之间的最小间隙和最大间隙;

　　　L——两孔(销)中心距。

定位误差计算时,将基准位移和基准转角误差,按最不利的情况,反映到工序尺寸方向上,即为基准位置误差引起工序尺寸的定位误差。

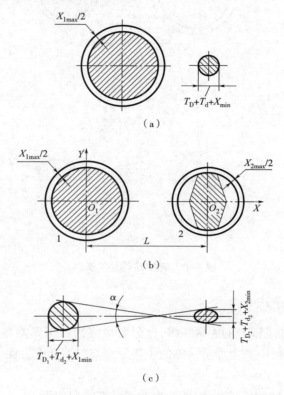

(a)

(b)

(c)

图 5-40　两销定位的定位误差

【例 5-5】　如图 5-41 所示为两销定位加工实例,工件以一面两孔在夹具中定位加工孔 O_3,求工序尺寸 A 和 B 的定位误差。

解:加工前,刀具相对夹具的加工位置一经调定,刀具的位置不再发生变动。

对工序尺寸 A 而言,其工序基准和定位基准是孔 O_1,所以 $\Delta_{jb}=0$;但由于工件定位孔 O_1 与夹具定位销存在配合间隙,因此对于工序尺寸 A,其基准位移误差为

$$\Delta_{jy(A)} = X_{1max}$$

对于工序尺寸 B,其工序基准和定位基准是孔 O_1 和孔 O_2 的连心线,所以 $\Delta_{jb}=0$;但由于 X_{1max} 和 X_{2max} 的存在,在水平面内两孔连线 O_1O_2 会产生基准转角误差 α,最不利情况如图 5-41(b)所示。此时,转角误差为

$$\Delta_{\left(\frac{\alpha}{2}\right)} = \tan\frac{X_{1max}+X_{2max}}{2L} = \frac{X_{1max}+X_{2max}}{2L} = \frac{T_{D_1}+T_{d_1}+X_{1min}+T_{D_2}+T_{d_2}+X_{2min}}{2L}$$

因此,尺寸 B 的基准位移误差为

$$\Delta_{jy(B)} = X_{1max} + 2A\tan\Delta_{\left(\frac{\alpha}{2}\right)}$$

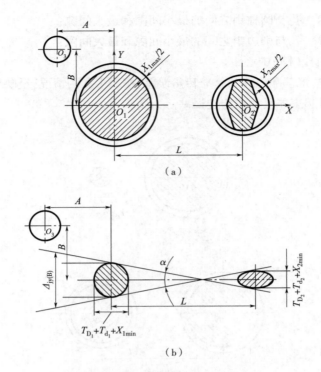

（a）

（b）

图 5-41　两销定位加工实例

5.3.3　加工误差不等式

机械加工中,产生加工误差的因素很多,但只要最终的加工误差在允许的公差范围内,工件就是合格的。加工过程中产生加工误差的主要原因有以下几个方面:

1. 定位误差 Δ_d

工件在夹具中定位时,由工件定位所产生的误差即为定位误差。

2. 对刀误差 Δ_{dd}

调整刀具与对刀基准时产生的误差称为对刀误差,它包括人为因素的影响、夹具对刀和导向元件与定位元件间的误差等。

3. 安装误差 Δ_a

夹具安装在机床上时,由于安装不准确而引起的误差称为安装误差。

4. 其他误差 Δ_q

加工中其他原因引起的加工误差,如机床误差、刀具误差及加工中的热变形和弹性变形引起的误差等属于其他误差。

为了保证工件的加工要求,上述四项加工误差总和不应超过工件设计要求的公差 T,即应满足不等式

$$\Delta_d + \Delta_{dd} + \Delta_a + \Delta_q \leqslant T \tag{5-15}$$

在夹具设计时,可将工件公差进行预分配,将加工公差大体分成三等分:定位误差 Δ_d 占 1/3;对刀误差 Δ_{dd} 和安装误差 Δ_a 占 1/3;其他误差 Δ_q 占 1/3。故一般在对具体定位方案进行定位误差计算时,所求得的定位误差不超过工件相应公差的 1/3,就可认为该定位方案是可行

的。上述公差的预分配仅作为误差估算时的初步方案,设计夹具时,若有特殊要求,应根据具体情况进行必要的调整。

5.4　工件的夹紧

要保持工件在定位时占据正确的位置,就必须采用夹紧装置把工件压紧夹牢在定位元件上,使工件在加工过程中不致因切削力、工件重力、离心力或惯性力等的作用而发生位移或振动,从而保证工件的加工质量。

5.4.1　夹紧装置的组成及设计原则

1. 夹紧装置的组成

夹紧装置分为手动夹紧和机动夹紧两大类。根据结构特点和功能,一般夹紧装置由力源装置、中间传力机构和夹紧元件三部分组成,如图 5-42 所示为夹紧装置示例。

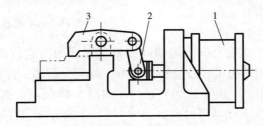

图 5-42　夹紧装置示例
1—气缸(力源装置);2—杠杆(中间传力机构);3—压板(夹紧元件)

(1)力源装置

力源装置是产生夹紧力的装置。所产生的力称为原始力。通常是指动力夹紧时所用的气动装置、液压装置、电动装置等。图 5-42 中的气缸 1 便是气动夹紧装置。手动夹紧时的力源来自人力,没有力源装置。

(2)中间传力机构

是介于力源装置和夹紧元件之间的传力机构,如图 5-42 中的杠杆 2。中间传力机构可以改变力的方向和大小。一般都具有自锁性能,当原始力消失后仍能保证可靠地夹紧工件,这一点对手动夹紧装置尤其重要。

(3)夹紧元件

夹紧元件是与工件直接接触完成夹紧功能的最终执行元件,如图 5-42 中的压板 3。

夹紧装置的三个组成部分一般情况下清晰易辨,但有时则混在一起很难区分。因此,常把中间传力机构和夹紧元件统称为夹紧机构

2. 夹紧装置的基本要求

夹紧装置的设计与选用是否正确、合理,对于保证加工质量,提高生产效率都有很大影响,因此,夹紧装置必须满足下列基本要求:

①不能破坏工件定位后获得的正确位置;

②保证在加工过程中,工件位置稳定,不产生振动、变形和表面损伤;

③操作方便、省力,具有良好的结构工艺性,便于制造,方便使用和维修;

④安全性好,一般应具有自锁性;

⑤复杂程度、效率应与生产规模相适应。

3. 夹紧装置的设计原则

夹紧装置设计的核心问题是如何正确合理地施加夹紧力,即如何正确地确定夹紧力的大小、方向和作用点。设计时应遵循的原则主要有:

1)主要夹紧力应朝向主要定位基准面

为了保证夹紧力不破坏原有定位,主要夹紧力应朝向主要定位基准面,如图5-43所示,且夹紧力作用点应靠近支承面的几何中心。图5-43中,工件定位基准为A、B两平面,由于所镗孔对A面有垂直度要求,所以应以A面作为主要定位基准面,限制3个自由度。这时,夹紧力F_q应朝向A面且靠近孔中心。若夹紧力F_q朝向B面,则当A、B面有夹角误差时,则不能保证所镗孔对A面的垂直度。

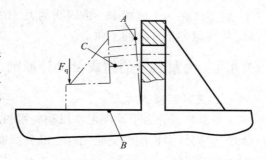

图5-43 主要夹紧力应朝向主要定位基准面

2)夹紧力的方向应有利于减少夹紧力

当夹紧力与切削力、工件重力等方向相同或最大切削力由定位件支承时,所需夹紧力较小,从而可减小夹紧装置的结构尺寸且使操作省力。为充分利用工件重力,一般主要定位基准面应位于水平面内,且便于由上向下施加夹紧力。如图5-44所示为夹紧力的方向与夹紧力大小的关系,三种夹紧方案中,图5-44(a)夹紧力F_q与工件重力W、切削力F_p方向相同,所需夹紧力最小。图5-44(b)所需夹紧力较大。图5-44(c)完全靠夹紧力所产生的摩擦力克服工件重力和切削力,所需夹紧力最大。

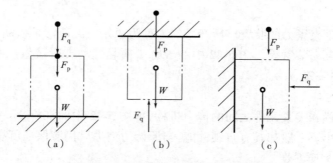

图5-44 夹紧力的方向与夹紧力大小的关系

3)夹紧力的方向和作用点应使工件变形尽可能小

工件在不同方向和部位的刚性是不一样的。为了减少夹紧力引起的变形,应在工件刚性较好的方向和部位施加夹紧力,且夹紧力应均匀分布。如对薄壁套筒类工件,应沿轴向均匀施加夹紧力。如图5-45(a)所示套筒工件若用三爪卡盘径向夹紧外圆,则很容易产生变形。若采用如图5-45(b)所示的特制螺母轴向夹紧,则不容易产生变形。

有时为了减少夹紧变形,也可让夹紧力在夹紧装置中构成力的封闭系统。

4)夹紧力作用点应尽可能靠近工件被加工部位

夹紧力的作用点靠近被加工部位,可以减少由切削力引起的位移或振动的影响,提高夹紧的稳固性。如夹紧部位距加工部位较远,可在加工部位附近增设辅助支承并增加辅助夹紧力或增加浮动夹紧装置,以提高工件安装刚性,如图 5-46 所示为增设辅助支承和辅助夹紧。

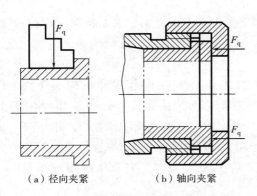

（a）径向夹紧　　　（b）轴向夹紧

图 5-45　夹紧力的方向与工件刚性的关系

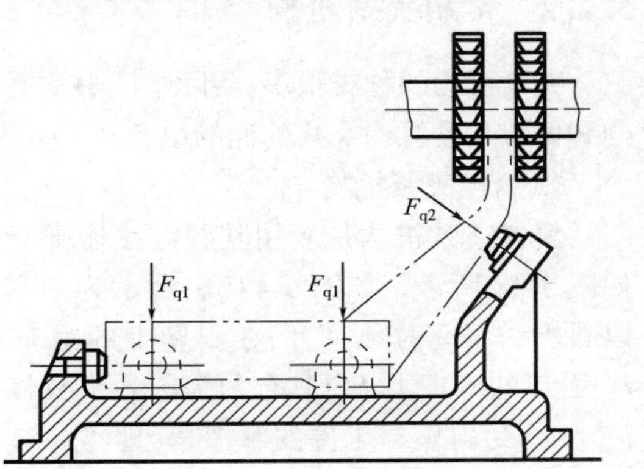

图 5-46　增设辅助支承和辅助夹紧

5) 合理确定夹紧力的大小

夹紧力的大小对于保证定位稳定性、夹紧可靠性以及确定夹紧机构的尺寸都有很大影响。夹紧力过小,不仅在加工过程中可能发生位移或振动,影响加工质量,而且可能造成安全事故。而夹紧力过大,则不仅使整个夹具结构尺寸过于笨重,而且会增加夹紧变形,同样会影响加工质量。

（1）分析计算法

夹紧力的精确计算较复杂,工程中常常采用简化计算的办法。假定夹具和工件构成刚性系统,根据工件受切削力、夹紧力、工件重力、惯性力等的作用情况,找出在加工过程中对夹紧最不利的瞬间,按静力平衡原理计算出理论夹紧力,再乘以安全系数,即得实际所需夹紧力。

$$F_q = kF' \tag{5-16}$$

式中　F_q——实际所需夹紧力;

　　　k——安全系数,根据加工性质等因素确定;

　　　F'——在一定条件下由静力平衡计算出的理论夹紧力。

（2）经验类比法

由于精确计算夹紧力的大小是一件很难的事情,因此在实际夹具设计中,有时不用计算的方法来确定夹紧力的大小。例如对于手动夹紧机构,常采用经验或用类比的方法确定所需夹紧力的数值。但对于需要比较准确地确定夹紧力大小的,如气动、液压传动装置或容易变形的工件等的夹紧力,仍有必要对夹紧状态进行受力分析或按试验和实测,确定夹紧力的大小。

【例 5-6】　如图 5-47 所示为刨平面工序,已知:$F_c = 800$ N,$F_p = 200$ N,$G = 100$ N,求夹紧力 F_q。

解: 根据图 5-47 列静力平衡方程式为

$$F_c l = \frac{l}{10} F_q + Gl + F_q \left(2l - \frac{1}{10}\right) + F_p z$$

从夹紧的可靠性考虑,在刀具切至终点($z = l/5$)时属最不利的瞬时状态。代入上式可求得夹紧力 $F_q = 990$ N。

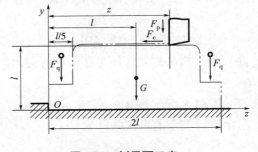

图 5-47　刨平面工序

5.4.2 常用夹紧机构

夹紧机构的种类很多,实际生产中常用的典型夹紧机构主要有斜楔夹紧机构、螺旋夹紧机构和偏心夹紧机构及其他们的组合。

1. 斜楔夹紧机构

斜楔夹紧机构是利用其斜面移动所产生的压力夹紧工件的,斜楔夹紧机构的受力分析如图 5-48 所示。如图 5-48(a) 所示为一利用斜楔夹紧工件的钻夹具。如图 5-48(b) 所示,以斜楔为研究对象,作用在斜楔上的力有:工件的反作用力(即夹紧力的反作用力)F_q,由 F_q 引起的摩擦力 F_1,其合力为 F_{q1};夹具体的反作用力 F_r,由 F_r 引起的摩擦力 F_2,其合力为 F_{r1}。φ_1 为斜楔与工件的摩擦角,即 F_{q1} 与 F_q 的夹角。φ_2 为斜楔与夹具体的摩擦角,即 F_{r1} 与 F_r 的夹角。

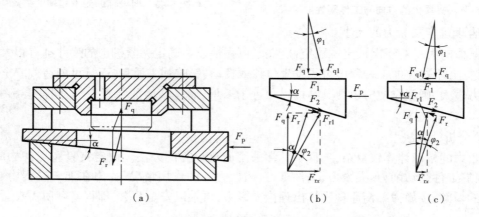

图 5-48 斜楔夹紧机构的受力分析

夹紧时 F_p、F_q、F_r 三力平衡,根据静力平衡原理有

$$F_p = F_q \tan \varphi_1 + F_q \tan(\alpha + \varphi_2)$$

故夹紧力为

$$F_q = \frac{F_p}{\tan \varphi_1 + \tan(\alpha + \varphi_2)} \tag{5-17}$$

式中　　F_q——斜楔机构所产生的夹紧力;

　　　　F_p——原始作用力;

　　φ_1, φ_2——斜楔基面(平面)与工件和斜楔斜面与夹具体之间的摩擦角;

　　　　α——斜楔升角。

当工件夹紧后,原始作用力消失,一般要求斜楔能自锁(尤其是手动夹紧时)。如图 5-48(c)所示,撤去原始作用力后斜楔有退出的趋势,欲保证自锁,须满足 $F_{q1} \geqslant F_{rx}$,亦即

$$F_q \tan \varphi_1 \geqslant F_q \tan(\alpha - \varphi_2)$$

因两处摩擦角很小,故有 $\tan \varphi_1 \approx \varphi_1$,$\tan(\alpha - \varphi_2) \approx (\alpha - \varphi_2)$。则上式可写作 $\varphi_1 \geqslant \alpha - \varphi_2$ 或写出斜楔夹角的自锁条件为

$$\alpha \leqslant \varphi_1 + \varphi_2 \tag{5-18}$$

一般钢铁材料摩擦系数为 $\mu = 0.1 \sim 0.15$,对应的 $\varphi = 5°43' \sim 8°30'$,相应的 $\alpha \leqslant 11° \sim 17°$。

为可靠保证夹紧的自锁性能,手动夹紧时一般取 $\alpha = 6° \sim 8°$。对于气动或液压夹紧,在不考虑自锁时(通常由气动或液压系统保证),可取 $\alpha = 15° \sim 30°$。

在夹紧机构中,我们把夹紧力 F_q 与原始作用力 F_p 之比称为扩力比或增力系数,用符号 i_p 表示,i_p 越大,夹紧机构的增力作用越明显。斜楔夹紧机构的扩力比为

$$i_P = \frac{1}{\tan \varphi_1 + \tan(\alpha + \varphi_2)} \tag{5-19}$$

由此可知,斜楔夹紧的特点为:

①有扩力作用。根据公式(5-19),$i_P \approx 3$,且 α 越小扩力作用越大。

②夹紧行程小。设当斜楔水平移动距离为 s 时,其垂直方向的夹紧行程为 h。则因 $h/s = \tan \alpha$ 及 $\tan \alpha \leqslant 1$,故 $h \ll s$ 且 α 越小,其夹紧行程也越小。

③结构简单,但操作不方便。因此,斜楔夹紧机构很少用于手动夹紧机构中,而在机动夹紧机构中应用较广。

2. 螺旋夹紧机构

采用螺旋直接夹紧或与其他元件组合夹紧工件的机构称为螺旋夹紧机构。因其结构简单、制造容易、夹紧可靠、通用性广、扩力比大、操作方便省力,在夹具设计中被广泛采用。

如图 5-49 所示为单螺旋夹紧机构。螺母 2 装在夹具体上,转动螺杆 1 的手柄,通过压块 4 夹紧工件。压块 4 的作用是防止螺杆头部直接压在工件上损伤工件表面,或带动工件旋转。止动螺钉 3 的作用是防止螺母 2 转动。

在夹紧机构中,螺杆和各种压板组成的各种螺旋压板机构的结构型式变化较多,应用也较广。如图 5-50 所示为几种常见的螺旋压板机构,其中图 5-50(a)为移动压板,图 5-50(b)为转动压板,图 5-50(c)为翻转压板。

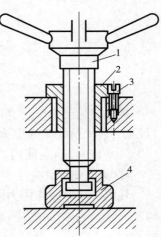

图 5-49　单螺旋夹紧机构
1—螺杆;2—螺母;
3—止动螺钉;4—压块

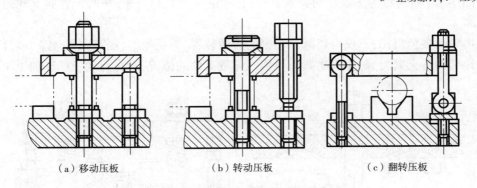

(a)移动压板　　　　(b)转动压板　　　　(c)翻转压板

图 5-50　几种常见的螺旋压板夹紧机构

3. 偏心夹紧机构

偏心夹紧机构是一种快速动作的夹紧机构,工作效率较高,生产中应用较广。偏心轮有两种,曲线偏心和圆偏心。曲线偏心采用阿基米德螺旋线或对数螺旋线作为轮廓曲线,它具有升角变化均匀等优点,但制造复杂,故用得较少。圆偏心的外形为圆,结构简单,操作方便,制造容易,应用较广。

如图 5-51 所示是一种常见的偏心轮-压板夹紧机构。当顺时针转动手柄 2 使偏心轮 3 绕轴 4 转动时,偏心轮 3 的圆柱面紧压在垫板 1 上,由于垫板 1 的反作用力,使偏心轮 3 上移,同时抬起压板 5 右端,而左端下压夹紧工件。

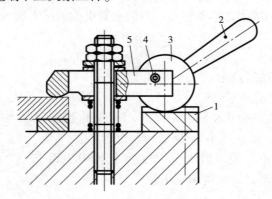

图 5-51 偏心轮—压板夹紧机构

1—垫板;2—手柄;3—偏心轮;4—轴;5—压板

圆偏心轮已标准化,可参照标准《夹具零部件》进行选用。圆偏心夹紧机构的缺点是工作行程小,自锁性能不如螺旋夹紧机构好,故不适于振动大的夹具。而且一般也不在旋转的夹具(如车、磨床夹具)上使用。

4. 联动夹紧机构

凡由一个原始作用力同时对一个工件的不同部位进行夹紧,或对几个工件同时夹紧的机构称为联动夹紧机构。有的机构还能完成夹紧与其他动作的联动。联动夹紧机构如图 5-52 所示。

如图 5-52(a)所示为多件联动夹紧机构,可同时对 4 个工件进行夹紧。在压块两边各设置了摆动压块,通过其摆动来补偿工件尺寸或形状误差,保证 4 个工件都能均匀受力。

如图 5-52(b)所示为多点联动夹紧机构,它利用两个螺旋压板,在两个方向上同时对工件进行夹紧。

采用联动夹紧机构,不仅可以减少夹紧的力源装置,简化操作,提高夹紧效率,而且可以保证均匀地施加各夹紧力,防止因夹紧力不均而导致工件的位置变动,有利于保证加工精度。

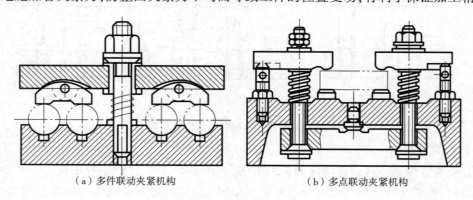

(a)多件联动夹紧机构   (b)多点联动夹紧机构

图 5-52 联动夹紧机构

5. 定心夹紧机构

定心夹紧机构常用于安装轴类或盘类等回转体工件,可以消除由工件定位外圆或内孔的制造误差引起的定位误差。

如图 5-53 所示为螺旋式定心夹紧机构。工件装在两个可左右移动的 V 形块 2 和 3 之间,V 形块 2 和 3 的移动由具有左、右旋的螺杆 1 操纵。螺杆 1 的中部支承在叉形支架 4 上,叉形支架 4 用螺钉 5 紧固在夹具体上。借助调整螺钉 6 调节叉形支架 4 的位置,以保证两个 V 形块 2 和 3 的对中性。螺旋式定心夹紧机构结构简单,工作行程大,通用性好,但定心精度不高。主要用于要求行程大的粗加工或半精加工。

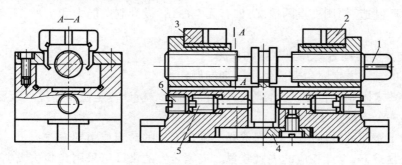

图 5-53　螺旋式定心夹紧机构
1—螺杆;2、3—V 形块;4—叉形支架;5—螺钉;6—调整螺钉

此外,还可以利用夹紧元件的均匀弹性变形原理来实现定心夹紧,如各种弹性心轴、弹性筒夹、液性塑料夹头等。这种定心夹紧机构定心精度高但夹紧力有限,故主要适合于精加工或半精加工场合。如图 5-54 所示为薄壁套弹性定心夹紧装置,该装置以莫氏锥柄装于车床主轴锥孔中,车削薄壁套端面和外圆。工件以阶梯内孔及端面在弹簧夹头 2 和基体 1 的端面上定位。使用时,拧螺母 4,使滑套 3 向左移动,在带动弹簧夹头 2 移动的同时,通过弹簧夹头 2 两端锥孔使

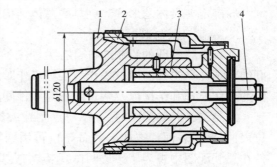

图 5-54　薄壁套弹性定心夹紧装置
1—基体;2—弹簧夹头;3—滑套;4—螺母

其胀大,从而套紧在工件孔内,或者说实现了工件内孔的定位夹紧。

5.5　机床夹具的设计方法

各类不同机床所使用的夹具既有共性,如定位原理、夹紧准则、设计方法等,又因其功能、结构、与机床的联接方式等不同,而又有各自不同的特点。本节着重介绍具有共性的机床夹具设计方法、步骤及夹具技术要求的制订。

5.5.1　专用机床夹具的设计步骤

设计专用机床夹具时,一般应按下列步骤进行。

1. 研究原始资料

夹具设计的原始依据是工装设计任务书。因此,在开始设计时,就必须认真研究设计任务书,明确设计任务并收集有关资料,包括:

①分析零件的结构特点及本工序的加工要求;

②了解所使用机床的主要技术参数,尤其要了解与安装夹具有关的联接部分的结构和尺寸;

③了解刀具的主要结构尺寸及制造精度等;

④收集有关夹具标准、典型结构图册和设计手册;

⑤了解本厂制造、使用夹具的情况,如有无空压站、设计制造能力和水平、现有夹具的使用情况等。

2. 确定夹具的结构方案并绘制结构草图

确定夹具的结构方案时主要应解决下列问题:

①根据所要求限制的自由度,合理设置定位元件,分析计算定位误差。一般要求定位误差控制在相应工序公差的1/3以内;

②根据加工表面的具体情况,合理选择与确定刀具的对刀或引导方式;

③确定夹紧方案,设计相应的夹紧装置。夹紧装置的设计可采用经验法或类比法,必要时应进行夹紧力计算;

④确定夹具的其他部分的结构,如分度装置等;

⑤确定夹具体的形式和夹具的总体结构。

3. 绘制夹具总装配图

夹具总装配图的绘制应符合有关国家标准的规定,图形比例尽量采用1:1,使之具有良好的直观性。主视图应取操作者实际工作时的位置。各视图的选取与配置应能清楚地表达夹具的工作原理和结构以及各种装置与元件间的相互位置关系。

绘制夹具总装配图时,先用双点划线或红色细实线绘出工件的轮廓外形和主要表面(定位表面、夹紧表面和被加工表面等),再用网纹线或粗实线标出本工序的加工余量。注意:工件在总装配图中视为假想透明体,不影响夹具结构的可视性和投影。按照定位元件——对刀或导向元件——夹紧机构——其他装置——夹具体的顺序依次绘出各部分的具体结构。

4. 确定并标注有关尺寸和技术要求

总装配图上应标注夹具的轮廓尺寸、各主要元件间的位置尺寸和有关的装配、检验尺寸和要求等。关于这部分的内容后面章节另有详述。

5. 绘制夹具零件图

所有非标准零件都必须根据总装配图的相关要求绘制零件图。

5.5.2　夹具总图技术要求的制订

工件在工艺系统中加工时,有一部分误差来自夹具方面。为了限制这些误差的影响,夹具总图中必须给出与工件加工精度相适应的尺寸、配合和相互位置等精度要求,简称为夹具总图的技术要求。这是夹具设计中一项十分重要的工作,必须给予高度重视。夹具总图中的技术要求制定得是否合理,不仅直接关系到能否保证工件的加工精度,而且对夹具的制造、检验、使用和维修等都有重大的影响。

1. 夹具总图中应标注的技术要求

夹具总图中通常应标注下列几种尺寸(包括公差)或位置精度要求：

(1)夹具的最大轮廓尺寸

即夹具的长、宽、高尺寸。这类尺寸主要用于检查夹具能否在机床允许的范围内安装和使用。

(2)保证工件定位精度的尺寸和形位公差

这类技术要求包括定位元件与工件的配合尺寸及其公差,如定位销与工件孔的配合尺寸及其公差;各定位元件间的位置尺寸及位置公差,如定位销对定位平面的垂直度,一面两销定位时两销中心距离尺寸及其公差等。

(3)保证夹具安装精度的技术要求

这类技术要求包括夹具安装基准面的尺寸及其公差,如定位键的宽度尺寸及其公差和与T形槽的配合公差;定位元件至夹具安装面的尺寸及相互位置公差。当采用找正法调整夹具在机床上的位置时,则应标注定位元件至找正基面的尺寸及相互位置公差。

(4)保证刀具相对于定位元件位置的尺寸及公差

对钻床夹具应规定钻套与衬套、衬套与衬套孔之间的配合尺寸及公差、钻套内孔的尺寸及其公差,钻套内孔轴线至定位元件间以及各钻套间的位置尺寸及位置公差。

为便于装配时调整和检验,钻套内孔轴线对定位元件的位置精度可以这样给定:即同时规定钻套内孔轴线对夹具安装面的位置精度和定位元件对夹具安装面的位置精度。

对于铣床夹具,应规定对刀块工作表面至定位元件的距离尺寸及其公差,以及对刀塞尺的厚度或直径尺寸及其公差。若使用标准塞尺对刀时,也可只给出塞尺的公称尺寸及标准编号。当采用标准样件对刀或按试切法调刀时,此项要求可不予标注,但总图中应予以说明。

(5)其他尺寸及技术要求

这类技术要求包括夹具上各元件的位置及配合等。虽然这些技术要求对加工精度不一定有直接影响,但它可能间接影响其他技术要求的保证或影响夹具的使用要求。

除了上述技术要求外,对影响夹具制造和使用等的其他一些特殊要求,可用文字在总图中予以说明。这些要求包括:制造与装配方法,如定位面的配磨、修配法装配时指定修配件及修配面、调整法装配时指定调节件及调节方法等;装配要求;平衡要求;密封试验要求;磨损极限(一般规定工件的加工件数);标记打印;调整、使用、保管、运输时的注意事项等等。

至于夹具总图中究竟要标注哪几项技术要求,如何标注,应当根据具体工序的加工要求确定。总的原则是做到不遗漏、不重复,技术要求的项目和数值大小要合理,标注方式要规范。

2. 夹具公差值的确定

夹具总图中尺寸公差、配合公差、相互位置公差及其他技术要求中的允差值统称为夹具公差。目前普遍采用经验估算的方法来给定这些公差值的数值大小。这种方法往往偏保守,故一般情况下都能满足工件加工精度的要求。如对保证工件某项加工精度无把握时,可根据有关公差值数据,对夹具进行精度分析,若不合适,再反过来修改所给定的公差值,直至满意为止。

用经验估算法给定夹具公差时,可分为下面两种情况考虑。

(1)与工件加工尺寸公差(或精度要求)直接有关的夹具公差

这类公差主要包括定位元件、对刀或导向元件、联接元件之间的有关尺寸、配合及相互位置精度的公差。这类夹具公差一般取工件相应公差的 1/2～1/5。在确定这类公差值时,应遵循以下原则:

在夹具的制造精度能满足经济性的前提下,应尽量将夹具制造公差取小些,以增大夹具的精度储备量,延长夹具的使用寿命。

当工件加工精度很高,夹具的制造精度不能满足经济性甚至制造困难时,则应在仍能保证工件加工精度的前提下,适当放大夹具的制造公差。但要注意,这是不得已而为之,它是以减小精度储备量为代价的。

若生产批量很大,为了保证夹具的使用寿命,可适当减小夹具制造公差。这虽然使夹具制造难度加大,夹具制造费用增加,但总的来看,往往还会是经济的。若生产批量很小,夹具的使用寿命不突出,则可适当放大夹具制造公差,以便于制造,适当降低成本。

通常情况下,夹具上的距离尺寸应以工件上相应尺寸的平均尺寸作为其基本尺寸,夹具的公差一律采用双向对称分布。

要用工件相应的工序尺寸(不一定是零件图上的最终尺寸)作为夹具设计的依据,以符合本工序的要求。

当与夹具尺寸(或形位精度要求)直接有关的工件尺寸(或形位精度要求)为未注公差时,夹具公差仍然需要标注。尤其是当形位公差为未注公差时(工序图上一般不标注形位公差符号),初学者往往认为工件无形位精度要求,因而夹具上也相应地不标注形位公差,这样的夹具就无法保证工件的未注公差。这一点应特别引起注意。

(2)与工件加工尺寸(或精度要求)无直接关系的夹具公差

这类公差一般为夹具内部的配合尺寸公差、与工件加工精度无直接关系的各元件间的位置尺寸及其公差等。如定位销与夹具体的配合尺寸及公差,夹紧装置中各组成零件间的位置尺寸、配合尺寸及公差等。这类公差虽然不一定对工件加工精度有直接影响,但它可能影响到夹具元件的制造精度,并对保证其他技术要求有重大影响。如定位销与夹具体的配合公差将影响定位销工作表面的位置精度,定位销本身的制造要求,定位销与夹具体联接的牢固程度等。另外,有的对夹具的使用性能也有直接影响,如运动副的间隙大小对运动的灵活性有直接影响。这类公差的数值可参考有关夹具手册选取。

5.6　典型机床夹具的设计特点

机械加工中使用的专用机床夹具种类很多,且结构各不相同。为了对专用机床夹具的结构和特点有一个全面的认识,本节以钻床夹具、铣床夹具和车床夹具为例,介绍专用机床夹具各部分的结构特点和设计要点。

5.6.1　钻床夹具

在钻床上使用的夹具称为钻床夹具,通常也称为钻模。用钻模安装工件并通过钻模上的钻套引导钻头、铰刀等刀具进行加工,易于保证所加工孔的尺寸精度、形状精度、位置精度和表面质量。使用钻模加工,还可省去大量的划线、找正等辅助时间,大大地提高了劳动生产率。因此,在成批生产和大量生产中广泛使用各种类型的钻模。

1. 钻床夹具的主要类型及其特点

钻模的种类繁多。一般可分为固定式、回转式、翻转式、盖板式和滑柱式等主要类型。

（1）固定式钻模

在使用过程中，夹具和工件在机床上的位置固定不动。常用于加工质量中等及较大的工件上的单孔或平行孔系。加工单孔可在立式钻床上进行。加工平行孔系时可在摇臂钻床上进行。大批量生产时，也可在多轴组合机床或在立式钻床上用多轴传动头同时加工。

（2）回转式钻模

在钻削加工中，回转式钻模使用比较多。主要用于加工同一圆周上的平行孔系或分布在同一圆周上的径向孔系。这种钻模的特点是具有一套回转分度装置，不需移动夹具或工件就可依次加工所有孔。

（3）翻转式钻模

在加工中，翻转式钻模一般用手进行翻转。所以夹具和工件的总质量不能太重，一般以不超过 10 kg。翻转式钻模主要用于加工小型工件分布在不同表面上的孔。它可以减少安装次数，提高各被加工孔的位置精度。其加工批量不宜过大。

（4）盖板式钻模

盖板式钻模实际上就是一块钻模板，没有夹具体。除钻套外，一般还设有定位件和夹紧机构，将它覆盖在工件上定位夹紧后即可进行加工。盖板式钻模的主要特点是结构简单轻巧，清除切屑方便。由于每次要从工件上装拆，比较费事，故主要用于在尺寸大而笨重的工件上加工小孔。

（5）滑柱式钻模

滑柱式钻模是带有升降钻模板的通用可调夹具。它是由钻模本体、滑柱、钻模板及操作机构等组成，均已标准化，可参阅有关设计资料直接选用。应用时只需根据具体情况，在钻模本体和钻模板上分别设置相应的定位元件、钻套和夹紧元件，而不必另设夹紧机构。采用滑柱式钻模既可提高夹具的标准化程度，又可大大地缩短夹具的设计与制造周期。加工位置精度要求不高的中小型工件上的孔，宜优先选用滑柱式钻模。

2. 钻床夹具的设计要点

1）钻模类型的选择

如前所述，每种类型的钻模都有其特点和一定的适用范围。设计钻模时，首先应根据工件的形状、尺寸、质量、加工要求、生产纲领以及工厂的具体条件等因素，正确选择钻模的结构类型。

2）钻套类型的选择

常用的钻套有四种型式：固定钻套、可换钻套、快换钻套和特殊钻套。其中固定钻套、可换钻套和快换钻套为标准钻套（见图 5-55）。特殊钻套是在受工件形状或被加工孔的限制，不便采用标准钻套时，根据具体情况自行设计的非标准钻套（见图 5-56）。

选择钻套结构时应注意下列几点：

①固定钻套常用于批量较小的加工中，以简化夹具结构和提高加工精度，当被加工孔的精度较高，使用其他钻套无法保证时，也应选用固定钻套。

②可换钻套常用于单工步且批量较大的加工中，以便于钻套磨损后更换。

③快换钻套常用于多工步加工中，如一次安装下钻、扩、铰孔，以便于加工过程中依次更换

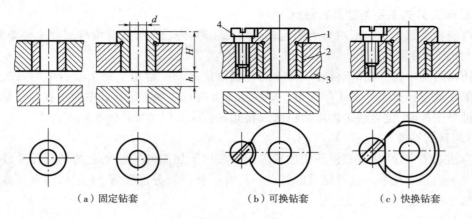

（a）固定钻套　　　　　（b）可换钻套　　　　　（c）快换钻套

图 5-55　标准钻套

1—钻套;2—衬套;3—钻模板;4—螺钉

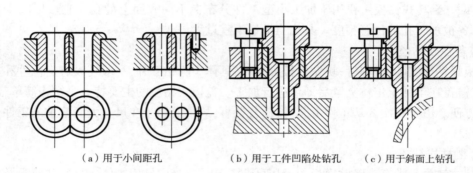

（a）用于小间距孔　　　　（b）用于工件凹陷处钻孔　　　　（c）用于斜面上钻孔

图 5-56　特殊钻套

不同内孔尺寸的钻套（钻套的外径尺寸相同），导引不同尺寸的刀具。与之相配套,钻床主轴上须用快换接头装夹刀具,以提高生产率。使用可换钻套和快换钻套时,必须配套使用衬套,以防止钻模板上的钻套孔磨损。

④无法使用标准钻套时,才考虑设计特殊钻套。采用特殊钻套时,也可根据具体要求,参照标准钻套各部分的结构尺寸进行设计。

3）钻套高度 h 的确定

钻套的高度 h 如图 5-55 所示,对被加工孔的位置精度和钻套内孔的磨损都有显著的影响。h 值越大,刀具导向性能越好,越易于保证被加工孔的精度,但刀具与钻套间的摩擦也越大,易加剧刀具和钻套的磨损。h 值过小,则导向性能不良。钻套高度 h 一般根据被加工孔的孔径 d 取为:

$$h = (1 \sim 2.5)d$$

具体选择时,还须考虑下列因素:

①被加工孔的精度要求较高时,h 应取大些,反之可取小些。引导铰刀用的钻套（也称铰套）的高度,一般比钻同样直径的孔用的钻套高度大些。

②加工直径较小的孔时,为增加刀具刚性,h 可相对取大些。

③加工斜孔时,h 应取大些。加工深孔时,h 应取大些。

④工件材料强度、硬度高时,h 应取大些。

具体选择钻套高度时,应根据上述情况,参照钻套高度的标准数值进行选择。

4)钻套内孔尺寸及其公差的确定

钻套内孔与刀具导引部分应保证一定的配合间隙。通常取所导引刀具直径的最大极限尺寸作为钻套内孔直径的基本尺寸,并根据所导引刀具和加工精度要求,按基轴制选取配合。一般钻孔和扩孔选用 F7 或 F8,粗铰选用 G7,精铰选用 G6。当采用标准铰刀铰 H7 或 H9 孔时,可直接按孔的基本尺寸,即孔的最小极限尺寸,分别选用 F7 或 E7,作为导引孔的基本尺寸和公差带。

若钻套导引的不是刀具的切削部分,而是刀具的导柱部分,则可按基孔制选取相应的配合,如:H7/f7,H7/g6 或 H6/g5。

5)钻套下端面至工件加工表面间的排屑空隙 s 的确定

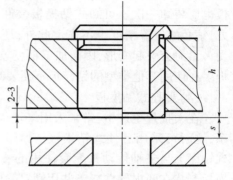

钻套下端面与工件加工表面间一般应留有一定的排屑空隙 s,如图 5-57 所示,以便使排屑通畅。s 值不宜太大,否则会降低导引精度。一般可根据被加工孔直径 d,参照下列推荐数据选取:

加工铸铁等形成碎粒状切屑的材料时,取 $s=(0.3\sim0.6)d$;

加工钢等易形成带状切屑的材料时,取 $s=(0.5\sim1.0)d$。

图 5-57　排屑空隙

钻小孔时,s 值应相对取大些,以防止切屑缠绕而折断钻头;加工硬度高、强度大的材料时,s 值应取小些,以增加刀具系统的刚性;若在斜面上钻孔,为保证起钻条件良好,s 值应尽可能取小,如取 $s=0.3d$;当孔的位置精度要求很高,而排屑要求又不允许取小的 s 值时,可取 $s=0$,即无排屑空隙。这样既有较好的导引作用,又可让切屑由钻头螺旋槽与钻套间隙中排出,其排屑效果反而比只留很小的 s 值时要好,但这时钻套磨损较严重。

钻套下端面一般应超出钻模板 2~3 mm,以防止切屑卷入钻套内孔中加速磨损。

6)钻模板设计

钻模板是供安装钻套用的,要求具有一定的强度和刚度,以防止变形而影响钻套的位置精度和导引精度。常见的钻模板有下列几种形式:

（1）固定式钻模板

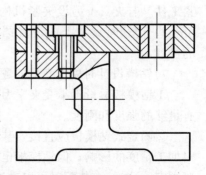

固定式钻模板如图 5-58 所示,其通过螺钉(一般用两个以上内六角螺钉)和圆锥定位销(一般为两个)直接固定装配在夹具体上。这种钻模板结构简单、制造方便,尤其是装配时容易保证钻套的位置精度。由于钻模板相对于夹具体固定不动,钻套能保持固定位置,因而加工时钻头位置的重复精度高,但有时装卸工件不太方便。

图 5-58　固定式钻模板

（2）铰链式钻模板

如图 5-59 所示为铰链式钻模板,钻模板 5 与夹具体 2 为铰链连接,钻模板 5 可以绕铰链销 1 翻转，以便装卸工件。铰链轴销孔与销轴的配合一般为 G7/h6。钻模板 5 的水平位置由支承钉 4 定位，最后用菱形螺母 6 夹紧。由于铰链结构存在间隙，所以铰链式钻模板的加工精度不如固定式钻模板高，其结构也比固定式钻模板复杂。

（3）可卸式钻模板

若装卸工件时需将钻模板从钻模上取下，则采用可卸式钻模板，如图 5-60 所示。这种钻模板与夹具体之间是分离的结构形式，工件在夹具中每装卸一次，钻模板也要装卸一次。可卸式钻模板装卸工件比较费时费力，钻套的位置精度也不高。此外，还由于钻模板要承受夹紧力会引起变形，因而加工精度较低。可卸式钻模板多在使用其他类型的钻模板不便装卸工件时采用。

（4）悬挂式钻模板

在大批量生产中，常常采用多轴传动头加工平行孔系，这时可采用悬挂式钻模板。如图 5-61 所示为在立式钻床上与多轴传动头配套使用的悬挂式钻模板。钻模板 5 装在两根导柱 2 上并用螺钉紧固，导柱 2 下端采用小间隙配合装入夹具体的导套 4 中，以确定钻模板 5 对夹具体的相对位置。导柱 2 上端可在多轴传动头 6 的座孔中滑动。当多轴传动头 6 下降时，钻模板 5 借助弹簧 1 的压力将工件压紧在定位元件上。多轴传动头 6 继续下降即可对工件进行加工。采用悬挂式钻模板装卸工件可省去移开钻模板的时间，生产率较高。当在凹进很深的工件内壁上加工孔时，也可采用悬挂式钻模板，加工时钻模板随机床主轴一起伸入工件内壁进行加工。采用悬挂式钻模板时，必须保证导柱上的弹簧力足够夹紧工件。若夹具上另设夹紧机构来夹紧工件，则弹簧力可小些，但这时夹具上应设置挡块，以限制钻模板下降的位置。

7）钻模设计时应注意的问题

①钻模板尽量不承受夹紧力。若需由钻模板承受夹紧力时，如滑柱式钻模，钻模板必须具有足够的强度和刚度。

②固定式钻模板应直接安装在夹具体上，不要设置中间零件，以减少各零件间的接触变形对加工精度的影响。但钻模板也不宜与夹具体做成一体，而应分开制造并用螺钉与定位销联接固定。这样，在装配时可以通过修配钻模板的安装基准面和移动钻模板的位置，很方便地调整钻套孔对定位元件的位置精度。

③盖板式钻模应设置手柄，以便于装卸。

④防止因孔口毛刺影响而取不下工件。

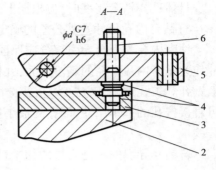

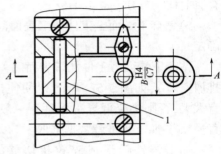

图 5-59　铰链式钻模板

1—铰链销；2—夹具体；3—铰链座；4—支承钉；
5—钻模板；6—菱形螺母

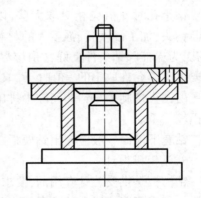

图 5-60　可拆卸式钻模板

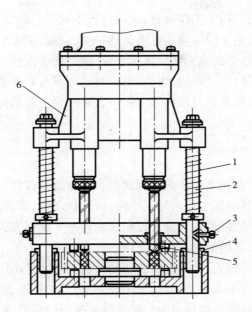

图 5-61　在立式钻床上与多轴传动头配套使用的悬挂式钻模板
1—弹簧；2—导向滑柱；3—螺钉；4—导套；5—钻模板；6—多轴传动头

5.6.2　铣床夹具

铣床夹具主要用于铣削平面、键槽、花键、沟槽、缺口、齿形面及各种成型表面等。

1. 铣床夹具的主要类型及其特点

铣床夹具的种类较多。由于铣床夹具的结构型式在很大程度上取决于铣削加工的进给方式，因此，通常按进给方式的不同将铣床夹具分为以下两种类型：

（1）直线进给式铣床夹具

直线进给式铣床夹具在生产中应用广泛。这类铣床夹具安装在卧式或立式铣床工作台上，加工时随工作台一起作直线进给运动。根据夹具上安装工件数目的多少，又可分为单件夹具和多件夹具。

单件铣床夹具的结构较简单，但效率较低，用于单件小批生产，或用于加工尺寸较大的工件及不便于多件安装的中小型工件。铣削加工的切削用量较大，基本时间较短，因此，装卸工件等的辅助时间相对地就显得较长。为了提高生产率，在成批生产和大量生产中，常常采用多件安装的夹具，进行多件同时加工或多工位加工。多件铣床夹具，一次可以装夹多个工件。每次装夹工件的数目应根据生产率的要求、工作台的有效行程、工件批量、结构特点及加工要求等来确定。

（2）圆周进给式铣床夹具

在圆工作台铣床或带回转工作台的专用组合铣床上采用圆周进给式铣削时，可在转台上布置若干个工作夹具。随着转台回转进给，工件依次被送入切削区域进行连续铣削加工。当夹具离开切削区域后便可装卸工件。这种铣削方式的进给运动连续进行，装卸工件等的各种辅助时间完全与基本时间重合，生产效率很高，适用于批量较大的生产中。

圆周进给式铣床夹具上每个工作夹具的结构可以完全相同，这时可完成多个工件的相同表面的加工,也可设计不同结构的工作夹具,同时进行不同表面的加工。设计圆周进给式铣床夹具时,应使相邻工件沿圆周方向尽量布置得紧凑一些,以缩短铣刀的空行程,减小夹具的尺寸和重量。夹紧工件的操作手柄应沿转台圆周布置,使之便于操作。为降低劳动强度,提高生产效率,可采用气动、液压等高效传动装置,并设计自动夹紧与松开机构,使夹具离开切削区域后能自动松开,进入夹紧区域后能自动夹紧工件。若再配合上自动化上下料装置,便可实现单机自动化加工。

2. 铣床夹具设计要点

（1）总体设计

在设计铣床夹具之前,首先要解决的问题就是合理地选择铣削方式,因为铣削的生产效率主要取决于铣削方式。尤其是在大批大量生产时,应选择多件、多表面、多工位、连续进给等高效铣削方式,以满足生产率的需要和充分发挥机床的效率。铣削方式确定后,就可考虑工件在夹具中的布置形式,进行具体的结构设计。

铣削加工一般切削用量较大,故产生的总切削力也大。并且由于铣削时为多刃断续切削,切削力的大小和方向不断发生变化,铣削加工时很容易产生振动,从而影响加工质量。因此,设计铣床夹具时应特别注意保证工件定位的稳定性和夹紧的可靠性。

（2）对刀装置设计

为了确定刀具相对于夹具上定位元件的位置,铣床夹具上一般设有对刀装置。对刀装置由对刀块和对刀塞尺组成。如图 5-62 所示为几种常见的对刀装置。图 5-62（a）用于铣平面；图 5-62（b）用于铣槽或台阶面；图 5-62（c）、（d）用于铣削成形面。

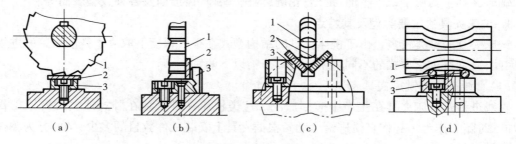

图 5-62　几种常见的对刀装置

1—铣刀；2—塞尺；3—对刀块

当工件位置精度要求较高,或由于结构上受限制时,夹具上可以不设置对刀装置。这时可采用试切法、标准件对刀法或用百分表校正法等来调整刀具相对于定位元件的位置。专用机床上的铣夹具一般也不设置对刀装置。

（3）夹具在机床上的安装

铣床夹具的夹具体底面为安装基准面,安装时直接置于铣床工作台的台面上。为使夹具上的定位元件相对于铣床工作台的进给方向具有正确的位置,一般在夹具体底面的纵向槽中安装两个定位键（见图 5-63）,其纵向距离应尽量布置得远一些,以提高定位精度。对于小型夹具,也可只使用一个矩形长键。

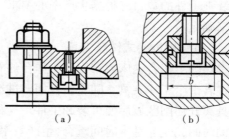

图 5-63　定位键

如图 5-63(a)所示定位键在侧面开有沟槽,如图 5-63(b)所示定位键的一个侧面为台阶形。定位键的上部按 H7/h6 与夹具体的纵向槽配合,并用 T 形槽螺钉紧固,下部嵌入铣床工作台的 T 形槽中。注意,一般铣床工作台中间一根 T 形槽精度较高,通常为 H7 或 H8,安装时定位键应装入此槽中。定位键下部宽度 b 的公称尺寸应与 T 形槽宽度一致,公差带为 h6 或 h8。

定位键与 T 形槽的配合间隙会影响定位精度。因此,为消除其影响,可将定位键下部尺寸 b 留余量 0.5 mm,安装时与 T 形槽宽度配作。也可将定位键预先制造好,安装时把夹具推向一边,使定位键侧面和 T 形槽侧面贴牢以消除间隙影响。当定位精度要求不高时,也可使用上下部为同一尺寸的定位键。

定位键除了具有定位作用外,还可承受切削时所产生的切削扭矩,减轻 T 形槽螺栓的负荷,增加夹具在加工时的稳定性。故在铣削与工作台面平行的平面时,也应装有定位键。

定位精度要求很高的夹具、重型夹具以及专用机床上的夹具,不宜采用定位键。这时可在夹具体上加工出一窄长平面,作为夹具安装时的找正基面。此找正基面还可用于夹具装配时找正夹具上各元件的位置。

5.6.3　车床夹具

1. **车床夹具的主要类型及其特点**

车床夹具主要用于车床上加工各种回转表面。加工时,主运动为旋转运动,进给运动为直线或曲线运动。根据结构特点和在车床上安装位置的不同,车床夹具可分为下列几种型式:

(1)心轴类车夹具

心轴类车夹具多用于工件以内孔作为主要定位基准,加工外圆柱面的场合。一般心轴以莫氏锥柄与车床主轴锥孔联接,用拉杆拉紧。也有的心轴以两顶尖孔与车床上前后两顶尖配合使用。由鸡心夹头或自动拨盘传递扭矩,带动工件旋转。

(2)卡盘类车夹具

类似于车床上的三爪通用卡盘。卡盘类专用夹具一般都具有定心夹紧作用,所装夹的工件大都是回转体或对称工件,因而这类夹具的结构基本上是对称的。回转时不平衡的影响较小。

(3)花盘类车夹具

这类夹具的夹具体呈圆盘形,在圆盘的端面上固定着定位元件、夹紧元件和其他辅助元件等。在花盘类车夹具上加工的工件一般形状都较复杂,工件多半以圆孔或外圆柱面和与其垂直的端面作为定位基准,沿回转轴线方向夹紧。

(4)角铁式车夹具

角铁式车夹具的主要特点是在夹具体上悬伸一角铁状零件,在其上安装定位元件和夹紧元件。如图 5-64 所示为一典型的角铁式车夹具。工件 6 以两孔在圆柱定位销 2 和削边销 1 上定位,底面直接在夹具体 4 的角铁平面上定位,两螺钉压板分别在两定位销孔旁把工件 6 夹紧。导向套 7 用来引导加工轴孔的刀具,8 是平衡块,用以消除回转时的不平衡。夹具上还设置有轴向定程基面 3,它与圆柱定位销 2 保持确定的轴向距离,以控制刀具的轴向行程。这类夹具主要用于下列几种情况:

①工件主要定位基准面为平面,要求被加工表面的轴线与之平行或成一定角度时;

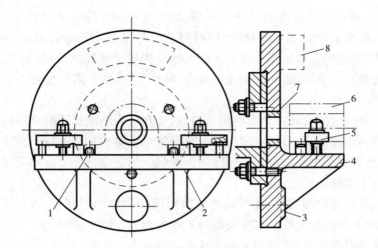

图 5-64　角铁式车夹具

1—削边销；2—圆柱定位销；3—轴向定程基面；4—夹具体；5—压块；6—工件；7—导向套；8—平衡块

②工件主要定位基准为孔或外圆，其轴线与被加工表面轴线垂直或成一定角度时；

③即使工件定位基准面与被加工表面轴线同轴或平行，但由于受工件外形结构、加工精度等的限制不便采用卡盘类或花盘类车夹具，而必须采用 V 形块或半圆孔等元件定位时。

角铁式车夹具一般结构上不对称，故必须配置平衡块，以减少或消除离心力的影响。

（5）安装在床身或拖板上的夹具

对于某些尺寸较大的笨重工件，或形状不规则的工件，常常把夹具安装在车床拖板上，刀具则安装在车床主轴上。此时，刀具作旋转运动，夹具作进给运动。在车床上用靠模法加工回转成型面时，其靠模装置也属于安装在床身上的夹具。

2. 车床夹具的设计要点

1）车床夹具类型的选择

由于各种定心卡盘、顶尖、中心架、跟刀架等通用夹具已标准化和系列化，故在工件结构特点允许和满足定位精度要求的前提下，应优先选择这些通用夹具。对于形状较简单的工件，其主要定位基准面为内孔时，宜选用各种悬伸式心轴或顶尖及小锥度心轴。

当主要定位基准为外圆柱面时，宜选用卡盘类车夹具。

若工件形状较复杂，其定位基准轴线与被加工表面轴线平行且偏离一定距离时，宜选用花盘类车夹具。当定位基准轴线与被加工表面轴线垂直或成一定角度时，宜选用角铁式车夹具。

当受工件形状、定位基准与加工要求等限制，不便采用其他结构的车夹具时，可选用角铁式车夹具。否则，应优先选用其他结构的车夹具。

在工件尺寸较大而笨重，形状不规则或加工成型面等特殊情况下，可考虑将夹具安装在床身上或拖板上。

2）定位装置的设计

车床加工的特点是加工表面为回转表面。设计定位装置时，必须保证工件被加工表面的轴线与车床主轴的回转轴线重合。为此，应以夹具安装基准面为基准，确定各定位元件工作表面的位置。

3）夹紧装置的设计

车床夹具一般随主轴一起作旋转运动。在加工过程中，工件除承受切削扭矩外，还要承受离心力、工件重力和切削力等的作用。转速越高，离心力越大。在加工过程中，工件重力和切削力的方向相对夹紧力的方向可能是不断变化的。因此，在设计夹紧装置时，一方面应充分考虑在上述力作用时的最不利情况下，夹紧装置仍能保证具有足够大的夹紧力，并且为了安全起见，夹紧装置应具有良好的自锁性能；另一方面，又要合理地确定夹紧力的施力方式，以防止过大的夹紧力引起工件的夹紧变形和定位元件的变形。

4）车床夹具与车床主轴的联接

车床夹具与主轴联接的精度对夹具的回转精度有决定性影响。因此，要求夹具的回转轴线与车床主轴轴线的同轴度误差尽可能小。车床夹具与机床主轴的连接如图 5-65 所示。

对于径向尺寸较小的小型夹具，一般通过锥柄安装到车床主轴的莫氏锥孔中，并用通过主轴孔的拉杆将其拉紧，如图 5-65(a)所示。这种安装方法简单可靠，定心精度也较高。当工件很小时，也可不必拉紧，而直接靠锥柄与锥孔间的摩擦力使夹具得到固定。

当工件和夹具的尺寸及质量较大时，一般通过过渡盘将夹具联接到车床主轴上，如图 5-65(b)、(c)所示。

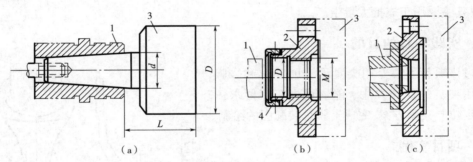

图 5-65　车床夹具与机床主轴的连接

夹具体与过渡盘之间通过端面和止口定位，并用螺钉紧固。止口处的配合一般取 H7/h6 或 H7/js6。过渡盘与主轴联接处的形状取决于所用车床主轴的端部结构。主轴端部的结构及联系尺寸可从有关手册中查得。过渡盘与主轴的联接须有防松装置，以防止停车或倒车时因惯性作用而松开脱落。为了进一步提高定心精度，可在夹具上设置找正孔或找正环，用以在安装夹具时校正夹具与车床主轴回转轴线的同轴度。

5）总体结构设计

在进行车床夹具设计时，还要考虑到如下两点：

(1)平衡与配重

车床夹具，尤其是角铁式车床夹具，常常由于结构上不对称，其重心偏离回转轴线，在加工时会产生方向不断变化的离心力。特别是在高速切削时，离心力很大。这不但会加速主轴与轴承的磨损，增加轴承间隙对加工精度的影响，甚至会产生振动，从而严重影响加工质量和刀具寿命。所以，在设计车床夹具时，应特别注意夹具的平衡问题。一般的方法是在夹具上设置平衡配重块。在不增大夹具轮廓尺寸的前提下，应尽量将平衡块设置在距回转中心较远处，以充分发挥其配重作用和减轻平衡块与整个夹具的总重量。平衡块的重量可通过计算、试验等方法确定。为了达到较好的平衡效果,平衡块的位置应能调节。

为了尽可能使夹具结构自身基本保持平衡,夹具体一般作成圆盘状,夹具上各元件的布置应尽量对称。

(2)结构尺寸与外形轮廓

车床夹具工作时一般在悬伸状态下随主轴一起回转。为了保证加工的稳定性,夹具的结构应力求紧凑,轮廓尺寸要小,悬伸要短,质量要小,且重心尽量靠近主轴。夹具上的定位元件、夹紧装置、其他装置以及工件一般不允许超出夹具体的轮廓。靠近夹具外缘的元件不得有突出的棱角,以保证操作者的安全,必要时应加防护罩。此外,还应充分考虑在加工过程中的测量、排屑和切削液防溅等问题。

5.7　实践项目——专用夹具设计实例

5.7.1　概述

专用夹具是根据工件某一工序的具体加工要求而设计和制造的夹具。利用专用夹具加工工件时,安装迅速、准确,既可保证加工精度,又可提高生产率。但设计和制造专用夹具的费用较高,故其主要用于成批大量生产。

5.7.2　实践项目的目的

通过该项目了解专用夹具设计的要求和步骤,掌握专用夹具的设计方法。能够根据工序要求,正确确定定位与夹紧方案,完成夹紧总装配图的绘制。

5.7.3　项目实例

试设计在成批生产的条件下,在立式钻床上钻削如图 5-66 所示的拨叉零件上 ϕ8.4 mm 螺纹底孔的钻床夹具。

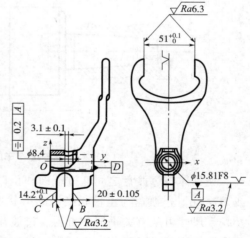

图 5-66　拨叉零件

1. 设计任务的分析

孔 ϕ8.4 mm 为自由尺寸,可一次钻削保证。该孔在中心线方向的设计基准是槽 $14.2_0^{+0.1}$ mm 的对称中心线,要求距离为 3.1 ± 0.1 mm,该尺寸精度通过钻模是完全可以保证的;孔 ϕ8.4 mm 在径向方向的设计基准是孔 ϕ15.81F8 的中心线,其对称度要求是 0.2 mm,使用夹具也可保证。孔 ϕ15.81F8、槽 $14.2_0^{+0.1}$ mm 和拨叉口 $51_0^{+0.1}$ mm 已在前道工序加工完毕,本工序为单一的孔加工,夹具可采用固定式。本工序可在立式钻床 Z525 上加工。

2. 定位基准和定位方案的确定

(1)定位基准的确定

为了保证所钻孔 ϕ8.4 mm 对基准孔 ϕ15.81F8 垂直,并对该孔中心线的对称度符合要求,应当限制工件 $\vec{X}$、$\widehat{X}$ 及 $\widehat{Z}$ 三个自由度;为了保证 ϕ8.4 mm 孔处于拨叉的对称面(z 面)内且不发生扭斜,应当限制 $\overset{\frown}{Y}$ 自由度;为了保证孔对槽的位置尺寸(3.1±0.1)mm,还应当限制 $\vec{Y}$ 自由度。由于所钻孔 $\phi8.4$ mm 为通孔,孔深度方向的自由度 $\vec{Z}$ 可以不限制,因此,本夹具应当限制五个自由度。

定位基准的选择应尽量遵循基准重合原则,并尽量选用精基准定位。工件上孔 $\phi15.81$F8 是已经加工过的孔,并且是孔 $\phi8.4$ mm 的设计基准,按照基准重合原则选择其作为主定位基准,设置四个定位支撑点限制工件的 $\vec{X}$、$\overset{\frown}{X}$、$\vec{Z}$ 及 $\overset{\frown}{Z}$ 四个自由度;以加工过的拨叉槽口 $51_{0}^{+0.1}$ mm 为定位基准,设置一个定位支承点,限制 $\overset{\frown}{Y}$ 自由度;以 $14.2_{0}^{+0.1}$ mm 槽两侧面或端面 D 作为止推定位基准,设置一个定位支承点,限制 $\vec{Y}$ 自由度。这样,工件的 6 个自由度均被限制,满足了工件的定位要求。

(2)定位方案的确定

$\phi15.81$F8 孔采用长圆柱销定位,其配合选为 $\phi15.81\dfrac{F8\left(_{+0.016}^{+0.043}\right)}{h7\left(_{-0.018}^{0}\right)}$;$51_{0}^{+0.1}$ mm 槽面的定位可采用如图 5-67 所示的定位、夹紧方案。在拨叉口的两侧面布置一个大削边销,与长销构成两销定位,其尺寸采用 $51g6\left(_{-0.029}^{-0.010}\right)$。为了限制 $\vec{Y}$ 自由度,可以在 $14.2_{0}^{+0.1}$ mm 槽口两侧面的对称平面设置具有对称结构的定位元件(可伸缩的锥形定位销或带有对称斜面的偏心轮等)定位,此时,定位基准与工序基准完全重合,定位间隙也可以消除。

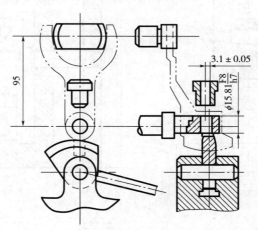

图 5-67 定位、夹紧方案

(3)定位误差分析计算

由于定位基准与工序基础重合,基准不重合误差为 $\Delta_{jb}=0$。影响对称度的定位误差为
$$\Delta_D = D_{max} - d_{min} = \left[(15.81+0.043)-(15.81-0.018) \right] \text{ mm} = 0.061 \text{ mm}$$
工件相应尺寸公差的 1/3 为 $0.2/3 \approx 0.067$ mm,所以 $\Delta_D < 0.2/3$,满足要求。

影响所钻孔在 Z 平面上的角度误差为
$$\Delta_\alpha = \arctan\frac{X_{1max}+X_{2max}}{2L} = \arctan\frac{0.1+0.029+0.043+0.018}{2\times95} = 3'26''$$

工件在任意方向偏转时,角度误差值很小,满足要求。

3. 对刀元件或导向元件的选择和确定

根据前述可知，在 Z525 立式钻床上加工孔 $\phi8.4$ mm，故使钻头位置快速、准确定位的元件为导向件——钻套。为保证所加工孔 $\phi8.4$ mm 中心与槽 $14.2_0^{+0.1}$ mm 的对称中心线距离为 (3.1 ± 0.1) mm，将钻套中心与定位销中心的尺寸定为 (3.1 ± 0.05) mm，如图 5-67 所示。

4. 夹紧方案的确定

当定位心轴水平放置时，在 Z525 立式钻床上钻 $\phi8.4$ mm 孔的钻削力和扭矩均由点位心轴来承担。因此，如图 5-67 所示，工件的夹紧方案是在槽 $14.2_0^{+0.1}$ mm 中采用带对称斜面的偏心轮定位件夹紧，偏心轮转动时，对称斜面楔入槽中，斜面上的向上分力迫使工件中孔 $\phi15.81F8$mm 与定位心轴的下母线紧贴，而轴向分力又使斜面与槽紧贴，使工件在轴向被偏心轮固定，起到了既定位又夹紧的作用。

5. 夹具总图的绘制

按设计步骤，先在各视图部位用双点画线画出工件的外形，然后围绕工件布置定位、夹紧和导向元件，再进一步考虑零件的装卸、各部分结构单元的划分、加工时操作的方便性和结构工艺性的问题，使整个夹具形成一个整体，夹具总图如图 5-68 所示。

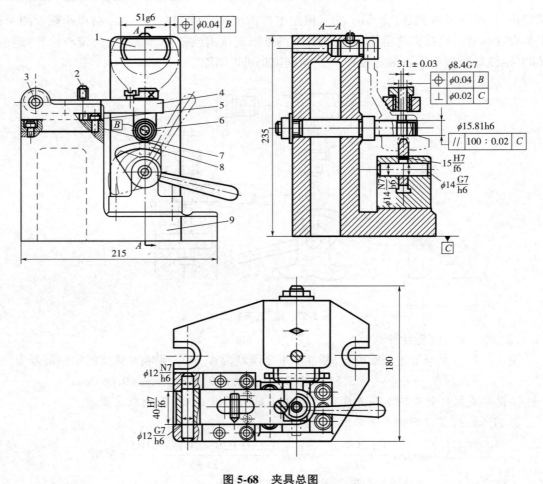

图 5-68 夹具总图

1—防转扁销；2—锁紧螺钉；3—销轴；4—钻模板；5—支承钉；6—定位心轴；7—模板座；8—偏心轮；9—夹具体

思考与练习

一、填空题

5-1　工件装夹包括_____和_____两个过程。

5-2　零件在加工、测量和装配等工艺过程中使用的基准统称为_____。

5-3　从限制自由度与加工要求的关系分析,工件在夹具中的定位有:不完全定位、_____、_____、欠定位和_____。

5-4　机床夹具的定位误差包括_____和_____两种。

5-5　斜楔夹紧机构的自锁条件是_____。

二、简答题

5-6　机床夹具由哪几部分组成?各起何作用?

5-7　什么是六点定位原理?何谓完全定位、不完全定位?

5-8　为什么不允许出现欠定位?如何正确处理过定位?

5-9　自位支承和辅助支承有何不同?各起何作用?

5-10　常用的定位方式、定位元件有哪些?如何选用?

5-11　什么是定位误差?什么是基准不重合误差?什么是基准位移误差?

5-12　采用一面两销定位时,为什么其中一个应为削边销?削边销的安装方向如何确定?

5-13　夹紧装置由哪几部分组成?常用的夹紧装置有哪些?

5-14　设计夹紧装置时应注意哪些问题?如何正确施加夹紧力?

5-15　设计专用机床夹具的步骤有哪些?应注意哪些问题?

三、分析题

5-16　试分析如图 5-69 中定位元件所限制的自由度,判断有无欠定位或过定位,并对方案中存在的不合理处提出改进意见。

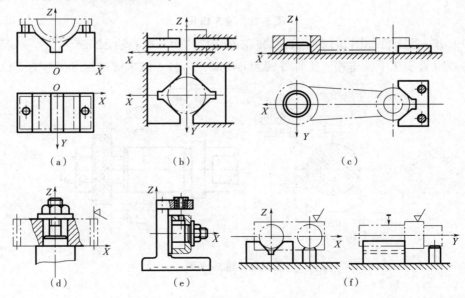

图 5-69　题 5-16 图

5-17 试分析如图 5-70 所示零件加工所必须限制的自由度;选择定位基准和定位元件,并在图中示意画出。图 5-70(a) 所示为在小轴上铣槽,要求保证尺寸 H 和 L;图 5-70(b) 所示为在支座零件上加工两个孔,保证尺寸 A 和 H。

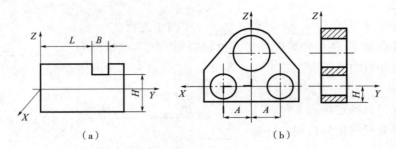

图 5-70 题 5-17 图

四、计算题

5-18 有一批如图 5-71 所示的工件,除 A、B 处台阶面外,其余各表面均已加工合格。现用图 5-71(b) 所示的夹具方案定位铣削 A、B 台阶面,保证 (30 ± 0.01) mm 和 (60 ± 0.06) mm 两个尺寸。试分析计算定位误差。

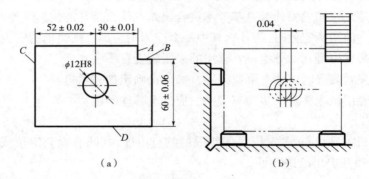

图 5-71 题 5-18 图

5-19 有一批工件如图 5-72 所示,以圆孔 $\phi20H7(^{+0.021}_{0})$ 在心轴 $\phi20g6(^{-0.007}_{-0.020})$ 上定位,通过顶尖安装在立式铣床上铣键槽。工件外圆为 $\phi40h6(^{0}_{-0.016})$。试求键槽深度尺寸的定位误差。

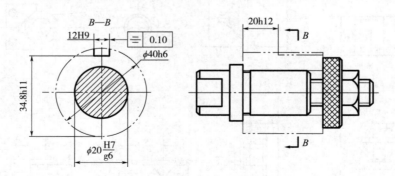

图 5-72 题 5-19 图

5-20　采用如图 5-73 所示的定位方式在阶梯轴上铣槽,V 形块的夹角为 90°。试计算加工尺寸(74±0.1)mm 的定位误差。

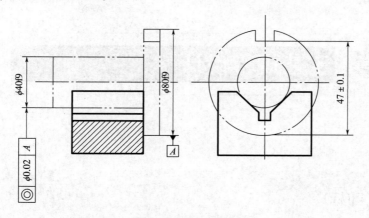

图 5-73　题 5-20 图

第6章 工艺规程设计

导入案例 工艺规程设计的变革

工艺规程设计也称工艺过程设计,它是工厂工艺部门的一项经常性的技术工作,也是生产准备工作的第一步。工艺设计是连接产品设计和生产制造的重要纽带,它对组织生产、保证产品质量、提高生产率、降低成本、缩短生产周期、改善劳动条件都有着直接的影响。没有正确、合理的工艺设计就不可能经济而有效地将设计蓝图变成合格产品。因此,工艺规程设计对企业生产影响极大。

常规工艺设计按人工方式逐件设计企业的自制零件,人工方式和逐件设计是它的两大特点。也正是这两大特点,给多品种、小批量生产的工艺设计带来严重的影响。在多品种生产条件下,采用手工方式逐件设计产品自制零件的工艺过程,是一项繁重的重复劳动,其工作量极大,效率也低。并且,随着产品的不断更新和品种不断增加,这种现象还会加剧,企业工艺部门的技术人员难于应付这些日益繁重的新产品工艺技术准备工作。

如何解决常规工艺设计存在的问题?计算机技术的发展及其在机械制造领域中的广泛应用,为常规工艺过程设计提供了理想的解决方案。计算机辅助工艺设计是指借助于计算机软硬件技术和支持环境,利用计算机的数值计算、逻辑判断和推理等功能来设计零件机械加工工艺过程。利用计算机辅助工艺过程设计实现工艺设计的标准化和自动化是解决常规工艺设计存在的问题的有效途径。

6.1　基本概念

6.1.1　生产过程和工艺过程

1. 生产过程

制造机械产品时,将原材料转变为产品的各相关劳动过程的总和,称为生产过程。生产过程主要包括以下内容:

(1)生产技术准备过程

产品在正式投入生产前所进行的一系列准备工作过程。这一过程主要包括工艺设计、专用工艺装备的设计和制造、工时定额的制订、生产资料的准备以及生产组织的调整等。

(2)毛坯制造过程

如铸造、锻造、冲压和焊接等。

(3)零件加工过程

如机械加工、热处理和其他表面处理等。

(4)产品装配过程

如组件、部件装配、整机装配和调试等。

(5)生产服务过程

与机器生产有关的各种生产服务活动,如原材料、半成品和工具的保管与收发、厂内外的运输和产品的包装发运等。

生产过程的概念,可以是整台机器的制造过程,也可以是某一部件或某一零件的制造过程。

2. 工艺过程

工艺过程是指那些改变原材料的形状、尺寸、性质和相互位置关系,使其变为成品的那部分生产过程。工艺过程可具体分为铸造、锻造、冲压、焊接、机械加工、热处理、电镀、装配等工艺过程。

机械加工工艺过程是指采用机械加工的方法,直接改变毛坯的形状、尺寸和表面质量,使其变为成品的工艺过程。

6.1.2　机械加工工艺系统

由金属切削机床、刀具、夹具和工件四个要素所组成的系统称为机械加工工艺系统。机械加工工艺过程是在机械加工工艺系统中进行和完成的。工件是加工对象,夹具用来保持工件在加工中具有正确的位置,刀具实现切削,机床保证工件和刀具间具有正确的相对运动及提供切削动力。它们彼此关联,相互影响。研究工艺系统的目的是在确定的生产条件下,保证机械加工质量并使其具有较高的生产率和较低的加工成本。研究机械加工工艺过程就是要从整体出发,综合分析机械加工工艺系统的各个方面,以实现最佳的工艺方案。

6.1.3　机械加工工艺过程及其组成

在机械加工工艺过程中,根据实际生产条件和被加工零件的工艺特点与技术要求,通常需要采用各种不同的加工方法和设备,经过一系列的加工步骤才能将毛坯变成成品。通常来说,机械加工工艺过程是由一个或若干个顺序排列的工序组成的,而每一个工序又可分为若干个安装、工位、工步及走刀等。

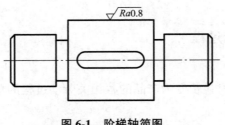

图 6-1 阶梯轴简图

1. 工序

工序是指一个(或一组)操作者,在一台设备(或工作地点)上,对一个或同时对几个工件所连续完成的那一部分工艺过程。

划分工序的依据是设备(或工作地点)是否变更及工艺过程是否连续。连续性是指工序内对一个工件的加工内容必须连续完成,否则即构成另一工序。例如图 6-1 所示的阶梯轴简图,当单件小批生产时,其加工工艺过程见表 6-1。当中批生产时,其加工工艺过程见表 6-2。

工序是工艺过程的基本单元,也是生产计划和成本核算的基本单元。

表 6-1 阶梯轴加工工艺过程(单件小批生产)

工序号	工序内容	设　备
1	车端面、钻中心孔、车全部外圆、车槽与倒角	普通车床
2	铣键槽、去毛刺	立式铣床
3	磨外圆	外圆磨床

表 6-2 阶梯轴加工工艺过程(中批生产)

工序号	工序内容	设　备
1	铣端面、钻中心孔	铣端面钻中心孔机床
2	车外圆、车槽与倒角	普通车床
3	铣键槽	立式铣床
4	去毛刺	钳工台
5	磨外圆	外圆磨床

2. 工步与走刀

为便于分析和描述比较复杂的工序,更好地组织生产和计算工时,工序还可以进一步划分为工步。工步是指加工表面、加工工具及切削用量中的切削速度和进给量均不变的条件下所完成的那部分工艺过程。一个工序可以包括几个工步,也可以只包括一个工步。例如表 6-2 中,工序 2 包括车各外圆表面、车槽及倒角等多个工步,而工序 3 只包括铣键槽一个工步。

构成工步的任一因素(如加工表面、加工工具等)改变后,就构成另外一个工步。但是,对于一次安装中连续进行的若干个相同的工步,通常算作一个工步。如图 6-2 所示加工四个相同表面的工步,用一把钻头连续钻削四个 $\phi20$ 的孔,可写成一个工步——钻 $4\times\phi20$ 孔。

在生产实践中,有时为提高生产效率,可用几把不同刀具或复合刀具同时加工一个零件的几个表面,这可看作是一个工步,称为复合工步,如图 6-3 所示。

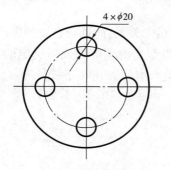

图 6-2　加工四个相同表面的工步

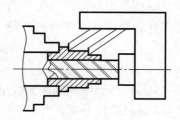

图 6-3　复合工步

在一个工步内,若被加工表面的加工余量较大,需要分几次切削,则每进行一次切削就称为一次走刀。一个工步可包括一次或几次走刀。

3. 安装

工件在加工之前,在机床或夹具上预先占据一个正确的位置(定位),然后再予以夹紧的过程称为装夹。工件经一次装夹后所完成的那部分工序内容的过程称为一次安装。在一道工序中,工件可能只装夹一次,也可能装夹几次。安装次数较多时,既增加安装误差,又会增加装夹的辅助时间,因此加工中应尽可能减少安装次数。

4. 工位

为减少工序中的装夹次数,常采用各种移动或转动工作台、回转夹具或移位夹具,使工件在一次安装中可先后在机床上占有不同的位置以保证加工的连续进行。为了完成一定的工序内容,一次装夹工件后,工件与夹具或设备的可动部分相对刀具或设备的固定部分所占据的每一个位置称为工位。如图 6-4 所示为多工位加工,在三轴钻床上利用回转工作台在一次安装中可连续完成每个工件的装卸、钻孔、扩孔和铰孔四个工位的加工。

采用多工位加工,可以提高生产率和保证加工表面间的相互位置精度。

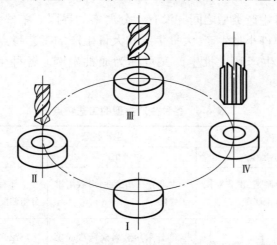

图 6-4　多工位加工

工位 I —装卸工件;工位 II —钻孔;工位 III —扩孔;工位 IV —铰孔

6.1.4　生产纲领与生产类型

机械产品的制造过程不仅与产品的结构、技术要求有很大关系,而且与企业的生产类型也密切相关。生产类型是指产品生产的专业化程度。生产类型是由生产纲领所决定的,生产纲领是企业在计划期内产品零件的产量。计划期为一年的生产纲领 N 可按下式计算:

$$N = Qn(1 + a\% + b\%) \tag{6-1}$$

式中　Q——产品的年产量;

　　　n——每台产品中该零件的数量;

　　　$a\%$——备品的百分率;

　　　$b\%$——废品的百分率。

生产纲领与生产类型的关系见表 6-3。

产品的用途不同,决定了其市场需求量的大小,因此形成了不同的生产类型。如家电产品的市场需求量可能是几千万台,而专用机床、大型船舶等的需求则往往只是单件。生产类型决定了机械加工过程的专业化和自动化的程度,也决定了所应选用的加工工艺方法和工艺装备。

表 6-3　生产纲领与生产类型的关系

生产类型	零件年生产纲领(件/年)		
	重型零件	中型零件	小型零件
单件生产	≤5	≤20	≤100
小批生产	>5~100	>20~200	>100~500
中批生产	>100~300	>200~500	>500~5 000
大批生产	>300~1 000	>500~5 000	>5 000~50 000
大量生产	>1 000	>5 000	>50 000

在一定的范围内,各生产类型之间并没有十分严格的界限。单件生产和小批生产的工艺特点相近,一般合称为单件小批生产,大批生产和大量生产的工艺特点相近,一般合称为大批量生产,小批生产、中批生产和大批生产又可称为成批生产。各种生产类型的工艺特点见表 6-4。

表 6-4　各种生产类型的工艺特点

工艺特点	生产类型		
	单件小批生产	中批生产	大批量生产
零件的互换性	一般是配对制造,没有互换性广泛采用钳工修配	大部分有互换性,少数用钳工修配	全部有互换性,精度高的配合件用分组装配法和调整法
毛坯的制造方法及加工余量	木模手工造型或自由锻。毛坯精度低,加工余量大	部分采用金属模铸造或模锻。毛坯精度和加工余量中等	广泛采用金属模机器造型、模锻及其他高效方法。毛坯精度高,加工余量小

续上表

工艺特点	生产类型		
	单件小批生产	中批生产	大批量生产
机床设备及其布置形式	通用机床按机群式排列,部分采用数控机床或加工中心	部分通用机床和高效机床、数控机床、加工中心,按零件类别分段排列	广泛采用高效自动机床、专用机床、数控机床,按自动线和流水线排列
工艺装备	通用夹具、标准附件、通用刀具和万能量具。靠划线和试切法达到精度要求	广泛采用专用及成组夹具、专用刀具及量具,调整法达到精度要求	高效专用夹具、复合刀具、专用量具、自动检测装置,调整法及自动控制达到精度要求
对操作者的要求	需要技术熟练的操作者	需要一定技术水平的操作者	对操作者的技术要求较低,对调整人员的技术水平要求较高
工艺文件	有简单的工艺过程卡,关键工序有工序卡	有详细的工艺规程,关键零件有工序卡	有详细的工艺规程和工序卡,关键工序有调整卡、检验卡

6.2 工艺规程的制订原则和步骤

工艺规程是规定产品或零部件制造工艺过程和操作方法的工艺文件。它是在具体的生产条件下,把较为合理的工艺过程和操作方法,按规定的形式书写成工艺文件,经审批后用来指导生产。

6.2.1 工艺规程的作用

工艺规程一般包括的内容有:零件加工的工艺路线、各工序的具体加工内容、切削用量、时间定额以及所采用的设备和工艺装备等。因此,工艺规程具有以下几个方面的作用:

1. 工艺规程是指导生产的主要技术文件

合理的工艺规程是在总结广大操作工人和技术人员的实践经验基础上,依据工艺理论和必要的工艺试验,结合具体的生产条件制定的,并在实践过程中不断地加以改进和完善。按照工艺规程进行生产,可以稳定地保证产品质量并获得较高的生产率和经济效益。因此,生产中应严格地执行既定的工艺规程。但是,工艺规程也不是固定不变的,它可根据生产实际情况进行修订,但修订时必须要有严格的审批手续。

2. 工艺规程是生产组织和生产管理工作的依据

从工艺规程所涉及的内容可以看出,在生产组织和管理中,产品投产前原材料及毛坯的供应、通用工艺装备的准备、机床负荷的调整、专用工艺装备的设计和制造、生产计划的制定、劳动力的组织以及生产成本的核算等,都是以工艺规程作为基本依据的。

3. 工艺规程是新建、扩建或改建工厂及车间的基本资料

在新建、扩建或改建工厂及车间时,只有根据工艺规程和生产纲领才能正确地确定生产所需的机床和其他设备的种类、规格和数量,车间的面积,机床的布置,生产工人的工种、技术等级及数量以及辅助部门的安排等。

6.2.2　工艺规程的格式

将工艺规程的内容,填入一定格式的卡片,即成为生产准备和施工依据的工艺文件。目前,各生产厂家大都根据零件的复杂程度和自己的生产特点自行确定工艺文件。在生产现场,常见的有以下几种工艺文件:

1. 工艺过程综合卡片

工艺过程综合卡片主要列出了整个零件加工所经过的工艺路线(包括毛坯、机械加工和热处理等)。它是制定其他工艺文件的基础,也是生产技术准备、编制作业计划和组织生产的依据。该种卡片由于各工序的说明不是十分具体,故一般不能直接用于指导操作,而多作为生产管理方面使用。在单件小批生产中,通常不编制其他较详细的工艺文件,而只以这种卡片指导生产,此时这种卡片应编制地比较详细。工艺过程综合卡片的常用格式见表6-5。

2. 机械加工工艺卡片

机械加工工艺卡片是以工序为单位详细说明整个工艺过程的工艺文件。这种卡片用来指导操作者进行生产和帮助技术人员掌握整个零件的加工过程,被广泛用于成批生产的零件和小批生产中的重要零件。工艺卡片内容包括零件的工艺特性、毛坯性质、各道工序的具体内容及加工要求等,机械加工工艺卡片的常用格式见表6-6。

3. 机械加工工序卡片

机械加工工序卡片是用来具体指导操作者进行操作的一种工艺文件。它是依据工艺卡片为每一道工序制订的,多用于大批量生产的零件和成批生产中的重要零件。工序卡片中详细记载了该工序加工所必须的工艺资料,如定位基准的选择、工件的安装方法、工序尺寸及公差以及机床、刀具、量具、切削用量的选择和工时定额等,机械加工工序卡片的常用格式见表6-7。

6.2.3　工艺规程的制订原则

工艺规程的设计原则是:优质、高产、低成本。即在保证产品质量的前提下,以最少的劳动量和最低的成本,在规定的时间内,可靠地加工出符合图样及技术要求的零件。在设计工艺规程时,应注意以下问题:

1. 技术上的先进性

在进行工艺规程设计时,要全面了解国内外本行业工艺技术的发展水平,积极采纳适用的先进工艺和装备,使所设计的工艺规程在一定时间内保持相对的稳定性和先进性,而不至于经常作大的修改和变动。

2. 经济上的合理性

在采用高生产率的设备与工艺装备时要注意与生产纲领相适应。对于在一定条件下可能会出现的几种能够保证零件技术要求的工艺方案,应进行经济性分析和对比,从中选出最经济合理的方案。

3. 良好的劳动条件

设计工艺规程时要注意保证生产安全,尽量减轻操作者的劳动强度,避免环境污染。在工艺方案上可注意采用机械化或自动化措施,将操作者从一些繁重的体力劳动中解放出来。

表 6-5　工艺过程综合卡片的常用格式

工厂名	工艺过程综合卡片	产品名称及型号		零件名称		零件图号		第　页 共　页
		材料	名称	毛坯	种类	零件重量（kg）	毛重	
			牌号		尺寸		净重	
			性能	每料件数		每台件数	每批件数	
工序号	工序内容	加工车间	设备名称及编号	工艺装备名称及编号			技术等级	时间定额/min
				夹具	刀具	量具		单件　准备-终结
更改内容								
编制	抄写	校对	审核	批准				

表6-6 机械加工工艺卡片的常用格式

工厂名	机械加工工艺卡片	产品名称及型号		零件名称		零件图号		第 页 共 页
		材料	名称	种类		毛量		
			牌号	尺寸		净重		
			性能	毛坯 零件重量（kg）			技术等级	工时定额/min
工序	安装	工步	同时加工零件数	工序内容	设备名称及编号	每料件数 每台件数	每批件数	单件 准备－终结
						工艺装备名称及编号		
						夹具	刀具	量具
					切削用量 切削深度/mm 切削速度（m/min） 每分钟转数（r/min） 进给量（mm/r）			
更改内容								
编制	抄写	校对	审核	批准				

196

表 6-7　机械加工工序卡片的常用格式

工厂名	机械加工工序卡片	产品名称及型号	零件名称	零件图号	工序名称	工序号	第　页 共　页
			车间	工 段	材料名称	材料牌号	机械性能
			同时加工件数	每料件数	技术等级	单件时间/min	准备－终结时间/min
			设备名称	设备编号	夹具名称	夹具编号	冷却液

(工序简图)

更改内容

工步号	工步内容	计算数据/mm			走刀次数	切削用量				工时定额/min			刀具量具及辅助工具			
		直径或长度	走刀长度	单边余量		切削深度/mm	进给量 (mm/r) 或 (mm/min)	每分钟转数或 (r/min) (2L/min)	切削速度 (m/min)	基本时间	辅助时间	工作地点服务时间	工具号	名称	规格	编号	数量

编制	抄写	校对	审核	批准

机械制造技术基础

6.2.4 制订工艺规程的步骤和所需的原始资料

1. 制订工艺规程所需的原始资料

制订工艺规程时通常需要下列原始资料：

①产品的全套装配图和零件工作图；

②产品验收的质量标准；

③产品的生产纲领；

④毛坯资料,包括各种毛坯制造方法的技术经济特征,各种钢型材的品种和规格,毛坯图等;在无毛坯图的情况下,须实地了解毛坯的形状、尺寸及机械性能等；

⑤现场的生产条件,要了解毛坯的生产能力及技术水平,加工设备和工艺装备的规格及性能,操作者的技术水平以及专用设备及工艺装备的制造能力等；

⑥工艺规程设计时应尽可能多地了解国内外相应生产技术的发展情况,同时还要结合本厂实际,合理地引进、采用新技术、新工艺；

⑦有关的工艺手册及图册。

2. 制订工艺规程的步骤

制订零件机械加工工艺规程的主要步骤大致如下：

①分析零件图和产品装配图；

②确定毛坯；

③拟定工艺路线；

④确定各工序尺寸及公差；

⑤确定各工序的设备、刀夹量具和辅助工具；

⑥确定切削用量和工时定额；

⑦确定各主要工序的技术要求及检验方法；

⑧填写工艺文件。

6.3 零件图的分析与毛坯的选择

6.3.1 零件的工艺分析

设计工艺规程时,首先应分析产品的零件图和所在部件的装配图,以熟悉产品的用途、性能及工作条件,并找出其主要的技术要求和规定,然后对零件图进行工艺分析。工艺分析主要包括以下两个方面的内容：

1. 零件技术要求的分析审查

零件的技术要求包括以下几个方面的内容：

①加工表面的尺寸精度；

②主要加工表面的形状精度；

③主要加工表面之间的相互位置精度；

④各加工表面粗糙度以及表面质量方面的其他要求；

⑤热处理要求及其他技术要求。

198

对零件图具体的技术要求分析内容有：

零件的视图、尺寸、公差和技术要求等是否齐全,全面了解零件的各项技术要求,找出其中主要技术要求和加工关键部位,以便制订相应的加工工艺。

零件图所规定的加工要求是否合理,对不合理的要求会同有关设计人员重新修订。

零件的选材是否恰当,热处理要求是否合理。

2. 零件的结构及其工艺性分析

对零件的结构分析主要注意以下问题：

①机械零件的结构,由于使用要求不同而具有各种形状和尺寸。但是,如果从形体上加以分析,各种零件都是由一些基本表面和成形表面组成的。基本表面有内、外圆柱表面,圆锥表面和平面等;成形表面主要有螺旋面、渐开线齿形表面及其他一些成形表面等。在研究具体零件的结构特点时,首先要分析该零件是由哪些表面组成的,因为表面形状是选择加工方法的基本因素。例如,外圆表面一般是由车削和磨削加工出来的;内孔则多通过钻、扩、铰、拉、镗和磨削等加工方法获得。除表面形状外,尺寸对工艺也有重要的影响。以内孔为例,大孔与小孔,深孔与浅孔在工艺上均有不同的加工特点。

②在分析零件的结构时,不仅要注意零件的各个构成表面本身的特征,而且还要注意这些表面的不同组合,正是这些不同的组合才形成零件结构上的特点。例如以内外圆为主的表面,既可组成轴类、盘类零件,也可组成套筒类零件。对于套筒类零件,既可以是一般的轴套,也可以是形状复杂或刚性很差的薄壁套筒。显然,上述不同结构的零件在工艺上往往有着较大的差异。在机械制造中,通常按照零件结构和加工工艺过程的相似性,将各种零件大致分为轴类零件、套筒类零件、盘环类零件、叉架类零件以及箱体等。

另外,特别要注意分析零件的刚度情况,对刚度特别薄弱的部位,在加工时要注意采取相应的工艺措施以防止受力变形。同时还要注意分析零件刚度的方向,例如套筒类零件的轴向刚度大于径向刚度,所以夹紧时常将径向夹紧改为轴向夹紧。

③在研究零件的结构时,还要注意审查零件的结构工艺性。零件的结构工艺性是指零件的结构在保证使用要求的前提下,是否能以较高的生产率和较低的成本方便地制造出来的特性。使用性能完全相同的两个零件,它们的制造方法和制造成本可能有很大的差别。在进行零件的结构分析时应考虑到加工时的装夹、对刀、测量、切削效率等。结构工艺性不好会使加工困难,浪费工时,浪费材料,甚至无法加工。

6.3.2 毛坯的选择

毛坯是根据零件所要求的形状、工艺尺寸等而制成的供进一步加工用的生产对象。毛坯的种类、形状、尺寸及精度等对机械加工工艺过程、产品质量、材料消耗和生产成本有着直接影响。因此,在设计工艺规程时必须正确地选择毛坯的种类和确定毛坯的形状。

1. 毛坯种类的选择

机械加工中常用的毛坯种类有:铸件、锻件、焊接件、型材、冲压件、粉末冶金件和工程塑料件等。通常根据零件的材料和对材料力学性能的要求,零件结构形状和尺寸大小,零件的生产纲领和现场生产条件以及利用新工艺、新技术的可能性等因素,来确定毛坯的种类。机械制造业常用毛坯种类及特点见表6-8。

表 6-8　机械制造业常用毛坯种类及特点

毛坯种类	毛坯制造方法	材　料	形　状复杂性	公差等级（IT）	特点及适应的生产类型	
型材	热轧	钢、有色金属（棒、管、板、异形等）	简单	11~12	常用作轴、套类零件及焊接毛坯分件,冷轧坯尺寸精度高但价格昂贵,多用于自动机	
	冷轧（拉）			9~10		
铸件	木模手工造型	铸铁、铸钢和有色金属	复杂	12~14	单件小批生产	铸造毛坯可获得复杂形状,其中灰铸铁因其成本低廉,耐磨性和吸振性好而广泛用作机架、箱体类零件毛坯
	木模机器造型			~12	成批生产	
	金属模机器造型			~12	大批大量生产	
	离心铸造	有色金属、部分黑色金属	回转体	12~14	成批或大批大量生产	
	压铸	有色金属	可复杂	9~10	大批大量生产	
	熔模铸造	铸钢、铸铁	复杂	10~11	成批以上生产	
	失蜡铸造	铸铁、有色金属		9~10	大批大量生产	
锻件	自由锻造	钢	简单	12~14	单件小批生产	金相组织纤维化且走向合理,零件机械强度高
	模锻		较复杂	11~12	大批大量生产	
	精密模锻			10~11		
冲压件	板料加压	钢、有色金属	较复杂	8~9	适用于大批大量生产	
粉末冶金件	粉末冶金	铁、铜、铝基材料	较复杂	7~8	机械加工余量极小或无机械加工余量,适用于大批大量生产	
	粉末冶金热模锻			6~7		
焊接件	普通焊接	铁、铜、铝基材料	较复杂	12~13	用于单件小批或成批生产,因其生产周期短、不需准备模具、刚性好及材料省而常用以代替铸件	
	精密焊接			10~11		
工程塑料件	注射成型吹塑成型精密模压	工程塑料	复杂	9~10	适用于大批大量生产	

2. 确定毛坯的形状和尺寸

现代机械制造发展的趋势之一是精化毛坯,使其形状和尺寸尽量与零件接近,从而进行少切屑加工甚至无屑加工。但由于毛坯制造技术和成本的限制,产品零件的加工精度和表面质量的要求越来越高,所以毛坯的某些表面仍需留有一定的加工余量,以便通过机械加工达到零件的技术要求。毛坯制造尺寸与零件相应尺寸的差值称为毛坯加工余量,毛坯制造尺寸的公差称为毛坯公差,二者都与毛坯的制造方法有关,在生产实践中可参阅有关的工艺手册来选取。毛坯的加工余量确定后,其形状和尺寸的确定,还要考虑到毛坯制造、机械加工及热处理等工艺因素的影响。下面仅从机械加工工艺角度来分析在确定毛坯形状和尺寸时应注意的几个问题:

①为使加工时工件安装稳定,便于装夹,有些铸件毛坯需要铸出工艺搭子,工艺搭子一般在零件加工后再行切除。

②为了保证零件的加工质量和加工方便,常将一些零件先做成一个整体毛坯,加工到一定阶

段后再切割分离。对于半圆形的零件一般应合并成一个整圆的毛坯;对于一些小的、薄的零件(如轴套、垫圈和螺母等),可以将若干个零件合成一件毛坯,待加工到一定阶段后再切割分离。如车床进给系统中的开合螺母外壳,就是将其毛坯做成整体,待加工到一定阶段后再切割分离。

6.4　定位基准的选择

定位基准有粗基准与精基准之分。在加工的起始工序中,只能用毛坯上未经加工的表面作定位基准,则该表面称为粗基准。利用已经加工过的表面作为定位基准,称为精基准。

6.4.1　精基准的选择

选择精基准主要考虑应可靠地保证主要加工表面间的相互位置精度并使工件装夹方便、准确、稳定、可靠。因此,选择精基准时一般应遵循以下原则:

1. 基准重合原则

为了能较好地满足加工表面对其设计基准的相对位置精度要求,应选择加工表面的设计基准作为定位基准,这一原则称为基准重合原则。采用基准重合原则,可以直接保证设计精度,避免产生基准不重合误差。如图 6-5 所示为定位基准的选择,在该零件中,A 面是 B 面的设计基准,B 面是 C 面的设计基准。在用调整法加工 B 面和 C 面时,先以 A 面定位加工 B 面,符合基准重合原则。在加工 C 面时,有两种不同的工艺方案可供选择:

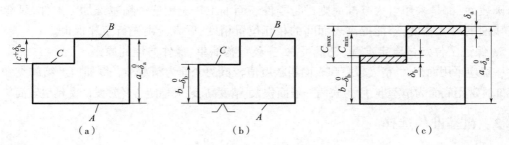

图 6-5　定位基准的选择

第一种方案是以 B 面定位加工 C 面,直接保证尺寸 c。此时定位基准与设计基准重合,影响加工精度的只有本工序的加工误差,因此只要把此误差控制在 δ_c 范围以内,就可以保证加工精度要求。但这种方案定位不方便且不稳固。

第二种方案是以 A 面定位加工 C 面,直接保证尺寸 b。这时定位基准与设计基准不重合,设计尺寸 c 是由尺寸 a 和尺寸 b 间接得到的,它取决于尺寸 a 和 b 的加工精度。影响尺寸 c 的精度,除了本工序的加工误差 δ_b 以外,还与前工序加工尺寸 a 的加工误差 δ_a 有关。因此,要保证尺寸 c 的精度,必须控制尺寸 b 和 a 的加工误差,使两者之和不超过 δ_c,即 $\delta_b+\delta_a \leqslant \delta_c$。其中,误差 δ_a 是由于定位基准与设计基准不重合引起的,称为基准不重合误差,其数值等于定位基准与设计基准之间位置尺寸的公差。因此采用这种方案时,虽然定位比较方便,但增加了本工序的加工难度。因此在选择定位基准时,尤其当加工精度要求较高,工艺保证有困难时应考虑采用基准重合原则,即选择设计基准作为定位基准。应当指出,基准重合原则对于保证表面间的相互位置精度(如平行度、垂直度、同轴度等)亦完全适用。

2. 基准统一原则

当工件以某一组精基准定位可以比较方便地加工其他各表面时,则应尽可能在多数工序中采用此组精基准定位,这就是基准统一原则。采用基准统一原则可使各个工序所用的夹具统一,可减少设计和制造夹具的时间和费用,提高生产率。另外,多数表面采用同一组定位基准进行加工,还可避免因基准转换过多而带来的误差,有利于保证各加工表面之间的相互位置精度。例如,轴类零件加工时多数工序都采用两个顶尖孔作为定位基准;齿轮加工中大部分工序以基准端面及内孔作为定位基准;箱体类零件加工过程中大多数工序采用"一面两孔"作为定位基准。

3. 互为基准原则

有时在零件的加工过程中,为了获得均匀的加工余量及较高的相互位置精度,可采用互为基准、反复加工的原则。如加工精密齿轮时,高频淬火后齿面淬硬,然后磨齿,因齿面的淬硬层较薄,所以磨削余量应小而均匀,这样就得先以齿形分度圆为基准磨内孔,再以内孔为基准磨齿形面,以保证齿面余量均匀,且孔与齿面间的相互位置精度也高。再如加工套筒类零件,当内、外圆柱表面的同轴度要求较高时,可先以内孔定位加工外圆,再以外圆定位加工内孔,反复加工几次就可大大提高同轴度。

4. 自为基准原则

当精加工或光整加工工序要求余量小而均匀时,可选择加工表面本身为精基准,以保证加工质量和提高生产率。如磨削车床床身导轨面时,为了保证导轨面上耐磨层厚度的均匀性,可以导轨面自身找正定位来进行磨削。浮动镗刀镗孔、圆拉刀拉孔、珩磨及无心磨床磨轴类零件的外圆表面,都是采用自为基准原则进行零件表面加工。应用这种精基准加工工件,只能提高加工表面的尺寸精度,不能提高表面间的相互位置精度,后者应由先行工序保证。

5. 保证工件定位稳定准确、夹紧可靠,夹具结构简单、操作方便的原则

一般应采用面积大、精度较高和表面粗糙度值较低的表面为精基准。例如加工箱体类和支架类零件时常用底面为精基准,因为底面一般面积大、精度高、装夹稳定、方便,设计夹具也较简单。

6.4.2 粗基准的选择

选择粗基准,主要是为了可靠方便地加工出精基准来。具体选择时主要考虑以下原则:

① 为了保证不加工表面与加工表面之间的相互位置关系(壁厚均匀、对称、间隙大小等),应首先选择不加工表面作粗基准,若零件上有多个不加工表面时,则应选择其中与加工面相对位置精度要求较高的不加工面作为粗基准。如图 6-6 所示为套筒法兰零件粗基准的选择,若选不需要加工

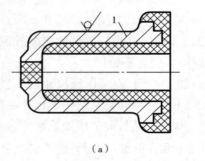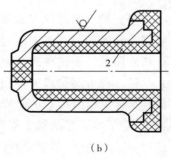

图 6-6 套筒法兰零件粗基准的选择

的外圆毛面 1 作粗基面定位,如图 6-6(a)所示,此时虽然镗孔时切去的余量不均匀,但可获得与外圆具有较高同轴度的内孔,壁厚均匀、外形对称;若选用需要加工的内孔毛面 2 定位,如图 6-6(b)所示,则结果相反,切去的余量比较均匀,但零件壁厚不均匀。

②为了使定位稳定、可靠，夹具结构简单，操作方便，作为粗基准的表面应尽可能平整光洁，且有足够大的尺寸，无浇口、冒口或飞边、毛刺等缺陷，不应是分型面，必要时，应对毛坯加工提出修光打磨的要求。

③对于具有多个加工表面的工件，在选择粗基准时，应考虑合理地分配各表面的加工余量。

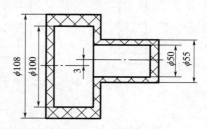

图 6-7　阶梯轴粗基准的选择

（a）应保证各加工表面有足够的加工余量。为满足这个要求，应选择毛坯余量最小的表面作粗基准。如图 6-7 所示为阶梯轴粗基准的选择，$\phi108$ 外圆表面的余量（8 mm）比 $\phi55$ 外圆表面（5 mm）大，此时应选择 $\phi55$ 外圆表面作粗准，否则有可能造成该加工表面的余量不足。

（b）对于某些重要表面（如机床导轨和重要孔等），为了尽可能使其加工余量均匀，应选择该重要表面本身作粗准。如对于车床床身零件而言，导轨面是其重要表面，要求硬度高且金相组织均匀，希望加工时只切去一小层均匀的余量，使其表面保留均匀致密的金相组织，具有较高且一致的物理力学性能，以增加导轨的耐磨性。因此，加工时应选导轨面作为粗基准加工床腿底面，然后以床腿底面为精基准再加工导轨平面。如图 6-8 所示为床身加工粗基准的两种方案比较。对于如图 6-8(a) 所示方案，可保证在加工导轨面时余量均匀而小。反之，对于如图 6-8(b) 所示方案，选用床脚底平面为粗基准，必将导致导轨面的加工余量大而不均匀，从而会降低导轨面的耐磨性。

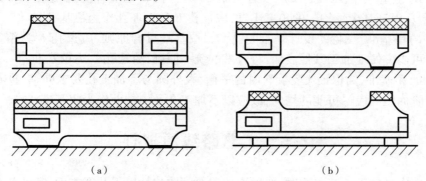

（a）　　　　　　　　　　　　　　　（b）

图 6-8　床身加工粗基准的两种方案比较

④同一方向上的粗基准原则上只允许有效使用一次。因为粗基准本身都是未经加工的表面，精度低，表面粗糙度大，在不同工序中重复使用同一尺寸方向上的粗基准，则不能保证被加工表面之间的相互位置精度。

应该指出，上述粗、精基准的选择原则，只说明了某一方面的问题。在实际应用中，常常不能同时兼顾，有时还会出现相互矛盾的情况。这就要求实际选择时应根据零件的生产类型及具体生产条件，并结合整个工艺路线进行综合考虑，分清主次，抓住主要矛盾，灵活运用上述原则，正确选择粗、精基准。

微课 6-2
定位基准的选择

【例题 6-1】　试选择如图 6-9 所示三个零件的粗、精基准。其中如图 6-9(a) 所示齿轮，$m=2$，$Z=37$，毛坯为热轧棒料；如图 6-9(b) 所示液压油缸，毛坯为铸铁件，孔已铸出。如图 6-9(c) 所示飞轮，毛坯为铸件，均为批量生产。图中除了有不加工符号的表面外，均为加工表面。

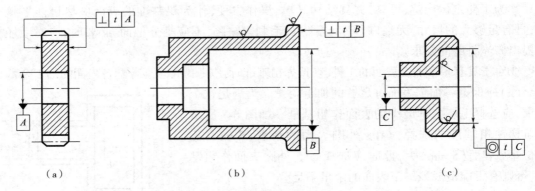

图 6-9 例题 6-1 图

解:图 6-9(a)精基准:齿轮的设计基准是孔 A。按基准重合原则,应选孔 A 为精基准。以 A 为精基准也可以方便地加工其他表面,与基准统一原则相一致。故选孔 A 为精基准。

图 6-9(a)粗基准:齿轮各表面均需加工,不存在保证加工面与不加工面相互位置关系的问题。在加工孔 A 时,以外圆定位较为方便,且可以保证以孔 A 定位加工外圆时获得较均匀的余量,故选外圆表面为粗基准。

图 6-9(b)精基准:液压油缸的设计基准是孔 B。按基准重合原则,应选孔 B 为精基准。以 B 为精基准也可以方便地加工其他表面,符合基准统一原则,故选孔 B 为精基准。

图 6-9(b)粗基准:液压油缸外圆没有功能要求,与孔 B 也没有位置关系要求。而孔 B 是重要加工面,从保证其余量均匀的角度出发,应选孔 B 的毛坯孔作为粗基准。

图 6-9(c)精基准:飞轮的设计基准是孔 C。按基准重合原则,应选孔 C 为精基准。以 C 为精基准也可以方便地加工其他表面,符合基准统一原则,故选孔 C 为精基准。

图 6-9(c)粗基准:为保证飞轮旋转时的平衡,大外圆与不加工孔要求同轴,且不加工内端面与外圆台阶面距离应尽可能的均匀,故应以不加工孔及内端面作为粗基准。

6.5 工艺路线的拟订

拟订零件机械加工工艺路线时,要解决的主要问题包括以下几个方面:零件各表面加工方法和加工方案的选择;加工阶段的划分;确定工序集中与分散的程度;加工顺序的安排等。

6.5.1 表面加工方法和加工方案的选择

机械零件尽管表面上看起来形状各异,但仔细分析可发现任何零件的表面都是由外圆、内孔、平面或成形表面组合而成的。零件表面加工方案的选择应根据零件各表面所要求的加工精度、表面粗糙度和零件结构特点,选用相应的加工方法和加工方案。选择表面加工方案时应注意以下几点:

1. 根据加工表面的技术要求,尽可能采用经济加工精度方案

不同的加工方法如车、铣、刨、磨、钻、镗等,其用途各不相同,所能达到的精度和表面粗糙度值也大不一样。即使是同一种加工方法,在不同的加工条件下所得到的加工精度和表面粗糙度也不一样。这是因为在加工过程中,各种因素(如操作者的技术水平、切削用量、刀具的刃磨质量、机床的调整质量等)都会对加工精度和表面粗糙度产生影响。选择加工方法时应

根据该种加工方法的经济精度进行。所谓某种加工方法的经济精度,是指在正常的工作条件下(包括完好的机床设备、必要的工艺装备、标准的操作者技术等级、标准的耗用时间和生产费用等)所能达到的加工精度。与经济加工精度相似,各种加工方法所能达到的表面粗糙度也有一个较经济的范围。

表 6-9、表 6-10、表 6-11 分别介绍了外圆表面、内孔表面和平面常用的加工方案及其经济精度,表 6-12 摘录了用不同加工方法加工轴线平行孔系的位置精度(用距离尺寸误差表示)。这些都是生产实际的统计资料,可以根据对被加工零件加工表面的精度和表面粗糙度要求、零件的结构和被加工表面的形状、大小以及车间工厂的具体条件,选取最经济合理的加工方案,必要时应进行技术经济论证。当然,这是在一般情况下可能达到的精度和表面粗糙度值,在具体条件下也会有所差别。

表 6-9　外圆表面常用的加工方案及其经济精度

序号	加工方案	经济精度公差等级	表面粗糙度/μm	适用范围
1	粗车	IT11~13	$Ra12.5~50$	适用于除淬火钢以外的金属材料
2	粗车—半精车	IT8~10	$Ra3.2~6.3$	
3	粗车—半精车—精车	IT7~8	$Ra0.8~1.6$	
4	粗车—半精车—精车—滚压(或抛光)	IT7~8	$Ra0.025~0.2$	
5	粗车—半精车—磨削	IT7~8	$Ra0.4~0.8$	除不宜用于有色金属外,主要适用于淬火钢件的加工
6	粗车—半精车—粗磨—精磨	IT6~7	$Ra0.1~0.4$	
7	粗车—半精车—粗磨—精磨—超精磨	IT5	$Ra0.012~0.1$	
8	粗车—半精车—精车—金刚石车	IT6~7	$Ra0.025~0.4$	主要用于有色金属
9	粗车—半精车—粗磨—精磨—镜面磨	IT5 以上	$Rz0.05~0.025$	主要用于高精度要求的钢件加工
10	粗车—半精车—精车—精磨—研磨	IT5 以上	$Rz0.05~0.1$	
11	粗车—半精车—精车—精磨—粗研—抛光	IT5 以上	$Rz0.05~0.4$	

表 6-10　内孔表面常用的加工方案及其经济精度

序号	加工方案	经济精度公差等级	表面粗糙度/μm	适用范围
1	钻	IT11~13	$\geqslant Ra12.5$	加工未淬火钢及铸铁的实心毛坯,也可用于加工有色金属(所得表面粗糙度 R_a 值稍大)
2	钻—扩	IT10~11	$Ra6.3~12.5$	
3	钻—扩—铰	IT8~9	$Ra1.6~3.2$	
4	钻—扩—粗铰—精铰	IT7	$Ra0.8~1.6$	
5	钻—铰	IT8~10	$Ra1.6~6.3$	
6	钻—粗铰—精铰	IT7~8	$Ra0.8~1.6$	
7	钻—(扩)—拉	IT7~9	$Ra0.1~1.6$	大批量生产
8	粗镗(或扩孔)	IT11~13	$Ra6.3~12.5$	除淬火钢外的各种钢材,毛坯上已有铸出或锻出孔
9	粗镗(扩)—半精镗(精扩)	IT8~9	$Ra1.6~3.2$	
10	粗镗(扩)—半精镗(精扩)—精镗(铰)	IT7~8	$Ra0.8~1.6$	
11	粗镗(扩)—半精镗(精扩)—精镗—浮动镗	IT6~7	$Ra0.4~0.8$	

续上表

序号	加工方案	经济精度公差等级	表面粗糙度/μm	适用范围
12	粗镗（扩）—半精镗—磨	IT7~8	$Ra0.2~0.8$	主要用于淬火钢，不宜用于有色金属
13	粗镗（扩）—半精镗—粗磨—精磨	IT6~7	$Ra0.1~0.2$	
14	粗磨—半精磨—精磨—金刚镗	IT6~7	$Ra0.05~0.4$	主要用于有色金属
15	钻—（扩）—粗铰—精铰—珩磨	IT6~7	$Ra0.025~0.2$	精度要求很高的孔，若以研磨代替珩磨，精度可达IT6以上，R_a 可达 $0.10~0.01$ μm
16	钻—（扩）—拉—珩磨	IT6~7	$Ra0.025~0.2$	
17	粗镗—半精镗—精镗—珩磨	IT6~7	$Ra0.025~0.2$	

表 6-11　平面常用的加工方案及其经济精度

序号	加工方案	经济精度公差等级	表面粗糙度/μm	适用范围
1	粗车	IT11~13	$Ra12.5~50$	适用于工件的端面加工
2	粗车—半精车	IT8~10	$Ra3.2~6.3$	
3	粗车—半精车—精车	IT7~8	$Ra0.8~1.6$	
4	粗车—半精车—磨	IT6~8	$Ra0.2~0.8$	
5	粗刨（或粗铣）—精刨（或精铣）	IT8~9	$Ra1.6~6.3$	一般用于不淬硬平面（端铣表面粗糙度 Ra 值较小）
6	粗刨（或粗铣）—精刨（或精铣）—刮研	IT6~7	$Ra0.1~0.8$	
7	粗刨（或粗铣）—精刨（或精铣）—宽刃精刨	IT6~7	$Ra0.2~0.8$	
8	粗刨（或粗铣）—精刨（或精铣）—粗磨—精磨	IT5~7	$Ra0.1~0.4$	除不宜用于有色金属外，主要适用于淬火钢件的加工
9	粗刨（或粗铣）—精刨（或精铣）—粗磨—精磨	IT5	$Ra0.012~0.1$	
10	粗铣—拉	IT8~6	$Ra0.2~0.8$	大量生产较小平面
11	粗铣—精铣—粗磨—精磨—镜面磨	IT5 以上	$Ra0.025~0.2$	主要用于高精度要求的钢件加工
12	粗铣—精铣—精磨—研磨	IT5 以上	$Ra0.05~0.1$	

表 6-12　用不同加工方法加工轴线平行孔系的位置精度（经济精度）

加工方法	定位工具	两孔轴线间的距离误差或从孔轴线到平面的距离误差/mm	加工方法	定位工具	两孔轴线间的距离误差或从孔轴线到平面的距离误差/mm
立钻或摇臂钻上钻孔	用钻模	0.1~0.2	卧式镗床上镗孔	用镗模	0.05~0.08
立钻或摇臂钻上镗孔	按划线	1.0~3.0		按定位样板	0.08~0.2
车床上镗孔	用镗模	0.03~0.05		按定位器的指示读数	0.04~0.06
	按划线	1.0~2.0		用块规	0.05~0.1
坐标镗床上镗孔	用带有滑座的角尺	0.1~0.3		用游标尺	0.2~0.4
金刚镗床上镗孔	用光学仪器	0.004~0.015		用内径规或用塞尺	0.05~0.25
多轴组合机床上镗孔		0.008~0.02		用程序控制的坐标装置	0.04~0.05
	用镗模	0.03~0.05		按划线	0.4~0.6

随着生产技术的发展,工艺水平的提高,同一种加工方法所能达到的精度和表面质量也会相应提高。例如,外圆磨床一般可达 IT7 级公差和 $Ra0.4\ \mu m$ 的表面粗糙度,但在采取适当措施提高磨床精度、抗振性和改进磨削工艺后,可加工出 IT5 和 $Ra0.012\sim0.1\ \mu m$ 的外圆表面。用金刚石车削,也能获得 $Ra\leqslant0.01\ \mu m$ 的表面。另外,在大批量生产中,为了保证高的生产率和高的成品率,常把原来能加工较小表面粗糙度的方法用于加工表面粗糙度要求较大的表面。例:连杆加工中用珩磨来获得 $Ra0.8\ \mu m$ 的表面粗糙度值,曲轴加工中采用超精研磨来获得 $Ra0.4\ \mu m$ 的表面粗糙度。

2. 工件材料的性质及热处理

例如,钢淬火后应用磨削方法加工,不能用镗削或铰削;而有色金属则不能用磨削,应采用金刚镗削或高速精细车削的方法进行精加工。

3. 工件的结构和尺寸

例如,对于回转体类零件的孔的加工常用车削或磨削;而箱体类零件的孔,一般采用铰削或镗削。孔径小时,宜采用铰削;孔径大时,用镗削。

4. 结合生产类型考虑生产率和经济性

大批量生产,应采用高效的先进工艺,如平面和孔采用拉削代替普通的铣、刨和镗孔。甚至大批量生产中可以从根本上改变毛坯的形态,大大减少切削加工的工作量。例如,用粉末冶金来制造油泵齿轮、用失蜡铸造柴油机上的小零件等。在单件小批生产中,常采用通用设备、通用工艺装备及一般的加工方法,避免盲目地采用高效加工方法和专用设备而造成经济损失。

5. 现有生产条件

选择加工方法时要充分利用现有的设备,挖掘企业潜力,发挥人员的积极性和创造性,在不断改进现有的加工方法和设备的基础上,采用新技术和提高工艺水平。此外,还应考虑一些其他影响因素,如加工表面物理机械性能的特殊要求、工件重量等。

例如,某零件被加工孔的加工精度为 IT7 级,粗糙度为 $Ra1.6\sim3.2\ \mu m$,查表 6-7 可有四种加工方案:①钻—扩—铰—精铰;②粗镗—半精镗—精镗;③粗镗—半精镗—粗磨—精磨;④钻—(扩)—拉。

方案①用得最多,在大批量生产中常用在自动机床或组合机床上,在成批生产中常用在立钻、摇臂钻、六角车床等连续进行各个工步加工的机床上。该方案一般用于加工小于 30 mm 的孔径,工件材料为未淬火钢或铸铁,不适于加工大孔径,否则刀具过于笨重。

方案②用于加工毛坯本身有铸出或锻出的孔,但其直径不宜太小,否则因镗杆太细容易发生变形而影响加工精度,箱体零件的孔加工常用这种加工方案。

方案③适用于淬火的工件。

方案④适用于成批或大量生产的中小型零件,其材料为未淬火钢、铸铁及有色金属,且要求轴向刚性较好。

6.5.2 加工阶段的划分

对于加工精度要求较高和粗糙度要求较低的零件,通常将工艺过程划分为粗加工、半精加工、精加工三个阶段,当加工精度和表面质量要求特别高时,还应增加光整加工和超精密加工阶段。

粗加工阶段是加工的开始阶段,该阶段的主要任务是尽快切除零件各个表面的大部分加工余量。这个阶段的主要问题是如何获得高的生产率。

半精加工阶段继续减少加工余量,为主要表面的精加工作准备,同时完成一些次要表面的加工,如钻孔、攻丝、铣键槽等。

精加工阶段的任务是使各主要表面达到图纸要求的加工精度。如何保证加工精度是该阶段必须考虑的主要问题。

光整加工和超精密加工阶段是对要求特别高的零件增设的加工阶段,主要是为了降低表面粗糙度,进一步提高尺寸精度。

将工艺过程划分粗、精加工阶段的原因是:

1. 保证加工质量

工件在粗加工时切除的余量大,产生的切削力和切削热也大,同时需要的夹紧力也较大,因而造成工件受力变形和热变形。另外,经过粗加工后工件的内应力要重新分布,也会使工件发生变形。若不分阶段连续进行加工,就难以避免和消除上述原因所引起的加工误差。划分加工阶段后,粗加工造成的误差,可以通过半精加工和精加工得以修正,并逐步提高零件的加工精度和表面质量。

2. 合理使用设备

粗加工阶段可以使用功率大、刚性好、精度低、效率高的机床;精加工阶段则要求使用精度高的机床。这样各得其所,有利于充分发挥粗加工机床的动力,又有利于长期保持精加工机床的精度。

3. 便于安排热处理工序

划分加工阶段可以在各个阶段中插入必要的热处理工序,使冷热加工配合得更好。实际上,加工中常常是以热处理作为划分加工阶段的界线。如在粗加工之后进行去除内应力的时效处理,在半精加工后进行淬火处理等。

4. 便于及时发现毛坯缺陷,保护精加工表面

在粗加工阶段,由于切除的金属余量大,可以及早发现毛坯的缺陷(夹渣、气孔、砂眼等),便于及时修补或决定报废,避免继续加工而造成工时和费用的浪费。而精加工表面安排在后面加工,可保护其不受损坏。

当然,加工阶段的划分不是绝对的,例如加工重型零件时,由于装夹吊运不方便,一般不划分加工阶段,在一次安装中完成全部粗加工和精加工。为提高加工的精度,可在粗加工后松开工件,让其充分变形,再用较小的力夹紧工件进行精加工,以保证零件的加工质量。另外,如果工件的加工质量要求不高、工件的刚度足够、毛坯的质量较好而切除的余量不多,则可不必划分加工阶段。

应当指出,加工阶段的划分是针对零件加工的整个过程而言,是针对主要加工表面而划分的,而不能从某一表面的加工或某一工序的性质来判断。例如,工件的定位基准,在半精加工甚至粗加工阶段就应加工得很精确,而某些钻小孔的粗加工工序,又常常安排在精加工阶段进行。

6.5.3 工序集中与工序分散

在选定了各表面的加工方法和划分完加工阶段之后,还要将工艺过程划分为若干工序。划分工序时有两个不同的方法,即工序的集中和工序的分散。

工序集中就是将工件的加工集中在少数几道工序内完成,此时工艺路线短,工序数目少,每道工序加工的内容多。

工序集中的工艺特点是减少了工件装夹次数,在一次安装中加工出多个表面,有利于提高表面间的相互位置精度,减少工序间的运输,缩短生产周期,减少设备数量,相应地减少操作者和生产面积。工序集中有利于采用高生产率的先进或专用设备、工艺装备,提高加工精度和生产率,但设备的一次性投资大,工艺装备复杂。

工序分散就是将工件的加工内容分散在较多的工序内完成,此时工艺路线长,工序数目多,每道工序加工的内容少。工序分散的工艺特点是设备、工装比较简单,调整、维护方便,生产准备工作量少;每道工序的加工内容少,便于选择最合理的切削用量;设备数量多,操作人员多,占用生产面积大,组织管理工作量大。

工序集中和分散的程度应根据生产规模、零件的结构特点、技术要求和设备等具体生产条件综合考虑后确定。例如,在单件小批生产中,一般采用通用设备和工艺装备,尽可能在一台机床上完成较多的表面加工。尤其是对重型零件的加工,为减少装夹和往返搬运的次数,多采用工序集中的原则,主要是为了便于组织管理。在大批、大量生产中,常采用高效率的设备和工艺装备,如多刀自动机床、组合机床及专用机床等,使工序集中,以便提高生产率和保证加工质量。但有些工件(如活塞、连杆等)可采用效率高、结构简单的专用机床和工艺装备,按工序分散原则进行生产,这样容易保证加工质量和使各工序的时间趋于平衡,便于组织流水线、自动线生产,提高生产率。面对多品种、中小批量的生产趋势,也多采用工序集中原则,选择数控机床、加工中心等高效、自动化设备,使一台设备完成尽可能多的表面加工。由于工序集中的优点较多,现代生产的发展趋于工序集中。

6.5.4　工序顺序的安排

1. 机械加工顺序的安排

工件各表面的机械加工顺序,一般按照下述原则安排:

(1)基面先行

被选定的零件的精基准表面应先加工,并应加工到足够的精度和表面粗糙度,以便定位可靠且便于其他表面的加工。例如,轴类零件先加工中心孔,齿轮零件应先加工孔和基准端面等。

(2)先粗后精

零件表面加工一般都需要分阶段进行,应先安排各表面的粗加工,其次安排半精加工,最后安排主要表面的精加工和光整加工。

(3)先主后次

根据零件功用和技术要求,往往先将零件各表面分为主要表面和次要表面,然后先着重考虑主要表面的加工顺序,再把次要表面适当穿插在主要表面的加工工序之间。由于次要表面的精度不高,一般在粗加工和半精加工阶段即可完成,但对于那些同主要表面相对位置关系密切的次要表面,通常多安排在精加工之后加工。如箱体零件上重要孔周围的紧固螺纹孔,安排在重要孔精加工后进行钻孔和攻螺纹。

(4)先面后孔

对于底座、箱体、支架及连杆类零件应先加工平面,后加工内孔。因为平面一般面积较大,轮廓平整,先加工好平面,便于加工孔时定位安装,有利于保证孔与平面的位置精度,同时也给孔加工带来方便,使刀具的初始工作条件得到改善。

综合以上原则,常见的机械加工顺序为:定位基准的加工→主要表面的粗加工→次要表面加工→主要表面的半精加工→次要表面加工→修基准→主要表面的精加工。

以上是安排机械加工工序顺序的一些基本原则。实际工作时,为了缩短工件在车间内的运输距离,考虑加工顺序时,还应考虑车间设备布置情况,尽量减少工件往返流动。

2. 热处理工序的安排

工艺过程中的热处理按其目的,大致可分为预备热处理和最终热处理两大类,前者可以改善材料切削加工性能,消除内应力和为最终热处理做准备;后者可使材料获得所需要的组织结构,提高零件材料的硬度、耐磨性和强度等性能。

(1) 预备热处理

正火和退火可以消除毛坯制造时产生的内应力,稳定金属组织和改善金属的切削性能,一般安排在粗加工之前。含碳量大于 0.7% 的碳钢和合金钢,为降低金属的硬度使之易于切削,常采用退火处理;含碳量低于 0.3% 的碳钢和合金钢,为避免硬度过低造成切削时黏刀,常采用正火处理。铸铁件一般采用退火处理,锻件一般采用正火处理。

时效处理主要用于消除毛坯制造和机械加工过程中产生的内应力,一般安排在粗加工前后进行。例如,对于大而复杂的铸件,为了尽量减少由于内应力引起的变形,常常在粗加工前采用自然时效,粗加工后进行人工时效。而对于精度高,刚性差的零件(如精密丝杆)为消除内应力、稳定精度,常在粗加工、半精加工、精加工之间安排多次时效处理。

调质处理可以改善材料的综合机械性能,获得均匀细致的索氏体组织,为淬火处理和渗氮处理作组织准备。对硬度和耐磨性要求不高的零件,调质处理可作为最终热处理工序。调质处理一般安排在粗加工之后,半精加工之前。

(2) 最终热处理

淬火处理或渗碳淬火处理,可以提高零件表面的硬度和耐磨性,常需预先进行正火及调质处理。淬火处理一般安排在精加工或磨削之前进行,当用高频淬火时也可安排在最终工序。渗碳淬火处理适用于低碳钢和低碳合金钢,其目的是使零件表层含碳量增加,经淬火后可使表层获得高的硬度和耐磨性,而心部仍保持一定的强度和较高的韧性和塑性。渗碳淬火一般安排在半精加工之后进行。

渗氮处理是使氮原子渗入金属表面而获得一层含氮化合物的处理方法。渗氮可以提高零件表面的硬度、耐磨性、疲劳强度和抗蚀性。由于渗氮处理温度较低,变形小,且渗氮层较薄(一般不超过 0.6~0.7 mm),渗氮工序应尽量靠后安排。为了减少渗氮时的变形,在切削加工后一般需要进行消除应力的高温回火。

表面处理(电镀及氧化)可提高零件的抗腐蚀能力,增加耐磨性,使表面美观等。一般安排在工艺过程的最后进行。

零件机械加工的一般工艺路线为:毛坯制造→退火或正火→主要表面的粗加工→次要表面加工→调质(或时效)→主要表面的半精加工→次要表面加工→淬火(或渗碳淬火)→修基准→主要表面的精加工。

3. 辅助工序的安排

检验是主要的辅助工序,除每道工序由操作者自行检验外,在粗加工之后,精加工之前;零件转车间前后;重要工序加工前后以及零件全部加工完成之后,还要安排独立的检验工序。

一般来说,钻削、铣削、刨削、拉削等工序加工后要安排去毛刺工序。去毛刺工序应安排在淬火等热处理前。

除检验工序、去毛刺工序外,其他辅助工序有:清洗、防锈、去磁、平衡等,这些辅助工序对产品质量有重要的作用,均不要遗漏,要同等重视。

6.6　机床及工艺装备的选择

6.6.1　机床的确定

大部分情况下,零件的机械加工工艺要依靠金属切削机床来完成。正确选择加工机床,对于保证零件的加工精度、合理利用设备及提高劳动生产率都具有重要意义。一般来说,选择机床时应注意以下几点:

①机床的主要规格尺寸应与被加工工件的外形轮廓尺寸相适应。即小工件应选小的机床,大工件选大机床,做到合理使用设备。

②机床的精度应与要求的加工精度相适应。对于高精度的工件,在缺乏精密设备时,可通过设备改装,以粗干精。

③机床的生产率应与加工工件的生产类型相适应。单件小批生产一般选择通用设备,大批量生产宜选用高生产率的专用设备。

④机床的选择应结合现场的实际情况。选择机床时除应满足以上几点外,还应考虑设备的类型、规格及精度状况,设备负荷的平衡情况以及设备的分布排列情况等。

6.6.2　工艺装备的选择

除金属切削机床外,工艺装备的选择是否合理,也直接影响到工件的加工精度、生产率和经济性。因此,工艺装备的选择同样要结合生产类型、具体的加工条件、工件的加工技术要求和零件的结构特点等合理选用。

1. 夹具的选择

单件小批生产应尽量选择通用夹具。例如,各种卡盘、台虎钳和回转台等。如条件具备,可选用组合夹具,以提高生产率。大批量生产时,应选择生产率高和自动化程度高的专用夹具。多品种中小批量生产可选用可调整夹具或成组夹具。夹具的精度应与工件的加工精度相适应。

2. 刀具的选择

一般应优先选用标准刀具,以缩短刀具制造周期和降低成本。必要时可选择各种高生产率的复合刀具及其他专用刀具。刀具的类型、规格及精度应与工件的加工要求相适应。

3. 量具的选择

单件小批量生产应选用通用量具,如游标卡尺、千分尺、千分表等。大批量生产应尽量选用效率较高的专用量具,如各种极限量规、专用量具和测量仪器等。所选量具的量程和精度要与工件的结构尺寸和精度相适应。

6.6.3　切削用量的选择

合理的切削用量,对保证加工质量、提高生产率、获得良好的经济效益都具有重要的意义。选择切削用量时,除应综合考虑零件的生产纲领、加工精度、表面粗糙度外,还应分析工件材料、刀具材料及刀具寿命等因素,以找出最佳切削用量。

单件小批生产时,为了简化工艺文件,常不具体规定切削用量,而由操作者根据具体情况自行确定。

批量较大时,特别是组合机床、自动机床及多刀切削加工工序的切削用量,应在实践经验及严格计算的基础上科学、严格地确定。

一般来说,粗加工时,由于加工精度要求低,选择切削用量应尽可能保证较高的金属切除率和合适的刀具寿命,以达到较高的生产率。为此,在确定切削用量时,应优先考虑采用大的背吃刀量(切削深度),其次考虑采用较大的进给量,最后根据刀具寿命的要求,确定合理的切削速度。

半精加工、精加工时,选择切削用量首先要考虑的问题是保证加工精度和表面质量,同时也要考虑刀具寿命和生产率。半精加工和精加工时一般多采用较小的背吃刀量和进给量。在背吃刀量和进给量确定之后,再确定合理的切削速度。

在采用组合机床、自动机床等多刀具同时加工时,其加工精度、生产率和刀具的寿命与切削用量的关系很大,为保证机床正常工作,减少换刀次数,节省辅助时间,其切削用量要比采用一般普通机床加工时低一些。

在确定切削用量的具体数据时,可凭经验,也可查阅有关手册中的表格,或在查表的基础上,再根据经验和加工的具体情况,对数据作适当的修正。

6.7　加工余量与工序尺寸的确定

零件加工的工艺路线确定以后,在进一步安排各个工序的具体加工内容时,应正确地确定各工序的工序尺寸。而确定工序尺寸,首先应确定加工余量。

6.7.1　加工余量的概念

1. 加工余量

为了使零件得到所要求的形状、尺寸和表面质量,在切削加工过程中,必须从加工表面上切除的金属层厚度称为机械加工余量。加工余量可分为工序余量和总加工余量两种。

（1）工序余量

完成某一工序而从某一表面上切除的金属层厚度称为工序余量。工序余量等于工件某一工序前后尺寸之差。如图 6-10 所示为单边加工余量和双边加工余量。

对于外表面：$Z_b = l_a - l_b$

对于内表面：$Z_b = l_b - l_a$

式中　Z_b——工序余量；

　　　l_a——上工序的工序尺寸；

　　　l_b——本工序的工序尺寸。

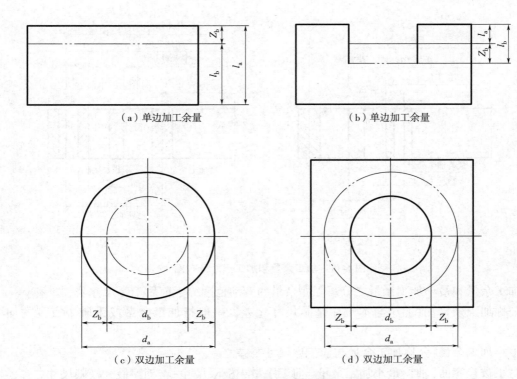

（a）单边加工余量　　　　　　　　　（b）单边加工余量

（c）双边加工余量　　　　　　　　　（d）双边加工余量

图 6-10　单边加工余量和双边加工余量

加工余量又可分为单边加工余量和双边加工余量。图 6-10 中（a）、（b）的加工余量为非对称的单边余量，（c）、（d）回转体表面（外圆和孔）上的加工余量为对称的双边余量。双边余量的计算公式如下：

对于外圆表面：
$$2Z_b = d_a - d_b$$

对于内孔表面：
$$2Z_b = d_b - d_a$$

式中　$2Z_b$——直径上的加工余量；

d_a——上工序的加工表面直径；

d_b——本工序的加工表面直径。

（2）总加工余量

为了得到零件上某一表面所要求的精度和表面质量而从毛坯这一表面上切除的全部多余的金属层，称为该表面的总加工余量，总加工余量等于毛坯尺寸与零件尺寸之差。总加工余量又等于各工序加工余量之和，即 $Z_0 = \sum_{i=1}^{n} Z_i$，如图 6-11 所示。

2. 加工余量与工序尺寸及公差之间的关系

无论是毛坯制造还是机械加工都有误差存在，因此在标注尺寸时都要规定一定的公差。在标注工序尺寸时同样也要规定公差。工序尺寸的公差带一般规定按"单向入体原则"标注。即对于被包容面（如轴），工序基本尺寸为最大极限尺寸，上偏差为零。对包容面（如孔），工序基本尺寸即为最小极限尺寸，下偏差为零。孔与孔（或平面）之间的距离尺寸的公差应按对称分布标注，毛坯尺寸通常也是按对称分布标注的。

因为尺寸存在加工误差，加工余量是变动的，因此加工余量又有公称（或基本）加工余量、

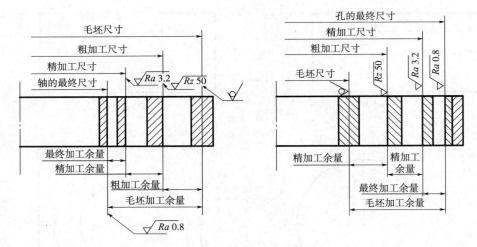

图 6-11　加工余量和加工尺寸分布图

最大加工余量和最小加工余量之分。工序余量的变动范围等于前后工序尺寸公差之和。

公称加工余量:前工序与本工序基本尺寸之差。一般指加工余量或手册中查到的加工余量。

最小加工余量:公称加工余量与前工序尺寸公差之差。

对于被包容面(轴):最小加工余量=前工序最小极限尺寸−本工序最大极限尺寸。

对于包容面(孔):最小加工余量=本工序最小极限尺寸−前工序最大极限尺寸。

最大加工余量:公称加工余量与本工序尺寸公差之和。

对于被包容面(轴):最大加工余量=前工序最大极限尺寸−本工序最小极限尺寸。

对于包容面(孔):最大加工余量=本工序最大极限尺寸−前工序最小极限尺寸。

一般情况下,余量是指公称加工余量。

6.7.2　影响加工余量的因素

加工余量的大小对零件的加工质量和生产率均有较大的影响。加工余量过大,会浪费原材料和加工工时,降低生产率,而且会增大机床和刀具的负荷,增加电力的消耗,提高加工成本。但是加工余量过小,又不能消除前道工序各种误差及表面缺陷,甚至产生废品。

为了合理确定加工余量,必须分析影响最小余量的各项因素。一般情况下,影响加工余量的主要因素有:

1. 前工序的表面粗糙度 R_y(表面轮廓最大高度)和表面缺陷层深度 H_a

前工序留下的表面粗糙度 R_y 和表面缺陷层深度 H_a(包括冷硬层、氧化层、气孔类渣层、脱碳层、表面裂纹或其他破坏层),如图 6-12 所示,必须在本工序中切除。

2. 前工序的尺寸公差 T_a

前工序加工后表面存在的尺寸误差和形状误差,应当在本工序中予以切除。这些误差一般不超过前工序

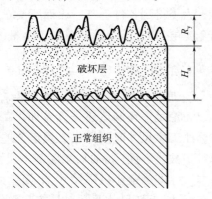

图 6-12　表面粗糙度 R_y 和表面缺陷层 H_a

的尺寸公差 T_a。T_a 的数值可从工艺手册中按加工方法的经济加工精度查得。

　　3. 前工序的相互位置偏差 ρ_a

　　这种偏差包括轴线的位移及直线度、平行度;轴线与表面的垂直度;阶梯轴内外圆的同轴度;平面的平面度等。为了保证加工质量,必须在本工序中给予纠正。如图 6-13 所示为轴线弯曲对加工余量的影响,其轴线有直线度误差 Δ,则加工余量至少应增加 2Δ 才能保证该轴加工后消除弯曲的影响。

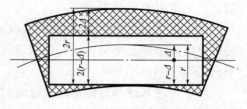

图 6-13　轴线弯曲对加工余量的影响

　　4. 本工序加工时的安装误差 ε_b

　　此项误差包括定位误差和夹紧误差。这些误差的存在将直接影响被加工表面与刀具表面的相对位置,因此有可能因余量不足而造成废品,所以必须给予余量补偿。定位误差可按定位方法进行计算,夹紧误差可根据有关资料查得。

　　由于 ρ_a 和 ε_b 是空间向量,二者对加工余量的影响应按空间向量和法求得。

6.7.3　确定加工余量的方法

　　生产过程中常用的确定加工余量的方法有计算法、查表修正法和经验估算法,在实践中应根据具体的加工情况分别采用。

　　1. 计算法

　　根据上述各种因素对加工余量的影响,可得出基本余量的计算公式:

　　非对称加工面(如平面):
$$Z_b \geq T_a + (R_y + H_a) + |\vec{\rho_a} + \vec{\varepsilon_b}| \tag{6-2}$$

　　对称加工面(如轴或孔):
$$2Z_b \geq T_a + 2(R_y + H_a) + 2|\vec{\rho_a} + \vec{\varepsilon_b}| \tag{6-3}$$

　　上述两个基本公式,在实际应用时可根据具体加工条件简化。例如,在无心磨床上加工轴时,本工序的安装误差可忽略不计;用浮动铰刀、浮动镗刀及珩磨等加工孔时,由于是自为基准,前工序的相互位置偏差对加工余量没有影响,且本工序无安装误差;光整加工(如研磨、抛光等)时,主要是降低表面粗糙度值,因此加工余量只含前工序的表面粗糙度值就可以了。

　　用计算法得到的加工余量是最合理的,既节约了原材料,又保证了加工余量。但使用该法时必须要有可靠的实验数据资料,且计算过程比较复杂,因此应用较少,仅适用于大批量生产。

　　2. 查表修正法

　　此法是以在生产实际情况和试验研究中积累的有关加工余量的资料数据为基础,并结合具体加工情况加以修正后制定的手册中推荐的数据作为加工余量。在查表时应注意表中数据是公称(基本)余量值,对称表面(如孔或轴)的余量是双边的,非对称表面余量是单边的。此法使用时具有准确、简单、方便的特点,因此在实际生产中得到广泛应用。

　　3. 经验估算法

　　此法由工艺人员根据实际经验来确定加工余量。一般情况下,为了防止工序余量不足而产生废品,所估余量一般偏大,经济性差且不可靠,所以常用于单件小批生产中。

6.7.4　工序尺寸的确定

　　零件图上规定的设计尺寸和公差,是经过多道工序加工达到的。工序尺寸是零件的加工过程中每道工序应保证的尺寸,其公差即工序尺寸公差。正确地确定工序尺寸及其公差,是制订工艺规程的重要工作之一。

工序尺寸及其公差的确定,不仅取决于设计尺寸及加工余量,而且还与工序尺寸的标注方法以及定位基准选择和转换有着密切的关系。所以,计算工序尺寸时应根据不同的情况采用不同的方法。

对于设计基准和定位基准重合时的加工工艺路线,各工序尺寸及公差取决于各工序的加工余量及加工精度,工序尺寸及公差的确定一般按以下步骤进行:首先确定各工序的基本余量及各工序加工的经济精度,然后根据设计尺寸和各工序余量,从后向前依次推算各工序基本尺寸,直到毛坯尺寸,再将各工序尺寸的公差按"单向入体原则"标注。

【例题 6-2】 某轴类零件,材料为 45 钢,毛坯采用热轧棒料,零件最终直径尺寸为 $\phi40_{-0.013}^{0}$ mm、表面粗糙度值为 $Ra0.2$ μm,加工工序安排为粗车—半精车—半精磨—精磨。工序尺寸及公差的计算见表 6-13。查表得各工序的加工余量和所能达到的经济精度,见表 6-13 中的第二、三列。粗车的余量没有办法直接查出,是通过毛坯余量减去其余各工序余量之和计算得出的。根据余量,可向前推算出各工序尺寸,其计算结果列于表 6-13 第五列。按"单向入体原则"标注各工序尺寸的公差,其中毛坯的余量及毛坯公差(按正负分布)可根据毛坯的生产类型、结构特点、制造方法和生产厂的具体条件,参照有关毛坯手册选用。此例中毛坯余量选为 4 mm,毛坯公差为±0.5 mm。

表 6-13　工序尺寸及公差的计算

工　序	加工余量/mm	工序经济精度		粗糙度值/μm	工序尺寸及公差/mm
		公差等级	公差值		
毛坯尺寸					$\phi44\pm0.5$
粗车	2.6	IT13	0.39	12.5	$\phi41.4_{-0.39}^{0}$
半精车	1.0	IT10	0.10	3.2	$\phi41.4_{-0.10}^{0}$
半精磨	0.25	IT8	0.039	0.4	$\phi40.15_{-0.039}^{0}$
精磨	0.15	IT6	0.013	0.2	$\phi40_{-0.013}^{0}$

以上是基准重合时工序尺寸及其公差的确定方法。当基准不重合时,就必须应用尺寸链的原理进行分析计算。

6.8　工艺尺寸链

6.8.1　工艺尺寸链的基本概念

1. 工艺尺寸链的定义

在零件加工或机器装配过程中,经常能遇到一些互相联系的尺寸组合。这种互相联系的,按一定顺序排列构成的封闭尺寸图形,称为工艺尺寸链,简称尺寸链。零件加工过程中的尺寸链如图 6-14 所示。如图 6-14(a)所示的台阶零件,零件图样上标注的设计尺寸是 A_1 和 A_0。在加工平面 3 时(平面 1 和 2 均已加工过),为了定位可靠和夹具结构简单,常选平面 1 作定位基准,此时按尺寸 A_2 对刀加工平面 3,间接保证尺寸 A_0。这样,A_2 的尺寸和公差就必须依据 A_1、A_2 和 A_0 三个尺寸之间的相互关系计算出。这三个尺寸就构成一个具有相互联系的封闭的尺寸组合,如图 6-14(b)所示,它就是一个尺寸链。

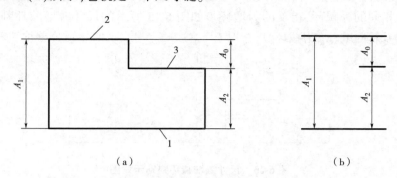

（a）　　　　　　　　　　　　　（b）

图 6-14　零件加工过程中的尺寸链

在机械加工过程中,同一个工件的各有关工艺尺寸所组成的尺寸链,称为工艺尺寸链。从以上分析可知,尺寸链有以下两个特征:

(1)封闭性

尺寸链必须是一组相关尺寸首尾相接构成封闭形式的尺寸。其中,应包含一个间接保证的尺寸和若干个对此有影响的直接保证的尺寸。

如图 6-14 中,尺寸 A_1、A_2 是直接获得的,A_0 是间接形成的。A_0 的尺寸大小和精度受直接获得的尺寸大小和精度的影响,并且,A_0 尺寸的精度必然低于任何一个直接获得尺寸的精度。

(2)关联性

由于尺寸链具有封闭性,所以尺寸链中的各环都相互关联。尺寸链中的封闭环随所有组成环的变动而变动,组成环是自变量,封闭环是因变量。

2. 尺寸链的组成

尺寸链中的每一个尺寸均称为尺寸链中的环。如图 6-14 中的 A_1、A_2 和 A_0 都是尺寸链的环。环又分为封闭环和组成环两种,组成环中又有增环和减环之分。

1)封闭环

加工(或测量)过程中最后自然形成的尺寸称为封闭环,一般用 A_0 表示。封闭环在一个尺寸链中只能有一个。

2)组成环

加工(或测量)过程中直接获得的尺寸称为组成环,如图 6-14 中的 A_1 和 A_2。尺寸链中,除封闭环外的其他环都是组成环。组成环按其对封闭环的影响又可分为:

(1)增环

尺寸链的组成环中,若其他组成环不变,而该环增大时,引起封闭环相应增大,则该组成环称为增环,用 A_p 表示。

(2)减环

尺寸链的组成环中,若其他组成环不变,而该环增大时,而引起封闭环相应减小,则该组成环称为减环,用 A_q 表示。

3. 增、减环的判定方法

对于环数较少的尺寸链,可以用增减环的定义直接来判别组成环的增减性质,但对环数较多的尺寸链,用定义来判别增减环就很费时,且易弄错。为了迅速且正确地判断增、减环,可在尺寸链图上,顺时针(或逆时针)方向绕尺寸链回路一圈,顺次给每一个组成环画出箭头,箭头方向与封闭环相同的为减环,相反的为增环。如图 6-15 所示的尺寸链增减环判别示意图中,A_1、A_3、A_4、A_5 为增环,A_2、A_6 为减环。

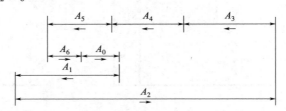

图 6-15　尺寸链增减环判别示意图

应用工艺尺寸链解决实际问题的关键是找出工艺尺寸之间的内在联系,也就是要确定封闭环和组成环。封闭环判断错了,整个尺寸链的解算必将得出错误的结果。组成环查找不对,将得不到正确的尺寸链,解算出来的结果也是错误的。

在工艺尺寸链的建立过程中,最重要的是正确判定封闭环。封闭环的主要特征是"间接性",即其不是在加工过程中直接得到的,而是通过其他工序尺寸而间接获得的,它是随着零件加工工艺方案的变化而变化。如图 6-14 所示零件,先以表面 1 定位加工表面 2 而获得尺寸 A_1,然后再以表面 2 定位加工表面 3 而直接获得尺寸 A_0,则间接获得的尺寸 A_2 是封闭环。但是如果先以表面 1 定位加工表面 2,直接获得尺寸 A_1,然后仍然以表面 1 定位加工表面 3,直接保证尺寸 A_2,则尺寸 A_0 是间接得到的,为封闭环。所以,在确定封闭环时,必须根据零件加工的具体方案,紧紧抓住"间接获得"这一要领。

微课 6-3
工艺尺寸链的概念

6.8.2　尺寸链的计算

尺寸链的计算是根据结构或工艺上的要求,确定尺寸链中各环的基本尺寸、公差及其极限偏差。尺寸链的计算方法有两种:极值法和概率法。极值法是按误差最不利的情况(即各增环极大减环极小或相反)来计算的,其特点是简单、可靠。对于组成环数较少或环数虽多,但封闭环的公差较大的场合,生产中一般采用极值法。概率法是用概率论原理来进行尺寸链计算的。在大批量生产中,当尺寸链的环数较多,封闭环精度又要求较高时,往往需要应用概率法计算尺寸。尺寸链计算所用符号见表 6-14。

表 6-14　尺寸链计算所用符号

环名	符号名称							
	基本尺寸	最小尺寸	最大尺寸	上偏差	下偏差	公差	平均尺寸	平均偏差
封闭环	A_0	A_{0min}	A_{0max}	ES_0	EI_0	T_0	A_{0av}	Δ_0
增环	A_p	A_{pmin}	A_{pmax}	ES_p	EI_p	T_p	A_{pav}	Δ_p
减环	A_q	A_{qmin}	A_{qmax}	ES_q	EI_q	T_q	A_{qav}	Δ_q

1. 极值法计算的基本公式

（1）封闭环的基本尺寸

封闭环的基本尺寸等于所有增环的基本尺寸之和减去所有减环的基本尺寸之和，即

$$A_0 = \sum_{p=1}^{k} A_p - \sum_{q=k+1}^{m} A_q \tag{6-4}$$

式中　k——增环数目；

　　　m——组成环数目。

（2）封闭环的中间偏差

封闭环的中间偏差等于所有增环的中间偏差之和减去所有减环的中间偏差之和，即

$$\Delta_0 = \sum_{p=1}^{k} \Delta_p - \sum_{q=k+1}^{m} \Delta_q \tag{6-5}$$

式中　Δ_0——封闭环中间偏差

　　　Δ_p——环的中间偏差；

　　　Δ_q——减环的中间偏差。

（3）封闭环的极限尺寸

封闭环的最大极限尺寸等于所有增环最大极限尺寸之和减去所有减环最小极限尺寸之和，即

$$A_{0max} = \sum_{p=1}^{k} A_{pmax} - \sum_{q=k+1}^{m} A_{qmin} \tag{6-6}$$

封闭环的最小极限尺寸等于所有增环最小极限尺寸之和减去所有减环最大极限尺寸之和，即

$$A_{0min} = \sum_{p=1}^{k} A_{pmin} - \sum_{q=k+1}^{m} A_{qmax} \tag{6-7}$$

（4）封闭环的上、下偏差

封闭环的上偏差等于所有增环的上偏差之和减去所有减环的下偏差之和，即

$$ES_0 = \sum_{p=1}^{k} ES_p - \sum_{q=k+1}^{m} EI_q \tag{6-8}$$

封闭环的下偏差等于所有增环的下偏差之和减去所有减环的上偏差之和，即

$$EI_0 = \sum_{p=1}^{k} EI_p - \sum_{q=k+1}^{m} ES_q \tag{6-9}$$

（5）封闭环的公差

封闭环的公差等于各组成环公差之和，即

$$T_0 = \sum_{p=1}^{k} T_p + \sum_{q=k+1}^{m} T_q = \sum_{i=1}^{m} T_i \tag{6-10}$$

（6）封闭环的平均尺寸

封闭环的平均尺寸等于所有增环的平均尺寸之和减去所有减环的平均尺寸之和，即

$$A_{0av} = \sum_{p=1}^{k} A_{pav} - \sum_{q=k+1}^{m} A_{qav} \tag{6-11}$$

式中 $A_{pav} = \dfrac{A_{pmax}+A_{pmin}}{2}$，$A_{qav} = \dfrac{A_{qmax}+A_{qmin}}{2}$。

3. 计算方式

应用尺寸链原理解决加工和装配工艺问题时,经常碰到下述三种情况。

1)正计算形式

这种计算方式是指已知各组成环的基本尺寸、公差及极限偏差,求封闭环的基本尺寸、公差及极限偏差。

2)反计算形式

这种计算方式是已知封闭环的极限尺寸及公差,求各组成环的极限尺寸和公差。由于尺寸链中组成环有若干个,所以反计算形式的要点是如何将封闭环的公差值合理地分配给各个组成环。一般来说,分配公差可以用三种方法:

（1）等公差值分配

将封闭环的公差值均匀分配给组成环,各组成环的公差值相等,其大小均为

$$T_i = \frac{T_0}{m} \tag{6-12}$$

此法计算较简单,但从工艺上分析,因各组成环加工难易程度、尺寸大小是不一样的,因此,规定各环公差相等不够合理。当各组成环尺寸及加工难易程度相近时采用该法较为合适。

（2）等精度分配

即按各组成环的精度等级相同进行分配。各组成环的公差值根据基本尺寸按公差表中的尺寸分段及精度等级确定,然后再给予适当调整,使之满足

$$T_0 \geqslant \sum_{i=1}^{m} T_i \tag{6-13}$$

这种分配方式从工艺角度分析是合理的。

（3）利用协调环分配封闭环公差

如果尺寸链中有一些难以加工和不宜改变其公差的组成环,利用等公差法和等精度法分配公差都有一定困难。此时可以把这些组成环的公差首先确定下来,只将一个或极少数比较容易加工或在生产上受限制较少和用通用量具容易测量的组成环作为协调环,用以协调封闭环和组成环之间的公差分配关系,此时有

$$T_0 = T_j + \sum_{i=1}^{m-1} T_i \tag{6-14}$$

式中,T_j 为协调环公差。应用此方法与设计及工艺工作经验有关,一般情况下对难加工的、尺寸较大的组成环,将其公差给大些。

通常在解决尺寸链反计算问题时,先按等公差值分配法求各组成环的平均尺寸,在此基础上再按加工难易程度、尺寸大小进行分配和协调。

组成环偏差标注时一般遵循"入体原则",即对外表面尺寸注成单向负偏差,对内表面尺寸注成单向正偏差,对中心距尺寸则注成对称偏差,然后按式(6-8)、式(6-9)进行校核,若不符合,则须再作调整。为加快调整,可采用协调环的方法,即先根据上述原则定出其他组成环的上、下偏差,再根据封闭环的上、下偏差及已定的组成环的上、下偏差计算出协调环的上、下偏差。

3)中间计算形式

已知封闭环和部分组成环的基本尺寸、公差及极限偏差,求其余组成环的基本尺寸、公差

及偏差。工艺尺寸链的解算多属于这种计算形式。

6.8.3　尺寸链的应用

应用尺寸链解决实际问题的关键是找出工艺尺寸之间的内在联系,确定封闭环和组成环,建立正确的尺寸链。生产实践中利用尺寸链解决实际问题的形式主要有以下几种。

1. 基准不重合时工序尺寸及公差的确定

在零件加工中,当加工表面的工艺基准与设计基准不重合时,其工序尺寸要通过尺寸链换算来获得。

（1）测量基准与设计基准不重合时尺寸的换算

零件测量过程中,有时由于被测零件特殊的结构,使得测量基准与设计基准不重合,需测量的设计尺寸不能直接测得,只能由其他测量尺寸来间接保证,此时需要进行工艺尺寸链的换算。

【例题 6-3】 如图 6-16（a）所示零件,加工时尺寸 $10_{-0.36}^{0}$ mm 不便测量,改用深度游标卡尺测量孔深 A_2,通过孔深 A_2 和总长 $50_{-0.17}^{0}$ mm（A_1）来间接保证设计尺寸 $10_{-0.36}^{0}$ mm（A_0）,求加工孔深的工序尺寸 A_2 及偏差。

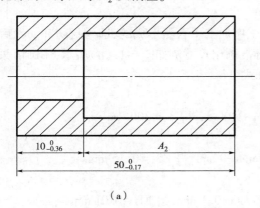
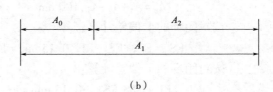

（a）　　　　　　　　　　　　　　　（b）

图 6-16　例题 6-3 图

解:①画出尺寸链简图,如图 6-16（b）所示。

②确定封闭环、增环、减环。其中 $10_{-0.36}^{0}$ mm 为封闭环,$50_{-0.17}^{0}$ mm 为增环,A_2 为减环。

③计算:

按封闭环的基本尺寸:$A_0 = A_1 - A_2$,10 mm = 50 mm $- A_2$,所以 $A_2 = 40$ mm。

按封闭环的上偏差:$ES_0 = ES_1 - EI_2$,0 mm = 0 mm $- EI_2$,所以 $EI_2 = 0$ mm。

按封闭环的下偏差:$EI_0 = EI_1 - ES_2$,0.36 mm $= -0.17$ mm $- ES_2$,所以 $ES_2 = 0.19$ mm。

最后得:$A_2 = 40_{0}^{+0.19}$ mm。

④验算封闭环尺寸公差:

$T_0 = 0.36$ mm,$T_1 + T_2 = 0.17$ mm $+ 0.19$ mm $= 0.36$ mm,所以 $T_0 = T_1 + T_2$,计算正确。

这就是说,只要按 $A_1 = 50_{-0.17}^{0}$ mm,孔深 $A_2 = 40_{0}^{+0.19}$ mm 进行检测,设计尺寸 $10_{-0.36}^{0}$ mm 就可自然保证。

应该指出,按换算后的工序尺寸来间接保证原设计尺寸要求时,还存在一个假废品问题。

在本例中,若孔深 A_2 的实际尺寸已超出了换算尺寸 $40^{+0.19}_0$ mm,从上述计算结果来看,该零件被认为是不合格的。可是当 A_2 的实际尺寸为 39.83 mm,比换算允许的最小极限尺寸 40 mm 还小 0.17 mm,此时若 A_1 的实际尺寸刚巧为最小极限尺寸 49.83 mm,则此时 A_0 的实际尺寸为:$A_0 = (49.83 - 39.83)$ mm = 10 mm,零件是合格的。同样,当 A_2 的实际尺寸为 40.36 mm,比换算允许的最大极限尺寸 40.19 mm 还大 0.17 mm,此时若 A_1 的实际尺寸刚巧为为最大极限尺寸 50 mm,则此时 A_0 的实际尺寸为:$A_0 = (50 - 40.36)$ mm = 9.64 mm,零件仍是合格的。这就是按工序尺寸报废而按产品设计要求仍合格的"假废品"现象。由此可见,由换算尺寸来间接保证设计尺寸,只是保证设计尺寸合格的必要条件,而不是充分条件。因此,当换算尺寸在一定范围内超差时,尚不能判断该零件是否报废,尚需对有关尺寸进行复检,并计算间接保证尺寸的实际尺寸,才能判断该零件是否合格。

(2)定位基准与设计基准不重合时尺寸的换算

零件加工中,有时为了工艺上的需要,零件加工表面的定位基准与设计基准会出现不重合现象,此时也需要进行尺寸换算以求得工序尺寸及其公差。

【例题 6-4】 如图 6-17(a)所示零件,孔的设计基准为 C 面。镗孔前,表面 A、B、C 已加工。镗孔时,为了使工件装夹方便,选择表面 A 为定位基准,并按工序尺寸 A_3 进行加工,求镗孔的工序尺寸及偏差。

解:经分析得知,设计尺寸 100±0.15 mm 是本工序加工中自然形成的,即为封闭环。然后从封闭环的两边出发,查找出 A_1、A_2 和 A_3 为组成环。画出尺寸链如图 6-17(b)所示,用画箭头方法判断出 A_2、A_3 为增环,A_1 为减环。根据计算公式可得

①按封闭环的基本尺寸计算:

$$A_0 = A_3 + A_2 - A_1, 100 \text{ mm} = A_3 + 40 \text{ mm} - 240 \text{ mm}, 得 A_3 = 300 \text{ mm}。$$

②按封闭环的上偏差计算:

$$ES_0 = ES_3 + ES_2 - EI_1, 0.15 \text{ mm} = ES_3 + 0 \text{ mm} - 0 \text{ mm}, 得 ES_3 = 0.15 \text{ mm}。$$

③按封闭环的下偏差计算:

$$EI_0 = EI_3 + EI_2 - ES_1, -0.15 \text{ mm} = EI_3 - 0.06 \text{ mm} - 0.1 \text{ mm}, 得 EI_3 = 0.01 \text{ mm}。$$

最后得出镗孔的工序尺寸为 $A_3 = 300^{+0.15}_{+0.01}$ mm。

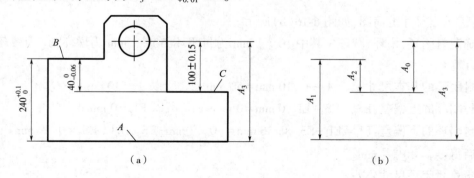

(a)　　　　　　　　　　　　(b)

图 6-17　例题 6-4 图

④验算封闭环尺寸公差:

$$T_0 = 0.3 \text{ mm}, T_1 + T_2 + T_3 = 0.10 \text{ mm} + 0.06 \text{ mm} + 0.14 \text{ mm} = 0.30 \text{ mm}$$

所以,$T_0 = T_1 + T_2 + T_3$,计算正确。

2. 中间工序尺寸的计算

在零件加工中,有些加工表面的定位基准是一些尚需继续加工的表面。当加工这些表面时,不仅要保证本工序对该加工表面的尺寸要求,同时还要保证原加工表面的要求,即一次加工后要保证两个尺寸的要求。此时就需进行工序尺寸的换算。

【例题 6-5】　一带有键槽的内孔要淬火及磨削,其设计尺寸如图 6-18(a)所示,内孔及键槽的加工顺序为

①镗内孔至 $\phi 39.6^{+0.1}_{0}$ mm;

②插键槽至尺寸 A;

③淬火(变形忽略不计);

④磨内孔,同时保证内孔直径 $\phi 40^{+0.05}_{0}$ mm 和键槽深度 $43.6^{+0.34}_{0}$ mm 两个设计尺寸的要求。要求确定工序尺寸 A 及其公差。

解: 为解算这个工序尺寸链,可以作出两种不同的尺寸链图。如图 6-18(b)所示是整体尺寸链图,它表示了 A 和三个尺寸的关系,其中 $43.6^{+0.34}_{0}$ mm 是封闭环,这里还看不到工序余量与尺寸链的关系。

如图 6-18(c)所示为分解的尺寸链图。图 6-18(c)是把图 6-18(b)所示的尺寸链分解成两个三环尺寸链,并引进了半径余量 $Z/2$。在图 6-18(c)的上图中,$Z/2$ 是封闭环;在下图中,$43.6^{+0.34}_{0}$ mm 是封闭环,$Z/2$ 是组成环。由此可见,为保证 $43.6^{+0.34}_{0}$ mm,就要控制工序余量 Z 的变化,而要控制这个余量的变化,就又要控制它的组成环,即直接获得的镗削尺寸 $19.8^{+0.05}_{0}$ mm 和磨削尺寸 $20^{+0.025}_{0}$ mm 的变化。工序尺寸 A 可以由图 6-18(b)解出,也可由图 6-18(c)解出。前者便于计算,后者利于分析。

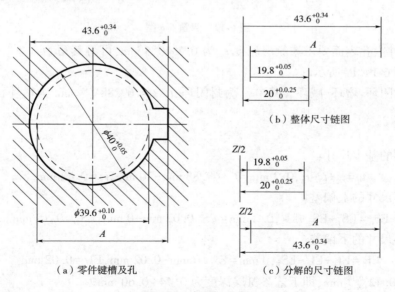

(a)零件键槽及孔　　　　(c)分解的尺寸链图

图 6-18　例题 6-5 图

在图 6-18(b)所示的尺寸链中,A、$20^{+0.025}_{0}$ mm 是增环,$19.8^{+0.05}_{0}$ mm 是减环,由尺寸链的公称尺寸和基本偏差方程可得:

$$A = 43.6 \text{ mm} - 20 \text{ mm} + 19.8 \text{ mm} = 43.4 \text{ mm}。$$

$$\text{ES}_A = 0.34 \text{ mm} - 0.025 \text{ mm} + 0 \text{ mm} = 0.315 \text{ mm}。$$

$$EI_A = 0 \text{ mm} - 0 \text{ mm} + 0.05 \text{ mm} = 0.05 \text{ mm}.$$

得插键槽工序尺寸：$A = 43.4^{+0.315}_{+0.050}$，若按"单向入体"原则标注尺寸，可得 $A = 43.45^{+0.265}_{0}$ mm。

3. 保证渗碳、渗氮层深度的工艺尺寸计算

有些零件表面由于特殊的使用要求，需要进行渗碳或渗氮处理，而且在精加工后还要保证规定的渗层深度。由于零件精加工时表面要去除一层金属，为此必须正确地确定精加工前渗层的深度尺寸，此时也可进行类似的尺寸链换算。

【例题 6-6】 如图 6-19(a)所示的套筒零件，孔径为 $\phi 140^{+0.04}_{0}$ mm 的表面需要渗氮，精加工后要求渗氮层深度 t_0 为 0.3~0.5 mm。该表面的加工顺序为：①磨内孔至尺寸 $\phi 139.76^{+0.04}_{0}$ mm；②渗氮处理；③精磨孔至 $\phi 140^{+0.04}_{0}$ mm，并保证渗氮层深度 t_0。试求工艺渗氮层深度 t_1。

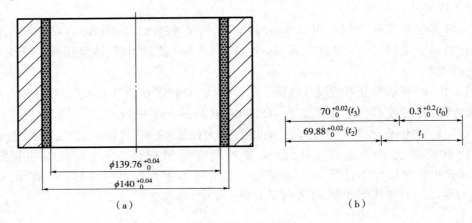

图 6-19 例题 6-6 图

解: ①零件内孔表面要求渗氮层深度 t_0 为 0.3~0.5 mm，可将其写为 $0.3^{+0.2}_{0}$ mm。画出尺寸链简图如图 6-19(b)所示。

②确定封闭环、增环、减环。其中 t_0 为封闭环，t_1、$t_2 = 69.88^{+0.02}_{0}$ mm 为增环，$t_3 = 70^{+0.02}_{0}$ mm 为减环。

③计算。

按封闭环的基本尺寸：

$$t_0 = t_1 + t_2 - t_3, \ 0.3 \text{ mm} = t_1 + 69.88 \text{ mm} - 70 \text{ mm}, \ t_1 = 0.42 \text{ mm}.$$

按封闭环尺寸的上偏差：

$$ES_0 = ES_1 + ES_2 - EI_2, \ 0.2 \text{ mm} = ES + 0.02 \text{ mm} - 0 \text{ mm}, \ ES_1 = 0.18 \text{ mm}.$$

按封闭环尺寸的下偏差：

$$EI_0 = EI_1 + EI_2 - ES_3, \ 0 \text{ mm} = EI_1 + 0 \text{ mm} - 0.02 \text{ mm}, \ EI_1 = 0.02 \text{ mm}.$$

最后求得 $t_1 = 0.42^{+0.18}_{+0.02}$ mm，即工艺渗氮层深度为 0.44~0.60 mm。

④验算封闭环尺寸公差：

$$T_0 = 0.2 \text{ mm}, \ T_1 + T_2 + T_3 = 0.16 \text{ mm} + 0.02 \text{ mm} + 0.02 \text{ mm} = 0.20 \text{ mm}$$

所以，$T_0 = T_1 + T_2 + T_3$，计算正确。

6.9　工艺过程的生产率和经济性

6.9.1　提高生产率的基本途径

1. 基本概念

1)时间定额

时间定额是指在一定的生产条件下,规定生产一件产品或完成一道工序所需消耗的时间。时间定额不仅是衡量劳动生产率的指标,也是安排生产计划、计算生产成本、新建或扩建工厂(或车间)时计算设备和工厂面积的重要依据。

制定时间定额应根据本企业具体的生产技术条件,使大多数员工都能达到,部分先进员工可以超过,少数员工经过努力可以达到或接近的平均先进水平。合理的时间定额能调动员工的积极性,促进员工技术水平的提高,从而不断提高劳动生产率。不适当的时间定额不但不能起到积极的作用,反而会影响生产节拍,降低劳动生产率。此外,随着企业生产技术条件的不断改善,时间定额应定期修订,以保持定额的平均先进水平。

2)单件时间定额

为了正确的确定时间定额,通常把完成一个工序所消耗的单件时间 t_{pc} 分为基本时间 t_m、辅助时间 t_a、布置工作地时间 t_s、休息和生理需要时间 t_r 及准备和终结时间 t_{be} 等。

(1)基本时间 t_m

基本时间是直接改变生产对象的尺寸、形状、相对位置、表面状态或材料性质等的工艺过程所消耗的时间。对机械加工而言,就是直接切除工序余量所消耗的时间(包括刀具的切入和切出时间)。

(2)辅助时间 t_a

辅助时间是为实现基本工艺工作所必须进行的各种辅助动作所消耗的时间。它包括:装卸工件、开停机床、引进或退出刀具、改变切削用量、试切和测量工件等所消耗的时间。

辅助时间的确定方法随生产类型而异。大批量生产时,为使辅助时间规定得合理,需将辅助动作进行分解,再分别确定各分解动作的时间,最后予以综合;中批生产则可根据以往的统计资料来确定;单件小批生产则常用基本时间的百分比进行估算。

基本时间和辅助时间的总和称为作业时间,它是直接用于制造产品或零、部件所消耗的时间。

(3)布置工作地时间 t_s

布置工作地时间是为使加工正常进行,操作者照管工作地(如调整和更换刀具、修整砂轮、润滑和擦拭机床、清理切屑等)所消耗的时间。t_s 不是直接消耗在每个工件上的,而是消耗在一个工作班内的时间,一般按作业时间的 2%~7% 计算。在计算单件时间定额时须按一个工作班内工件的生产数量折算到每个工件上。

(4)休息与生理需要时间 t_r

休息与生理需要时间是操作人员在工作班内为恢复体力和满足生理上的需要所消耗的时间。t_r 也是按一个工作班为计算单位,再折算到每个工件上的。一般按作业时间的 2%~4% 计算。

（5）准备和终结时间 t_{be}（简称准终时间）

准终时间是操作人员为了生产一批产品或零、部件,进行准备和结束工作所消耗的时间。例如,在单件或成批生产中,每当开始加工一批工件时,操作者需要熟悉工艺文件,领取毛坯、材料、工艺装备、安装刀具和夹具、调整机床和其他工艺装备等所消耗的时间;一批工件加工结束后,需拆下和归还工艺装备,送交成品等。t_{be} 既不是直接消耗在每个工件上,也不是消耗在一个工件班内的时间,而是消耗在一批工件上的时间。因而分摊到每个工件上的时间为 t_{be}/n,其中 n 为批量。

故单件和成批生产的单件时间 t_{pc} 应为

$$t_{pc} = t_m + t_a + t_s + t_r + \frac{t_{be}}{n} \tag{6-15}$$

大批量生产中,由于 n 的数量值很大,$\dfrac{t_{be}}{n} \approx 0$,可忽略不计。

2. 提高劳动生产率的基本途径和工艺措施

提高劳动生产率就是要缩短单件时间定额,主要是缩短基本时间、辅助时间、布置工作地时间和准备终结时间。常用的缩短单件时间定额的工艺措施有以下几种:

1)缩减基本时间 t_m

基本时间 t_m 可按有关公式计算。以外圆车削为例:

$$t_m = \frac{\pi DLZ}{1\,000 v_c f a_p} \tag{6-16}$$

式中　D——切削直径,mm;

　　　L——切削行程长度,包括加工表面的长度、刀具切入和切出长度,mm;

　　　Z——工序余量(此处为单边余量),mm;

　　　v_c——切削速度,m/min;

　　　f——进给量,mm/r;

　　　a_p——背吃刀量,mm。

上式说明,增大切削用量 v_c、f、及 a_p,减少切削行程长度都可以缩减基本时间。

（1）提高切削用量

近年来随着刀具(砂轮)材料的迅速发展,刀具(砂轮)的切削性能已有很大的提高,高速切削和强力切削已成为切削加工的主要发展方向。目前,硬质合金车刀的切削速度一般可达 200 m/min,而陶瓷刀具的切削速度可达 500 m/min。近年来出现的聚晶金刚石和聚晶立方氮化硼刀具在切削普通钢材时,其切削速度可达到 900 m/min;加工 60 HRC 以上的淬火钢或高镍合金钢时,切削速度可在 90 m/min 以上。磨削的发展趋势是高速磨削和强力磨削。高速磨削速度已达 80 m/s 以上;强力磨削的金属切除率可为普通磨削的 3~5 倍,其磨削深度一次可达 6~30 mm。

（2）减少或重合切削行程长度

利用多把刀具或复合刀具对工件的同一表面或多个表面同时进行加工,或者用宽刃刀具或成形刀具作横向进给,同时加工多个表面,实现复合工步,都能减少刀具的切削行程长度,或使切削行程长度部分或全部重合,减少基本时间。图 6-20 所示为采用多把刀具对零件进行同时加工。

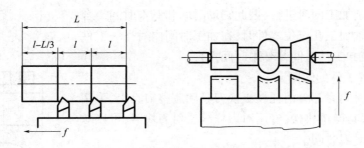

图 6-20　采用多把刀具对零件进行同时加工

采用多件加工也是缩短切削行程的有效措施。图 6-21 为多件加工示意图。多件加工有三种形式:顺序多件加工、平行多件加工和平行顺序加工。图 6-21(a)为顺序多件加工,图 6-21(b)为平行多件加工,图 6-21(c)为平行顺序多件加工。

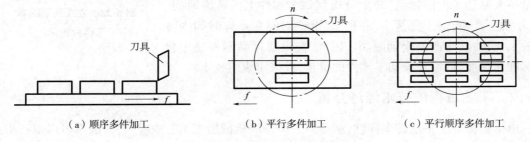

（a）顺序多件加工　　　　（b）平行多件加工　　　　（c）平行顺序多件加工

图 6-21　多件加工示意图

(3)减小切削加工余量(毛坯精化)

采用先进的毛坯制造方法,如粉末冶金、压力铸造、精密铸造、精锻、冷挤压、热挤压等新工艺,可以有效提高毛坯精度,从而达到减少机械加工余量、节约材料、提高效率的目的。采用少、无切削代替常规切削加工方法,可以提高生产率和提高加工精度和表面质量,如采用冷挤压齿轮代替剃齿时,其表面粗糙度可达 $Ra1.25 \sim 0.63\ \mu m$,生产率可提高四倍以上。

2)缩短辅助时间

在单件小批生产中,如何缩减辅助时间,是提高生产率的关键。缩减辅助时间有两种方法:直接缩减辅助时间和间接缩减辅助时间。

(1)直接缩减辅助时间

采用先进的高效率夹具可缩减工件的装卸时间。因大批量生产中采用先进夹具,如气动、液压驱动夹具,不仅减轻了操作者的劳动强度,而且大大缩减了装卸工件时间。在单件小批量生产中采用成组夹具或通用夹具,能节省工件的装卸找正时间。

采用主动测量法可减少加工中的测量时间。主动测量装置能在加工过程中测量工件加工表面的实际尺寸,并可根据测量结果,对加工过程进行主动控制。目前,在各类机床上配置的数字显示装置,都是以光栅、感应同步器为检测元件,能连续显示出工件在加工过程中尺寸的变化。采用该装置后能显示出刀具的位移量,节省停机测量的辅助时间。

(2)间接缩减辅助时间

间接缩减辅助时间,即使辅助时间与基本时间重合,从而减少辅助时间。例如,图 6-22 所示为立式连续回转工作台铣床。机床上装有双工位夹具或有两根主轴顺次进行粗、精铣削,装卸工件和机械切削加工同时进行,因此辅助时间和基本时间重合。

采用多根心轴加工孔定位零件时,在加工时间内对另一工件进行装卸,可使装卸工件时间与基本时间重合。

(3)缩短布置工件的时间

布置工件的时间大部分消耗在更换刀具和调整刀具上,采用各种快换刀夹、刀具微调机构、专用对刀样板或对刀块等,可以减少刀具的调整和对刀时间。

(4)缩短准备和终结时间

缩短准备和终结时间的主要方法是扩大零件的批量和减少调整机床、刀具和夹具的时间。

成批生产中,除设法缩短安装刀具、调整机床等的时间外,应尽量扩大制造零件的批量,减少分摊到每个零件上的准终时间。中、小批生产中,由于批量小、品种多,准终时间在单件时间中占有较大比重,使生产率受到限制。因此,应设法提高零件通用化和标准化程度,以增加被加工零件的批量,或采用成组技术。

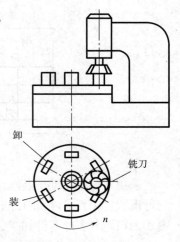

图 6-22　立式连续回转
工作台铣床

6.9.2　工艺过程的技术经济分析

由于机械加工手段的多样性,制订同一零件的机械加工工艺规程时,一般都可以拟订出几种不同的工艺方案。不同的工艺方案有不同的经济效果。只有对各种不同的工艺方案进行技术经济分析,才能得到既能保证工件的加工质量和生产率,又能达到成本最低的工艺方案。

整个生产过程中所消耗的费用称为生产成本。生产成本包括两部分,一部分与工艺过程直接相关,称为工艺成本;另一部分与工艺过程不直接相关(如行政人员工资、厂房折旧费、照明费、采暖费等)。工艺成本占零件生产成本的 70%~75%。对工艺方案进行经济分析时,主要分析与工艺过程有直接关系的工艺成本,因为在同一生产条件下与工艺过程不直接相关的费用基本上是相等的。

1. 工艺成本的组成

工艺成本由可变成本 V 与不变成本 C 两部分组成。可变成本与零件的年产量有关,它包括材料费(或毛坯费)、操作人员工资、通用机床和通用工艺装备维护折旧费等。不变成本与零件年产量无关,它包括专用机床、专用工艺装备的维护折旧费用以及与之有关的调整等,因为专用机床、专用工艺装备是专为加工某一工件所用,它不能用来加工其他工件,而专用设备的折旧年限是一定的,因此专用机床、专用工艺装备的费用与零件的年产量无关。

零件加工全年工艺成本 S 与单件工艺成本 S_t 可用下式表示:

$$S = VN + C \qquad\qquad (6\text{-}17)$$

$$S_t = V + \frac{C}{N} \qquad\qquad (6\text{-}18)$$

式中　N——零件的年产量,单位为件;

　　　V——可变成本,单位为元;

　　　C——不变成本,单位为元。

如图 6-23、图 6-24 所示分别为全年工艺成本 S 和单件工艺成本 S_t 与年产量 N 的关系图。

由图 6-23 可见，S 与 N 呈直线变化关系，即全年工艺成本的变化量 ΔS 与年产量的变化量 ΔN 呈正比。由图 6-24 可见，S_t 与 N 呈双曲线变化关系，A 区相当于设备负荷很低的情况，此时若 N 略有变化，S_t 就变化很大；而在 B 区，情况则不同，即使 N 变化很大，S_t 的变化也较小，不变费用 C 对 S_t 的影响很小，这相当于大批量生产的情况。在数控加工和计算机辅助制造条件下，全年工艺成本 S 随零件年产量 N 的变化率与单件工艺成本 S_t 随零件年产量 N 的变化都将减缓，尤其是在年产量 N 取值较小时，此种减缓趋势更为明显。

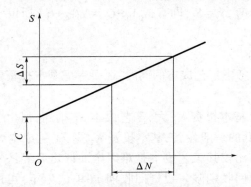

图 6-23　全年工艺成本 S 与年产量 N 的关系　　　图 6-24　单件工艺成本 S_t 与年产量 N 的关系

2. 工艺方案的经济评比

对几种不同工艺方案进行经济评比时，一般可分为以下两种情况：

①当需评比的工艺方案均采用现有设备或其基本投资相近时，可用工艺成本评比各方案经济性的优劣。

（a）两加工方案中少数工序不同，多数工序相同时，可通过计算少数不同工序的单件工序成本 S_{t1} 与 S_{t2} 进行评比：

$$S_{t1} = V_1 + \frac{C_1}{N}$$

$$S_{t2} = V_2 + \frac{C_2}{N}$$

当产量 N 为一定数量时，可根据上式直接计算出 S_{t1} 与 S_{t2}，若 $S_{t1} > S_{t2}$，则第二方案为可选方案；若产量 N 为一变量时，则可根据上式做出全年工艺成本比较图进行比较，如图 6-25 所示。产量 N 小于临界产量 N_0 时，选择方案二；产量 N 大于 N_0 时，选择方案一。

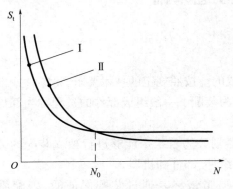

图 6-25　全年工艺成本比较图

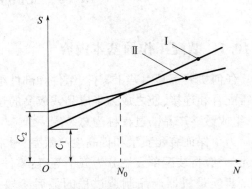

图 6-26　单件工艺成本比较图

（b）两加工方案中，多数工序不同，少数工序相同时，则以该零件加工全年工艺成本（S_1，S_2）进行比较，单件工艺成本比较图如图 6-26 所示。

$$S_1 = NV_1 + C_1$$
$$S_2 = NV_2 + C_2$$

当年产量 N 为一定数时，可根据上式直接算出 S_1 及 S_2，若 $S_1 > S_2$，则选择第二方案。若年产量 N 为变量时，可根据上式作图比较，如图 6-26 所示。由图可知，当 $N < N_0$ 时，第二方案的经济性好；当 $N > N_0$ 时，第一方案的经济好。当 $N = N_0$，$S_1 = S_2$，即有 $N_0 V_1 + C_1 = N_0 V_2 + C_2$，所以

$$N_0 = \frac{C_2 - C_1}{V_1 - V_2}$$

②两种工艺方案的基本投资差额较大时，则在考虑工艺成本的同时，还要考虑基本投资差额的回收期限。

若第一方案采用了价格较贵的先进专用设备，基本投资 K_1 大，工艺成本 S_1 稍高，但生产准备周期短，产品上市快；第 2 方案采用了价格较低的一般设备，基本投资 K_2 少，工艺成本 S_2 稍低，但生产准备周期长，产品上市慢；这时如单纯比较其工艺成本是难以全面评定其经济性的，必须同时考虑不同加工方案的基本投资差额的回收期限。投资回收期 τ（单位为年）可用下式求得

$$\tau = \frac{K_1 - K_2}{(S_2 - S_1) + \Delta Q} = \frac{\Delta K}{\Delta S + \Delta Q} \tag{6-19}$$

式中　ΔK——基本投资差额，单位为元；

　　　ΔS——全年工艺成本节约额，单位为元/年；

　　　ΔQ——由于采用先进设备促使产品上市加快，工厂从产品销售中取得的全年增收总额，单位为元。

投资回收期必须满足以下要求：

（a）回收期限应小于专用设备或工艺装备的使用年限；

（b）回收期限应小于该产品由于结构性能或市场需求因素决定的生产年限；

（c）回收期限应小于国家所规定的标准回收，采用专用工艺装备的标准回收期为 2～3 年，采用专用机床的标准回收期为 4～6 年。

若 τ 满足上述要求，应选方案一。

6.10　机器装配工艺基础

6.10.1　装配工作的基本内容

任何机器都是由若干零件、组件和部件组装而成的。按照规定的技术要求，将零件或部件进行配合和连接，使之成为半成品或成品的过程，称为装配。一般组成部件的过程称为部件装配，组成最终产品的过程称为总装配。

为了保证装配质量和提高生产效率，通常将机器划分为若干个能够进行独立装配的装配单元，一般将装配单元划分为五个等级：零件、套件、组件、部件和机器。

装配是机器产品制造过程的最后阶段。机器质量最终是通过装配保证的，装配质量

在一定程度上决定了机器的最终质量。同时,装配工艺过程又是机器生产的最终检验环节,因此,装配工艺过程在机械制造中占有十分重要的位置。一般常见的装配工作有以下主要内容。

1. 清洗

清洗是用清洗剂清除产品或者工件的油污及机械杂质的过程。清洗对于保证产品质量和延长产品服役期限具有重要意义。尤其是对轴承、密封件、精密偶件及有特殊清洗要求的工件,作用更加重要。

常用的清洗剂有煤油、汽油、碱液和多种化学清洗剂。清洗方法有擦洗、浸洗、电解清洗、气相清洗、喷洗和超声波清洗等。一般经过清洗的零件、部件应该具有一定的中间防锈能力。

2. 连接

连接是将两个或两个以上的零件结合在一起的过程。连接是装配过程的基本内容。常见的连接方式有两种:一种是可拆卸连接,如螺纹连接、键连接和销钉连接等,其中以螺纹连接、键连接应用较广;另一种为不可拆卸连接,如焊接、铆接和过盈配合连接等。过盈配合连接多用于轴、孔的配合,通常有压入配合法、热胀配合法和冷缩配合法。一般的机械常用压入配合法,重要和精密机械常用热胀或冷缩配合法。

3. 校正、调整与配作

在产品装配过程中,特别是单件小批生产的条件下,为了保证装配精度,常常需要进行一些校正、调整与配作工作。因为完全依靠零件互换装配方法来保证装配精度往往是不经济,有时甚至是不可能的。

(1)校正

校正是指在装配过程中对相关零、部件相互位置的找正、找平,并且通过各种调整方法达到装配精度要求的过程。如普通车床总装时,导轨扭曲的校正、主轴箱主轴中心与尾座套筒中心等高的校正、压力机立柱的垂直度的校正等。

(2)调整

调整是指在装配过程中对相关零部件的相互位置进行具体的调节工作。一般包括调整零、部件的位置精度,调整运动副之间的间隙,以保证其运动精度。例如滚动轴承间隙的调整,镶条松紧的调整,齿轮与齿条啮合间隙的调整等。

(3)配作

配作是以已加工件为基准,加工与其相配的另一工件,或将多个工件组合在一起进行加工的方法。如配钻、配铰、配刮、配磨等。配作经常与校正、调整工作结合进行。

4. 平衡

对于转速高、运转平稳性要求高的机器(如精密磨床、鼓风机等),为使其高速运转平稳,防止出现振动和噪声,对旋转的零部件需要进行平衡。其方法有静平衡和动平衡两种。一般长度小直径大的零件(如飞轮、皮带轮等),只需进行静平衡;对于长度较大转速高的零件(如曲轴、电机转子等)应该进行动平衡。

平衡的方法有两种:

(1)去重法

应用钻、铣、磨、锉和刮等方法除去不平衡质量。

（2）配重法

用螺纹连接、补焊和胶接等方法加配质量或改变在预制平衡槽内平衡块的位置或者数量的方法达到平衡。

5. 试验与验收

机械产品装配完成后，应根据有关技术标准和规定的技术要求对产品进行全面的验收和必要的试验工作，合格后才准予出厂。

6.10.2　装配精度与装配尺寸链

1. 装配精度

1）装配精度的概念

装配精度指产品装配后实际达到的精度。装配精度是装配工艺的技术要求指标，一般根据机器的使用性能要求提出。装配精度不仅影响机器或部件的工作性能，而且影响它们的使用寿命。机床的装配精度直接影响机床上零件的加工精度。

正确的规定机器、部件的装配精度，是产品设计的重要环节之一。不仅关系到产品的质量，也关系到产品制造的工艺性和经济性。是制定装配工艺规程的主要依据，也是确定零件加工精度的依据。

对于一些标准化、通用化和系列化的产品，如通用机床和减速器等，其装配精度应根据国家标准、部颁标准或行业标准来制订。对于没有标准可循的产品，其装配精度可根据用户的使用要求，参照经过实际考验的类似部件或产品的已有数据，采用类比法确定。对于一些重要产品，其装配精度要经过分析计算和试验研究后才能确定。

产品的装配精度一般包括零部件间的距离精度、位置精度、相对运动精度和接触精度等。

（1）距离精度

距离精度是指相关零部件间的距离尺寸精度。例如卧式车床精度的国家标准（GB/T 4020—1997）规定的床头和尾座两顶尖的等高度即属此项精度。距离精度还包括配合面间达到规定的间隙或过盈的要求，即配合精度。例如轴和孔的配合间隙或配合过盈，齿轮啮合中非工作齿面间的侧隙以及其他一些运动副间的间隙等。

（2）位置精度

位置精度主要指相关零部件间的平行度、垂直度、同轴度和各种跳动等。例如卧式车床精度标准中规定的主轴各种跳动。

（3）相对运动精度

相对运动精度是指有相对运动的零部件间在运动方向和运动位置上的精度。运动方向上的精度包括零部件间相对运动时的直线度、平行度和垂直度等。例如，卧式车床精度标准规定的溜板移动在水平面内的直线度，尾座移动对溜板移动的平行度，主轴轴线对溜板移动的平行度和尾座套筒轴线对溜板移动的平行度等。显然，零部件间在运动方向上的相对运动精度是以位置精度为基础的。运动位置上的精度即传动精度，是指内联系传动链中，始末两端传动元件间的相对运动（转角）精度。如滚齿机主轴（滚刀）与工作台的相对运动精度和车床车螺纹时的主轴与刀架移动的相对运动精度等。

（4）接触精度

接触精度是指两配合表面、接触表面和连接表面间达到规定的接触面积大小与接触点的分布情况。它主要影响接触刚度和配合质量的稳定性,同时对相互位置和相对运动精度的保证也有一定的影响。如锥体配合、齿轮啮合等均有接触精度要求。

2. 装配精度与零件精度的关系

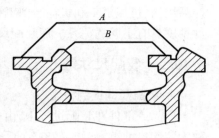

机器及其部件都是由零件组装而成的。显然,零件的精度特别是主要零件的加工精度,对装配精度有很大影响。例如,前述尾座移动对溜板移动的平行度要求。如图 6-27 所示为床身导轨简图,其装配精度主要取决于床身上的溜板、尾座所基于移动的导轨 A 和 B 之间的平行度以及溜板、尾座与导轨面间的接触精度。反之,床身上相应精度项目的技术要求,就是根据有关总装配精度检验项目的具体技术要求提出的。

图 6-27 床身导轨简图
A—溜板移动导轨;B—尾座移动导轨

一般而言,装配精度和与它相关的零部件的加工精度有关,即这些零部件的加工误差的累积将影响装配精度。如主轴定心轴颈的径向圆跳动的装配精度,主要取决于滚动轴承内环的径向圆跳动精度和主轴定心轴颈对于支承轴颈的径向圆跳动精度,同时也还受到其他结合件如锁紧螺母精度的影响。此时,我们可以合理地规定有关零部件的制造精度,使它们的累积误差仍不超出装配精度所规定的范围,从而简化装配工作,这对于大批量生产过程是十分重要的。

然而,零件的加工精度不仅受工艺条件的影响,而且还受到经济性的限制。当产品装配精度要求较高时,以控制零件的加工精度来保证装配精度的方法,将给零件的加工带来困难,成本增高。这时可按经济加工精度来确定零件的精度要求,使之易于加工,而在装配时采用一定的工艺措施(修配、调整等)来保证装配精度。如图 6-28 所示为卧式车床床头和尾座两顶尖的等高度要求示意图。主轴锥孔中心线和尾座套筒锥孔中心线对床身导轨的等高度要求,与主轴箱 1、尾座 2、底板 3 及床身 4 等零部件的加工精度有关。由图可以看出,其等高度误差 A_0 与主轴箱(A_1)、尾座(A_3)及底板(A_2)的加工精度有关,是这些零件加工误差的累积。但等高度要求是很高的,如果仅仅靠提高 A_1、A_2、A_3 的尺寸精度来保证是很不经济的,甚至在技术上也是很困难的。比较合理的办法是,首先按经济精度来确定各零部件的加工精度要求,然后对某个零件(一般对底板 3)进行适当的修配来保证等高度要求的装配精度。

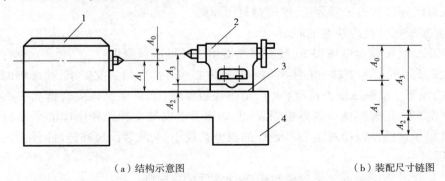

(a)结构示意图　　　　　　　　　　　　　　(b)装配尺寸链图

图 6-28 卧式车床床头和尾座两顶尖的等高度要求示意图
1—主轴箱;2—尾座;3—底板;4—床身

从以上分析可知,产品的装配精度和零件的加工精度有密切的关系。零件加工精度是保证装配精度的基础,但装配精度并不完全取决于零件的加工精度。装配精度的合理保证,应从产品结构、机械加工和机械装配工艺等多方面进行综合考虑。不同的装配方法,装配精度与零件精度具有不同的关系。而装配尺寸链的分析,是进行综合分析的有效手段。

6.10.2 装配尺寸链

1. 装配尺寸链的概念

产品或部件在装配过程中,由相关零部件上的有关尺寸或相互位置关系所组成的尺寸链称为装配尺寸链,如图 6-28(b)所示。这些相关零部件上的尺寸(或位置关系)是尺寸链的组成环,如 A_1、A_2、A_3,而装配精度要求常常就是封闭环 A_0(装配所要保证的装配精度或技术要求)。显然,封闭环不是一个零件或一个部件上的尺寸,而是不同零部件表面或中心线之间的相对位置尺寸(或位置关系),它是装配后形成的。

2. 装配尺寸链的建立

正确地查明装配尺寸链的组成,建立装配尺寸链,是运用尺寸链原理分析和解决零件精度与装配精度关系问题的基础。

1)建立装配尺寸链的步骤

装配尺寸链的建立过程,一般是在装配图上,依据装配精度要求,找出与该项装配精度有关的零件及其有关尺寸,组成装配尺寸链的过程。一般的步骤如下:

(1)封闭环的确定

在装配尺寸链中,封闭环定义为装配过程最后形成的尺寸环,而装配精度是装配后所得的尺寸环,所以装配精度就是封闭环。

(2)组成环的确定

从封闭环两端所依据的零件出发,沿装配精度要求的位置方向,以零件装配基准面为联系,分别找出影响装配精度要求的相关零件(组成环),直至找到同一基准零件为止。其间经过的所有相关零件都是组成环。

(3)画出尺寸链简图

画尺寸链简图时,一般以封闭环为基础,从其尺寸的一端出发,逐一把组成环的尺寸连接起来,直到封闭环尺寸另一端为止,这就是封闭原则。

2)建立装配尺寸链应注意的问题

(1)在保证装配精度的前提下,装配尺寸链组成环可适当简化。

图 6-28 所示的车床主轴中心线与尾座套筒中心线等高度的装配要求,其影响因素除了主轴锥孔中心线至主轴箱底面的高度(A_1),尾座底板厚度(A_2),尾座顶尖套锥孔中心线至尾座底面距离(A_3)外,还有其他一些影响因素(譬如床身上安装主轴箱和尾座的平导轨间的高度差)。通常由于这些误差相对 A_1、A_2 及 A_3 的误差是较小的,故装配尺寸链可简化为图 6-28(b)所示的情况。

(2)装配尺寸链的组成应符合最短路线(环数最少)原则。

由尺寸链的基本理论可知,封闭环的公差等于各组成环公差之和。当封闭环公差一定时,组成环数越少,分配到各组成环的公差越大。因此,在装配精度要求一定的条件下,为使各组成环的公差大一些,便于加工,要求组成环数尽可能少一些。为此,必须使与装配精度有关的零部件仅以一个相关尺寸列入尺寸链,这样装配尺寸链的组成环数目也就会最少。

（3）装配尺寸链的"方向性"。

在同一装配结构中,在不同位置方向都有装配精度的要求时,应按不同方向分别建立装配尺寸链。例如,蜗轮蜗杆副传动结构,为保证正常啮合,要同时保证蜗杆副两轴线间的尺寸精度、垂直度精度、蜗杆轴线与蜗轮中间平面的重合精度,这是三个不同位置方向的装配精度,因而需要从三个不同方向分别建立尺寸链。

【例题 6-7】 图 6-29 为传动箱齿轮轴组件装配示意图。齿轮轴 4 在两个滑动轴承 5、1 中转动,两轴承分别压入箱体 7 和箱盖 3 中,齿轮轴 4 的左边压配一个大齿轮 6,装配要求两轴承的内端面处都要有间隙,且为保证轴向间隙,轴上右边套一个垫圈 2。试建立以轴向间隙为装配精度的尺寸链。

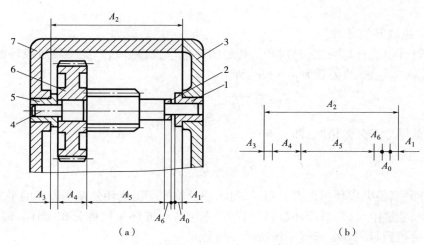

（a）   （b）

图 6-29 传动箱齿轮轴组件装配示意图

1—右轴承;2—垫圈;3—箱盖;4—齿轮轴;5—左轴承;6—大齿轮;7—箱体

解:①确定封闭环。一般产品或部件的装配精度就是封闭环。为避免轴端与滑动轴承端面的摩擦,在轴向要保证适当的间隙 A_0。间隙 A_0 就是轴系部件轴向尺寸的装配精度,即为封闭环。

②查找组成环。装配尺寸链的组成环是相关零件的相关尺寸,因此查找组成环首先要找相关零件,然后再确定相关尺寸。从间隙 A_0 向右查找,其相邻零件是右轴承、箱盖、箱体、左轴承、大齿轮、齿轮轴和垫圈,共 7 个零件,通过判断,箱盖对间隙大小并无影响,应舍去,剩余 6 个零件,其对应的相关尺寸为 A_1、A_2、A_3、A_4、A_5、A_6,符合"一件一环"原则。

③画出装配尺寸链图。根据找出的封闭环和组成环,按零件的邻接关系即可画出装配尺寸链图如图 6-29（b）所示,并判断组成环的性质。对于多环组成的尺寸链,仍可按画箭头的方法判断增环和减环。本例中 A_2 是增环,A_1、A_3、A_4、A_5 和 A_6 为减环。

3. 装配尺寸链的解算

微课 6-4

装配尺寸链的建立

装配尺寸链的解算有两种方法,即极值法和概率法。极值法的特点是简单可靠,但当封闭环公差较小或组成环较多时,会使各组成环公差太小而导致加工困难,成本增加。根据概率论的基本原理,首先,在一个稳定的工艺系统中进行较大批量加工时,零件的加工误差出现极值的可能性是很小的。其次，装配时，各零件误差同时出现极值的"最不利组合"的可能性更小。若组成环数较多，装配时零件出现"最不利组合的机会就更加微小，实际上可忽略不计。以概率论原理为基础建立的尺寸链解算方法，即为概率法。用概率法解算装配尺寸链比极值法更合理，下面着重予以讨论。

(1)各环公差值的概率法计算

在装配尺寸链中，各组成环是有关零件上的尺寸或位置关系，这些数值是一些彼此独立的随机变量，作为各组成环合成结果的封闭环也是一个随机变量。根据概率论原理，各独立的随机变量(装配尺寸链的组成环)的均方根偏差(标准差)σ_i与这些随机变量之和(装配尺寸链的封闭环)的均方根偏差(标准差)σ_0之间的关系为

$$\sigma_0 = \sqrt{\sum_{i=1}^{m} \sigma_i^2} \tag{6-20}$$

式中 m——组成环的环数。

当尺寸链各组成环均为正态分布时，其封闭环也呈正态分布。此时各组成环的尺寸误差范围ω_i与其标准差σ_i的关系为$\omega_i = 6\sigma_i$，即

$$\sigma_i = \frac{1}{6}\omega_i$$

当误差范围等于公差值时，即$\omega_i = T_i$

$$T_0 = \sqrt{\sum_{i=1}^{m} T_i^2} \tag{6-21}$$

上式表明：当各组成环呈正态分布时，封闭环公差等于组成环公差平方和的平方根。

在装配尺寸链中，只要组成环数目足够多，不论各组成环呈何种分布，封闭环总趋于正态分布，因此，可得到封闭环公差概率解法的一般公式

$$T_0 = \sqrt{\sum_{i=1}^{m} K_i^2 T_i^2} \tag{6-22}$$

式中，K_i为第i个组成环的相对分布系数，正态分布时，$K_i = 1.0$，分布曲线不明时，取$K_i = 1.5$。若组成环的公差带都相等，即$T_i = T_{av}$，则可得各组成环的平均公差T_{av}为

$$T_{av} = \frac{T_0}{\sqrt{m}} = \frac{\sqrt{m}}{m}T_0 \tag{6-23}$$

将上式与极值法$T_{av} = \frac{T_0}{m}$相比，可明显看出，概率法可将组成环的平均公差扩大$\sqrt{m}$倍，m愈大，T_{av}扩大愈大。可见概率法适用于环数较多的尺寸链。

(2)各环平均尺寸A_{av}的计算

由尺寸链计算的基本公式可知，当各环公差确定以后，如能确定各环的平均尺寸A_{av}或中间偏差Δ(也称平均偏差)，则各环的极限尺寸或上下偏差就可以很方便的求出。因此各环公差用概率法确定后，应进一步确定各环的平均尺寸或中间偏差。

封闭环的平均尺寸等于所有增环的平均尺寸之和减去所有减环的平均尺寸之和，即

$$A_{0av} = \sum_{p=1}^{k} A_{pav} - \sum_{q=k+1}^{m} A_{qav} \tag{6-24}$$

式中 k——增环的环数；

m——组成环的环数。

封闭环的中间偏差等于所有增环的中间偏差之和减去所有减环的中间偏差之和,即

$$\Delta_0 = \sum_{p=1}^{k} \Delta_p - \sum_{q=k+1}^{m} \Delta_q \qquad (6\text{-}25)$$

当按公式确定(6-22)和(6-25)确定 T_0 和 Δ_0 以后,封闭环的上、下偏差可以按下面公式计算

$$ES_0 = \Delta_0 + \frac{T_0}{2} \qquad (6\text{-}26)$$

$$EI_0 = \Delta_0 - \frac{T_0}{2} \qquad (6\text{-}27)$$

6.10.3　保证装配精度的方法

机器装配时必须保证规定的装配精度要求,而机器的装配精度既与零、部件的加工质量有关,还与所采用的装配方法有关。生产中有四种常用的保证装配精度的装配方法,分述如下。

1. 互换装配法

互换法装配时,被装配的每一个零件不需作任何挑选、修配和调整,装配后就能达到规定精度要求。用互换法装配,其装配精度主要取决于零件的制造精度。互换装配法的实质是用控制零部件加工误差来保证产品的装配精度。根据零件的互换程度,互换装配法可分为完全互换法和统计互换法。

(1)完全互换装配法

采用完全互换法装配时,装配尺寸链用极值法进行计算。为保证装配精度要求,尺寸链各组成环公差之和应小于或等于封闭环公差(装配精度要求),即

$$\sum_{i=1}^{m} T_i \leqslant T_0$$

式中　T_0——封闭环公差要求值(装配精度);

　　　T_i——第 i 个组成环公差;

　　　m——组成环环数。

在进行装配尺寸链计算时,若已知封闭环的公差(装配精度)T_0,求各有关零件(组成环)的公差 T_i,应按下列原则和方法确定各有关零件的公差 T_i。

①按等公差原则,确定各有关零件的平均极值公差 T_{av},作为确定各组成环极值公差的基础,并以等精度法修正:

$$T_{av} = T_0 / m$$

②组成环是标准件(如轴承环、弹性挡圈等)时,其公差值及其分布在相应标准中已有规定,应视为确定值。

③组成环是几个尺寸链的公共环时,其公差值及其分布由对其要求最严的尺寸链首先确定,对其余尺寸链则视为已定值。

④尺寸相近、加工方法相同的组成环,其公差值应相等。

⑤难加工、难测量的组成环,公差值可取大些。易加工、易测量的组成环,公差值可取小些。

⑥在确定各组成环极限偏差时,一般按"入体原则"标注。入体方向不明的长度尺寸,其极限偏差按对称偏差标注。

⑦若各组成环都按上述原则确定其公差值,则按公式计算的公差累积值可能不符合封闭环的要求。因而需要选择一个组成环,它的公差与分布要经过计算确定,以便与其他组成环协调,最后满足封闭环公差要求。这个组成环称为协调环。在选择协调环时,不能选择标准件或公共环,因为它们的公差和极限偏差是已定值。

【例题 6-8】 图 6-30 为齿轮与轴组件装配,齿轮空套在轴上,相对于固定轴回转,要求齿轮与挡圈的轴向间隙为 0.10~0.35 mm。已知各相关零件基本尺寸为:$A_1 = 30$ mm,$A_2 = 5$ mm,$A_3 = 43$ mm,$A_4 = 3_{-0.05}^{0}$ mm(标准件),$A_5 = 5$ mm。试用完全互换装配法确定各组成环的公差和极限偏差。

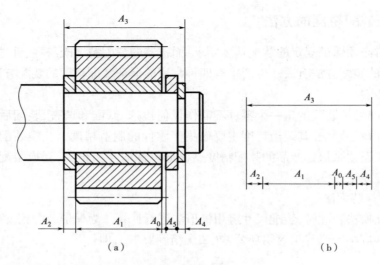

(a)　　　　　　　　　　　　(b)

图 6-30　齿轮与轴组件装配

解:①画装配尺寸链简图如图 6-30(b)所示,校验各环基本尺寸。依题意,轴向间隙为 0.1~0.35 mm,则封闭环 $A_0 = 0_{+0.10}^{+0.35}$ mm,封闭环公差 $T_0 = 0.25$ mm。A_3 为增环,A_1、A_2、A_4、A_5 为减环。封闭环的公称尺寸为

$$A_0 = \sum_{p=1}^{k} A_p - \sum_{q=k+1}^{m} A_q = A_3 - (A_1 + A_2 + A_4 + A_5)$$
$$= 43 - (30 + 5 + 3 + 5) = 0 \text{ mm}$$

由计算可知,各组成环基本尺寸无差错。

②确定各组成环公差。计算各组成环的平均极值公差 T_{av}

$$T_{av} = \frac{T_0}{m} = \frac{0.25}{5} = 0.05 \text{ mm}$$

以平均公差为基础,根据各组成环的尺寸、零件加工难易程度,确定各组成环公差。A_5 为一垫片,方便加工测量,故选 A_5 为协调环。A_4 为标准件,$A_4 = 3_{-0.05}^{0}$ mm,$T_4 = 0.05$ mm,其余组成环公差按尺寸和加工情况选择为 $T_1 = 0.06$ mm,$T_2 = 0.04$ mm,$T_3 = 0.07$ mm,公差等级大约是IT9,则 $T_5 = T_0 - (T_1 + T_2 + T_3 + T_4) = 0.25$ mm $-(0.06 + 0.04 + 0.07 + 0.05)$ mm $= 0.03$ mm。

③确定各组成环的极限偏差。除协调环外各组成环按"入体原则"标注为

$$A_1 = 30_{-0.06}^{0} \text{ mm}, \quad A_5 = 5_{-0.04}^{0} \text{ mm}, \quad A_3 = 43_{0}^{+0.07} \text{ mm}$$

由极值法公式计算协调环的偏差

$$\text{ES}_5 = \text{EI}_3 - \text{EI}_0 - (\text{ES}_1 + \text{ES}_2 + \text{ES}_4) = 0 - 0.1 - (0 + 0 + 0) = -0.10 \text{ mm}$$

$$\text{EI}_5 = \text{ES}_5 - T_5 = -0.10 - 0.03 = -0.13 \text{ mm}$$

所以,协调环 $A_5 = 5_{-0.13}^{-0.10}$ mm。

④最后可得各组成环的尺寸和极限偏差为

$$A_1 = 30_{-0.06}^{0}, \quad A_2 = 5_{-0.04}^{0}, \quad A_3 = 43_{0}^{+0.07}, \quad A_4 = 3_{-0.05}^{0}, \quad A_5 = 5_{-0.13}^{-0.10}。$$

上述计算表明,只要各组成环分别按上述尺寸要求制造,就能达到完全互换装配的要求。

完全互换装配的优点是:装配质量稳定可靠;装配过程简单,装配效率高;易于实现自动装配;产品维修方便。不足之处是当装配精度要求较高,尤其是在组成环数较多时,组成环的制造公差规定得严,零件制造困难,加工成本高。完全互换装配法适于在成批生产、大量生产中装配那些组成环数较少或组成环数虽多但装配精度要求不高的机器产品。

（2）统计互换装配法

用完全互换法装配,装配过程虽然简单,但它是根据增环、减环同时出现极值情况建立封闭环与组成环之间的尺寸关系的,常常由于组成环分得的制造公差过小而使零件加工产生困难。在一个稳定的工艺系统中进行成批生产和大量生产时,零件尺寸出现极值的可能性极小;装配时,出现最不利的极值组合就更小。完全互换法装配以提高零件加工精度为代价来换取完全互换装配,有时是不经济的。

统计互换装配法又称不完全互换装配法,其实质是应用概率方法解算封闭环与组成环之间的尺寸关系。这种方法可以将组成环的制造公差适当放大,使工件容易加工,这会使极少数产品的装配精度超出规定要求,但这是极小概率事件,很少发生。总体效果是经济可行的。

为便于与完全互换装配法比较,现仍以图 6-30(a)所示齿轮与轴组件装配间隙要求为例说明。

【例题 6-9】　将【例题 6-8】改用统计互换法装配,其他条件不变,试确定各组成环的偏差。

解:①画装配尺寸链简图,校验各环基本尺寸,与上例相同。

②确定各组成环公差。假定该产品大批量生产,工艺稳定,则各组成环尺寸呈正态分布,各组成环平均统计公差为

$$T_{\text{av}} = \frac{T_0}{\sqrt{m}} = \frac{0.25}{\sqrt{5}} \text{ mm} \approx 0.11 \text{ mm}$$

考虑到尺寸 A_3 尺寸大,希望其公差尽可能的大,故现选 A_3 为协调环,则应以平均统计公差为基础,参考各零件尺寸和加工难度,选取各组成环公差: $T_1 = 0.14$ mm, $T_2 = T_5 = 0.08$ mm,其公差等级为 IT11。 $A_4 = 3_{-0.05}^{0}$ mm(标准件), $T_4 = 0.05$ mm,则

$$T_3 = \sqrt{T_0^2 - (T_1^2 + T_2^2 + T_4^2 + T_5^2)}$$

$$= \sqrt{0.25^2 - (0.14^2 + 0.08^2 + 0.05^2 + 0.08^2)} \text{ mm} \approx 0.16 \text{ mm}(只舍不进)$$

③确定组成环的偏差。除协调环外各组成环按"入体原则"标注为

$$A_1 = 30_{-0.14}^{0} \text{ mm}, \quad A_2 = 5_{-0.08}^{0} \text{ mm}, \quad A_5 = 43_{-0.08}^{0} \text{ mm}。$$

协调环偏差可以由中间偏差公式求取,各环中间偏差分别为

$\Delta_0 = 0.225$ mm, $\Delta_1 = -0.07$ mm, $\Delta_2 = -0.04$ mm, $\Delta_4 = -0.025$ mm, $\Delta_5 = -0.04$ mm。
计算协调环 A_3 的中间偏差

$$\Delta_0 = \sum_{p=1}^{k}\Delta_p - \sum_{q=k+1}^{m}\Delta_q = \Delta_3 - (\Delta_1 + \Delta_2 + \Delta_4 + \Delta_5)$$

$$\Delta_3 = \Delta_0 + (\Delta_1 + \Delta_2 + \Delta_4 + \Delta_5) = 0.225 + (-0.07 - 0.04 - 0.025 - 0.06)\,\text{mm} = 0.05\,\text{mm}$$

A_3 上、下偏差 ES_3、EI_3 分别为

$$\text{ES}_3 = \Delta_3 + \frac{1}{2}T_3 = 0.05 + \frac{1}{2} \times 0.16\,\text{mm} = 0.13\,\text{mm}$$

$$\text{EI}_3 = \Delta_3 - \frac{1}{2}T_3 = 0.05 - \frac{1}{2} \times 0.16\,\text{mm} = -0.03\,\text{mm}$$

所以协调环 $A_3 = 43^{+0.13}_{-0.03}$ mm。

④各组成环尺寸分别为 $A_1 = 30^{0}_{-0.14}$ mm, $A_2 = 5^{0}_{-0.08}$ mm, $A_3 = 43^{+0.13}_{-0.03}$ mm, $A_4 = 3^{0}_{-0.05}$ mm, $A_5 = 5^{0}_{-0.08}$ mm。

2. 分组装配法

在大批量生产中,当封闭环精度要求很高时,如果采用互换法装配,会使得组成环的制造公差过小,加工困难或不经济。

采用分组装配法装配时,可将组成环公差放大,使其可以按经济精度制造,然后测量组成环的实际尺寸并按尺寸范围分成若干组。装配时按对应组进行装配,以保证每组都能达到装配精度要求。

现以汽车发动机活塞销与活塞销孔的分组装配为例,说明分组装配法的原理与方法。

【例题 6-10】 如图 6-31 所示为发动机活塞销与活塞销孔的装配关系,销子和销孔的基本尺寸为 $\phi28$ mm,在冷态装配时要求有 $0.0025 \sim 0.0075$ mm 的过盈量。若活塞销和活塞销孔的加工经济精度(活塞销采用精密无心磨加工,活塞销孔采用金刚镗加工)为 0.01 mm,现采用分组装配法进行装配,试确定活塞销孔与活塞销直径分组的数目和分组的尺寸。

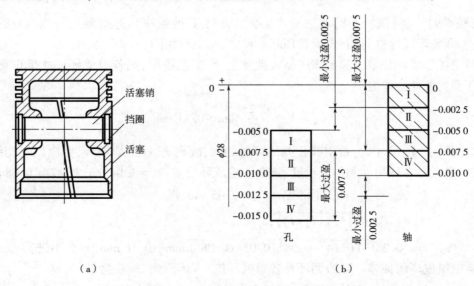

图 6-31　发动机活塞销与活塞销孔的装配关系

解：若按完全互换法装配，必须将封闭环公差 $T_0 = 0.0075 - 0.0025 = 0.005$ mm 平均分配给活塞销 d（$d = \phi 28_{-0.0025}^{0}$ mm）与活塞销孔 D（$D = \phi 28_{-0.0075}^{-0.0050}$ mm），精度达到 IT2 级。加工这样精确的销孔和销子是非常困难的，也是很不经济的。生产上常用分组法装配来保证上述装配精度要求，其方法是将活塞销和活塞销孔的制造公差同向放大 4 倍，即将活塞销的尺寸由 $d = \phi 28_{-0.0025}^{0}$ mm 放大到 $d = \phi 28_{-0.010}^{0}$ mm，将活塞销孔的尺寸由 $D = \phi 28_{-0.0075}^{-0.0050}$ mm 放大到 $D = \phi 28_{-0.0150}^{-0.0050}$ mm，同时按图 6-31(b)分组装配。这样活塞销可用无心磨床、销孔可用金刚镗床按经济精度要求进行加工。

装配前，对一批工件，用精密量具测量，将销孔孔径 D 与销直径 d 按尺寸从大到小分成 4 组，装配时对应组进行装配。活塞销与活塞销孔的分组尺寸见表 6-15。

表 6-15　活塞销与活塞销孔的分组尺寸（单位：mm）

组别	活塞销直径 d	活塞销孔直径 D	配合情况		标志颜色
			最小过盈	最大过盈	
I	$\phi 28_{-0.025}^{0}$	$\phi 28_{-0.0075}^{-0.0050}$			浅蓝
II	$\phi 28_{-0.0050}^{-0.0025}$	$\phi 28_{-0.0100}^{-0.0075}$	0.0025	0.0075	红
III	$\phi 28_{-0.0075}^{-0.0050}$	$\phi 28_{-0.0125}^{-0.0100}$			白
IV	$\phi 28_{-0.0100}^{-0.0075}$	$\phi 28_{-0.0150}^{-0.0125}$			黑

从该表可以看出，各组的公差和配合性质与原来的要求完全相同。

采用分组装配法，关键是保证分组后各对应组的配合性质和配合精度满足装配精度的要求，同时，对应组内的相配件的数量要配套。采用分组装配法应注意以下几点：

①配合件的公差应相等，公差要向同方向增大，增大的倍数应等于分组数，如图 6-31(b)所示。

②配合件的表面粗糙度、形位公差必须保持原设计要求，不能随着公差的放大而降低粗糙度要求和放大形位公差。

③为保证零件分组后在装配时各组数量相匹配，应使配合件的尺寸分布为相同的对称分布（如正态分布）。如果分布曲线不相同或为不对称分布曲线，将造成各组相配零件数量不等，使一些零件积压浪费。

④分组数不宜过多，零件尺寸公差只要放大到经济加工精度即可。否则会因零件的测量、分类、保管工作量的增加而使生产组织工作复杂，甚至造成生产过程的混乱。

分组法装配的主要优点是：零件的制造精度不高，但却可获得很高的装配精度；组内零件可以互换。不足之处是增加了零件测量、分组、存贮、运输的工作量。分组装配法适于在大批量生产中装配那些组成环数少（而装配精度又要求特别高）的机器结构。

3. 修配装配法

在单件小批生产中装配那些装配精度要求高、组成环数又多的机器结构时，常用修配法装配。通常，修配法是指在零件上预留修配量，在装配过程中用手工锉、刮、研等方法修去该零件上的多余部分材料，使装配精度满足技术要求。

采用修配法装配时，各组成环按经济精度加工。装配时封闭环所积累的误差，通过修配装配尺寸链中某一组成环尺寸(称为修配环)的办法来保证装配精度要求。

采用修配法时应注意：

①应正确选择修配对象。首先应选择那些只与本项装配精度有关而与其他装配精度项目无关的零件作为修配对象；然后再选择其中易于拆装且修配面不大的零件作为修配件。

②应该通过计算,合理确定修配件的尺寸及其公差,既要保证它具有足够的修配量,又不要使修配量过大。

为了弥补手工修配的缺点,应尽可能考虑采用机械加工的方法来代替手工修配,例如采用电动或气动修配工具,或用"精刨代刮""精磨代刮"等机械加工方法。

这种思想的进一步发展,人们创造了所谓"综合消除法",或称"就地加工法"。这种方法的典型例子是:转塔车床对转塔的刀具孔进行"自镗自",这样就直接保证了同轴度的要求。因为装配累积误差完全在零件装配结合后,以"自镗自"的方法予以消除,因而得名。这种方法广泛应用于机床制造中,如龙门刨床的"自刨自"、平面磨床的"自磨自"、立式车床的"自车自"等。

此外还有合并加工修配法,它是将两个或多个零件装配在一起后进行合并加工修配的一种方法,这样可以减少累积误差,从而也减少了修配工作量。这种修配法的应用例子也较多,例如将车床尾架与底板先进行部装,再对此组件最后精镗尾架上的顶尖套孔,这样就消除了底板的加工误差。由于尾架部件从底面到尾架顶尖套孔中心的高度尺寸误差减小,因此在总装时,就可减少对底面的修配量,达到车床主轴顶尖与尾架顶尖等高性这一装配精度要求。

修配装配法的主要优点是组成环均可按经济精度制造,但却可获得较高的装配精度。不足之处是增加了修配工作量,生产效率低,对装配人员技术水平要求较高。修配装配法常用于单件小批生产中装配那些组成环数较多而装配精度又要求较高的机器结构。

4. 调整装配法

装配时用改变调整件在机器结构中的相对位置或选用合适的调整件来达到装配精度的装配方法,称为调整装配法。

调整装配法与修配装配法的原理相似。在以装配精度要求为封闭环建立的装配尺寸链中,除调整环外各组成环均以经济精度制造,由于扩大组成环制造公差带来的封闭环尺寸变动范围超差,通过调节调整件相对位置的方法消除,最后达到装配精度要求。调节调整件相对位置的方法有可动调整法、固定调整法和误差抵消调整法等三种。

(1)可动调整法

如图 6-32 所示为可动调整法装配示例。如图 6-32(a)所示结构是通过拧螺钉 1 来调整轴承外环相对于内环的轴向位置,从而使滚动体与内环、外环间的间隙适当变化。螺钉 1 调到位后,用螺母 2 锁紧。如图 6-32(b)所示结构为车床刀架横向进给机构中丝杠螺母副间隙调整机构,丝杠螺母间隙过大时,可拧动螺钉 1,使撑垫 5 向上移,迫使丝杠螺母 3、4 分别靠紧丝杠的两个螺旋面,以减小丝杠与丝杠螺母 3、4 之间的间隙。

可动调整法的主要优点是：组成环的制造精度虽不高,但却可获得比较高的装配精度；在机器使用中可随时通过调节调整件的相对位置来补偿由于磨损、热变形等原因引起的误差,使之恢复到原来的装配精度；与修配法相比操作简便,易于实施。不足之处是需增加一套调整机构,增加了结构复杂程度。可动调整装配法在生产中应用广泛。

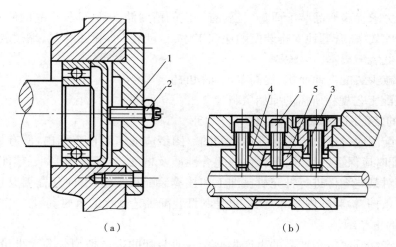

图 6-32 可动调整法装配示例
1—螺钉;2—螺母;3、4—丝杠螺母;5—撑垫

（2）固定调整法

在以装配精度要求为封闭环建立的装配尺寸链中,组成环均按经济精度制造,由于扩大组成环制造公差带来的封闭环尺寸变动范围超差,可通过更换不同尺寸的固定调整环进行补偿,最终达到装配精度要求。这种装配方法,称为固定调整装配法。

固定调整装配法适于在大批量生产中装配那些装配精度要求较高的机器结构。在产量大、装配精度要求较高的场合,调整件还可以采用多件拼合的方式组成,方法如下:预先将调整垫分别做成不同厚度(例如1,2,…,5 mm 等;0.1,0.2,0.3,…,0.9 mm 等),再制作一些更薄的调整片(例如 0.01,0.02,0.05,…,0.09 mm 等);装配时根据所测实际空隙 A 的大小,把不同厚度的调整垫拼成所需尺寸,然后把它装到空隙中去,使装配结构达到装配精度要求。这种调整装配法简便灵活,在汽车、拖拉机生产中广泛应用。

（3）误差抵消调整法

在机器装配中,通过调整被装配零件的相对位置,使误差相互抵消,提高装配精度,这种装配方法称为误差抵消调整法。它在机床装配中应用较多。例如,在车床主轴装配中通过调整前后轴承的径跳方向来控制主轴的径向跳动;在滚齿机工作台分度蜗轮装配中,采用调整蜗轮和轴承的偏心方向来抵消误差,以提高二者的同轴度,工作台主轴的回转精度。

调整装配法的主要优点是:组成环均能以经济精度制造,但却可获得较高的装配精度;装配效率比修配装配法高。不足之处是要另外增加一套调整装置。可动调整法和误差抵消调整法适于在成批生产中应用,固定调整法则主要用于大批量生产。

6.10.4 装配工艺规程的制订

装配工艺规程是用文件的形式规定装配工艺过程。装配工艺规程是指导装配生产的主要技术文件,也是进行装配生产计划和装配技术准备工作的依据。

装配工艺规程对保证产品装配质量、提高装配生产效率、降低生产成本、减轻装配人员劳动强度、缩小装配占地面积等都有重要的作用。

1. 制订装配工艺规程的基本要求和原始资料

1）制订装配工艺规程基本要求

①保证并力求提高产品装配质量,且要有一定的精度储备,以延长产品的使用寿命。

②提高装配效率,合理地安排装配顺序和工序,尽量减少装配工作量,缩短装配周期。

③尽量降低装配成本。

④尽可能减少装配占地面积,提高单位面积的生产率。

2)制定装配工艺规程所需的原始资料

(1)产品的装配图及验收技术条件

产品的装配图应包括总装图和部件装配图。图纸应能清楚地表示出:所有零件相互连接的结构图;装配时应保证的尺寸;配合件的配合性质及精度;装配技术要求;零件的明细表等。为了在装配时对某些零件进行补充机械加工和核算装配尺寸链,有时还需要某些零件图。产品验收的技术条件,检验的内容和方法,也是制订装配工艺规程的重要资料。

(2)产品的生产纲领

产品的生产纲领决定了产品的生产类型。一般装配的生产类型分为大批量生产、成批生产及单件、小批生产三种。随着生产类型的不同,装配的组织形式、装配工艺方法、工艺过程的划分、设备及工艺装备专业化或通用化的水平、手工操作量的比例、对工人技术水平的要求和工艺文件的格式等都有很大不同。

大批量生产应该尽量选择专用的装配设备和工具,采用流水装配线作业方式,现代装配生产中大量使用机器人,组成自动装配线。成批、单件小批生产,原则采用固定装配方式,一般通用设备多,手工操作比重大。

(3)现有的生产条件

在制订装配工艺规程时,要考虑工厂现有的生产和技术条件。如装配车间的生产面积、装配工艺设备和装备、装配人员技术水平等,使制订的装配工艺规程能够切合实际,符合生产要求。

2. 制订装配工艺规程的步骤和方法

1)分析研究产品的装配图及验收技术条件

制定装配工艺规程时,首先要仔细研究产品的装配图和验收技术条件。深入了解产品及部件的具体结构、装配技术要求和检查验收的内容及方法;审查产品的装配工艺性;研究设计人员所确定的装配方法,进行必要的装配尺寸链分析计算。在产品分析过程中,若发现问题,应该与设计人员及时沟通并进行协商,共同研究解决办法,按规定程序进行更改。

2)装配方法和组织形式的确定

装配方法和组织形式主要取决于产品的结构特点(包括重量、尺寸和复杂程度)、生产纲领和现有的生产条件。

(1)装配方法

通常在设计阶段即应考虑,优先采用完全互换装配方法,确定时需要综合考虑加工与装配的关系,使产品获得最佳技术经济效果。

(2)装配的组织形式

一般分为固定式和移动式两种。

①固定式装配。固定式装配是指全部装配工作在一固定地点完成。装配过程中产品位置不变,装配所需零件、部件都汇集在工作地附近,由一组装配人员来完成装配全过程。多用于单件小批生产中,或者用于批量生产中不便移动的重量大、体积大的产品装配。

②移动式装配。移动式装配是将零部件用输送带或小车按装配顺序从一个装配地点移动

到下一个装配地点,各装配地点分别完成一部分装配工作,用各装配地点工作总和来完成产品的全部装配工作。根据零部件移动方式的不同又可分为连续移动、间歇移动和变节奏移动三种方式。多用于大批量生产中,以组成装配流水作业线和自动作业线。

3)划分装配单元,确定装配顺序

(1)划分装配单元

将产品划分为装配单元是制定装配工艺规程中最重要的步骤之一。对于结构复杂产品的大批量生产尤为重要。只有将产品合理地分解为可以进行独立装配的单元后,才能合理安排装配顺序和划分装配工序,组织平行、流水的装配作业。

产品或机器是由零件、合件、组件、部件等独立装配单元经过总装而成的。零件是组成机器的基本单元,一般都预先将零件装成套件、组件和部件后,再安装到机器上,直接进入总装的零件并不太多。

套件由若干个零件永久连接(铆、焊)而成,或连接后再经加工而成。如装配式齿轮、发动机连杆(小头孔压入衬套后再经精镗孔)。

组件是指一个或几个套件及零件的组合体。如主轴箱中轴与其上的齿轮、套、垫片、键及轴承的组合体即为组件。

部件是若干组件、套件及零件的组合体,在机器中能完成一定的、完整的功用。如卧式车床中的主轴箱、溜板箱、进给箱等。

(2)选择装配基准件

无论哪一级装配单元,都要选定某一零件或比它低一级的装配单元作为装配基准件。装配基准件通常应是产品的基体或主干零部件。基准件应有较大的体积和重量,有足够的支承面,以满足陆续装入零、部件时的作业要求和稳定性要求。例如:床身零件是床身组件的装配基准零件;床身组件是床身部件的装配基准组件;床身部件又是机床产品的装配基准部件。

选择基准件时,应考虑使基准件的补充加工量要最少,同时应有利于装配过程中的检测、工序间的传递运输和转位等作业。

(3)确定装配顺序,绘制装配系统图

在划分好装配单元,并确定装配基准件后,即可安排装配顺序,并以装配系统图的形式表示出来。安排装配顺序的原则一般是先难后易、先内后外、先下后上、先重大后轻小、先精密后一般、预处理在前。

为了清晰地表示装配顺序,常用装配系统图来表示。图 6-33 为卧式车床床身部件图,图 6-34 为床身部件装配工艺系统图。

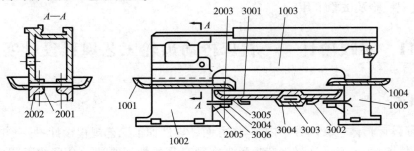

图 6-33　卧式车床床身部件图

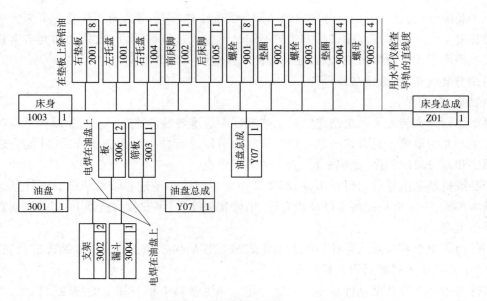

图 6-34　床身部件装配工艺系统图

4）划分装配工序

装配顺序确定后,应将装配工艺过程划分为若干道工序,其主要工作如下:

①确定工序集中与分散的程度。

②划分装配工序,确定工序内容。

③确定各工序所需的设备和工具,如需专用夹具与设备,则应拟定设计任务书。

④制定各工序装配操作规范,如过盈配合的压入力、变温装配的装配温度以及紧固螺栓联接的预紧扭矩等。

⑤制定各工序装配质量要求与检测方法。

⑥确定工序时间定额,平衡各工序节拍。

5）编制装配工艺文件

单件小批生产时,一般不制订装配工艺卡,装配时按产品装配图和装配系统图进行工作。成批生产时,通常制订部装及总装的装配工艺卡。在工艺卡上写明工序过程、简要工序内容、设备名称、工夹具名称及编号、装配人员技术等级及时间定额等。大批大量生产时,不仅要制订装配工艺卡,还要为每一工序单独制订装配工序卡,详细说明工序的工艺内容,直接指导工人进行装配。成批生产的关键工序也需制订相应的装配工序卡。此外,还应该按照产品图纸要求,制定装配检验及试验卡片。

6.11　实践项目——机床传动齿轮工艺规程设计实例

6.11.1　概述

工艺规程设计具体包含两方面内容:一方面是零件加工工艺规程设计;另一方面是机器装配工艺规程设计。生产人员通过工艺规程来实现产品的加工制造。合理的工艺规程,能在保证产品要求的同时提高生产效率。

6.11.2　项目目的

通过该项目深刻理解机械加工工艺规程的制订原则和方法、重点掌握定位基准选择、加工顺序安排原则和工艺尺寸链的计算等，为以后做好毕业设计、走上工作岗位打下良好的基础。

6.11.3　项目实例

1. 零件的工艺分析

图 6-35 为机床传动齿轮零件，通过对该零件图的重新绘制，使原图样的视图正确、完整，尺寸、公差及技术要求齐全。该零件属盘套类回转体零件，它的所有表面均需切削加工，各表面的加工精度和表面粗糙度都不难获得。$\phi117h11$ mm 与 $\phi112.5$ mm 的外圆轴线相对于 $\phi68K7$ 孔中心线的同轴度误差为 $\phi0.05$ mm，$\phi90$ mm 外圆端面相与 $\phi68K7$ 孔中心线的垂直度误差为 0.08 mm。由以上分析可知，零件各部分结构合理，各表面的加工工艺成熟，没有特殊加工要求，不存在加工困难。

2. 毛坯的确定

(1)选择毛坯

该零件材料为 45 钢，考虑到机床在工作中要经常正、反向旋转，该零件在工作过程中经常承受交变载荷及冲击载荷，因此应该选用锻件，以使金属纤维尽量不被切断，保证零件工作可靠。若零件年产量为 3 000 件，属批量生产，而且零件的轮廓尺寸不大，故可采用模锻成形，以提高生产率并保证加工精度。

(2)确定毛坯尺寸与毛坯图

通过分析齿轮上的加工表面，所有表面的粗糙度值 $Ra \geq 1.6$ μm，因此，这些表面的毛坯尺寸只需要将零件设计尺寸加上所查取的加工余量值即可。齿轮毛坯主要尺寸及其允许偏差见表 6-16，机床传动齿轮毛坯图如图 6-36 所示。

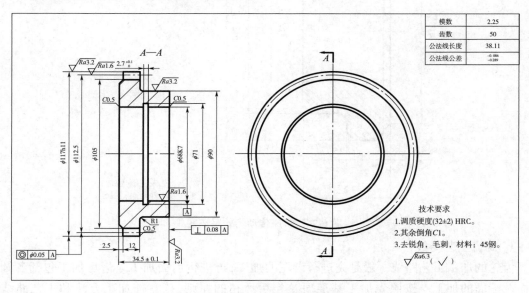

图 6-35　机床传动齿轮毛坯图

表 6-16　齿轮毛坯主要尺寸及其允许偏差(mm)

零件尺寸	毛坯及其偏差	零件尺寸	毛坯及其偏差
$\phi117h11$	$\phi121^{+1.7}_{-0.8}$	12	$\phi15.7^{+1.2}_{-0.4}$
$\phi90$	$\phi94^{+1.5}_{-0.8}$	34.5	$\phi38.2^{+1.5}_{-0.5}$
$\phi105$	$\phi108^{+1.5}_{-0.7}$	2.5	$\phi4.2^{+0.8}_{-0.2}$
$\phi68K7$	$\phi62^{+0.6}_{-1.4}$		

3. 基准的选择

（1）粗基准的选择

中孔在以后的加工过程中将作为精基准使用,故应先对其进行加工,同时考虑 $\phi117h11$ mm 外圆处为锻压加工的分模面,表面不平整,并有飞边等缺陷,定位不可靠,因此选择 $\phi90$ mm 处的毛坯外圆和端面作为粗基准。

（2）精基准的选择

该零件为带孔盘状齿轮,中孔是设计基准,同时也是装配基准和测量基准,遵循"基准重合"原则,避免基准不重合产生的误差,故根据不同工序的加工内容,分别选择已加工的 $\phi117h11$ mm、$\phi90$ mm 和中孔 $\phi68K7$ mm 及端面作为精基准。

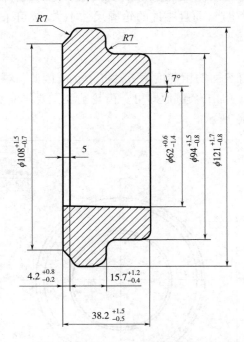

技术要求
1. 正火。
2. 未注倒角R2.5。
3. 外起模斜度5°。

图 6-36　机床传动齿轮毛坯图

4. 制订工艺路线

齿轮的加工工艺路线一般是先进行齿坯的加工,再进行齿面加工。齿坯加工包括各圆柱表面及端面的加工。按照先加工基准面及先粗后精的原则,该零件加工方法和工艺路线见表 6-17。

表 6-17　零件加工方法和工艺路线

工序 1	以毛坯 $\phi94^{+1.5}_{-0.8}$ mm 外圆及其端面作为工序基准;车另一端面及 $\phi105$ mm 至设计要求;粗车外圆至尺寸 $\phi118.5^{0}_{-0.54}$ mm;粗镗中孔至尺寸 $\phi65^{+0.19}_{0}$ mm
工序 2	以外圆 $\phi118.5^{0}_{-0.54}$ mm 及端面作为工序基准,粗车端面及外圆至尺寸 $\phi91.5^{0}_{-0.54}$ mm
工序 3	以粗车后的外圆 $\phi91.5^{0}_{-0.54}$ mm 及端面作为工序基准,半精车外圆至尺寸 $\phi117h11$ mm,达到图样设计要求;半精镗中孔至尺寸 $\phi67^{+0.074}_{0}$ mm
工序 4	以外圆 $\phi117h11$ mm 及端面作为工序基准,精镗中孔 $\phi68K7$ mm;切槽 $\phi71\times2.7^{+0.1}_{0}$ mm;倒角
工序 5	以中孔 $\phi68K7$ mm 及端面作为工序基准滚齿
工序 6	去锐变和毛刺
工序 7	终检

5. 工序设计

1）选择加工设备与工艺装备

（1）机床选择

①工序 1、工序 2、工序 3 的加工内容主要是粗车和半精车零件外圆和端面,各工序的加工内容不多,零件外廓尺寸不大,精度要求不是很高,故选用常用的 C620-1 型卧式车床。

②工序 4 为精镗孔,考虑被加工零件外廓尺寸不大,又是回转体,但加工精度要求较高,表面粗糙度值较小,故选用较精密的 C616A 型车床。

③工序 5 为滚齿,从零件的加工要求及尺寸大小,可选用 Y2150-1 型滚齿机进行加工。

（2）夹具选择

工序 1、2、3、4 采用三爪自定心卡盘,工序 5 采用心轴。

（3）刀具选择

①在 C6140A 型及 C616A 型车床上进行加工时,选用硬质合金车刀和镗刀。

②滚齿加工时,采用 A 级单头滚刀——模数为 2.25 的 Ⅱ 型 A 级精度滚刀。

（4）量具选择

本零件属成批量生产,一般情况下尽量采用通用量具。外圆加工面和轴向尺寸采用外径千分尺和游标卡尺,粗镗孔量具选用内径千分尺,半精镗孔使用内径百分表,精镗孔选用极限量规,滚齿工序在加工时测量公法线长度选用公法线百分尺。

2）确定工序尺寸

本零件圆柱表面的工序加工余量、工序尺寸及公差、表面粗糙度见表 6-18。

表 6-18　圆柱表面的工序加工余量、工序尺寸及公差、表面粗糙度

加工表面	工序余量/mm			工序尺寸及公差/mm			表面粗糙度/μm		
	粗	半精	精	粗	半精	精	粗	半精	精
$\phi117h11$	2.5	1.5	—	$\phi118.5^{0}_{-0.54}$	$\phi117^{0}_{-0.22}$	—	$Ra6.3$	$Ra3.2$	
$\phi105$	3	—	—	$\phi105$			$Ra6.3$		
$\phi90$	2.5	1.5	—	$\phi91.5^{0}_{-0.54}$	$\phi90$		$Ra6.3$	$Ra3.2$	
$\phi68K7$	3	2	1	$\phi65^{+0.19}_{0}$	$\phi67^{+0.074}_{0}$	$\phi67^{+0.009}_{-0.021}$	$Ra6.3$	$Ra3.2$	$Ra1.6$

6. 确定切削用量、时间定额并填写工艺文件

机械加工工序卡片见表 6-19～表 6-23。

表 6-19　机械加工工序卡片（一）

机械加工工序卡片 (工厂名)	产品名称及型号	JM03	零件名称	齿轮	零件图号	20220920	工序号	01	工序名称	粗车	第 1 页 共 5 页

$\sqrt{Ra6.3}$ （√）

$\phi118.5_{-0.54}^{0}$　$\phi105_{-0.4}^{0}$　$\phi65_{0}^{+0.19}$　$2.5_{-0.05}^{0}$　45°　A　$Ra3.2$

	车间	3	工 段	1	材料名称	模锻件	材料牌号	45 钢	机械性能	
	同时加工件数		每料件数	1	技术等级		单件时间/s	95	准备—终结时间/s	
	设备名称	C620-1	设备编号	WC10	夹具名称	三爪定心卡盘	夹具编号	SID-001	冷却液	

更改内容

工步号	工步内容	走刀次数	切削用量				工步工时/s		工艺设备
			主轴转速 (r/min)	切削速度 (mm/min)	进给量 (mm/r)	背吃刀量 mm	机动	辅助	
1	车端面，保证尺寸 $2.5_{-0.05}^{0}$	1	30	10.2	手动	1.7	22		刀具:(1)YT5 90°偏刀 (2)YT5 镗刀 量具:(1)游标卡尺 (2)内径百分表
2	车外圆 $\phi105_{-0.4}^{0}$，倒角 45°	1	120	41.4	0.65	1.75	20		
3	车外圆 $\phi118.5_{-0.54}^{0}$	1	120	45.6	0.65	1.25	18		
4	镗孔 $\phi65_{0}^{+0.19}$	1	370.2	75.6	0.2	1.5	35		

编制	抄写	校对	审核	批准

表 6-20　机械加工工序卡片（二）

(工厂名) 机械加工工序卡片	产品名称及型号 JM03	零件图号 20220920	零件名称 齿轮	工序名称 粗车	工序号 02	第 2 页 共 5 页
				材料牌号 45 钢	材料名称 模锻件	机械性能
	车间	工段 1	每料件数 1	技术等级	单件时间/s 57	准备-终结时间/s
	同时加工件数 3	设备名称 C620-1	设备编号 WC13	夹具名称 三爪定心卡盘	夹具编号 SID-002	冷却液

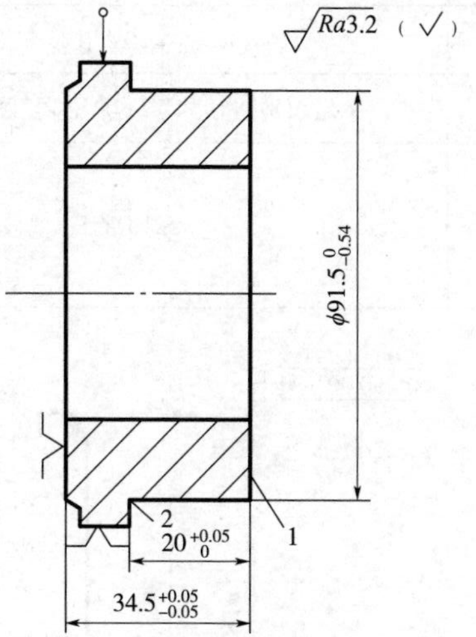

$\sqrt{Ra3.2}\ (\sqrt{\ })$

$\phi 91.5_{-0.54}^{\ 0}$　$20_{\ 0}^{+0.05}$　$34.5_{-0.05}^{+0.05}$

工步号	工步内容	切削用量 主轴转速/(r/min)	切削速度/(mm/min)	进给量/(mm/r)	背吃刀量/mm	走刀次数	工步工时/s 机动	辅助	工艺设备
1	车端面 1，保证尺寸 34.5±0.05	120	35.4	0.52	2.0	1	22		刀具:YT5 90°偏刀　量具:游标卡尺
2	车外圆 $\phi 91.5_{-0.54}^{\ 0}$	120	35.4	0.65	1.25	1	17		
3	车端面 2，保证尺寸 $20_{\ 0}^{+0.05}$	120	45.6	0.52	1.7	1	18		
更改内容									
编制		校对		审核		抄写			批准

机械制造技术基础

表 6-21　机械加工工序卡片（三）

机械加工工序卡片	产品名称及型号	JM03	零件名称	齿轮	零件图号	20220920	工序号	03	工序名称	半精车	材料牌号	45 钢	第 3 页　共 5 页

图示：工件剖视图，标注 C0.5、$\sqrt{Ra3.2}$、$\sqrt{Ra6.3}$ (√)、$\phi117_{-0.22}^{0}$、$\phi67_{0}^{+0.074}$、基准 A、$\bigcirc\ \phi0.05\ A$、$\sqrt{Ra3.2}$

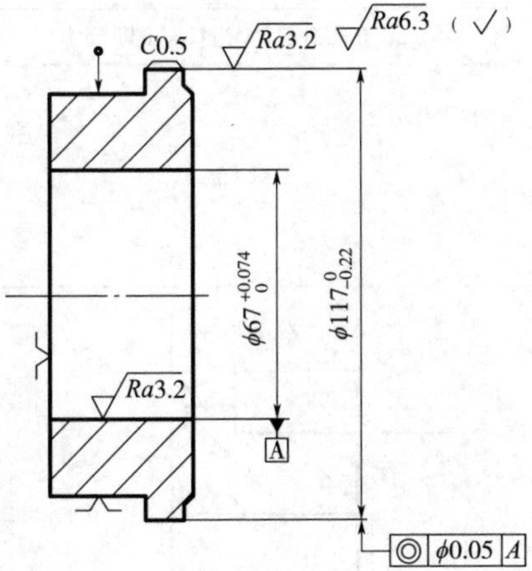

车间	车间	工段	每料件数	1	同时加工件数	1	设备名称	C620-1	设备编号	WC15	技术等级	材料名称	模锻件

夹具名称：三爪定心卡盘　夹具编号：SID-005　单件时间/s：41　准备-终结时间/s　机械性能　冷却液

更改内容

工步号	工步内容	走刀次数	主轴转速/(r/min)	切削速度/(mm/min)	进给量/(mm/r)	背吃刀量/mm	工步工时/s 机动	辅助
1	半精车外圆，保证 $\phi117_{-0.22}^{0}$ 和同轴度要求	1	380	139.8	0.3	0.75	9	
2	镗孔 $\phi67_{0}^{+0.074}$	1	380	139.8	0.1	1	32	
3	倒角 C0.5	1	380		手动			

工艺设备：
刀具：(1)YT15 90°偏刀　(2)YT15 镗刀　(3)倒角刀
量具：(1)游标卡尺　(2)内径百分表　(3)外径千分尺

编制　抄写　校对　审核　批准

252

表 6-22　机械加工工序卡片（四）

（工厂名）	机械加工工序卡片	产品名称及型号	JM03	零件名称	齿轮	零件图号	20220920	工序名称	粗镗	工序号	04	第 4 页
				车 间	3	工 段	1	材料名称	模锻件	材料牌号	45 钢	共 5 页
				同时加工件数	1	每料件数	1	技术等级		单件时间/s		机械性能
				设备名称	C616A	设备编号	WC11	夹具名称	三爪定心卡盘	夹具编号	SZD-007	准备-终结时间/s
												冷却液

工步号	工步内容	走刀次数	主轴转速/(r/min)	切削速度/(mm/min)	进给量/(mm/r)	背吃刀量/mm	工步工时/s		工艺设备
							机动	辅助	
1	半精车外圆 $\phi90^{0}_{-0.54}$	1	1400	298.8	0.04	0.5	44		刀具:(1)YT5S90°偏刀
2	精镗孔 $\phi68K7$	1	40	8.4	手动				(2)YT30 精镗刀
3	镗槽 $\phi71×2.7^{+0.1}_{0}$	1	40	8.4	手动				(3)高速钢切槽刀
4	倒角 C0.5								量具:圆柱塞规;千分尺
	更改内容								
编制	抄写	校对	校核	审核	批准				

253

表 6-23 机械加工工序卡片（五）

机械加工工序卡片	产品名称及型号	JM03	零件名称	齿轮	零件图号	20220920	工序名称	滚齿	工序号	05	第 5 页
（工厂名）											共 5 页

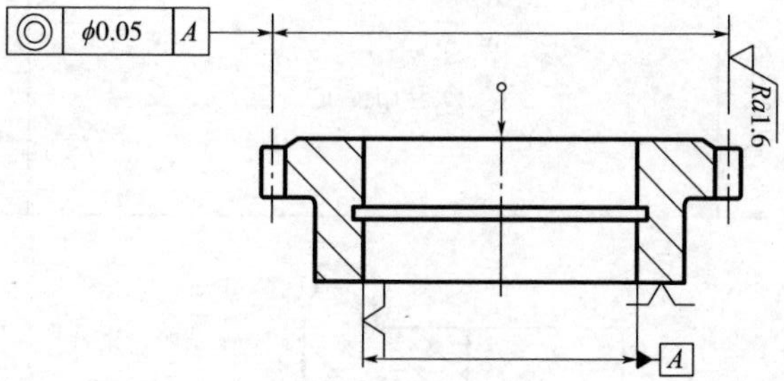

	车 间	工 段	材料名称	材料牌号	机械性能
	1	1	模锻件	45 钢	

同时加工件数	每料件数	技术等级	单件时间/s	准备－终结时间/s
3	1	1	1191	

设备名称	设备编号	夹具名称	夹具编号	冷却液
Y3150	GZ-005	心轴		

更改内容		

◎ φ0.05 A
Ra1.6
A

工步号	工步内容	走刀次数	切削用量				工步工时/s		工艺设备
			主轴转速/(r/min)	切削速度/(mm/min)	进给量/(mm/r)	背吃刀量/mm	机动	辅助	
1	滚齿达到图纸要求	1	135	27	0.83	34	1191		刀具:齿轮滚刀 m=2.25 量具:公法线百分尺

编制	抄写	校对	审核	批准

思考与练习

一、简答题

6-1　什么叫工序、工步、安装和工位？它们之间有何联系？

6-2　常用的零件毛坯有哪些形式？各应用于什么场合？

6-3　什么叫基准？基准如何分类？粗基准和精基准的选择原则有哪些？

6-4　什么是经济加工精度？零件表面加工方法的选择应遵循哪些原则？

6-5　在制订加工工艺规程中，为什么要划分加工阶段？常划分为哪几个阶段？

6-6　机械加工顺序安排的原则有哪些？如何安排热处理工序？

6-7　什么叫毛坯余量？什么叫加工余量？加工余量和工序尺寸及公差有何关系？影响加工余量的因素有哪些？

6-8　在单件小批生产和大批量生产中分别应如何选择机床、夹具和量具？

6-9　在粗加工、半精加工和精加工中应如何选择切削用量？

6-10　制定时间定额应依据哪些条件？单件时间定额由哪些部分组成？缩短单件时间定额的途径有哪些？

6-11　什么是生产成本、工艺成本？什么是可变费用、不变费用？在市场经济条件下，应如何正确运用经济分析方法合理选择工艺方案？

6-12　何谓装配？装配的基本内容有哪些？

6-13　装配的组织形式有哪几种？有何特点？

6-14　装配精度一般包括哪些内容？说明装配精度与零件的加工精度的关系。

6-15　试述装配工艺规程制定的主要内容及其步骤。

6-16　如何建立装配尺寸链？需要注意哪些问题？

6-17　保证装配精度的方法有哪几种？各适用于什么装配场合？

二、分析题

6-18　加工如图 6-37 所示零件，其粗基准、精基准应如何选择？（标有符号 $\sqrt{}$ 的为加工面，其余为非加工面）。如图 6-37(a)、(b) 及 (c) 所示零件要求内外圆同轴，端面与孔心线垂直，非加工面与加工面间尽可能保持壁厚均匀；如 6-37(d) 所示零件毛坯孔已铸出，要求孔加工余量尽可能均匀。

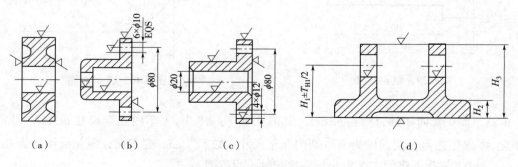

图 6-37　题 6-18 图

6-19 现有一轴、孔配合,配合间隙要求为 $0.04 \sim 0.26$ mm,已知轴径为 $\phi 50_{-0.10}^{0}$ mm,孔的尺寸为 $\phi 50_{0}^{+0.20}$ mm。若用完全互换法进行装配,能否保证装配精度要求? 用统计互换法装配能否保证装配精度要求?

6-20 试提出如图 6-38 所示成批生产零件的机械加工艺过程(从工序到工步),并指出各工序的定位基准。

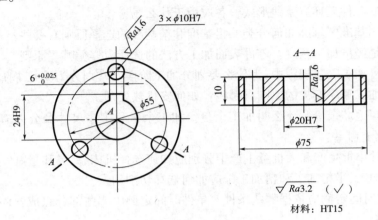

材料:HT15

图 6-38 题 6-20 图

三、计算题

6-21 轴套零件如图 6-39 所示,工件外圆、内孔及端面已加工完,本工序加工 A 面,保证设计尺寸 8 ± 0.1 mm。由于不便测量,现已 B 面作为测量基准,试求测量尺寸及其偏差。

6-22 如图 6-40 所示,铣削加工一轴类零件的键槽时,要求保证键槽深度为 $4_{0}^{+0.16}$ mm,其工艺过程为:① 车外圆至 $\phi 28.5_{-0.1}^{0}$ mm;② 铣键槽保证尺寸 H;③ 热处理;④ 磨外圆至 $\phi 28_{+0.008}^{+0.024}$ mm,考虑到磨外圆与车外圆的中心不重合,设同轴度误差为 0.04 mm。

试求铣键槽的工序尺寸 H 及其偏差。

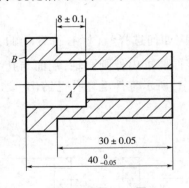

图 6-39 题 6-21 图

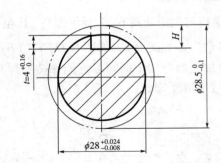

图 6-40 题 6-22 图

6-23 设一套筒零件,材料为 2Cr13,其内孔加工顺序为:① 车内孔至尺寸 $\phi 31.8_{0}^{+0.14}$ mm;② 氰化,要求工艺氰化层深度为 t;③ 磨内孔至尺寸 $\phi 32_{+0.010}^{+0.035}$ mm,要求保证氰化层深度为 $0.1 \sim 0.3$ mm。试求氰化工序的工艺氰化层深度尺寸 t 的范围。

6-24 如图 6-41 所示减速器上某轴结构的尺寸分别为:$A_1 = 40$ mm,$A_2 = 36$ mm;$A_3 = 4$ mm;

要求装配后齿轮端部间隙 A_0 保持在 $0.10 \sim 0.25$ mm 范围内,如选用完全互换法装配,试确定 A_1、A_2、A_3 的公差等级和极限偏差。

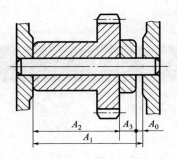

图 6-41　题 6-24 图

　　6-25　某轴与孔的设计配合为 $\phi 10 H6/h5$,为降低加工成本,两零件按 IT9 级制造。现采用分组装配法,试计算分组数和每一组的极限偏差。

第7章 典型零件加工

学习目标

通过本章的学习,了解各类典型零件的结构特点与主要技术要求;掌握主要表面的加工方法;了解典型零件加工的工艺过程,能够掌握典型零件加工时的主要工艺问题。

导入案例 零件的分类及意义

将金属材料加工成机械零件是机械制造中的主要环节,金属材料的加工一般分为热加工、冷加工(即切削加工)和特种加工。在实际生产中,要完成某一机械零件的切削加工,通常需要铸、锻、车、铣、刨、磨、钳和热处理等诸多工种的协同配合。

机械零件的形状多种多样,用途不尽相同,其加工工艺过程也有所不同。从零件的结构特征上看,可以将零件分为轴类、套筒类、盘类、叉架类、箱体类及齿轮等类别。零件分类能在设计、工艺、采购和制造环节带来诸多效益。

从设计环节看,零件的分类可帮助工程师快速检索到合适的或类似的零件,直接重用,或在相似零件的基础上作改进设计,提高设计效率;从工艺环节看,零件分类后,工艺工程师可对相同类型的零件编制典型工艺路线,或借用相同类型零件的工艺路线,提高编制工艺的效率;从采购环节看,零件分类提高了零件的重用率,从而可以减少零件的采购种类,降低采购价格和采购成本。

综上所述可以看出,零件分类对企业生产是大有裨益的,而产生"裨益"的根本原因则是零件分类可提高零件重用率,减少零件数量。

7.1 轴类零件加工及实例

7.1.1 轴类零件概述

1. 轴类零件的功用与结构特点

轴类零件的主要功用有支承传动件(如齿轮、凸轮、皮带轮等),传递扭矩,承受载荷并保证装配在轴上的零件(或刀具)具有一定的回转精度。

轴类零件的结构特征是长度大于直径的回转体。按轴的长度(L)与直径(d)的比值(长径比)可将其分为刚性轴($L/d \leqslant 12$)和挠性轴($L/d > 12$)两类。根据轴类零件结构形状的不同,可把轴类零件分为不同的类别,如图 7-1 所示。轴主要由内外圆柱面、内外圆锥面、端面、沟槽、连接圆弧等组成,有时还带有螺纹、键槽、花键和其他表面等。

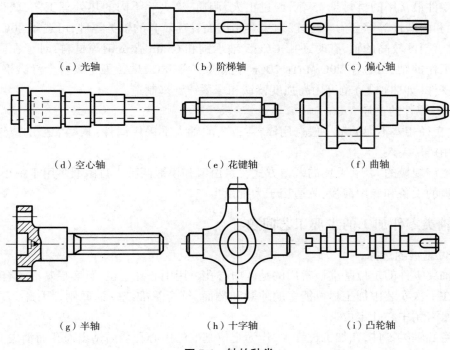

(a) 光轴	(b) 阶梯轴	(c) 偏心轴
(d) 空心轴	(e) 花键轴	(f) 曲轴
(g) 半轴	(h) 十字轴	(i) 凸轮轴

图 7-1 轴的种类

2. 轴类零件的主要技术要求

（1）尺寸精度

轴上支承轴颈和配合轴颈是轴类零件的主要表面。支承轴颈尺寸精度要求较高,通常为IT5~IT7;配合轴颈,其精度稍低,常为 IT6~IT9。

（2）几何形状精度

几何形状精度主要指轴颈表面、外圆锥面、锥孔等重要表面的圆度、圆柱度。其误差一般应限制在尺寸公差范围内,当形状精度要求较高时,需在零件图上标注其形状公差。

（3）位置精度

轴类零件的位置精度主要指装配传动件的配合轴颈相对于装配轴承的支承轴颈的同轴度,通常用配合轴颈对支承轴颈的径向圆跳动来表示。普通精度的轴,其配合轴颈对支承轴颈的径向跳动一般为 0.01~0.03 mm,高精度的轴通常为 0.001~0.005 mm。

（4）表面粗糙度

轴的加工表面都有粗糙度的要求,不同的工作表面,有不同的表面粗糙度要求。一般支承轴颈的表面粗糙度为 $Ra0.8~0.2\ \mu m$,配合轴颈或工作表面的表面粗糙度为 $Ra3.2~0.8\ \mu m$。

（5）热处理和表面处理

根据轴的强度、硬度和耐磨性以及其他特殊的要求,常常需要对工件材料进行热处理和表面处理。例如正火、调质、表面高频淬火等,此外,有时为了外表美

微课 7-1
轴类零件概述

观、防止氧化和腐蚀,还会对工件进行电镀、发蓝等表面处理。

3. 轴类零件的材料和毛坯

(1)轴类零件的材料

轴类零件最常用的材料是 45 钢,经过正火、调质、淬火等不同的热处理工艺,获得较高的强度、韧性和耐磨性等综合力学性能;对中等精度而转速较高的轴类零件,可选用 40Cr 等合金结构钢;对于精度较高的轴,有时还用 GCr15 轴承钢和 65Mn 弹簧钢等材料;对于在高速重载等条件下工作的轴,可选用 20CrMnTi、20Cr 等低碳钢或 38CrMoAl 等中碳合金渗碳钢;结构复杂的轴类零件(如曲轴等)也可用高强度铸铁和球墨铸铁来制造。

(2)轴类零件的毛坯

光轴、直径相差不大的轴一般选用棒料;重要的轴大都采用锻件;某些大型的或结构复杂的轴可采用铸件毛坯。

根据生产规模的大小,毛坯的锻造方式有自由锻和模锻两种。自由锻多用于中小批生产;模锻需昂贵的设备和专用锻模,只适用于大批量生产。

7.1.2　轴类零件加工的主要工艺问题

1. 定位基准的选择

实心轴类零件的定位基准最常用的是两中心孔。用中心孔定位,可实现基准重合,且能最大限度地在一次安装中加工尽可能多的外圆和端面,符合基准统一的原则。因此,只要可能,就应该尽量采用中心孔定位。

对于空心轴类零件,在加工过程中,作为定位基准的中心孔会因钻出通孔而消失。为了在通孔加工之后仍能使用中心孔为定位基准,就采用带有中心孔的锥堵或锥堵心轴(见图 7-2)来定位。

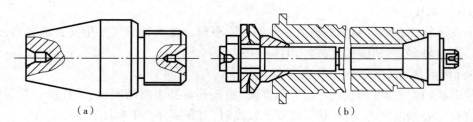

（a）　　　　　　　　　　　　　　　（b）

图 7-2　带中心孔的锥堵和锥堵心轴

粗加工时切削力很大,为了提高工艺系统的刚度,常采用轴的外圆或外圆与中心孔共同作为定位基准。对于空心轴或短小轴等情况,常用轴的外圆面定位、夹紧。

2. 加工阶段的划分

轴类零件加工过程中的各加工工序和热处理工序均会不同程度地产生加工误差和应力,一般加工阶段划分较明显,不同的加工阶段其加工任务不同。

(1)粗加工阶段

粗加工阶段主要包括毛坯备料、锻造和正火、锯去多余部分、铣端面、钻中心孔和荒车外圆等任务。

(2)半精加工阶段

半精加工阶段主要任务有车工艺锥面、半精车各外圆及端面、钻深孔以及半精加工前对

45 钢一般采用调质处理等。

（3）精加工阶段

精加工阶段主要包括精加工前热处理、局部高频淬火、粗磨定位锥面、粗磨外圆、铣键槽、车螺纹、精磨外圆和内外锥面等任务。

（4）光整加工阶段

对于表面质量要求较高的主轴轴颈，往往需采用超精加工、抛光等光整加工手段，以提高轴颈的表面质量。

3. 加工顺序的安排

按照先粗后精的原则，将粗、精加工分开进行。先完成各表面的粗加工，再完成半精加工和精加工，而主要表面的精加工则放在最后进行。粗加工外圆表面时，应先加工大直径外圆，然后加工小直径外圆，以避免一开始就降低工件的刚度。轴上的花键、键槽、螺纹等表面的加工，一般都安排在外圆半精加工以后、精加工之前进行。

4. 热处理工序的安排

为改善金属组织和加工性能而安排的热处理工序，如退火、正火等，一般应安排在机械加工之前。为提高零件的机械性能和消除内应力而安排的热处理工序，如调质、时效处理、表面淬火等，一般应安排在粗加工之后、精加工之前。

5. 轴类零件的典型工艺过程

毛坯制造——正火——加工端面和中心孔——粗车——调质——半精车——花键、键槽、螺纹等的加工——表面淬火——粗磨——精磨。

7.1.3　典型轴类零件加工实例

1. 零件分析

如图 7-3 所示为 CA6140 车床主轴零件简图，其主轴呈阶梯状，上面有安装支承轴承、传动件的圆柱、圆锥面，安装滑动齿轮的花键，安装卡盘及顶尖的内外圆锥面，连接紧固螺母的螺旋面，通过棒料的深孔等。机床主轴必须满足机床的工作性能：即回转精度、刚度、热变形、抗振性、使用寿命等多方面的要求。精度等级为普通，材料为 45 钢，生产类型为大批量生产。

1）主要表面及精度要求

（1）支承轴颈

主轴两支承轴颈 A、B（锥度 1：12）是主轴部件的装配基准，其圆度误差和同轴度误差将直接影响机床的精度。支承轴颈 A、B 的圆度、径向圆跳动公差 0.005 mm，锥面接触率≥70%，尺寸精度 IT5 级，表面粗糙度值 Ra0.4 μm。

（2）端部锥孔

莫氏锥孔是用于安装顶尖或夹具的定心表面，莫氏锥孔对支承轴颈 A、B 的圆跳动，近端 0.005 mm，远端 0.01 mm，锥面接触率≥70%，表面粗糙度值 Ra0.4 μm，有淬硬要求。

（3）端部短锥和端面

短锥 C 和端面 D 是卡盘的安装基准面，对支承轴颈 A、B 的圆跳动 0.008 mm，表面粗糙度值 Ra0.8 μm，有淬硬要求。

（4）配合空套齿轮轴颈

配合轴颈用于安装传动齿轮等，其尺寸精度为 IT5～IT6 级，对支承轴颈 A、B 的圆跳动

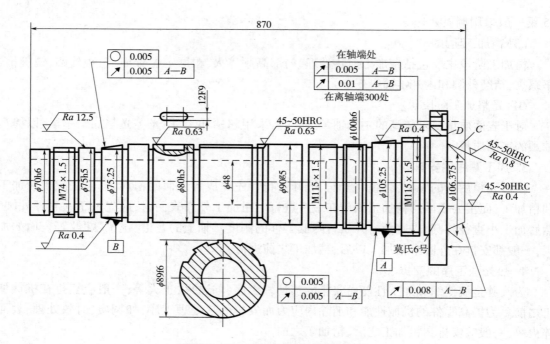

图 7-3 CA6140 车床主轴零件简图

0.015 mm。由于该轴颈是与齿轮孔相配合的表面,对支承轴颈应有一定的同轴度要求,否则会引起主轴传动啮合不良,当主轴转速很高时,还会影响齿轮传动平稳性并产生噪声。

(5)其他要求

其他表面如轴向定位轴肩与中心线的垂直度,螺纹中心与中心线的同轴度等要求。

2)毛坯选择

主轴是机床的重要零件,其质量直接影响机床的工作精度和使用寿命;主轴结构为多台阶空心轴,直径差很大。使用锻造毛坯不仅能改善和提高主轴的力学性能,而且可以节省材料和切削加工量。本例的主轴属于大批量生产,因此采用模锻毛坯。

2. 定位基准的确定

①主轴外圆表面的加工,应该以顶尖孔作为统一的定位基准,随着通孔的加工,顶尖孔消失,工艺上常采用带有中心孔的锥堵塞到主轴两端孔中,让锥堵的顶尖孔作为定位基准。

②以支承轴颈 A、B 为基准磨削莫氏锥孔,可保证两者间的很高的相互位置精度。当支承轴颈是锥面时,宜选择与其临近且与其同轴度高的轴颈作定位基准面。

③在主轴的加工中,还要贯彻中心孔和支承轴颈互为基准,反复加工的原则。

3. 工艺路线的拟订

1)主要表面的加工方法

主要表面的加工方法选择方案如下:

①支承轴颈、配合轴颈及短圆锥:粗车—半精车—粗磨—精磨。

②莫氏 6 号锥孔:钻孔—车内锥—粗磨—精磨。

③其他表面:花键、粗铣—精铣;螺纹的加工可以采用车削加工。

2)加工阶段的划分

主轴加工的过程是以主要表面(特别是支承轴颈)的加工为主线,大致分为三个阶段:调质以前的工序为粗加工阶段;调质以后到表面淬火间的工序为半精加工阶段;表面淬火以后的工序为精加工阶段。其中适当穿插其他次要表面的加工工序。

3)热处理工序的安排

毛坯锻造后安排正火处理,以消除锻造应力,改善切削性能。粗加工后安排调质处理,以提高其力学性能,并为表面淬火准备良好的金相组织。半精加工后安排表面淬火处理,以提高其耐磨性。

4)加工顺序的安排

加工顺序的安排遵循基面先行、先粗后精、先主后次、穿插进行的原则,主轴主要表面的加工顺序安排如下:

锻造→正火→车端面钻中心孔→粗车→调质→半精车→精车→表面淬火→粗、精磨外圆表面→磨锥孔。

当主要表面加工顺序确定后,就要合理地插入非主要表面加工工序。对主轴来说,非主要表面指的是螺孔、键槽、螺纹等。

(1)深孔加工工序的安排

深孔加工安排在外圆半精车之后,以便有一个较为精确的轴颈作为定位基准,这样加工出的孔容易保证主轴壁厚均匀。

(2)次要表面加工工序安排

主轴上的花键、键槽等的加工,一般应在外圆精车或粗磨后、精磨前进行。

(3)螺纹加工

对凡是需要在淬硬表面上加工的螺孔、键槽等,都应安排在淬火前加工。非淬硬表面上螺孔、键槽等一般在外圆精车之后,精磨之前进行加工。

4. CA6140 车床主轴加工工艺过程

CA6140 车床主轴加工工艺过程见表 7-1。生产类型:大批生产;材料牌号:45 钢;毛坯种类:模锻件。

表 7-1　CA6140 车床主轴加工工艺过程

工序	工序内容	定位基准	设备
1	锻造		立式精锻机
2	正火		
3	铣端面钻中心孔	外圆与端面	中心孔机床
4	粗车各外圆	一夹、一顶	多刀半自动车床
5	调质		
6	半精车大端面各部	顶尖孔	卧式车床
7	仿形车小端各部	顶尖孔	仿形车床
8	钻通孔	夹小头,托大头	深孔钻床
9	粗车莫氏 6 号锥孔和短锥 C	夹小头,托大头	卧式车床
10	精车后锥孔	夹大头,托小头	卧式车床
11	钻大端面各孔及攻螺纹	大端莫氏 6 号锥孔	摇臂钻床

工序	工序内容	定位基准	设备
12	精车小端外圆并切槽	一夹、一顶	数控车床
13	高频淬火支承轴颈、短锥 C、莫氏 6 号锥孔		高频淬火设备
14	粗磨莫氏 6 号锥孔	ϕ75h5、ϕ100h6 外圆	内圆磨床
15	磨后锥孔	ϕ75h5、ϕ100h6 外圆	内圆磨床
16	粗磨 ϕ75h5、ϕ90g5 及 ϕ100h6 外圆及端面	锥堵中心孔	组合外圆磨床
17	铣花键	锥堵中心孔	花键铣床
18	铣键槽	外圆表面	立式铣床
19	车 M74 和 M115 螺纹	锥堵中心孔	卧式车床
20	精磨各外圆及端面	锥堵中心孔	专用组合磨床
21	粗精磨短锥 C 和 1：12 外锥面	锥堵中心孔	专用组合磨床
22	精磨莫氏 6 号锥孔	支承轴颈 A 及 ϕ75h5 外圆	专用主轴锥孔磨床
23	按图样要求全部检验		

7.2 套筒类零件加工及实例

7.2.1 套筒类零件概述

1. 套筒类零件的功用与结构特点

套筒类零件在机器中主要起支承或导向作用。如支承旋转轴的滑动轴承,引导刀具的钻套和镗套,液压油缸,内燃机汽缸套以及一般用途的套筒等,套筒类零件的结构形式如图 7-4 所示。

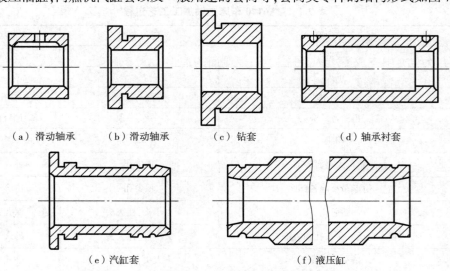

（a）滑动轴承　（b）滑动轴承　（c）钻套　（d）轴承衬套

（e）汽缸套　　　　（f）液压缸

图 7-4 套筒类零件的结构形式

套筒类零件的主要表面是内、外圆柱表面。其结构一般具有以下特点:外圆直径 D 一般小于其长度 L,通常 $L/D<5$;内孔与外圆直径差较小,故壁薄易变形;内外圆回转面的同轴度要求较高;结构比较简单。

2. 套筒类零件的主要技术要求

(1)尺寸精度和几何形状精度

套筒类零件内圆直径的尺寸精度一般为 IT6~IT7 级。形状精度一般控制在孔径公差以内,有些精密套筒为孔径公差的 $1/2\sim1/3$。对于长的套筒零件,形状精度除圆度要求外,还应有圆柱度要求。外圆几何尺寸精度通常为 IT6~IT7 级,形状精度控制在外径公差以内。

(2)相互位置精度

内、外圆之间的同轴度是套筒类零件最主要的相互位置精度要求,一般为 0.05~0.01 mm。当套筒类零件的端面(包括凸缘端面)加工时用作定位面时,则端面对内孔轴线应有较高的垂直度要求,一般为 0.05~0.02 mm。

(3)表面粗糙度

为保证零件的功用和提高其耐磨性,内圆表面粗糙度应为 $Ra1.6\sim0.2$ μm;要求更高的内圆,表面粗糙度应达到 $Ra0.04$ μm;外圆的表面粗糙度一般为 $Ra3.2\sim0.8$ μm。

3. 套筒类零件的材料和毛坯

套筒类零件所用的材料取决于工作条件,常用材料有钢、铸铁、铜及其合金、粉末冶金、尼龙和工程塑料等。

套筒类零件的毛坯选择与零件的材料、结构、尺寸及生产批量等因素有关。孔径较小的套筒类零件($d<20$ mm),一般选择热轧或冷拉棒料,也可以用实心铸件;孔径较大时,常采用无缝钢管或带孔的空心铸件和锻件。大量生产时可采用冷挤压和粉末冶金等先进的毛坯制造工艺,既可提高生产率,又能节约材料。

7.2.2　套筒类零件的主要工艺问题

1. 表面相互位置精度的保证方法

套筒类零件内孔和外圆表面间的同轴度及端面和内孔轴线间的垂直度一般要求较高。为保证这些要求,通常采用以下方法:

①在一次装夹中完成所有内、外圆表面及端面的加工。由于消除了工件的安装误差,可以获得很高的相互位置精度。但该方法工序比较集中,多用于尺寸较小的结构简单的套类零件的加工,不适合尺寸较大工件的装夹和加工。

②分多次装夹,先终加工孔,然后以孔为精基准最终加工外圆。此方法由于所用的夹具结构简单,定心精度高,可保证较高的位置精度。

③分多次装夹,如由于工艺需要先终加工外圆,再以外圆为精基准最终加工孔。采用这种方法时,工件装夹迅速可靠,但夹具结构较复杂。为获得较高的位置精度,必须采用定心精度高的夹具,如弹性膜片卡盘、液性塑料定心夹具及修磨后的三爪自定心卡盘等。

2. 防止套筒类零件薄壁变形的工艺措施

一般套筒类零件的孔壁较薄,加工中易受到切削力、夹紧力、内应力和切削热等因素的影响而发生变形,为防止变形,在工艺上应采取以下几点措施:

①为减小切削力和切削热的影响,粗、精阶段加工应分开,使粗加工产生的变形在精加工

阶段中得以纠正。

②为减少夹紧力的影响,可采取改变夹紧力方向的措施,将径向夹紧改为轴向夹紧;如果只能采用径向夹紧时,应尽量采取措施使径向夹紧力沿圆周均匀分布。

③为减少热处理变形的影响,应将热处理工序安排在粗精加工阶段之间进行,使热处理变形在精加工中得以修正。

7.2.3 套筒类零件加工实例

1. 零件分析

如图 7-5 所示为一轴承套零件简图,材料为 ZQSn6-6-3(锡青铜),小批量生产。其主要技术要求为:$\phi 22H7$ 内孔表面的尺寸精度、形状精度及表面粗糙度要求较高,尺寸精度等级可达 IT7,表面粗糙度 $Ra1.6~\mu m$;$\phi 34js7$ 外圆以过盈配合同箱体或机架上的孔连接,尺寸精度一般为 IT7,表面粗糙度 $Ra1.6~\mu m$;$\phi 34js7$ 外圆对 $\phi 22H7$ 孔的径向圆跳动公差为 $0.01~mm$;左端面对 $\phi 22H7$ 孔的轴线垂直度公差为 $0.01~mm$。

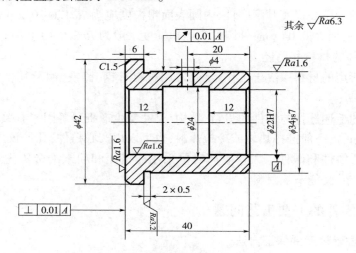

图 7-5 轴承套零件简图

根据零件所用材料和结构形状,宜采用棒料。该轴承套属于短套,其直径尺寸和轴向尺寸均不大,粗加工可以单件加工,也可以多件加工。由于单件加工时,每件都要留出工件装夹的长度,因此原材料浪费较多,所以这里采用多件加工的方法。

2. 主要表面加工方法

$\phi 34js7$ 外圆为 IT7 级精度,表面粗糙度为 $Ra1.6~\mu m$;采用粗车-精车可达到要求。$\phi 22H7$ 孔为 IT7 级精度,表面粗糙度为 $Ra1.6~\mu m$;采用钻孔-车孔-铰孔可达到要求。

3. 定位基准及装夹方式

该零件的内孔和外圆的尺寸精度和位置精度要求均较高,因此采用先加工孔,再以孔为定位基准加工外圆来保证位置精度。精车外圆时应以内孔为定位基准,使轴承套在小锥度心轴上定位,用两顶尖装夹。

4. 加工工艺过程

钻床主轴套筒加工工艺过程见表 7-2。

表 7-2　钻床主轴套筒加工工艺过程

工序	工序名称	工序内容	定位基准
1	下料	棒料,按六件合一下料	
2	钻中心孔	车端面,钻中心孔	外圆
		掉头,车另一端面,钻中心孔	
3	粗车	粗车外圆 $\phi42$,长度 6.5,粗车外圆 $\phi34js7$ 至 $\phi35$	孔(两端顶尖)
		车退刀槽 2×0.5,总长 40.5,车分割槽 $\phi20×3$	
		两端倒角 C1.5,5 件同时加工,尺寸均相同	
4	钻孔	钻 $\phi22H7$ 孔至 $\phi20$ 成单件	$\phi42$ 外圆
5	车、铰	车端面,总长 40 至尺寸	$\phi42$ 外圆
		车内孔 $\phi22H7$,留 0.04~0.06 铰削余量	
		车内槽 $\phi24×16$ 至尺寸	
		铰孔 $\phi22H7$ 至尺寸	
6	精车	精车 $\phi34js7$ 至尺寸	$\phi22H7$ 孔心轴
7	钻孔	钻径向 $\phi4$ 油孔	$\phi34js7$ 外圆及端面
8	检验		

7.3　箱体类零件加工及实例

7.3.1　箱体类零件加工概述

1. 箱体类零件的功用和结构特点

箱体类零件是各类机器的基础零件。它将机器或部件中的轴、套和齿轮等有关零件连接成一体,使其保持正确的相互位置关系,并按规定的传动关系协调地传递运动或动力。因此,箱体类零件的加工质量将直接影响机器的工作精度、使用性能和寿命。

箱体的种类很多,其尺寸大小和结构形式随用途的不同也有很大差异,一般可分为整体式和剖分式箱体两类,如图 7-6 所示为几种箱体类零件的结构简图,其中图 7-6(a)、(b)、(d)为整体式,图 7-6(c)为剖分式。

箱体的结构形式虽然多种多样,但具有一些共同的特点:结构形状一般都比较复杂,壁薄且壁厚不均匀,内部呈空腔;在箱壁上既有许多精度要求较高的轴承支承孔和平面,也有许多精度要求较低的紧固孔。因此,箱体上需要加工的部位较多,加工难度也较大。

2. 箱体类零件的主要技术要求

(1)支承孔的尺寸精度、几何形状精度及表面粗糙度

箱体支承孔的尺寸精度、形状精度和表面粗糙度直接影响与轴承的配合精度和轴的回转

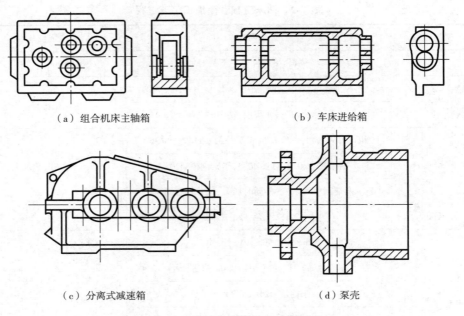

（a）组合机床主轴箱　　　　　　　　　　　（b）车床进给箱

（c）分离式减速箱　　　　　　　　　　　（d）泵壳

图 7-6　几种箱体类零件的结构简图

精度。支承孔的尺寸精度一般为 IT6、IT7 级，形状精度不超过其孔径尺寸公差的一半，表面粗糙度为 $Ra1.6 \sim 0.4\ \mu m$。

（2）孔与孔的位置精度

同一轴线上各孔的同轴度误差和孔端面对轴线的垂直度误差，会使轴和轴承装配到箱体内时产生歪斜，从而造成运动件的径向跳动和轴向窜动，也会加剧磨损。孔系之间的平行度误差会影响齿轮的啮合质量。一般同轴度为 $\phi 0.01 \sim 0.03\ mm$，各支承孔之间的平行度为 $0.03 \sim 0.06\ mm$，中心距公差为 $0.02 \sim 0.08\ mm$。

（3）孔和平面的位置精度

主要孔对箱体安装基面的平行度（或垂直度）决定了运动件与基础件之间的相互位置关系。这项精度是在总装时通过配刮或安装调整来达到的。为了减少配刮或调整量，一般规定在垂直和水平方向上，只允许传动件安装端面向上或向前偏移。

（4）主要平面的精度要求

箱体的主要平面是指装配基准面和加工中的定位基准面，它们直接影响箱体在加工中的定位精度，影响箱体与机器总装后的相对位置与接触刚度，因而具有较高的形状精度和表面粗糙度要求。一般机床箱体装配基准面和定位基准面的平面度公差在 $0.03 \sim 0.10\ mm$ 范围内，表面粗糙度为 $Ra3.2 \sim 1.6\ \mu m$。主要平面间的平行度、垂直度为 $(0.02 \sim 0.1)/300\ mm$。

3. 箱体类零件的材料毛坯

箱体零件的材料常用铸铁，这是因为铸铁容易成形，切削性能好，价格低，并且吸振性和耐磨性较好。根据需要可选用 HT 150 ~ HT 350，常用 HT 200。在单件小批生产情况下，为了缩短生产周期，可采用钢板焊接结构。某些大负荷的箱体有时采用铸钢件。在特定条件下，可采用铝镁合金或其他铝合金材料。

箱体零件的毛坯一般为铸件。其加工余量与生产批量、毛坯尺寸、结构、精度和铸造方法等因素有关。箱体毛坯铸造时，为了减小残余应力，应使箱体壁厚尽量均匀，箱体浇注后应安排时效处理或退火工序。

7.3.2　箱体类零件加工的主要工艺问题

1. 定位基准的选择

（1）粗基准的选择

根据粗基准的选择原则，首先考虑箱体上要求最高的轴承孔的加工余量应均匀，并要兼顾其余加工面均有适当的余量。一般选择主轴轴承孔和一个与其相距较远的轴承孔作为粗基准，可以保证主轴孔、支承孔余量均匀。同时为了保证各孔轴心线与箱体内壁的相互位置，在单件、中小批生产条件下，可以采用划线找正法装夹工件。在大批量生产条件下，可直接以主轴孔定位，采用专用夹具装夹，工件粗基准装夹迅速，满足生产率的要求。

（2）精基准的选择

单件小批量生产时，用装配基准面定位。可以实现基准统一、基准重合，保证位置精度。这种平面定位，定位准确可靠，夹具结构简单，工件装卸方便。但是此类定位方式会影响定位面上的加工。

大批量生产时，采用一面两孔定位，可以实现主定位基准重合，保证位置精度。同时可以实现基准统一，对 5 个面上孔或平面进行加工；定位稳定可靠，夹紧方便，易于实现自动定位和自动夹紧。

以上两种定位方案各有优缺点，应根据实际生产条件合理确定。

2. 主要表面加工方法的选择

1）平面的加工

对于箱体平面的粗加工和半精加工，主要采用铣削和刨削，也可采用车削。当生产批量较大时，可采用各种专用的组合铣床对箱体各平面进行多刀、多面同时铣削；尺寸较大的箱体，也可在多轴龙门铣床上进行组合铣削，能有效地提高箱体平面加工的生产率。

对于箱体平面的精加工，单件小批生产时，除了一些高精度的箱体仍需手工刮研外，一般多采用精铣或精刨；当生产批量大而精度又较高时，多采用磨削。

2）支承孔的加工

通常对于小直径（直径小于 50 mm）的孔，一般孔不铸出来，采用钻—扩（或半精镗）—粗铰—精铰加工的方案；对于大直径的孔，孔已经铸出来，可采用粗镗—半精镗—精镗的工艺方案进行加工。

3）孔系的加工

箱体上一系列有相互位置精度要求的孔的组合，称为孔系。孔系可分为平行孔系、同轴孔系和交叉孔系。孔的加工是箱体加工的关键。根据生产批量和精度要求的不同，孔系的加工方法亦有所不同。

（1）平行孔系的加工

所谓平行孔系，是指轴线互相平行且孔距有精度要求的一些孔。在生产中，保证孔距精度的方法有：

①找正法。找正法是指操作者在通用机床上利用辅助工具来找正要加工孔的正确位置的加工方法。这种方法加工效率低，一般只适用于单件小批量生产。

②镗模法。镗模法是指利用镗模夹具加工孔系的方法。用镗模加工孔系如图 7-7 所示，

工件装夹在镗模上,镗杆支承在镗模的导套里,由导套引导镗杆在工件的正确位置上镗孔。

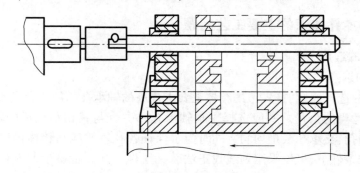

图 7-7 用镗模加工孔系

用镗模镗孔时,镗杆与机床主轴多采用浮动连接,机床精度对孔系加工精度影响很小。孔距精度和相互位置精度主要取决于镗模的精度,因而可以在精度较低的机床上加工出精度较高的孔系;同时镗杆刚度大大提高,有利于采用多刀同时切削;且定位夹紧迅速,生产率高。镗模精度高,制造周期长,成本高,用于成批及大量生产。结构复杂的箱体孔系也采用镗模法。

由于镗模本身的精度和导套与镗杆的配合间隙,镗模加工孔系不可能达到很高的加工精度。一般孔径尺寸精度为 IT7 级左右,表面粗糙度为 $Ra1.6 \sim 0.8\ \mu m$;孔系间的同轴度和平行度,当从一端加工时,可达 $0.02 \sim 0.03\ mm$,当从两端加工时,可达 $0.04 \sim 0.05\ mm$,孔距精度一般为 $\pm 0.05\ mm$。

③坐标法。坐标法镗孔是先将被加工孔系的孔距尺寸换算成两个互相垂直的坐标尺寸,然后在普通卧式镗床、坐标镗床或数控铣床等设备上,利用坐标尺寸测量装置,使机床主轴与工件间按坐标尺寸作精确的相对位移,从而间接保证孔距尺寸的加工精度。

(2)同轴孔系的加工

成批生产中,同轴孔系通常采用镗模加工,以保证孔系的同轴度。单件小批量生产则用以下方法保证孔系的同轴度。

①利用已加工孔作支承导向。一般在已加工孔内装一导向套,支承和引导镗杆加工同一轴线的其他孔。

②利用镗床后立柱上的导向套支承镗杆。采用这种方法加工时,镗杆两端均被支承,刚性好,但调整麻烦,镗杆长而笨重,因此只适宜加工大型箱体。

③采用调头镗。当箱体的箱壁相距较远时,工件在一次装夹后,先镗好一侧的孔,再将镗床工作台回转 180°,调整好工作台的位置,使已加工孔与镗床主轴同轴,然后加工另一侧的孔。

(3)垂直孔系的加工

垂直孔系的主要技术要求通常是控制有关孔的相互垂直度误差。在普通镗床上主要是靠机床工作台上的 90° 对准装置,结构简单,对准精度低。对准精度要求较高时,一般采用光学瞄准器,或者依靠人工用百分表找正。

在中、小批生产条件下,目前常采用数控镗铣床、加工中心进行孔系的加工,生产率高、精度高,适用范围广,且不需设计、制造镗模,缩短了产品试制周期,又减少了工序数量,简化了生产管理。

微课 7-2
孔系的加工方法

3. 加工顺序的安排

(1) 先面后孔的加工顺序

先加工面后加工孔，是箱体零件加工工艺流程的一般规律。因为箱体的孔精度要求高，加工难度大，先以孔为粗基准加工好平面，在以平面为精基准加工孔，既能为孔的加工提供稳定可靠的精基准，同时又可以使孔的加工余量均匀。另外，箱体类零件上的孔大部分分布在平面上，先加工好平面，钻头不易引偏，扩孔或铰孔时刀具不易崩刃。

(2) 粗精加工分阶段进行

因为箱体的结构形状复杂，主要表面的精度高，粗精加工分开进行，可以消除由粗加工所造成的切削力、夹紧力、切削热以及内应力对加工精度的影响，有利于保证箱体的加工精度；同时还能根据粗、精加工的不同要求来合理地选用设备，提高生产率。

4. 热处理工序的安排

箱体结构复杂，壁厚不均匀，铸造时因冷却速度不一致，内应力较大，且表面较硬。为了改善切削性能及保持加工后精度的稳定性，毛坯制造后，应进行一次人工时效处理。对于普通精度的箱体，粗加工后可安排自然时效；对于高精度或形状复杂的箱体，在粗加工后，还应安排一次人工时效处理，以消除内应力。

7.3.3　箱体类零件加工实例

1. 零件分析

蜗轮减速器箱体的主要技术要求有：两对轴承孔的尺寸精度为 IT8，表面粗糙度为 $Ra1.6\ um$，一对 $\phi90$ 的轴承孔和一对 $\phi180$ 的轴承孔同轴度公差分别为 0.05 mm、0.06 mm，其中两对轴承孔轴线的垂直度公差为 0.06 mm。蜗轮减速器箱体如图 7-8 所示。

2. 材料及毛坯

蜗轮减速器箱体的材料是 HT200(灰铸铁)。铸铁容易成型、切削性能好、价格低廉，并且具有良好的耐磨性和减振性，也是其他一般箱体常用的材料。毛坯为铸件，根据蜗轮减速器箱体的材料，对于单件小批量生产，一般采用木模手工造型。

3. 定位基准及装夹方式

(1) 选择精基准

经分析零件图可知，箱体底面或顶面是高度方向的设计基准，中心轴线是长度和宽度方向的设计基准。

一般箱体零件常以装配基准或专门加工的一面两孔定位，使得基准统一。为了保证主要技术要求，加工箱体顶面时应以底面为精基准，使顶面加工时的定位基准与设计基准重合；加工两对轴承孔时，仍以底面为主要定位基准，这样既符合"基准统一"的原则，也符合"基准重合"的原则，有利于保证轴承孔轴线与装配基准面的尺寸精度。同时为了定位更加准确可靠，外加底面 M16 的螺纹孔和箱体的右侧面作为精基准。

(2) 选择粗基准

一般箱体零件的粗基准都用它上面的重要孔和另一个相距较远的孔作为粗基准，以保证孔加工时余量均匀。蜗轮减速器箱体加工选择以重要表面孔 $\phi90$ 及 $\phi180$ 为粗基准，通过划线的方法确定第一道工序加工面位置，尽量使各毛坯面加工余量得到保证，即采用划线装夹，按线找正加工即可。

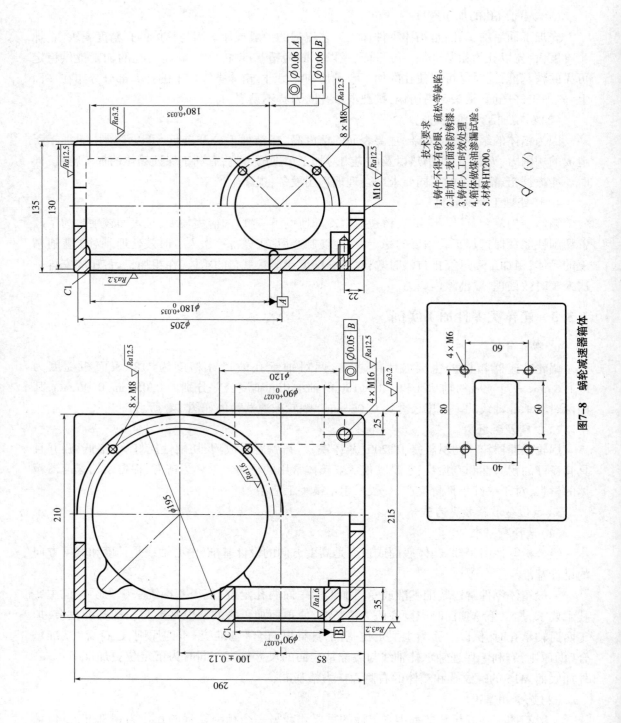

技术要求
1. 铸件不得有砂眼、疏松等缺陷。
2. 非加工表面涂防锈漆。
3. 铸件人工时效处理。
4. 箱体做煤油渗漏试验。
5. 材料HT200。

图7-8　蜗轮减速器箱体

4. 主要表面加工方法

根据加工表面的精度和表面粗糙度要求，蜗轮减速器箱体各表面和轴承孔加工方案见表 7-3。

表 7-3　蜗轮减速器箱体各表面和轴承孔加工方案

加工表面	尺寸精度等级	表面粗糙度	加工方案
箱体底面	IT13	$Ra12.5$	粗铣
箱体顶面	IT13	$Ra12.5$	粗铣
$\phi120$ 凸台	IT8	$Ra3.2$	粗铣—精铣
$\phi205$ 凸台	IT8	$Ra3.2$	粗铣—精铣
$\phi180$ 轴承孔	IT8	$Ra1.6$	粗镗—半精镗—精镗
$\phi90$ 轴承孔	IT8	$Ra1.6$	粗镗—半精镗—精镗
4×M16	IT13	$Ra12.5$	钻孔—攻丝
4×M6	IT13	$Ra12.5$	钻孔—攻丝
8×M8	IT13	$Ra12.5$	钻孔—攻丝

5. 加工工艺过程

蜗轮减速器箱体的加工工艺过程见表 7-4。

表 7-4　蜗轮减速器箱体的加工工艺过程

序号	工序名称	工序内容	加工机床
1	铸造	铸造毛坯	
2	清砂	消除浇注系统、冒口、型砂、飞边、毛刺	
3	热处理	人工时效	
4	油漆	喷涂底漆	
5	划线	以直径 180 毛坯孔为基准，找正，垫平，画出底面加工线和左右凸台加工线；以底面加工线为基准，划出顶面加工线	
6	粗铣	找正所划底面加工线，粗铣底面，保证工序尺寸	X6132
7	粗铣	以底面为基准，找正所划顶面加工线，粗铣顶面，保证工序尺寸 290	X6132
8	粗铣	以底面为精基准，压紧工件，粗铣右端面至尺寸 222.75	X6132
9	精铣	以底面为精基准，压紧工件，精铣右端面至尺寸 221.25	X6132
10	粗铣	以底面为精基准，压紧工件，粗铣左端面至尺寸 216.5	X6132
11	精铣	以底面为精基准，压紧工件，精铣左端面至尺寸 215	X6132
12	粗铣	以底面为精基准，压紧工件，粗铣前端面至尺寸 142.5	X6132

续上表

序号	工序名称	工序内容	加工机床
13	精铣	以底面为精基准,压紧工件,精铣前端面至尺寸 141	X6132
14	粗铣	以底面为精基准,压紧工件,粗铣后端面至尺寸 136.5	X6132
15	精铣	以底面为精基准,压紧工件,精铣后端面至尺寸 135	X6132
16	钻孔	划线找准底面 M16 螺纹孔,夹紧工件,钻 M16 螺纹底孔 $\phi12$	Z3032
17	粗镗	以底面为精基准,压紧工件,兼顾中心与底面高度 185 尺寸,粗镗直径 180 的孔至 178.1	T617A
18	半精镗	以底面为精基准,压紧工件,兼顾中心与底面高度 185 尺寸,半精镗直径 180 的孔至 179.3	T617A
19	精镗	以底面为精基准,压紧工件,兼顾中心与底面高度 185 尺寸,精镗直径 180 的孔至工序尺寸	T617A
20	粗镗	以底面为精基准,压紧工件,兼顾中心与底面高度 85 尺寸,粗镗直径 90 的孔至 88.1	T617A
21	半精镗	以底面为精基准,压紧工件,兼顾中心与底面高度 85 尺寸,半精镗直径 90 的孔至 89.3	T617A
22	精镗	以底面为精基准,压紧工件,兼顾中心与底面高度 85 尺寸,精镗直径 90 的孔至工序尺寸	T617A
23	钻孔	划线,夹紧工件,钻 M6、M8、M16 螺纹底孔	Z3032
24	攻丝	夹紧工件,攻丝 M6、M8、M16 螺纹	
25	检验	综合检查	
26	入库	清洗,上油,入库	

思考与练习

一、填空题

7-1 光轴或直径相差不大的阶梯轴,一般选用_____作为毛坯;比较重要的轴,多采用_____毛坯;大型、结构复杂的轴可采用_____毛坯。

7-2 轴类零件加工时最常用的定位基准是_____,其次是_____。

7-3 在加工带通孔的轴的外圆时,可使用带中心孔的_____或_____装夹。

7-4 套筒类零件在机器中主要起_____或_____作用。

7-5 箱体类零件的主要加工表面是_____和_____。

7-6 箱体类零件加工的精基准,在单件小批量生产时,用_____作为定位基准,批量大时的定位方案是"_____"。

7-7 箱体类零件的加工一般均按"先_____后_____"的顺序进行。

二、简答题

7-8 轴类零件有何功用?其结构特点是什么?

7-9　轴类零件常选什么材料？在加工的各个阶段应安排哪些热处理工序？

7-10　试分析主轴加工工艺过程中如何体现基准重合、基准统一、互为基准的原则？

7-11　如何安排主轴机械加工的顺序？

7-12　套筒零件有何功用？其结构特点是什么？主要技术要求有哪些？

7-13　保证套筒类零件的相互位置精度有哪些方法？

7-14　箱体零件的结构特点及主要技术要求有哪些？它们对保证箱体的作用和机器的性能有何影响？

7-15　箱体加工的精基准有几种方案？比较它们的优缺点和适用场合。

7-16　安排箱体加工顺序时，一般应遵循哪些主要原则？

7-17　箱体孔系的加工方法有哪些？适用于什么场合？

三、综合分析题

7-18　试确定在批量生产条件下，如图 7-9 所示阶梯轴的加工工艺过程。材料为 45 钢，表面硬度要求 35~40 HRC。请拟定工序、定位粗基准和精基准，工序内容与加工方法。

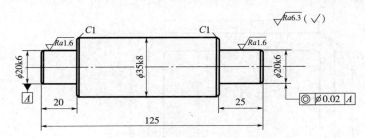

图 7-9　题 7-18 图

7-19　制订如图 7-10 所示零件的机械加工工艺过程，具体条件：45 钢，圆料 φ70，单件生产。

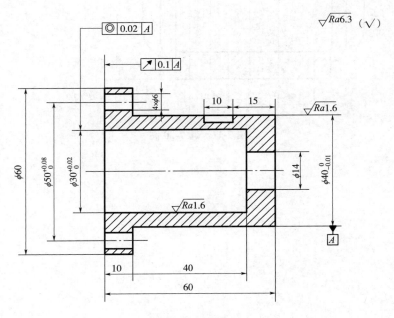

图 7-10　题 7-19 图

7-20 拟定如图 7-11 所示箱体零件的机械加工工艺路线。生产类型：中批生产；零件材料：HT200。

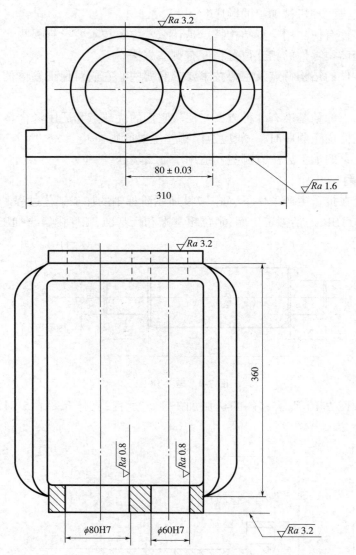

图 7-11 题 7-20 图

第8章 机械加工质量

学习目标

通过本章的学习,了解机械加工质量的基本概念和影响机械加工质量的因素,能够分析加工中出现的加工质量问题以及加工振动产生的原因,并能够给出对应的解决措施。

导入案例 大国工匠:国产大飞机的首席钳工胡双钱

胡双钱,上海飞机制造有限公司高级技师。不仅亲身参与了中国人在民用航空领域的首次尝试——运10飞机的研制,更在 ARJ21 新支线飞机及中国新一代大飞机 C919 的项目研制中做出了重大贡献。先后高精度、高效率地完成了 ARJ21 新支线飞机首批交付飞机起落架钛合金作动筒接头特制件、C919 大型客机首架机壁板长桁对接接头特制件等加工任务。还发明了"反向验证"等一系列独特工作方法,确保每一个零件、每一个步骤都不出差错。不管是多么简单的加工,他都会在干活前认真核校图纸,操作时小心谨慎,加工完多次检查,"慢一点、稳一点,精一点,准一点。"并凭借多年积累的丰富经验和对质量的执着追求,在30多年的从业生涯中,加工的数十万个零部件竟没有一个次品,也由此被人们称之为"航空手艺人"。

快速发展的信息经济时代,各行业对产品性能的要求不断提高,如航空、航天、电子等领域。不断地提高产品的质量,提高其使用效能与使用寿命,最大限度地消灭废品,降低次品率,提高产品的合格率,以及最大限度地节约材料和人力消耗,是机械加工必须遵循的原则。一代代的大国工匠以其精益求精的工匠精神,在各自岗位刻苦钻研,不断打破技术瓶颈,为我国的现代化建设保驾护航。

8.1 机械加工精度

机械产品质量取决于零件质量和装配质量,其中零件质量既与零件本身材料性能有关,也与加工精度、表面粗糙度等几何因素及表层组织状态等物理因素有关。机械产品零件加工的首要任务,就是保证零件的质量要求。

作为机械产品的最小元素——零件,其加工质量指标包含两大类:一是加工精度;二是加工表面质量。

机械加工精度是零件质量的重要组成部分,它直接影响着机器的工作性能和工作寿命,分析和研究影响机械加工精度的工艺因素和规律,应用这些规律来有效地为生产服务是学习本章节的目的。

8.1.1 机械加工精度的概念

1. 机械加工精度

机械加工精度是指零件加工后的实际几何参数(尺寸、形状和位置)与理想几何参数的符合程度。一般机械加工精度要求是在零件设计图上给定的,其包括:

①零件的尺寸精度:加工后零件的实际尺寸与理想尺寸相符的程度。

②零件的形状精度:加工后零件的实际形状与理想形状相符的程度。

③零件的位置精度:加工后零件的实际位置与理想位置相符的程度。

这三者之间是有联系和区别的。通常形状公差应限制在位置公差之内,而位置公差一般也应限制在尺寸公差之内。当尺寸精度的要求高时,相应的位置精度、形状精度也要求高。但形状精度要求高时,相应的位置精度和尺寸精度不一定都要求高。

零件加工后的实际几何参数(实得的几何参数)与理想几何参数(设计给定参数的平均值)符合程度越高,零件所获得的加工精度越高。

2. 机械加工误差

机械加工误差是指零件加工后的实际几何参数对理想几何参数的偏离程度。

实际上,加工后的零件不可能做得与理想零件完全一致,总会有大小不同的偏差。机械加工误差的大小表示了机械加工精度的高低。机械加工误差越大,零件获得的加工精度越低。相反,机械加工误差越小,零件所获得的机械加工精度越高。在生产实际中用控制加工误差的方法来保证加工精度。

3. 机械加工经济精度

根据统计资料,某一种加工方法的加工误差(或精度)与加工成本的关系如图 8-1 所示。在 I 段,当零件加工精度要求很高时,零件成本将要提得很高,甚至成本再提高,其精度也不能再提高了,存在着一个极限的加工精度。相反,在 III 段,虽然精度要求很低,但成本也不能无限降低,其最低成本也存在一个极限值。因此在 I、III 段应用此方法加工都是不经济的。在 II 段,加工方法与加工精度是相互适应的,加工误差与成本基本上是反比关系,可以较经济地达到一定的加工精度。II 段的精度范围就称为这种加工方法的经济精度的范围。

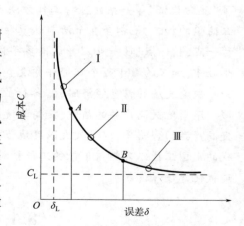

图 8-1 加工误差与加工成本的关系

所谓某种加工方法的经济精度,是指在正常的工作条件下(包括完好的机床设备、必要的工艺装备、标准的操作人员技术等级、标准的耗用时间和生产费用等)所能达到的加工精度和表面粗糙度。

在加工过程中,有许多工艺因素影响加工精度。对于同一种加工方法在不同的工作条件下所能达到的精度不同。任何一种加工方法,在精心操作,细心调整,加以选择适当的切削参数,都能加工出精度较高的工件,但成本和效率却大不同。加工成本与加工误差的关系可从

图 8-1 中看出,在一定的范围内,要获得小的加工误差,必然花费较大的加工成本。

每一种加工方法都有其加工经济精度,但不是一个确定的值,而是一个范围,在这个范围内加工出来的零件成本是较经济的。当然,每一种加工方法的加工经济精度也不是一成不变的。为了满足各行业对机械产品质量不断提高的要求,工艺技术不断发展,设备及工艺装备不断改进,以及管理水平不断提高,各种加工方法的加工经济精度亦将随之不断提高。

4. 机械加工精度的获得方法

机械加工精度的获得方法即零件获得尺寸精度、形状精度、位置精度的机械加工方法。分别介绍如下。

1)零件尺寸精度获得法

(1)试切法

即通过试切—测量—再试切—再测量的方法,直至测量结果达到图纸给定要求的方法。试切法简便易行,直观可靠,但每个工件都要经过多次试切和测量,费工费事,一般只用于单件小批生产。

(2)定尺寸刀具法

通过定尺寸刀具(如钻头、铰刀、浮动镗刀等)的尺寸来保证被加工表面的尺寸。该法可用于各种批量的生产中。

(3)调整法

按零件规定的尺寸要求预先调整好刀具与工件的相对位置来保证加工表面尺寸的方法。用调整法加工一批工件的过程中,刀具位置不再进行调整,除非因刀具磨损、换班等原因须重新调整对刀。用调整法加工,工件尺寸稳定,加工效率高,广泛应用于批量生产中,是本章研究的重点。

(4)自动控制法

使用一定的装置(自动测量或数字控制),在工件达到要求尺寸时,自动停止加工。自动控制法主要用于自动化加工中,生产率高,精度易于保证。

2)零件的几何形状精度获得法

零件的几何形状精度要求较高时,设计图上专门规定其公差。在机械加工中,主要依靠成形运动法,即依靠刀具和工件作相对成形运动,获得零件表面形状。此时刀具对于工件的切削成形面即为工件的加工表面。成形运动法可归纳为如下三种。

(1)轨迹法

这种方法是依靠刀尖运动轨迹来获得所要求的表面几何形状。这种加工方法也称作点(刀尖)成形运动法,其加工精度取决于各成形运动的精度。

(2)成形法

使用成形刀具,其刀刃形状(或其在基面上的投影)与零件表面形状相同,从而获得所要求的加工表面形状。这种方法所能达到的精度,主要取决于切削刃的形状精度和刀具的装夹精度。

(3)展成法

在采用成形刀具条件下,刀具相对工件做展成啮合的成形运动,就可加工出更为复杂的表面。如各种花键表面和齿形表面的滚切加工。此时刀具相对工件做展成啮合运动,其加工后的表面即为刀刃在成形运动中的包络面。

成形法和展成法也称线(刀刃)成形运动法。这两种加工方法的形状精度不仅取决于各成形运动本身的精度,也取决于各成形运动之间相互关系(位置关系和速度关系)的准确性和刀刃的形状精度。

此外,还有非成形运动法——零件表面形状精度的获得不是依靠刀具相对工件的准确成形运动,而是靠加工过程中对工件的积极检验和操作人员的熟练操作技术的加工方法。例如精密块规、陀螺球的手工研磨加工,精密平台、平尺的精密刮研加工等。这种非成形运动法虽然是获得零件几何形状精度最原始的加工方法,但仍是现今在加工某些复杂形面或形状精度要求很高的表面的重要手段。

3)零件的位置精度获得法

零件的位置精度是指零件上各有关几何要素之间在位置方面的要求。若要求高时,设计者会在图纸上规定且标注其公差值;要求不高时,由相应的尺寸公差限制,不另作规定。

在机械加工中,零件位置精度的获得主要有以下三种方法。

(1)找正定位法

在加工前使用辅助工具和量具对工件进行相对于机床或刀具的位置的找正,使工件基准面处于正确位置,然后夹紧,再进行加工。例如,磨削轴套的内孔时,使用千分表对其外圆表面进行找正,然后再磨削内孔,这样能够保证内孔对外圆的同轴度要求;又如在车床、铣床上也常使用划针、千分表等对工件进行找正定位。此法在单件小批量生产中广为采用。

(2)使用夹具定位

依靠夹具上的定位元件对工件基准面定位,然后进行加工,从而保证位置精度。此法操作简单,节省时间,精度较稳定,是大批量生产中较为常见的理想方法。

(3)用机床装夹面定位法

这种定位法是直接利用机床的装夹面(如工作台表面)对工件定位,然后夹紧工件进行加工,使之在整个加工过程中都不脱离这个位置,保证加工面对基准面的相对位置精度。例如磨削平面时,将工件基准面放于磁力工作台之上,靠磁力夹紧,即可保证被加工面对基准面的平行度。

无论使用上述哪种方法加工,都应力求在一次安装中加工出尽可能多的表面,而且最好连同设计基准面一并加工出来。

8.1.2 工艺系统的几何误差

在机械加工中,零件的尺寸、几何形状和表面间相对位置的形成,取决于刀具相对工件在切削运动过程中相互位置的关系。而工件和刀具,又是安装在夹具和机床上,并受到夹具和机床的约束。因此,在机械加工时,机床、夹具、刀具和工件就构成了一个完整的系统,即机械加工工艺系统,简称工艺系统。

工艺系统中的种种误差,在不同的具体条件下,以不同的程度和方式反映为工件的加工误差。工艺系统误差和工件加工误差之间是因果关系,即工艺系统误差为因,而加工误差是果。工艺系统中凡是能直接引起加工误差的因素都称为原始误差。

导致原始误差的因素很多,按照它们相对于切削过程所处的时间段来划分,可以分为:加工前工艺系统的误差(或叫几何误差),包括原理误差、机床误差、其他几何误差;加工过程中工艺系统的误差,包括工艺系统的受力变形(含应力变形)引起的加工误差、工艺系统的受热变形引起的加工误差;加工后的误差,主要指量具测量误差。习惯上把加工前工艺系统已经存在的误差称为工艺系统的几何误差。

1. 原理误差

原理误差是由于采用了近似的加工成形运动或使用近似的刀刃形状的刀具而产生的加工误差。

用成型刀具加工复杂曲线表面时,要使刀具刃口做得完全符合理论曲线的轮廓,有时非常困难,所以常用圆弧、直线等简单线型代替。例如,常用的齿轮滚刀存在两种误差,一是为了克服制造上的困难,用阿基米德基本蜗杆或法向直廓基本蜗杆代替渐开线基本蜗杆;二是由于滚刀刀刃数有限,所切成的齿轮齿形实际上是由许多折线组成,而非理论上的光滑渐开线。又如,车削模数蜗杆时,由于蜗杆的螺距等于蜗轮的周节 πm(m 为模数),且是一个无理数(π = 3.1415926…),而车床的配换齿轮的齿数是有限的,所以只能将 π 化为近似的分数计算,因此产生原理误差。

采用理论上完全正确的加工方法,会使机床或刀具的结构极为复杂,以致制造困难。或由于环节过多,增加了机构运动中的误差,反而得不到高的加工精度。而采用近似的加工原理虽然带来加工原理误差,但往往可以简化机床或刀具的结构,或可提高生产效率,有时甚至能得到相对高的加工精度。因此只要其误差不超过规定的精度要求,在生产实际中,仍得到广泛的应用。

2. 机床误差

加工中刀具相对于工件的成形运动一般都是通过机床完成的,因此,工件的加工精度在很大程度上取决于机床的精度。引起机床误差的原因是机床的制造误差、安装误差和磨损。机床误差的项目很多,此处重点介绍对工件加工精度影响较大的机床主轴的回转误差、机床导轨导向误差和机床传动链的传动误差。

1) 机床主轴的回转误差

(1) 主轴回转误差的基本概念

机床主轴是用来装夹刀具或工件,并传递主切削运动的重要部件。机床主轴的回转精度是机床精度的一项重要指标,主要影响零件加工表面的几何形状精度、位置精度和表面粗糙度。

理论上讲,机床主轴回转时,其回转轴线应该是固定不动的。实际上,由于机床主轴部件中的零件的制造误差和配合质量、润滑条件以及回转时的动力因素等影响,机床主轴回转轴线的空间位置在周期性地发生着变化。

机床主轴回转误差是指主轴实际回转轴线的空间位置对理想回转轴线(平均回转轴线)的空间位置的漂移量。

(2) 机床主轴回转误差的类型

主轴回转误差可以分解为纯轴向窜动、纯径向圆跳动和倾角摆动三种基本形式,如图 8-2所示为主轴回转误差的基本形式。

纯轴向窜动是指主轴瞬时回转轴线沿平均回转轴线作直线运动。产生轴向窜动的主要原因是,主轴轴肩端面和轴承承载端面对主轴回转轴线有垂直度误差。

纯径向圆跳动是指主轴瞬时回转轴线平行于平均回转轴线作运动。产生主轴径向圆跳动的主要原因有:主轴几段轴颈的同轴度误差、轴承本身的各种误差、轴承之间的同轴度误差、主轴挠度等。但它们对主轴径向圆跳动的影响大小随加工方式的不同而不同。

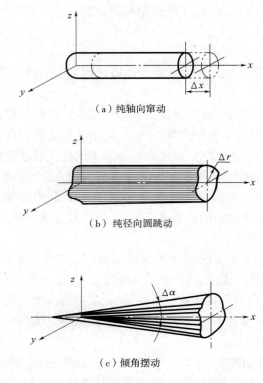

（a）纯轴向窜动

（b）纯径向圆跳动

（c）倾角摆动

图 8-2　主轴回转误差的基本形式

　　倾角摆动是指主轴瞬时回转轴线与平均回转轴线成一倾斜角度，但其交点位置固定不动的运动。当主轴几何轴线发生倾角摆动时，可分为两种情况：一是平面摆动，即主轴轴线在某一平面内在平均轴线附近作纯角度摆动；二是锥角摆动，即主轴轴线绕其平均轴线沿圆锥轨迹公转。

　　不同的加工方法，主轴回转误差所引起的加工误差也不同，机床主轴回转误差产生的加工误差见表 8-1。在车床上加工外圆或内孔时，主轴径向回转误差会引起工件的圆度和圆柱度误差，但对加工工件端面则无直接影响。主轴轴向回转误差对加工外圆或内孔的影响不大，但对所加工端面的垂直度及平面度则有较大的影响。在车螺纹时，主轴轴向回转误差可使被加工螺纹的导程产生周期性误差。

表 8-1　机床主轴回转误差产生的加工误差

主轴回转误差的基本形式	车床上车削			镗床上镗削	
	内、外圆	端面	螺纹	孔	端面
纯轴向窜动	无影响	平面度、垂直度	螺距误差	无影响	平面度、垂直度
纯径向圆跳动	近似正圆（理论上为心形）	无影响		椭圆孔（每转跳动一次时）	无影响
倾角摆动	近似圆柱（理论上为锥形）	影响很小	螺距误差	椭圆柱孔（每转摆动一次时）	平面度

　　必须指出的是，实际上主轴工作时其回转轴线的漂移是上述三种误差运动形式的综合结果，不同截面内轴心的误差运动轨迹既不相同，也不相似，既可能影响所加工工件的圆柱面的

形状精度,也可能影响端面的形状精度。

(3)提高机床主轴回转精度的措施

提高机床主轴回转精度的措施主要有:消除轴承的间隙;适当提高主轴及轴承孔的制造精度;选用高精度的轴承;提高主轴部件的装配精度;对高速主轴部件进行平衡;对滚动轴承进行预紧等措施。也可在加工工艺上采取相应措施,避免主轴回转精度对工件加工精度的影响。如采用固定顶尖支承工件,如图 8-3 所示为用固定顶尖支承磨外圆。

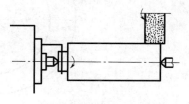

微课 8-1
主轴回转误差

图 8-3 用固定顶尖支承磨外圆

2)机床导轨导向误差

导轨是机床上确定各机床部件相对位置关系的基准,也是机床部件运动的基准。车床导轨的精度要求主要有:在水平面内的直线度;在垂直面内的直线度;前后导轨的平行度(扭曲);导轨对主轴回转轴线的平行度(或垂直度)。

(1)导轨在水平面内的直线度误差

卧式车床导轨在水平面内的直线度误差 Δy,将直接反映在被加工工件表面的法线方向(加工误差的敏感方向)上,对加工精度的影响最大。导轨在水平面内的直线度误差对加工精度的影响如图 8-4 所示,车外圆时在工件上产生半径误差 $\Delta R = \Delta y$。

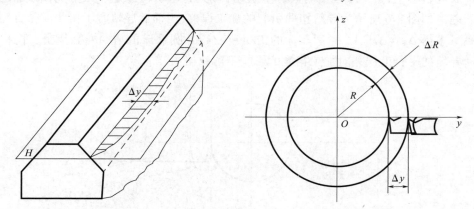

图 8-4 导轨在水平面内的直线度误差对加工精度的影响

(2)导轨在垂直平面内的直线度误差

卧式车床导轨在垂直面内的直线度误差 Δz 会引起被加工工件的形状误差和尺寸误差。导轨在垂直面内的直线度误差对加工精度的影响如图 8-5 所示,车外圆时,刀尖由 A 点移到 B 点,由此引起工件半径误差 ΔR。

根据 $\triangle OAB$ 得

$$\left(\frac{d}{2}+\Delta R\right)^2 = \left(\frac{d}{2}\right)^2 + \Delta z^2$$

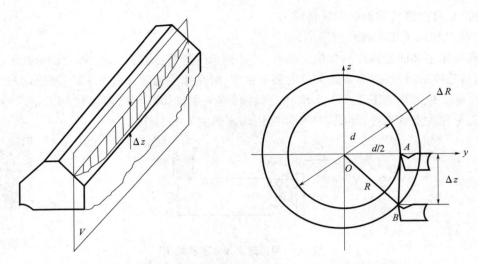

图 8-5　导轨在垂直面内的直线度误差对加工精度的影响

$$d\Delta R+\Delta R^2 = \Delta z^2$$

略去 ΔR^2，得 $\Delta R=\dfrac{\Delta z^2}{d}$。由于 Δz 很小，所以 Δz^2 更小，此项加工误差很小。由此可见，车床导轨在垂直面内的直线度误差对工件尺寸精度的影响不大（可忽略不计），而在水平面内的直线度误差对工件尺寸精度的影响甚大，因此不能忽视。

（3）前后导轨的平行度误差（扭曲）

若前后导轨不平行，刀架运动时会产生摆动，刀尖的运动轨迹是一条空间曲线，使工件产生形状误差。如图 8-6 所示为导轨扭曲引起的加工误差，当前后导轨有了扭曲误差 Δ 之后，由几何关系可求得 $\Delta y\approx\Delta H/A$。一般车床的 $H/A\approx2/3$，外圆磨床的 $H/A\approx1$，因此，车床和外圆磨床前后导轨的平行度误差对加工精度的影响不可忽略。

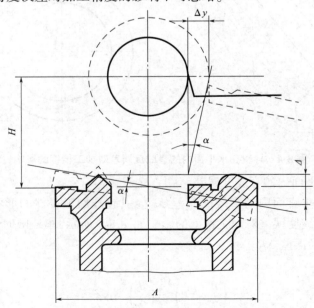

图 8-6　导轨扭曲引起的加工误差

（4）导轨与主轴回转轴线的平行度误差

若车床导轨与主轴回转轴线在水平面内有平行度误差，车出的内外圆柱面就会产生锥度。若车床导轨与主轴回转轴线在垂直面内有平行度误差，则圆柱面成双曲回转体。因误差发生在非误差敏感方向上，故可忽略不计。

除了导轨本身的制造误差外，导轨的不均匀磨损和安装质量，也是造成导轨误差的重要因素。导轨磨损是机床精度下降的主要原因之一。

3）机床传动链的传动误差

两端传动元件之间的相对运动量有严格要求的传动链，称为内联系传动链。传动链误差是指机床内联系传动链始末两端传动元件间相对运动的误差。一般用传动链末端元件的转角误差来衡量。例如：车削螺纹的加工，主轴与刀架的相对运动关系不能严格保证时，将直接影响螺距的精度。

所有的传动件都存在传动误差。各传动件在传动链中的位置不同，它们对工件加工精度的影响程度也不同。各传动件对工件加工精度影响的总和为各传动元件所引起末端元件转角误差的迭加。

即
$$\Delta\phi_\Sigma = \sum_{j=1}^{n} \Delta\phi_{jn} = \sum_{j=1}^{n} k_j \Delta\phi_j \tag{8-1}$$

式中　$\Delta\phi_\Sigma$——末端元件的转角误差；

$\Delta\phi_{jn}$——由第 j 个传动元件引起的末端元件的转角误差；

k_j——误差传递系数（第 j 个元件到末端元件的传动比）；

$\Delta\phi_j$——第 j 个元件的转角误差。

考虑到传动链中各传动元件的转角误差可以认为是独立的随机变量，那么，传动链末端元件的总的转角误差可以用概率法进行估算：

$$\Delta\phi_\Sigma = \sqrt{\sum_{j=1}^{n} k_j^2 \Delta\phi_j^2} \tag{8-2}$$

为了减少传动链的传动误差，提高传动精度，可以采取下列措施：

①减少传动件的数目，缩短传动链。传动元件越少，传动累积误差就越小，传动精度就越高。

②应尽量采用降速传动，缩小传动误差。且末端传动副尽量采用大的降速比，以减少其他传动元件的误差对被加工工件的影响。

③尽量提高传动元件的制造精度，尤其要提高末端传动元件的精度。

④采用误差补偿校正装置，减小和消除传动链误差对工件加工精度的影响。

3. 其他几何误差

（1）刀具几何误差

刀具误差对加工精度的影响随刀具种类的不同而不同。采用定尺寸刀具、成形刀具、展成刀具加工时，刀具的制造误差会直接影响工件的加工精度；而对一般刀具（如车刀等），其制造误差对工件加工精度无直接影响。

任何刀具在切削过程中，都不可避免地要产生磨损，并由此引起工件尺寸和形状的改变。正确地选用刀具材料，合理地选用刀具几何参数和切削用量，正确地刃磨刀具，合理使用冷却液等，均可有效地减少刀具的尺寸磨损。必要时还可采用补偿装置对刀具尺寸磨损进行自动补偿。

（2）夹具几何误差

夹具几何误差包括工件的定位误差、夹紧变形以及夹具的安装误差、对刀误差和磨损等。夹具的误差直接影响加工表面的位置精度和尺寸精度。在设计夹具时，凡影响工件精度的尺寸应被严格控制，一般可取工件上相应尺寸或位置公差的 1/5~1/2。

（3）调整误差

在机械加工中，为保证加工表面的精度，每道工序都要对机床、夹具和刀具进行调整。由于调整不可能绝对准确，就难免带来一些原始误差，称为调整误差。

当采用试切法加工时，影响调整误差的主要因素有测量误差、微量进给的位移误差和最小切削厚度造成的尺寸误差。当采用调整法加工时，产生的调整误差的因素除此之外，还有定程机构的误差、样件或样板的误差等。

8.1.3　工艺系统的受力变形

1. 工艺系统的刚度

1）基本概念

在切削加工过程中，由机床、刀具、夹具和工件组成的机械加工工艺系统必然受到切削力、夹紧力、惯性力、重力、传动力等力的作用，会产生相应的变形。这种变形会破坏刀具和工件之间在静态下所调整好的正确的相对位置，以及使得零件成形时所需要的正确的几何关系发生变化，造成加工误差，使工件的加工精度下降。

工件和刀具在切削力的作用下都会发生变形，从而使刀具相对工件的位置发生改变，即发生"让刀"现象。受力变形对工件精度的影响如图 8-7 所示。车细长轴时，由于工件容易变形，加工出的轴出现中间粗两头细的情况，如图 8-7（a）所示。在内圆磨床上进行切入式磨孔时，如图 8-7（b）所示，由于内圆磨头轴比较细，磨削时因磨头轴受力变形，而使工件孔呈锥形。由此可见，工艺系统受力变形严重影响了工件的加工精度。

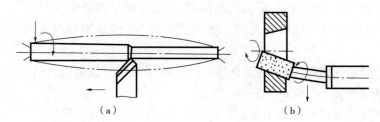

（a）　　　　　　　　　　　　（b）

图 8-7　受力变形对工件精度的影响

工艺系统受力变形一般来说是弹性变形。工艺系统抵抗弹性变形的能力越强，其保证工件加工精度的能力也就越强。

将垂直作用于工件加工表面（加工误差敏感方向）的径向切削分力 F_p 与工艺系统在该方向上的变形 y 之间的比值，称为工艺系统刚度 $K_系$，即

$$K_系 = \frac{F_p}{y} \tag{8-3}$$

式（8-3）中的变形量 y 是由径向切削分力（背向力）F_p、切向切削分力（主切削力）F_c 与进

给切削分力 F_f 共同作用下工艺系统的弹性变形。y_{F_c} 和 y_{F_f} 有可能与 y_{F_p} 同向,也有可能与 y_{F_p} 反向,所以就有可能出现 $y>0$、$y=0$ 和 $y<0$ 三种情况,与此相对应,有可能出现 $K_{系}>0$、$K_{系}\to\infty$ 和 $K_{系}<0$ 三种情况。

2)工件的刚度

工艺系统中如果工件刚度相对于机床、刀具、夹具来说比较低,在切削力的作用下,工件由于刚度不足而引起的变形对加工精度的影响就比较大,其最大变形量可按材料力学有关公式估算。

3)刀具的刚度

外圆车刀在加工表面法线方向上的刚度很大,其变形可以忽略不计。镗直径较小的内孔,刀杆刚度很差,刀杆受力变形对孔加工精度就有很大影响。刀杆变形也可以按材料力学有关公式估算。

一端固定(悬臂安装): $\quad y=\dfrac{F_p l^3}{3EI},K_刀=\dfrac{F_p}{y}=\dfrac{3EI}{l^3}$

两端固定(简支安装): $\quad y=\dfrac{F_p l^3}{48EI},K_刀=\dfrac{F_p}{y}=\dfrac{48EI}{l^3}$

式中　l——工件或刀具长度;

　　　E——材料弹性模量;

　　　I——截面惯性矩。

对于工艺系统中的另一组成部分——夹具,可将其看作是机床的一个组成部分,因为它在这个系统里一般是固定在机床上使用的,故夹具刚度不作单独讨论。

4)机床部件的刚度

(1)机床部件刚度特性

机床部件由许多零件组成,机床部件刚度迄今尚无合适的简易计算方法,目前主要还是用实验方法来测定机床部件的刚度。如图 8-8 所示是一台车床刀架的静刚度特性曲线,分析实验曲线可知,机床部件刚度具有以下特性:

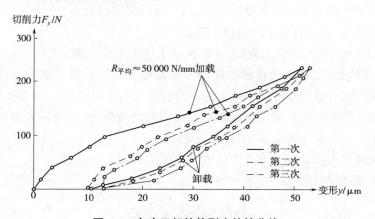

图 8-8　车床刀架的静刚度特性曲线

①变形与载荷不成线性关系;

②加载曲线和卸载曲线不重合,卸载曲线滞后于加载曲线。两曲线间所包容的面积就是在加载和卸载循环中所损耗的能量,它消耗于摩擦力所做的功和接触变形功;

③第一次卸载后,变形恢复不到第一次加载的起点,这说明有残余变形存在,经多次加载卸载后,加载曲线起点才和卸载曲线终点重合,残余变形才逐渐减小到零;

④机床部件的实际刚度远比按实体估算的要小得多(例如:刀架的平均刚度:$K_刀 = 4\ 600$ N/mm,仅相当于一根 200 mm×30 mm×30 mm 的铸铁条的刚度)。

(2)影响机床部件刚度的因素

①机床零部件连接表面之间同时存在的弹性变形和塑性变形;

②机床零部件间受力变形时因发生错动而产生的摩擦力对其错动的阻碍;

③机床部件中低刚度零件对整个部件刚度的影响。尤其是部件中的薄弱环节,如刀架、导轨楔铁、轴承轴套等对总刚度的影响;

④机床零部件间间隙的存在对机床部件刚度的影响。机床部件在受力作用时,首先消除零件间的间隙,这会使机床部件产生相应的位移,若受力方向不变,此时间隙对加工精度的影响不大;若受力方向改变,其零件间的间隙对加工精度的影响就必须考虑。

5)工艺系统刚度与工艺系统组成部分的刚度的关系

在机械加工过程中,机床、夹具、刀具和工件在切削力作用下,都将分别产生变形 $y_机$、$y_夹$、$y_工$ 和 $y_刀$,致使刀具和被加工表面的相对位置发生变化,使工件产生加工误差。

工艺系统刚度的倒数等于其各组成部分刚度的倒数和,即

$$\frac{1}{K_系} = \frac{1}{K_机} + \frac{1}{K_夹} + \frac{1}{K_刀} + \frac{1}{K_工} \tag{8-4}$$

在应用式(8-4)计算工艺系统刚度时,可针对具体情况加以简化。例如车削外圆时,车刀本身在切削力作用下的变形,对加工误差的影响很小,故工艺系统刚度的计算式中可忽略刀具刚度一项。再如镗孔时,镗杆的受力变形严重地影响着加工精度,而工件(箱体类零件)的刚度一般较大,其受力变形很小,故亦可忽略不计。

2. 工艺系统受力变形对加工精度的影响

1)总切削力大小变化对加工精度的影响(误差复映)

若毛坯形状误差较大或材料硬度不均匀,加工时切削力的大小会发生较大变化,工艺系统的变形也会随之变化,从而引起工件的加工误差。

如图 8-9 所示为车削时的误差复映,在椭圆状毛坯 1 上车外圆。加工前,刀具调整到一定位置(图中双点划线处)。在椭圆长轴方向的背吃刀量为 a_{p1},对应产生的让刀变形为 y_1。在椭圆短轴方向的背吃刀量为 a_{p2},对应产生的让刀变形为 y_2。由于 $a_{p1} \geq a_{p2}$,故 $y_1 \geq y_2$。这就使实际加工出来的外圆 2 存在圆度误差。把加工中因毛坯的误差,以与原误差相似的形式反应到加工后的零件上去的这一现象,称为误差复映。

毛坯的圆度误差为:$\Delta_毛 = a_{p1} - a_{p2}$,工件的圆度误差为:$\Delta_工 = y_1 - y_2$。

根据切削原理,切削分力 F_p 可表示为

$$F_p = C_{F_p} a_p^{x_{F_p}} f^{y_{F_p}} v^{n_{F_p}} K_{F_p}$$

式中 C_{F_p}——与刀具几何参数及切削条件有关的系数;

a_p, f, v——切削用量三要素;

K_{F_p}——修正系数;

$x_{F_p}, y_{F_p}, n_{F_p}$——指数。

在工件材料硬度均匀,刀具、切削条件和进给量一定的情况下,有

$$C_{F_p} f^{y_{F_p}} v^{n_{F_p}} K_{F_p} = C(常数)$$

对于一般车刀的几何形状,$x_{F_p} \approx 1$,则

$$F_p = Ca_p$$

由此引起的工艺系统受力变形为

$$y_1 = \frac{Ca_{p1}}{K_{系}}, y_2 = \frac{Ca_{p2}}{K_{系}}$$

$$\Delta_{工} = y_1 - y_2 = \frac{C}{K_{系}}(a_{p1} - a_{p2})$$

由于

$$\Delta_{毛} = a_{p1} - a_{p2}$$

因此

$$\Delta_{工} = \frac{C}{K_{系}} \Delta_{毛}$$

令

$$\varepsilon = \frac{\Delta_{工}}{\Delta_{毛}} \qquad\qquad (8-5)$$

则

$$\varepsilon = \frac{C}{K_{系}}$$

图 8-9　车削时的误差复映

1—毛坯外形;2—工件外形

上式表示了加工误差与毛坯误差之间的比例关系,说明了"误差复映"的规律,定量地反映了毛坯误差经加工所减小的程度,称之为"误差复映系数"。可以看出:工艺系统刚度越高,ε 越小,即复映在工件上的误差越小。毛坯上的形位误差,包括圆度、圆柱度、同轴度等都会程度不同地复映到工件上。工件材料由于硬度不均也会产生误差复映现象。

微课 8-2
误差复映

当加工过程分成几次进给时,每次进给的复映系数为 ε_1、ε_2、ε_3、……,则总的复映系数 $\varepsilon_{总} = \varepsilon_1 \varepsilon_2 \varepsilon_3 \cdots$。由于 $\Delta_{工} < \Delta_{毛}$,复映系数 $\varepsilon < 1$,经过几次进给后,ε 降到很小的数值,加工误差也就降到允许的范围以内。

【例题 8-1】　在车床上镗一短套筒工件孔,毛坯孔的圆柱度误差 $\Delta_{毛} = 1.2$ mm,系数 $C = 2 \times 10^3$ N/mm,且只考虑切削力大小变化之影响,试求:

①若 $K_{系}=2×10^4$ N/mm，镗一次后，工件孔的圆柱度误差 $\Delta_工$ 为多少？

②若 $K_{系}=2×10^4$ N/mm，镗孔后使 $\Delta_工 ≤0.05$ mm，则需镗几次？

③若镗一次后使 $\Delta_工 ≤0.1$ mm，则 $K_{系}$ 应为多大？

解：①根据式(8-5)，$\varepsilon=\dfrac{\Delta_工}{\Delta_毛}=\dfrac{C}{K_系}$，得 $\Delta_{工1}=\dfrac{C}{K_系}\Delta_毛=\dfrac{2×10^3}{2×10^4}×1.2$ mm $=0.12$（mm）

②若假设每次加工后复映系数近似相等，根据式(8-5)可得

$$\varepsilon^n=\frac{\Delta_工}{\Delta_毛}$$

$$n\lg\varepsilon=\lg\Delta_工-\lg\Delta_毛$$

$$n=\frac{\lg\Delta_工-\lg\Delta_毛}{\lg\varepsilon}=\frac{-3-0.18}{-2.3}=1.38$$

取 $n=2$，即需要镗孔 2 次。

③由式 8-5 推导可得

$$K_系≥\frac{\Delta_毛}{\Delta_工}C=\frac{1.2}{0.1}×2×10^3=2.4×10^4（\text{N/mm}）$$

2）总切削力作用点位置变化对加工精度的影响

切削过程中，工艺系统的刚度会随着切削力作用点位置变化而变化，从而使工艺系统受力变形亦随之变化，引起工件误差。现以在车床顶尖间加工光轴为例进行研究。

（1）机床的变形

假定工件短而粗，且车刀悬伸长度很短，则工件和刀具的刚度很大，其变形忽略不计。工艺系统的变形主要取决于机床头架、尾座和刀架的变形。图 8-10 所示为切削力位置变化引起工艺系统变形的变化。

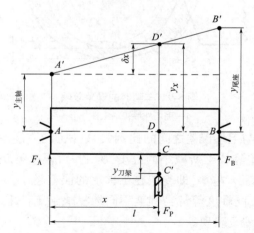

图 8-10 切削力位置变化引起工艺系统变形的变化

如图 8-10 所示，当刀具切削到工件任意位置 C 点时，假设作用在主轴箱和尾座上的力分别为 F_A 和 F_B，可求得工艺系统变形为

$$y_系(x)=y_x+y_{刀架}=y_{主轴}+\delta_x+y_{刀架}$$

因为
$$\frac{\delta_x}{y_{尾座}-y_{主轴}}=\frac{x}{l}$$

所以
$$\delta_x=\frac{x}{l}(y_{尾座}-y_{主轴})$$

则
$$y_{系}(x)=y_{主轴}+(y_{尾座}-y_{主轴})\frac{x}{l}+y_{刀架}$$

对 B 点取矩：$F_A l=F_p(l-x)$，$F_A=F_p\dfrac{l-x}{l}$，$y_{主轴}=\dfrac{F_A}{K_{主轴}}=\dfrac{F_p}{K_{主轴}}\dfrac{l-x}{l}$。

对 A 点取矩：$F_B l=F_p\cdot x$，$F_B=F_p\dfrac{x}{l}$，$y_{尾座}=\dfrac{F_B}{K_{尾座}}=\dfrac{F_p}{K_{尾座}}\dfrac{x}{l}$，$y_{刀架}=\dfrac{F_p}{K_{刀架}}$。

所以
$$y_{系}(x)=F_p\left[\frac{1}{K_{刀架}}+\frac{1}{K_{主轴}}\left(\frac{l-x}{l}\right)^2+\frac{1}{K_{尾座}}\left(\frac{x}{l}\right)^2\right]（二次曲线）\tag{8-6}$$

$$K_{系}=\frac{1}{\dfrac{1}{K_{主轴}}\left(\dfrac{l-x}{l}\right)^2+\dfrac{1}{K_{尾座}}\left(\dfrac{x}{l}\right)^2+\dfrac{1}{K_{刀架}}}\tag{8-7}$$

当 $x=0$ 时，
$$y_{系}(0)=F_p\left(\frac{1}{K_{刀架}}+\frac{1}{K_{主轴}}\right)$$

当 $x=l/2$ 时，
$$y_{系}\left(\frac{1}{2}\right)=F_p\left(\frac{1}{K_{刀架}}+\frac{1}{4K_{主轴}}+\frac{1}{4K_{尾座}}\right)$$

当 $x=l$ 时，
$$y_{系}(l)=F_p\left(\frac{1}{K_{刀架}}+\frac{1}{K_{尾座}}\right)$$

设极值点为 x_0，令 $y'_{系}(x)=0$，解得：$x_0=\dfrac{K_{尾座}}{K_{主轴}+K_{尾座}}l$，$y''_{系}(x)=\dfrac{1}{K_{主轴}}+\dfrac{1}{K_{尾座}}>0$，即 $y_{系}(x_0)=y_{系min}$。

当 $x=x_0$ 时，
$$y_{系}(x_0)=y_{系min}=F_p\left(\frac{1}{K_{主轴}+K_{尾座}}+\frac{1}{K_{刀架}}\right)$$

若 $K_{主轴}=K_{尾座}$，$x_0=\dfrac{l}{2}$，$y_{系max}=y_{尾座}=y_{主轴}$；$K_{主轴}>K_{尾座}$（通常情况），$y_{系max}=y_{尾座}$；$K_{主轴}<K_{尾座}$，$y_{系max}=y_{主轴}$。

设 $F_p=300$ N，$K_{主轴}=60\,000$ N/mm，$K_{尾座}=50\,000$ N/mm，$K_{刀架}=40\,000$ N/mm 顶尖间距离 600 mm，则沿工件长度上工艺系统的变形量见表 8-2。

表 8-2 沿工件长度上工艺系统的变形量

x	0 （主轴处）	$l/6$	$l/3$	$5l/11$ （变形最小处）	$l/2$ （工件中间）	$2l/3$	$5l/6$	L （尾座处）
$y_{系}$/mm	0.012 5	0.011 1	0.010 4	0.010 23	0.010 3	0.010 7	0.011 8	0.013 5

由于变形大的地方，从工件上切去的金属层薄；变形小的地方，切去的金属层厚，因此因机床受力变形而使加工出来的工件产生两端粗、中间细的马鞍形圆柱度误差，误差值为：0.013 5-0.010 23=0.003 27（mm）。

【例题 8-2】 车轴外圆，已知 $K_{主轴}=300\,000$ N/mm，$K_{尾座}=56\,600$ N/mm，$K_{刀架}=30\,000$ N/mm，

$F_p = 4\,000\ \text{N}$,若只考虑机床变形,计算由于切削力作用点位置变化引起的工件形状误差,并画出加工后工件的大致形状。

解:根据式(8-6),取相应特征点计算如下:

$$y_{系}(0) = F_p\left(\frac{1}{K_{主轴}} + \frac{1}{K_{刀架}}\right) = 400\left(\frac{1}{300\,000} + \frac{1}{30\,000}\right)\text{mm} = 0.014\,7\ (\text{mm});$$

$$y_{系}\left(\frac{l}{2}\right) = F_p\left(\frac{1}{4K_{主轴}} + \frac{1}{4K_{尾座}} + \frac{1}{K_{刀架}}\right) = 0.015\,4\ (\text{mm});$$

$$y_{系}(l) = F_p\left(\frac{1}{K_{尾座}} + \frac{1}{K_{刀架}}\right) = 0.020\,4\ (\text{mm});$$

$$x_0 = \frac{K_{尾座}}{K_{主轴}+K_{尾座}}l = 0.16l,\ y_{系}(x_0) = y_{系\min} = F_p\left(\frac{1}{K_{主轴}+K_{尾座}} + \frac{1}{K_{刀架}}\right) = 0.014\,4\ (\text{mm})。$$

其圆柱度误差为:$\Delta = y_{系\max} - y_{系\min} = 0.020\,4 - 0.014\,4 = 0.006\ (\text{mm})$。

其直径误差为:$\Delta_d = 2(y_{系\max} - y_{系\min}) = 0.012\ (\text{mm})$。

加工后工件形状如图 8-11 所示。

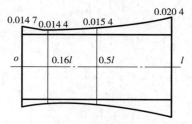

图 8-11　加工后工件形状

(2)工件的变形

若在两顶尖间车削细长轴,由于工件细长,刚性差,在切削力的作用下,其变形大大超过机床、夹具和刀具所发生的变形。因此,机床、夹具和刀具所发生的变形可忽略不计,工艺系统的变形主要取决于工件的变形。

图 8-12 所示为车削细长轴时工件的变形,工件的变形可按材料力学中简支梁公式进行计算,得

$$y_{工} = \frac{F_y(l-x)^2 x^2}{3EIl} \tag{8-8}$$

式中　E——材料的弹性模量,N/mm^2;

　　　I——工件(刀具)的截面惯性矩,mm^4。

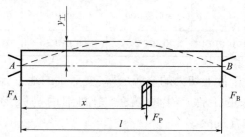

图 8-12　车削细长轴时工件的变形

对式(8-8)求导令 $dy/dx=0$,可得 $y_{\text{工}}$ 的最大值在工件中点,故可得到细长轴车削后的圆柱度误差。例如 $F_{\text{p}}=300\text{ N}$,工件尺寸为 $\phi30\text{ mm}\times600\text{ mm}$,$E=2\times10^{5}\text{ N/mm}^{2}$,则沿工件长度上的变形量见表 8-3。

表 8-3　沿工件长度上的变形量

x	0 (主轴处)	$l/6$	$l/3$	$l/2$ (工件中点)	$2l/3$	$5l/6$	L (尾座处)
$y_{\text{系统}}$/mm	0	0.052	0.132	0.17	0.132	0.052	0

故工件产生的腰鼓形圆柱度误差值为:$0.17-0=0.17(\text{mm})$。

(3)工艺系统的总变形

当同时考虑机床和工件的变形时,工艺系统的总变形为机床和工件的变形的迭加,即

$$y_{\text{系统}}=F_{\text{p}}\left[\frac{1}{K_{\text{刀架}}}+\frac{1}{K_{\text{主轴}}}\left(\frac{l-x}{l}\right)^{2}+\frac{1}{K_{\text{尾座}}}\left(\frac{x}{l}\right)^{2}+\frac{(l-x)^{2}x^{2}}{3EIl}\right] \quad (8\text{-}9)$$

工艺系统的总刚度为

$$K_{\text{系}}=\frac{F_{\text{p}}}{y_{\text{系统}}}=\frac{1}{\dfrac{1}{K_{\text{刀架}}}+\dfrac{1}{K_{\text{主轴}}}\left(\dfrac{l-x}{l}\right)^{2}+\dfrac{1}{K_{\text{尾座}}}\left(\dfrac{x}{l}\right)^{2}+\dfrac{(l-x)^{2}x^{2}}{3EIl}} \quad (8\text{-}10)$$

3)工艺系统中其他作用力引起的变形对加工精度的影响

工艺系统除了受切削力作用外,还受夹紧力、重力、惯性力和传动力等作用,这些力也会使工艺系统变形而影响加工精度。

(1)夹紧力的影响

工件在装夹过程中,如果工件刚度较低或夹紧力的方向和施力点选择不当,将引起工件变形,造成相应的加工误差。夹紧变形及其改善措施如图 8-13 所示。加工薄壁套筒类零件时,若采用三点夹紧,夹紧后工件呈三棱形如图 8-13(a)所示,车出的孔为正圆如图 8-13(b)所示,但松夹后套筒的弹性变形恢复,孔呈三棱形如图 8-13(c)所示。为了减小加工误差,应使夹紧力均匀分布,可在夹紧时增加一个开口过渡环如图 8-13(d)所示或采用专用卡爪如图 8-13(e)所示。

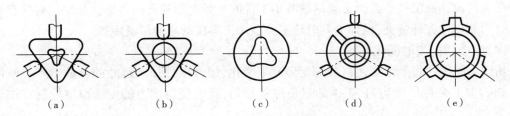

(a)　　　　(b)　　　　(c)　　　　(d)　　　　(e)

图 8-13　夹紧变形及其改善措施

(2)自重的影响

机床部件(如横梁、摇臂、刀架等)的自重也会引起导轨的变形,从而影响刀架成形运动的精确性,造成工件的形状误差和位置误差。机床部件自重引起的误差如图 8-14 所示。图 8-14(a)为立车横梁在自重的作用下弯曲,造成工件端面凹曲。图 8-14(b)为立车横梁在自重的作用下弯曲,造成工件圆柱面的形状误差。

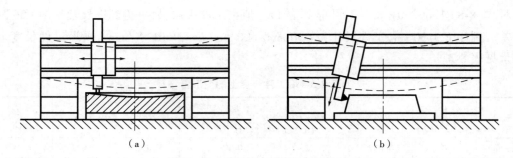

图 8-14　机床部件自重引起的误差

（3）传动力和惯性力的影响

在车削和磨削轴类工件时，常使用拨盘传动。若使用单拨爪拨盘驱动工件，传动力在平行于基面内的分力的大小会发生周期性变化，工艺系统变形不均，产生加工误差。尤其在加工精度要求高的零件时必须考虑其影响。此时，可采用双拨爪的拨盘传动。

工艺系统中，因旋转工件的不平衡而产生离心力，影响加工精度。转速越高，离心力越大。为了减少离心力对加工精度的影响，可通过平衡配重或降低转速减少其影响。

4）减少工艺系统受力变形的主要措施

（1）提高接触刚度

常用的方法是改善机床部件的主要零件接触面的配合质量。例如对机床导轨及装配基面进行刮研，提高顶尖锥体同主轴和尾座套筒锥孔的接触质量，多次修研加工精密零件用的中心孔等。目的是增加实际接触面积，提高接触刚度。

提高接触刚度的另一个措施是在接触面间预加载荷，这样可消除配合面间的间隙，增加接触面积，减小受力后的变形量。该措施常用在各类轴承的调整中。

（2）提高工件、部件刚度

对刚度较低的叉架类、细长轴等工件，主要措施是减小支承间的长度，例如设置辅助支承、安装跟刀架或中心架。加工中还常采用一些辅助装置提高机床部件的刚度。如卧式铣床悬梁上的支架、卧式镗床后立柱上的支架就是用来提高刀具的安装刚度的。

（3）采用合理的装夹方法

在夹具设计或工件装夹时必须尽量减小工件的夹紧变形和弯曲力矩。如加工薄壁套筒的内孔时用开口过渡环装夹，设计夹具时让工件上加工部位的悬伸尽量短等。

（4）减小切削力的变化

切削力的变化将导致工艺系统的变形发生变化，加大工件加工尺寸的分散范围。应使一批工件的加工余量尽量均匀，工件的材质尽量均匀，就能使切削力的变动幅度控制在许可范围内。

3. 残余应力对加工精度的影响

残余应力也称内应力，是指在已经没有外力的作用下工件内部存留的应力。产生残余应力的原因是工件在加工过程中其金属内部相邻组织发生了不均匀的体积变化。

铸件残余应力的形成及变形如图 8-15 所示。利用热加工方法（铸、锻、焊）制造零件毛坯或对零件毛坯进行热处理时，由于各部分冷热收缩不均匀以及金相组织转变的体积变化，使其内部产生了残余应力，如图 8-15（a）所示。当粗加工去掉一层金属后，引起床身内应力的重新分布,产生弯曲变形,如图 8-15(b)所示。

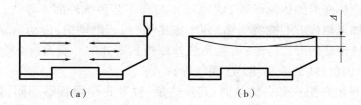

（a）　　　　　　　　　　　　　（b）

图 8-15　铸件残余应力的形成及变形

　　另外,加工过程中的工件因弯曲需要校直时,必须使工件产生反向弯曲,并使工件产生一定的塑性变形。但当工件外层应力超过屈服强度,而内层应力还未超过弹性极限时,去除外力后,外层的塑性变形会对里层的弹性恢复产生阻碍作用,从而产生残余应力。如图 8-16 所示为冷校直引起的残余应力。

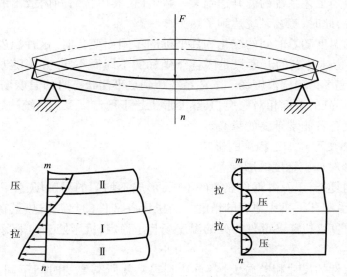

图 8-16　冷校直引起的残余应力

　　工件在切削过程中产生的力和热,也会使被加工工件的表面产生残余应力。具有残余应力的工件处于一种不稳定状态,它内部的组织有强烈的倾向要恢复到一个稳定的没有应力的状态。即使在常温下,工件也会缓慢地进行这种变化,直到残余应力完全释放为止。在这一过程中,工件会翘曲变形,原有的加工精度会逐渐丧失。所以,毛坯制造后要进行时效处理,以消除残余应力;校直时可多次进行或采用热校直;对加工精度要求高的工件,应粗精加工分开。

8.1.4　工艺系统的受热变形

　　在工件加工过程中,工艺系统因受各种热的影响,常产生复杂的变形,使工件和刀具的相对位置和运动的准确性遭到破坏,引起工件的加工误差。

　　工艺系统热变形对加工精度的影响较大,特别是对大型精密零件加工尤为明显。据统计,在精密加工中,由热变形所引起的加工误差占工件总误差的 40% ~ 70%。造成工艺系统热变形的因素很多,迄今仍在不断探究。

1. 工艺系统的热源

引起工艺系统热变形的热源可从工艺系统本身和工艺系统外部去寻找。加工过程中,工艺系统本身产生加工热(切削热、磨削热)和摩擦热等(机床电动机、传动副、液压系统等),它们的热量主要以热传导的形式传递;工艺系统外部指其所处的环境温度(气温、地温、冷热风等)和受到的各种辐射热(如照明、阳光、暖气等)。

作用于工艺系统各组成部分的热源,其发热量、位置和作用各不相同,各组成部分的热容量、散热条件也不尽相同,因而造成各组成部分的温升也不相同,即使同一物体,处于不同空间位置上各点在不同时间其温度也是不等的。在某一时刻,物体中各点温度的分布称为温度场。

2. 工艺系统的热平衡

工艺系统受到各种热源的作用,温度会逐渐升高,同时也通过各种传热方式向周围的物质和空间散发热量。当工艺系统的温升达到某一数值时,其单位时间内散出的热量与由热源传入的热量趋于相等,此时,工艺系统达到了热平衡状态。

当物体各点的温度随着时间的变化和其坐标的不同而变化时,这种温度场我们称之为不稳定温度场;而当物体各点的温度只是因各点坐标的不同而不同,并不随时间的变化而变化时,我们称这种温度场为稳定温度场。工艺系统达到热平衡状态时的温度场就是稳定温度场。此时,工艺系统各部分的温度相对稳定,其热变形也趋于稳定。工艺系统达到热平衡状态对保证工件的加工精度有着非常重要的意义。

3. 工艺系统热变形对加工精度的影响

1)机床热变形对加工精度的影响

由于机床结构复杂,以及各部件热源的不同,形成不均匀的温度场,使机床各部件之间的相对位置发生变化,破坏了机床原有的精度。当机床各部件的热源发热量在单位时间内几乎不变时,一定时间过后,机床各部件所处的温度场趋于稳定,机床处于热平衡状态,各部件的变形也逐渐停止。

由于机床各部件的尺寸相差较大,各自达到热平衡所需要的时间不同。如普通车床、磨床,其空运转的热平衡时间一般为 $3\sim6$ h,中小型精密机床为 $1\sim2$ h,大型精密机床却要超过 12 h,有的可达几十小时。

机床类型不同,其主要热源也不相同,造成的热变形对工件的加工精度的影响也不相同。

(1)车、铣、钻、镗类机床

图 8-17 所示为几种类型的机床热变形,车、铣、钻、镗类机床的主要热源是主轴箱。主轴箱中的齿轮、轴承因摩擦发热而传给润滑油的热,使主轴箱及与之相连的床身或立柱的温度升高而产生较大的热变形。例如,车床因主轴箱的温度升高会使主轴抬高;主轴前轴承的温升高于后轴承而使主轴倾斜;主轴箱的热量传给床身及床身导轨运动副之间的摩擦使床身导轨向上凸起,又进一步使主轴向上倾斜。最终导致主轴回转轴线与导轨的平行度误差,使加工后的工件产生圆柱度误差。

(2)大型机床的热变形

大型机床如导轨磨床、龙门铣床、龙门刨床等,因床身较长,若导轨面与底面稍有温差,就会产生较大的弯曲变形,故床身热变形是影响加工精度的主要因素。其热源除了工作台导轨面运动时的摩擦热,环境温度也有很大影响。当车间温度高于地面温度时床身呈中凸,反之则

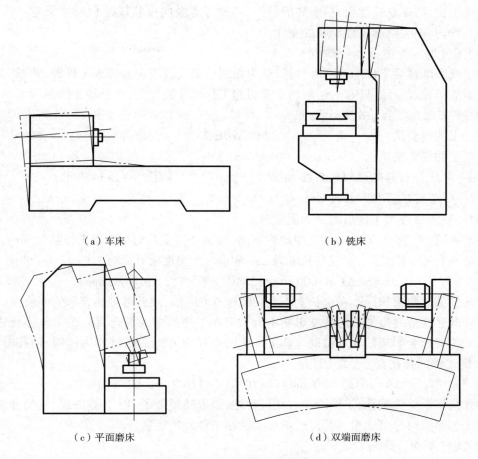

（a）车床 　　　　　　　　　　　　　（b）铣床

（c）平面磨床 　　　　　　　　　　　（d）双端面磨床

图 8-17　几种类型的机床热变形

呈中凹。此外,如机床局部受阳光照射,而且照射部位还随时间变化,就会引起床身各部位不同的热变形。在这种情况下,加工后工件表面将产生形状误差和位置误差。

（3）磨床类机床的热变形

如图 8-17（c）、（d）所示,各类磨床通常都采用液压传动系统和高速回转磨头,并使用大量的冷却液。因此,其主要热源是液压系统和高速磨头的摩擦热,以及冷却液带来的磨削热。砂轮架主轴承的温升,将使主轴轴线升高并使砂轮架向工件方向趋近,致使被磨工件产生直径误差。

（4）数控机床和加工中心机床的热变形

数控机床和加工中心是现代机械加工中常见的高效率机床。加工中心由于转速高,产生的热量大、自动化程度高,使其散热时间少,而工序集中的加工方式和高的加工精度又不允许其有大的热变形。所以,加工中心在设计时必须采取防止和减少热变形的措施。如采用整体对称结构布置（双立柱结构、传动元件安放的对称性）等,减少加工过程中热变形,提高工件的加工精度。

2）工件热变形对加工精度的影响

工件在加工中的热源主要是切削热。工件的热变形及其对加工精度的影响,与其受热是否均匀关系很大。一些形状简单的回转类工件属于均匀受热,它主要影响工件的尺寸精度。

而在精加工中,特别是长度长、精度高的零件,必须考虑纵向形状误差和尺寸误差。若工件受热膨胀不均匀,则会引起工件形状的变化。

(1) 工件均匀受热

车削或磨削轴类工件的外圆时,可以认为切削热是比较均匀地传入工件的,其温度沿工件轴向和圆周都比较一致。因此,切削热主要引起工件尺寸的变化,其直径上的热膨胀 ΔD 和长度上的热伸长 ΔL 可由下式来计算,即

直径上的热膨胀:$\qquad\qquad \Delta D = \alpha D \Delta T$ $\qquad\qquad$ (8-11)

长度上的热膨胀:$\qquad\qquad \Delta L = \alpha L \Delta T$ $\qquad\qquad$ (8-12)

式中 α——工件材料的热膨胀系数,钢材为 $12 \times 10^{-6}/℃$,铸铁为 $11 \times 10^{-6}/℃$;

$\quad D, L$——工件的直径和长度;

$\quad \Delta T$——工件在加工前后的平均温度差。

一般来说,工件热变形在精加工中比较突出,特别是长度长而精度要求很高的零件,如磨削丝杠就是一个突出的例子。若丝杠长度为 2 m,每磨一次温度就升高约 2 ℃,则丝杠的伸长量为

$$\Delta L = \alpha L \Delta T = 2\,000 \text{ mm} \times 12 \times 10^{-6}/℃ \times 2 \text{ ℃} = 0.048 \text{ (mm)}$$

而 6 级丝杠的螺距累积误差在全长上不允许超过 0.02 mm,由此可见热变形的严重性。

工件的热变形对粗加工的精度影响不大。但在工序集中的场合,粗、精工步连续进行时,粗加工的热变形会影响精加工精度。如工件孔的直径为 $\phi 20$ mm,材料为铸铁,钻孔时温升达 110 ℃,则工件的孔在直径上膨胀为

$$\Delta D = \alpha D \Delta T = 20 \text{ mm} \times 11 \times 10^{-6}/℃ \times 110 \text{ ℃} = 0.0242 \text{ (mm)}$$

钻孔完毕后接着铰孔,工件冷却后孔径收缩,误差就超过了 IT7 公差等级,使尺寸超差,所以安排工艺路线时尽可能粗、精分开,精加工应在工件冷却后进行。

(2) 工件不均匀受热

不均匀受热是指工件只在单面受切削热作用,上下表面温差较大,以及加工表面沿进给方向上的温差较大的情形。它主要影响工件的形状和位置精度。如铣、刨、磨平面时,上下表面间的温差导致工件向上拱起,加工时中间凸起部分被切去,冷却后工件变成下凹,造成平面度误差。

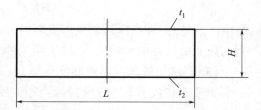

图 8-18 所示为平面加工时热变形分析,厚度为 H 长度为 L 的工件不均匀受热产生的凸起量 f 可按下式估算:

$$f = \frac{\alpha L^2 \Delta t}{8H} \qquad (8-13)$$

式中 α——工件的热膨胀系数(1/℃);

$\quad \Delta t$——工件的平均温升(℃)。

工件的装夹方式对工件热变形也有影响。如内圆磨床磨短薄壁套内孔时,由于夹压点处的散热条件好,该处的温升较其他部分低,故加工完毕冷却后工件出现棱圆形的圆度误差。又如在两死顶

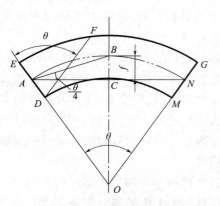

图 8-18 平面加工时热变形分析

尖间加工轴件,因顶尖不能轴向移动,则工件的热伸长受阻导致两顶尖间产生轴向力,使工件弯曲变形,加工后呈鞍形形状误差。

3）刀具热变形对加工精度的影响

刀具所受的热源,同工件受热一样,主要是切削热的作用。由切削原理可知,切削热大部分被切屑带走,传给刀具的热量占总切削热的百分比很小,但由于刀具体积小,热容量小,仍具有很高的温升和热变形。

图 8-19 所示为车刀在不同切削条件下的热变形情况。其中曲线 A 表示车刀连续工作时的热伸长曲线,开始切削时温升较快,伸长较大,以后温升逐渐减缓而达到热平衡状态。曲线 B 表示切削停止后,车刀冷却变形过程。曲线 C 表示间断切削时车刀温度忽升忽降所形成的变形过程。间断切削车刀的总的热变形比连续切削小一些,最后趋于 δ 范围内变动。

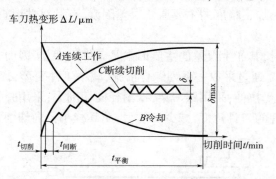

图 8-19　车刀在不同切削条件下的热变形

4）夹具热变形对加工精度的影响

夹具所受的热源同工件一样,主要是切削热的作用,夹具热变形对工件的加工精度也有影响。如内圆磨床磨短薄壁套内孔时,由于夹压点处的散热条件好,该处的温升较其他部分低,故加工完毕冷却后工件出现棱圆形的圆度误差。此外,夹具因排屑条件不佳而受热变形,引起导向件的变形,从而影响工件的加工精度。

4. 减少和控制工艺系统热变形的主要途径

（1）减少发热和隔热

为了减少机床的热变形,凡是可能从机床本体中分离出去的热源,如电动机,变速箱,液压系统等,尽量从主机中分离出去。对不能分离出去的热源,应采取措施,减少发热量。还可用隔热罩隔离热源。

（2）改善散热条件

可采取多种散热措施,加快热量散发。对发热量大的热源,还可采用强制式风冷、大流量水冷等散热措施。

（3）用热补偿的方法均衡温度场

当机床零部件的温升均匀时,机床本身就呈现一种热稳定状态,从而使机床产生不影响加工精度的均匀热变形。平面磨床采用热空气来加热温升较低的立柱后壁,以均衡立柱前后壁的温升,可以显著地减少立柱的弯曲变形。

（4）加快热平衡

当工艺系统达到热平衡状态后,热变形趋于稳定,有利于保证加工精度。因此,对于精密机床或大型机床,可预先高速空转或设置控制热源,人为地给机床加热,加快热平衡,然后进行加工。

(5)控制环境温度

布置机床时,尽量避免日光照射,避开热源。对于精密机床,应提供恒温、恒湿环境。

8.1.5 提高机械加工精度的途径

如前所述,工件的加工误差主要来源于工艺系统的原始误差。通过分析和判断加工方法中的原始误差,采取相应的有效的工艺措施,最大限度地减少原始误差对工件加工精度的影响程度。在生产实践中,控制、减少或消除原始误差,提高加工精度的方法主要有以下几种。

1. 减小误差法

通过分析,查明影响加工精度的主要原始误差因素,有针对性地直接消除或减小这些原始误差。

例如,车削细长轴时,其产生误差的主要因素是工件刚性差,因而,可采用反向进给法车削细长轴,如图 8-20 所示。通过采取一系列综合措施,减小工件变形,提高加工精度。这些措施包括:反向进给,使工件受拉伸;采用跟刀架,抵消径向切削力;采用弹簧后顶尖,避免热变形伸长引起的弯曲;采用合理的刀具角度,减少切削力,尤其减小径向切削力。

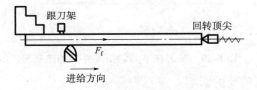

图 8-20 反向进给法车削细长轴

2. 误差补偿法

误差补偿法就是人为地造成一种新的误差去抵消原有的原始误差,或利用原有的一种误差去补偿另一种误差,从而达到减少加工误差的目的。

如图 8-21 所示为龙门刨床横梁导轨变形的补偿。龙门刨床横梁因受自重影响,会使导轨弯曲变形,可在制造时故意使横梁导轨面产生向上凸起的几何形状误差,以抵消横梁因自重而产生的向下垂的受力变形。

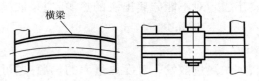

图 8-21 龙门刨床横梁导轨变形的补偿

3. 误差转移法

误差转移法是把影响加工精度的原始误差转移到不影响或少影响加工精度的方向上。例如,车床的误差敏感方向是工件的直径方向,所以,转塔车床在生产中都采用"立刀安装法"。把由于刀架的转位误差引起的刀具位移方向转移到工件的非误差敏感方向上。

4. 误差分组法

在成批或大量生产中,对于配合精度要求很高的偶件,由于制造公差太小,当采用提高加工精度的措施仍不能经济地保证配合精度时,则可采用误差分组的方法。其具体做法是将工件按经济加工精度制造(即扩大制造公差),加工后逐件测量,并按尺寸大小分组,装配时按对应组进行配合,从而达到规定的配合精度。

5. 就地加工法

在加工和装配中,有些精度问题涉及零部件间的相互关系,比较复杂。若一味地提高零部件本身的制造精度,不仅不经济,而且有时很困难或不可能。所谓"就地加工"法,就是零部件按经济精度加工,待装配后通过就地加工消除综合误差。

车床尾架顶尖孔的轴线要求与主轴轴线同轴,可待尾架装配到机床上后,在车床上对尾架孔进行最终精加工,即"自车自"。

生产中就地加工法应用很多。如六角车床转塔上六个安装刀架的大孔及端面的加工。牛头刨、龙门刨、平面磨床工作台的加工。

6. 误差平均法

对配合精度要求很高的轴和孔,常采用研磨方法来达到。研具本身并不要求具有高精度,但它却能在和工件作相对运动中对工件进行微量切削,最终达到很高的精度。这种表面间相对研擦和磨损的过程,也就是误差相互比较和相互消除的过程,即称为"误差平均法"。像高精度平板、块规等零件的最终精度,今天仍采用误差平均法制造。

7. 误差控制法

误差控制法其实是一种积极控制的误差补偿方法。有些原始误差在加工前可以检测出的,采取相应的措施可直接减小或消除。但有些原始误差是与加工过程相伴随的,无法预测,故要想办法采取积极的控制措施。误差的积极控制主要有以下三种形式:

(1)在线检测

在加工过程中随时测量工件的实际尺寸(形状、位置精度),及时给刀具以附加的补偿量以控制刀具与工件之间的相对位置,工件尺寸的变动范围始终在自动控制之中。现代机械加工中的在线测量和在线补偿均属于这种形式。

(2)偶件自动配磨

将互配的一个零件作为基准,去控制另一个零件的加工精度。在加工过程中自动测量工件的实际尺寸,并和基准件的尺寸进行比较,直至达到规定的差值时机床自动停止加工,从而保证精密偶件间要求很高的配合间隙。

(3)积极控制起决定作用的误差因素

在某些复杂工件的精密加工中,当无法对主要精度参数直接进行在线测量和控制时,就应该设法控制起决定作用的误差因素,并把它掌握在很小的变动范围之内。

微课 8-3
提高加工精度的方法

8.2　机械加工表面质量

机械零件的破坏,一般总是从表面层开始的。产品的性能,尤其是它的可靠性和耐久性,在很大程度上取决于零件表面层的质量。研究机械加工表面质量的目的就是为了掌握机械加工中各种工艺因素对加工表面质量影响的规律,以便运用这些规律来控制加工过程,最终达到改善表面质量、提高产品使用性能的目的。

本节主要阐述机械加工表面质量的基本概念及其对机械零件使用性能的影响,详细分析影响机械加工表面质量的各种因素,对生产现场中发生的表面质量问题,如受力变形、磨削烧伤、裂纹和振纹等问题从理论上作出解释,以及提出应采取的控制措施。

8.2.1 概述

1. 机械加工表面质量的基本概念

机械加工表面质量是指机器零件加工后表面层的状态。包括表面层的几何形状特征和表面层的物理力学性能两个部分。

1)表面层的几何形状特征

图 8-22 所示为加工后零件表面的几何特征,表面层的几何形状特征主要包括表面粗糙度、表面波度、纹理方向和表面伤痕等。

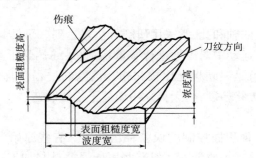

图 8-22　加工后零件表面的几何特征

（1）表面粗糙度

加工表面的微观几何形状误差,其波长与波高的比值一般小于 50。

（2）表面波度

介于宏观几何形状误差与表面粗糙度之间的周期性几何形状误差,其波长与波高的比值在 50~1 000 之间。它是由机械加工中的振动引起的。当波长与波高比值大于 1000 时,称为宏观几何形状误差。例如:圆度误差,圆柱度误差等,它们属于加工精度范畴。

（3）纹理方向

纹理方向是指在零件表面留下的刀纹方向,它取决于表面形成过程中所采用的机械加工方法。

（4）伤痕

加工表面上个别位置上出现的缺陷,例如:砂眼、气孔、裂痕等。

2)表面层的物理力学性能

表面层的物理力学性能主要包括以下三个方面内容:

（1）表面层的加工硬化

在机械加工过程中,零件表面层产生强烈的冷态塑性变形后,引起的强度和硬度都有所提高的现象。这一现象称为表面层的加工硬化或冷作硬化(冷硬)。

（2）表面层金相组织的变化

机械加工过程中,由于切削热的作用引起工件表面温升过高,表面层金属的金相组织发生变化。

（3）表面层残余应力

由于加工过程中切削变形和切削热的影响,工件表面层产生的残余应力。

2. 表面质量对零件使用性能的影响

1）表面质量对耐磨性的影响

（1）表面粗糙度对耐磨性的影响

工件加工后形成的表面粗糙度过大或过小都会引起工作时的迅速磨损。表面粗糙度值过大造成零件实际接触面积减小,使单位应力急剧提高,峰部之间产生塑性变形、弹性变形和剪切破坏,引起严重磨损;表面粗糙度值过小,润滑油不易储存,接触面之间容易发生分子黏接,磨损反而增加。一定工作条件下通常存在一个最佳表面粗糙度,图 8-23 所示为表面粗糙度对初期磨损量的影响。

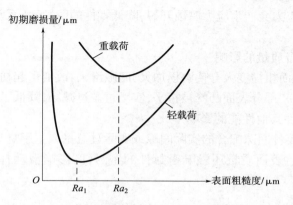

图 8-23　表面粗糙度对初期磨损量的影响

（2）表面冷作硬化对耐磨性的影响

零件加工后形成的表面冷作硬化使具有相对运动的摩擦副表面层金属的显微硬度提高,故一般可使耐磨性提高。但过分的冷作硬化将引起金属组织过度疏松,甚至出现裂纹和表层金属的剥落,反而使耐磨性下降。理论上存在一个最佳硬化程度,使零件的耐磨性最佳。

（3）表面层金相组织变化对耐磨性的影响

表面层产生金相组织变化时,由于改变了基体材料原来的硬度,因而也直接影响其耐磨性。

（4）表面纹理方向对耐磨性的影响

两个零件之间有相对运动时,表面纹理方向影响零件表面的实际接触面积和润滑油的存留情况。轻载时,两个零件的表面纹理方向与其运动方向一致时,磨损最小;而当表面纹理方向与其运动方向垂直时,磨损最大。但在重载情况下,由于压强、分子亲和力和润滑液的储存等因素的变化,其规律与上述就有所不同。

2）表面质量对疲劳强度的影响

金属受交变载荷作用后产生的疲劳破坏,往往发生在零件表面和表面冷硬层下面,因此零件的表面质量对疲劳强度影响很大。

（1）表面层的几何形状对疲劳强度的影响

表面层的几何形状中，表面粗糙度对疲劳强度的影响最大。表面愈粗糙，则在交变载荷作用下，凹谷部位应力集中现象愈严重，容易引起疲劳裂纹，造成疲劳破坏。划痕、裂纹等缺陷也易形成应力集中。如刀痕与受力方向垂直，易发展成疲劳裂纹，疲劳强度将显著降低。因此，对于重要零件表面应进行光整加工，以提高其疲劳强度。

(2)表面层的物理力学性能对疲劳强度的影响

表面残余应力对疲劳强度的影响极大。表面层若存在残余压应力则可阻碍疲劳裂纹的产生与发展，提高零件的疲劳强度。当表面层存在残余拉应力时则会导致疲劳强度下降。适度的冷作硬化并伴有残余压应力时可提高疲劳强度。但冷硬过度或伴有残余拉应力时将导致疲劳强度下降。

3)表面质量对耐蚀性的影响

零件的耐蚀性在很大程度上取决于表面粗糙度。表面粗糙度值愈大，则凹谷中聚积腐蚀性物质就愈多，抗蚀性就愈差。

表面层的残余拉应力会产生应力腐蚀开裂，降低零件的耐蚀性；而残余压应力则能防止应力腐蚀开裂。

4)表面质量对配合质量的影响

对于间隙配合，表面粗糙度大会使磨损加大，间隙增大，改变了起初要求的配合间隙；对于过盈配合，装配过程中一部分表面凸峰被挤平，实际过盈量减小，降低了配合件间的连接强度。

5)表面质量对零件其他性能的影响

表面粗糙度会对零件间隙配合的实际间隙或实际过盈量产生影响。表面粗糙度过大会造成零件接触刚度下降。表面质量还影响密封件的密封性，影响滑动件的摩擦系数和运动灵活性。

8.2.2 表面粗糙度的主要影响因素及其控制

1. 影响切削加工表面粗糙度的因素及其控制

1)切削加工的表面粗糙度的影响因素

切削加工时影响表面粗糙度的因素主要有几何因素、物理因素和工艺系统振动等三个方面。

(1)几何因素

刀具相对于工件作进给运动时，在工件已加工表面留下了切削层残留面积，其形状是刀刃几何形状的复映。车削时工件表面残留面积及其高度如图8-24所示。

如图8-24(a)所示，在车削外圆时，如果背吃刀量较大，且切削刃为直线(刀尖圆弧半径趋近于零)，则工件上的残留面积高度为

$$R_{\max}=\frac{f}{\cot\kappa_r+\cot\kappa'_r} \tag{8-14}$$

当刀尖圆弧半径较大，进给量较小，残留面积完全由刀尖圆弧刃形成，如图8-24(b)所示，则工件上的残留面积高度为

$$R_{\max}=\frac{f^2}{8r_\varepsilon} \tag{8-15}$$

式中　f——进给量；

κ_r——主偏角；

κ_r'——副偏角；

r_ε——刀尖圆弧半径。

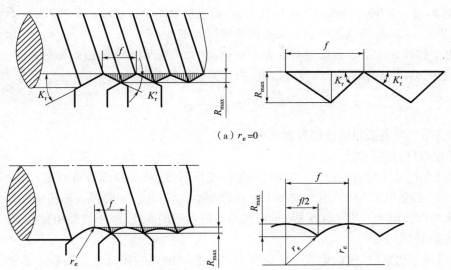

（a）$r_\varepsilon=0$

（b）$r_\varepsilon>0$且进给量 f 较小时

图 8-24　车削时工件表面残留面积及其高度

为了降低工件加工后的表面粗糙度,可减小进给量 f、主偏角 κ_r、副偏角 κ_r'以及增大刀尖圆弧半径 r_ε,从而减小残留面积的高度。

（2）物理因素

切削加工后表面的实际粗糙度与理论粗糙度有比较大的差别,这是由于存在着与被加工材料的性能及切削机理有关的物理因素的缘故。

如图 8-25 所示为塑性材料切削加工后表面的实际轮廓,其与理论轮廓存在差别。工件材料韧性值越大,塑性变形越厉害,获得的加工表面粗糙度值越大。这是因为加工塑性材料时,由于刀具对金属的挤压与摩擦产生了塑性变形,使理论残留面积挤歪或沟纹加深,加之刀具迫使切屑与工件分离的撕裂作用,使表面粗糙度值加大。如低碳钢工件,加工后的表面粗糙度值高于中碳钢工件。加工脆性材料时,形成的切屑呈粒状,由于切屑的崩碎而在加工表面留下许多麻点,使工件表面粗糙。

理论轮廓　　实际轮廓

图 8-25　塑性材料切削加工后表面的实际轮廓

此外,工件的金相组织的晶粒越均匀,粒度越细,加工后的表面粗糙度值就会越低。当用较低的切削速度加工时,工件材料硬度越高,加工后的表面粗糙度值就小。若切削过程中出现积屑瘤与鳞刺,将会使表面粗糙度严重恶化。刀具的材料对工件加工后的粗糙度值也有影响,在相同切削条件下,硬质合金刀具加工所得的粗糙度值小于高速钢刀具。

（3）工艺系统振动

切削时产生振动，不仅会增大表面粗糙度值，还会影响机床的精度和损坏刀具。

【例题 8-3】 车削一铸铁零件的外圆表面，若进给量 $f = 0.5$ mm/r，车刀刀尖的圆弧半径 $r_\varepsilon = 4$ mm，能达到的加工表面粗糙度值为多少？

微课 8-4
影响切削加工表面
粗糙度的因素

解： 由于铸铁件加工表面层的塑性变形很小，故加工表面粗糙度主要取决于几何因素引起的刀尖残留面积高度。因此，可按式（8-15）计算：

$$R_{\max} = \frac{f^2}{8r_\varepsilon} = \frac{0.5^2}{8 \times 4} = 0.007\ 8\ (\text{mm})$$

2）切削加工时表面粗糙度的控制措施

（1）控制刀具几何参数

选择较大的刀具前角，可减小切削时的塑性变形程度，从而降低表面粗糙度值；选择较大的刀具后角，可减少刀具后刀面与被加工表面的摩擦，也可相应地降低表面粗糙度值。减小主偏角、副偏角以及增大刀尖圆弧半径，也可减小残留面积的高度，减小表面粗糙度值。

（2）控制切削用量

切削用量三要素中，进给量或进给速度对表面粗糙度影响最大。选择较小的进给量或进给速度，可通过减少表面残留面积来降低表面粗糙度值。选用较大的切削速度可减小切屑与加工表面的塑性变形，从而减小表面粗糙度值；为了防止出现挤压、打滑等现象，选用适当小的背吃刀量，可获得较小的表面粗糙度值。

（3）改善材料切削性能

塑性较大的材料，为减小表面粗糙度，加工前对材料进行调质或正火处理，以提高材料硬度并获得均匀细密的晶粒组织。

（4）其他因素

合理选择切削液，减小切削时的塑性变形和抑制积屑瘤、鳞刺的生成，也是减小表面粗糙度值的有效措施。

2. 磨削加工后的表面粗糙度的影响因素及其控制

磨削加工表面粗糙度的影响因素主要有几何因素、物理因素和工艺系统的振动等。具体来说，可以从磨削砂轮、工件材料和加工条件等来研究。

1）与磨削砂轮有关的因素及其影响

（1）砂轮的粒度

砂轮的粒度号数越大，磨粒的尺寸越小，参加磨削的磨粒就越多，磨削出的表面就越光滑。

（2）砂轮的硬度

砂轮太硬，磨粒钝化后不易脱落，使工件表面受到强烈摩擦和挤压作用，塑性变形程度增加，表面粗糙度值增大并易使磨削表面产生烧伤。砂轮太软，磨粒容易脱落，常产生磨损不均匀现象，从而使磨削表面粗糙度值增加。所以，应选择硬度值合适的砂轮。

（3）砂轮的修整

砂轮的修整质量是影响磨削表面粗糙度的重要因素。因砂轮表面的不平整在磨削时将被复映到被加工表面上。修整质量越高，砂轮工作表面上的等高微刃就越多，磨削出的表面就越光滑。

2）与磨削条件的关系及影响

（1）磨削速度

砂轮磨削速度越高，单位时间内通过被磨表面的磨粒数就越多，工件表面就越光滑。

（2）工件速度

磨削加工中，工件的速度越高，单位时间内通过被磨表面的磨粒数将减少，从而会使表面粗糙度值增加。

（3）进给量

不论是增大径向进给量还是轴向进给量，都相当于增加塑性变形的程度，从而增大粗糙度。

（4）无进给磨削次数

磨削深度对表面粗糙度的影响很大，在磨削加工时，最后几次走刀应取极小的磨削深度，并适当安排无进给磨削次数。

（5）切削液

切削液的冷却和润滑作用能减小磨削过程中的界面摩擦，也可降低磨削区温度，使磨削区金属表面的塑性变形程度下降，可以大大减小表面粗糙度值。

3）与工件材料的关系及影响

被加工材料的硬度、塑性和导热性都对磨削表面的表面粗糙度有一定的影响。如被加工材料的塑性大，加工表面的塑性变形就大，磨削获得的表面粗糙度也大。

另外，工艺系统的振动也会引起磨削表面粗糙度的增大，所以增加工艺系统刚度和阻尼，做好砂轮的动平衡亦可显著降低表面粗糙度。

为了降低表面粗糙度值，应从正确选择砂轮、合理选择磨削用量、被加工材料及冷却条件几方面综合考虑。

【例题 8-4】　为什么有色金属用磨削得不到小粗糙度？通常为获得小粗糙度的加工表面应采用哪些加工方法？

解：由于有色金属材料塑性大，导热性好，故磨削时工件表面层的塑性变形大，温升高，且磨屑易堵塞砂轮，因此加工表面经常磨不光。通常采用高速精车或金刚镗的方法来加工小粗糙度的有色金属零件。

8.2.3　影响表面层物理力学性能的主要因素及其控制

在切削加工中，工件由于受到切削力和切削热的作用，使表面层金属的物理力学性能产生变化，最主要的变化是表面层冷作硬化、金相组织的变化和残余应力的产生。由于磨削加工时所产生的塑性变形和切削热比刀切削时更严重，因而磨削加工后加工表面层上述三项物理机械性能的变化会更大。

1. 表面层冷作硬化

1）表面层冷作硬化产生的原因

切削或磨削加工中，表面层金属由于塑性变形使晶格扭曲、畸变，晶粒间产生剪切滑移，晶粒被拉长和纤维化，甚至破碎，引起材料的强化（使表面层金属的硬度和强度提高），这种现象称为冷作硬化。

金属冷作硬化的结果，使金属处于高能位不稳定状态，只要一有条件，金属的冷硬结构本能地向比较稳定的结构转化。这些现象统称为弱化(回复)。机械加工过程中产生的切削热，将使金属在塑性变形中产生的冷硬现象得到恢复。

由于金属在机械加工过程中同时受到力因素和热因素的作用，机械加工后表面层金属的最后性质取决于强化和弱化两个过程的综合。

2)评定冷作硬化的指标

表面层冷作硬化如图8-26所示。评定冷作硬化的指标有如下三项：表层金属的显微硬度H，硬化层深度h，硬化程度N。其中，硬化程度N可按下式计算：

$$N = \frac{H-H_0}{H_0} \times 100\% \tag{8-16}$$

式中 H_0——工件内部金属原来的硬度。

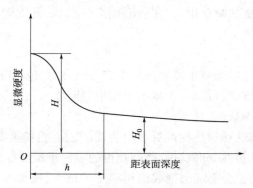

图8-26　表面层冷作硬化

3)影响冷作硬化的主要因素

表面层冷作硬化的程度取决于产生塑性变形的力、变形速度及变形时的温度。力越大，塑性变形越大，则硬化程度越大；速度越大，塑性变形越不充分，则硬化程度越小；变形时的温度不仅影响塑性变形程度，还会影响变形后金相组织的恢复程度。从工艺系统的角度来讲，具体影响因素如下：

(1)刀具几何角度

切削刃口圆角加大，径向切削分力增加，表层金属的塑性变形增大，导致冷作硬化程度加剧；刀具前角变大，塑性变形不充分冷硬现象减小；刀具的后刀面磨损加剧也会造成冷硬程度的上升。

(2)切削用量

切削用量中的切削速度和进给量对冷作硬化的影响如图8-27所示。随着切削速度的提高，刀具与工件的作用时间减少，金属的塑性变形不足，硬化层深度和硬度减小；当进给量超过一定值时，因切削力的增大，表层金属的塑性变形加剧，冷硬程度上升；而当进给量过小时，加上小的切削厚度，刀刃圆弧对工件表面层的挤压次数相对增加，硬化程度提高。

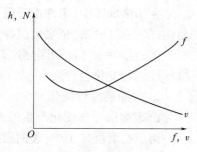

图8-27　切削速度、进给量对
冷作硬化的影响

(3)工件材料

工件材料的硬度较低，塑性大，加工后冷硬现象较严重。

【**例题 8-5**】 在相同的切削条件下,为什么切削高碳钢件比切削低碳钢件冷硬现象小? 而切削钢件却比切削有色金属工件的冷硬现象大?

解:钢中含碳量越大,强度越高,塑性越小,因而冷硬程度越小。有色金属的熔点低,容易弱化,冷作硬化现象比钢材轻得多。

2. 表面层材料金相组织变化

1)磨削烧伤

加工过程中产生的热,使被加工零件表面温度超过其相变温度后,表层金属的金相组织将会发生变化。这种情况在磨削加工中更加容易发生。当被加工工件表面层温度达到相变温度以上时,表层金属发生金相组织的变化,使表层金属强度和硬度降低,并伴有残余应力产生,甚至出现微观裂纹,这种现象称为磨削烧伤。例如:高合金钢(如轴承钢、高速钢、镍铬钢等)传热性特别差,在冷却不充分时易出现磨削烧伤。而淬火钢极易发生相变。

在磨削淬火钢时,由于磨削条件不同,产生的磨削烧伤可分成三种形式。

(1)回火烧伤

如果磨削区的温度未超过淬火钢的相变温度,但已超过马氏体的转变温度,工件表层金属的回火马氏体组织将转变成硬度较低的回火索氏体或屈氏体组织,这种烧伤称为回火烧伤。

(2)淬火烧伤

如果磨削区温度超过了相变温度,再加上冷却液的急冷作用,表层金属发生二次淬火,使表层金属出现二次淬火马氏体组织,其硬度比原来的回火马氏体高。在其下层,因冷却较慢,出现了硬度比回火马氏体低的回火索氏体或屈氏体组织,这种烧伤称为淬火烧伤。

(3)退火烧伤

如果磨削区温度超过了相变温度,而磨削区又无冷却液进入,表层金属将产生退火组织,表面硬度将急剧下降,这种烧伤称为退火烧伤。

无论是何种烧伤,严重时都将影响零件使用性能,甚至报废,所以磨削时要尽量避免。

2)降低磨削烧伤的途径

防止和降低磨削烧伤有两个途径,一是尽可能地减少磨削热的产生;二是改善冷却条件,尽量使产生的热量少传入工件,具体措施有:

(1)控制磨削用量

提高砂轮和工件的速度,可减少热源的作用时间,对降低表面层温度有利。减小磨削深度和加大纵向进给量同样对降低表面层温度有利。

(2)合理选择砂轮

提高砂轮磨粒的硬度和强度,可提高磨粒的切削性能。采用粗粒度和较软的砂轮可提高砂轮自锐性,同时砂轮也不易堵塞,因此,都可避免磨削烧伤的发生。

(3)改善冷却条件

磨削时,由于砂轮转速高,在其周围表面将产生一层强气流,用普通冷却方法,磨削液很难进入磨削区。采用高压大流量冷却液、采用内冷却砂轮、冷却液喷嘴加装空气挡板等措施都能获得良好的冷却效果。

内冷却法是将经过严格过滤的冷却液通过中空主轴引入砂轮的中空腔内。由于离心力的作用,将切削液沿砂轮孔隙向四周甩出,直接冷却磨削区,图 8-28 所示为内冷却砂轮结构。

冷却液喷嘴加装空气挡板,可减轻砂轮圆周表面的高压气流作用使冷却液易进入磨削区,图 8-29 所示为加装空气挡板的冷却液喷嘴。

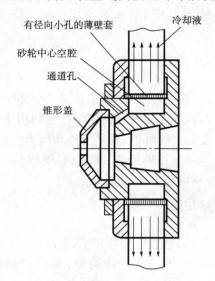

图 8-28　内冷却砂轮结构

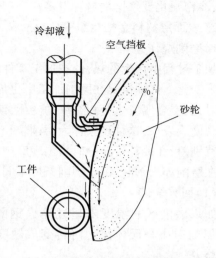

图 8-29　加装空气挡板的冷却液喷嘴

3. 表面层残余应力

1)产生残余应力的原因

由于机械加工中力和热的作用,加工后工件表面层及其与基体材料的交界处仍保留互相平衡的弹性应力。这种应力即称之为表面层残余应力。表面层残余应力的产生,有以下三种原因:

(1)冷态塑性变形

机械加工时,在加工表面金属层内有塑性变形发生,使表面金属的比容加大,体积膨胀,则因受基体材料制约就会在表层产生残余压应力,而在里层金属中产生残余拉应力。

(2)热态塑性变形

机械加工时,切削区会有大量的切削热产生,表面层与里层金属间产生很大的温度梯度。冷却时,表面层收缩从而形成较大的残余拉应力,而在里层金属中产生残余压应力。

(3)金相组织变化

切削时的高温会引起表面层金相组织变化。不同金相组织具有不同的密度,亦具有不同的比容。如果表层金属体积膨胀,则因受基体材料制约就会在表层产生残余压应力;相反,则表层产生残余拉应力。残余拉应力超过材料屈服极限时,产生表面裂纹。

2)不同磨削条件下所得到的表面残余应力

机械加工后的表面层残余应力及其分布,是上述三方面因素综合作用的结果。在一定条件下,可能是某种因素起主导作用。例如:切削时切削热不多则以冷态塑性变形为主,若切削热多则以热态塑性变形为主。

①轻磨削条件产生浅而小的残余压应力,因为此时没有金相组织变化,温度影响也很小,主要是塑性变形的影响在起作用。

②中等磨削条件产生浅而大的拉应力。

③重磨削条件则产生深而大的拉应力(最外表面可能出现小而浅的压应力),它主要是热态塑性变形和金相组织变化的影响在起作用。

3)磨削裂纹的产生

在磨削加工中,热态塑性变形和金相组织变化较大,故大多数磨削零件的表面往往有残余拉应力。当残余拉应力超过材料的强度极限时,零件表面就会出现磨削裂纹。

磨削裂纹一般很浅(0.25~0.50 mm),大多垂直于磨削方向或成网状(磨螺纹时有时也有平行于磨削方向的裂纹),如图 8-30 所示。磨削裂纹总是拉应力引起的,且常与磨削烧伤同时出现。

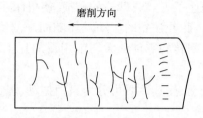

图 8-30　磨削裂纹

4)影响残余应力的工艺因素及控制

影响残余应力的工艺因素主要是刀具的前角、切削速度以及工件材料的性质和冷却润滑液等。具体的情况则看其对切削时的塑性变形、切削温度和金相组织变化的影响程度而定。在不同的加工条件下,残余应力的大小、性质及分布规律有明显的差别。切削加工时起主要作用的往往是冷态塑性变形,表面层常产生残余压应力。磨削加工时,通常热态塑性变形或金相组织变化引起的体积变化是产生残余应力的主要因素。如低速切削时,切削热的作用起主导作用;高速切削时,表层金属的淬火进行得较充分,金相组织变化因素起主导作用;工件材料的强度越高、导热性越差、塑性越低,在磨削时表面金属产生残余拉应力的倾向就越大。

为了控制残余应力对零件使用性能的影响,应合理安排零件终加工工序,保证零件残余应力的滞留状态(残余拉应力或残余压应力)。

8.2.4　控制表面质量的途径

为了使工件表面质量满足要求,常采用以下措施控制和改善工件表面质量:

1. 控制磨削参数

生产中可先按初步选定的磨削用量磨削试件,然后通过检查试件的金相组织变化和测定表面层的硬度变化,就可以了解表面层热损伤情况,据此调整磨削用量控制表面质量。

2. 采用光整加工方法作为最终加工工序

对外圆超精加工、对内孔珩磨及对各种表面的研磨和抛光等以减小表面粗糙度的值。

3. 采用表面层强化工艺

表面层强化工艺可改善表面层的物理力学性能。它能使金属表面层获得有利于疲劳强度提高的压应力及冷硬层,从而提高零件使用寿命。表面层强化工艺主要包括滚压加工、喷丸强化和辗光等。

8.3 机械加工过程中的振动及其控制

8.3.1 概述

机械加工过程中的振动严重影响着加工表面的几何特征参数,从而影响加工质量和生产效率。产生振动时,工艺系统的正常加工过程便受到干扰和破坏,从而使零件加工表面出现振纹,降低了零件的加工精度和表面质量。强烈的振动会使切削过程无法进行,甚至会引起刀具崩刃打刀现象。振动的产生加速了刀具或砂轮的磨损,使机床连接部分松动,影响运动副的工作性能,并导致机床丧失精度。此外强烈的振动及伴随而来的噪声,还会污染环境,危害操作者的身心健康。尤其对于高速回转的零件和大切削用量的加工方法,振动更是一种限制生产率提高的重要障碍。

机械加工过程中产生的振动,按其性质可分为自由振动、强迫振动和自激振动三种类型:

(1)自由振动

当振动系统受到初始干扰力激励破坏了其平衡状态后,去掉激励或约束之后所出现的振动,称为自由振动。机械加工过程中的自由振动往往是由于切削力的突然变化或其他外界力的冲击等原因所引起的。这种振动一般可以迅速衰减,因此对机械加工过程的影响较小。

(2)强迫振动

强迫振动是由于工艺系统外界周期性干扰力的作用而引起的振动。机械加工中的强迫振动与一般机械中的强迫振动没有什么区别,强迫振动的频率与干扰力的频率相同或是它的倍数。

(3)自激振动

系统在一定条件下,没有受到外界交变干扰力,而由振动系统吸收了非振荡的能量转化产生的交变力维持的一种稳定的周期性振动称为自激振动。切削过程中产生的自激振动也称为颤振。

8.3.2 机械加工过程中的强迫振动

1. 强迫振动产生的原因

强迫振动的振源有来自于机床内部的机内振源和来自于机床外部的机外振源两大类。机外振源甚多,但它们都是通过地基传给机床的,可通过加设隔振地基来隔离。机内振源主要有:机床电动机的振动、机床高速旋转件不平衡引起的振动、机床传动机构缺陷引起的振动(如齿轮的侧隙、皮带张紧力的变化等)、切削过程中的冲击引起的振动以及往复运动部件的惯性力引起的振动等。

2. 强迫振动的特征

强迫振动具有如下特征:

①强迫振动的频率等于干扰力的频率;

②强迫振动的振幅与初始条件无关,与干扰力的大小有关,干扰力越大,振幅越大。

③当干扰力一定时,强迫振动的振幅与干扰力的频率有关。干扰力的频率越接近系统的固有频率,振幅越大,甚至产生共振。

④强迫振动的振幅与系统的阻尼有关,阻尼大时,可有效减小振幅。

⑤只要干扰力存在,强迫振动就会一直维持下去,不会自行衰减。

3. 减少强迫振动的途径

(1)减小干扰力

对工艺系统中的回转零件进行平衡处理,提高皮带、链、齿轮及其他传动装置的平稳性,减小干扰力的来源和大小。

(2)调节振源频率

选择转速时,尽量使旋转件的频率避开系统的固有频率,使系统在准静态区或惯性区工作,以免共振。提高工艺系统中传动件的精度,以减小冲击。

(3)提高系统的刚性及增加系统阻尼

提高系统的刚性及增加系统阻尼均可有效地防止和减小振动。

(4)隔振和消振

隔离机外振源对系统的干扰,对机内振源也可采取适当措施进行隔离。

8.3.3　机械加工中的自激振动

1. 自激振动的特性

机械加工过程中,在没有周期性外力作用下,由系统内部激发反馈产生的周期性振动,称为自激振动,简称颤振。与强迫振动相比,自激振动具有以下特性:

①自激振动是一种不衰减的振动。外部振源只在最初起触发作用,而维持振动所需的交变力是由振动过程本身产生的。所以只有切削运动停止,交变力才会随之消失,自激振动才停止。

②自激振动的频率接近系统的固有频率。

③自激振动是否产生以及振幅的大小,取决于系统在每一个振动周期内获得的能量与所消耗的能量的对比情况。若获得的能量大于所消耗的能量,自激振动得以维持。否则,自激振动不会发生。

自激振动是目前在机械加工中难以解决的问题,它产生的原因、机理和物理本质都有待于进一步研究。

2. 控制自激振动的途径

(1)合理选择切削用量

切削加工时可以选择高速或低速,适当增大进给量,减小背吃刀量以减小自激振动。

(2)合理选用刀具的几何参数

试验和理论研究表明,刀具的几何参数中,对振动影响最大的是主偏角和前角。由于主偏角越小,切削宽度越宽,越容易产生振动。前角越大,切削力越小,振幅也越小。

(3)提高工艺系统的抗振能力

除采取提高工艺系统刚度的措施以外,合理安排机床部件的固有频率,增大阻尼和提高机床装配质量等都可以显著提高机床的抗振性能。

(4)采用各种减振装置

如果不能从根本上消除产生机械振动的因素,又不能有效地提高工艺系统的动态特性,为保证加工质量和生产率,就可考虑采用消振减振装置。

8.4 实践项目——加工精度统计分析

8.4.1 加工误差的性质

1. 系统性误差

在顺次加工一批工件时,若误差的大小和方向保持不变,或按一定规律变化,即为系统性误差。前者称为常值系统性误差,后者称为变值系统性误差。

前面讲述的工艺系统的原理误差,如机床、刀具、夹具、量具的制造误差和调整误差都属于常值系统性误差。它们与加工顺序(加工时间)没有关系。而机床和刀具在加工过程中的热变形、磨损等都是随加工顺序(加工时间)有规律地变化的,它们属于变值系统性误差。

2. 随机性误差

在顺次加工一批工件的过程中,若加工误差的大小和方向是无规律地变化(时大时小,时正时负),称为随机性误差。系统的微小振动、毛坯误差(余量大小、硬度不均匀)的复映、夹紧误差、内应力等引起的误差都是随机性误差。对于随机性误差,可用统计分析的方法来研究,掌握其分布规律和统计特征参数,从而可找出误差控制的规律。

应该指出,在不同的场合下,误差的表现性质也有不同。例如,机床在一次调整中加工一批工件时,机床的调整误差是常值系统性误差。但是,当一批工件的加工中需要多次调整机床时,每次调整的误差就是随机性误差。利用统计分析法,可将系统性误差和随机性误差区别开来,然后针对具体情况采取相应的工艺措施加以解决。

8.4.2 加工误差的统计分析方法

加工误差的统计分析方法,是以生产现场中工件的实测数据为基础,应用概率论和数理统计来分析一批工件误差分布的情况,从而确定误差的性质和产生的原因,以便提出解决问题的措施。

在机械加工中,常用的统计分析方法主要有分布图分析法和点图分析法。

1. 机械制造中常见的误差分布规律

1)正态分布

在机械加工中,若同时满足以下三个条件:无变值系统性误差(或有但不显著);各随机误差之间相互独立;在随机误差中没有一个是起主导作用的误差因素。则工件的加工误差就服从正态分布。它的方程式用概率密度函数 $y(x)$ 来表示,即

$$y(x) = \frac{1}{\sigma\sqrt{2\pi}}\exp\left[-\frac{(x-\bar{x})^2}{2\sigma^2}\right] \quad (-\infty < x < +\infty, \sigma > 0) \tag{8-17}$$

式中　x——工件尺寸;

$\bar{x}$——工件平均尺寸, $\bar{x} = \frac{1}{n}\sum_{i=1}^{n} x_i$;

σ——均方根偏差, $\sigma = \sqrt{\frac{1}{n}\sum_{i=1}^{n}(x_i - \bar{x})^2}$;

n——工件总数,工件数应足够多,如 $n = 100 \sim 200$。

在概率密度分布曲线中,$\bar{x}$ 值取决于机床调整尺寸和常值系统性误差,只影响曲线的位置,不影响曲线的形状;σ 值取决于随机性误差和变值系统性误差,只影响曲线的形状,不影响曲线的位置;σ 愈小,尺寸分布范围就愈小,加工精度就愈高。如图 8-31 所示为不同特征参数下的正态分布曲线。

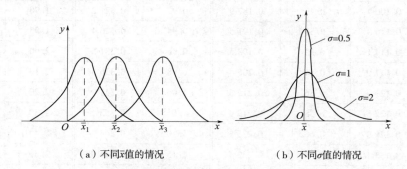

（a）不同$\bar{x}$值的情况　　　　（b）不同σ值的情况

图 8-31　不同特征参数下的正态分布曲线

2）标准正态分布

将 $\bar{x}=0,\sigma=1$ 时的正态分布称为标准正态分布,即

$$y(x)=\frac{1}{\sqrt{2\pi}}\exp\left[-\frac{x^2}{2}\right] \tag{8-18}$$

为利用标准正态分布函数值来分析加工过程,可将非标准正态分布转化为标准正态分布。

令 $z=\dfrac{x-\bar{x}}{\sigma}$,则

$$y(x)=\frac{1}{\sigma\sqrt{2\pi}}\exp\left[-\frac{(x-\bar{x})^2}{2\sigma^2}\right]=\frac{1}{\sigma\sqrt{2\pi}}\exp\left[-\frac{z^2}{2}\right]=\frac{1}{\sigma}y(z)$$

$$y(z)=\sigma y(x)=\frac{1}{\sqrt{2\pi}}\exp\left[-\frac{z^2}{2}\right]$$

令 $\varphi(z)=\displaystyle\int_0^z y(z)\,\mathrm{d}z$,则

$$\varphi(z)=\frac{1}{\sqrt{2\pi}}\int_0^z \mathrm{e}^{-\frac{z^2}{2}}\,\mathrm{d}z \tag{8-19}$$

对于不同 z 值的 $\varphi(z)$,可由表 8-4 查出。

表 8-4　$\varphi(z)$ 的值

z	$\varphi(z)$	z	$\varphi(z)$	z	$\varphi(z)$	z	$\varphi(z)$
0.01	0.004 0	0.07	0.027 9	0.13	0.051 7	0.19	0.075 3
0.02	0.008 0	0.08	0.031 9	0.14	0.055 7	0.20	0.079 3
0.03	0.012 0	0.09	0.035 9	0.15	0.059 6	0.21	0.083 2
0.04	0.016 0	0.10	0.039 8	0.16	0.063 6	0.22	0.087 1
0.05	0.019 9	0.11	0.043 8	0.17	0.067 5	0.23	0.091 0
0.06	0.023 9	0.12	0.047 8	0.18	0.071 4	0.24	0.094 8

z	$\varphi(z)$	z	$\varphi(z)$	z	$\varphi(z)$	z	$\varphi(z)$
0.25	0.098 7	0.47	0.180 8	0.88	0.310 6	1.80	0.464 1
0.26	0.102 3	0.48	0.184 4	0.90	0.315 9	1.85	0.467 8
0.27	0.106 4	0.49	0.187 9	0.92	0.321 2	1.90	0.471 3
0.28	0.110 3	0.50	0.191 5	0.94	0.326 4	1.95	0.474 4
0.29	0.114 1	0.52	0.198 5	0.96	0.331 5	2.00	0.477 2
0.30	0.117 9	0.54	0.205 4	0.98	0.336 5	2.10	0.482 1
0.31	0.121 7	0.56	0.212 3	1.00	0.341 3	2.20	0.486 1
0.32	0.125 5	0.58	0.219 0	1.05	0.353 1	2.30	0.489 3
0.33	0.129 3	0.60	0.225 7	1.10	0.364 3	2.40	0.491 8
0.34	0.133 1	0.62	0.232 4	1.15	0.374 9	2.50	0.493 8
0.35	0.136 8	0.64	0.238 9	1.20	0.384 9	2.60	0.495 3
0.36	0.140 6	0.66	0.245 4	1.25	0.394 4	2.70	0.496 5
0.37	0.144 3	0.68	0.251 7	1.30	0.403 2	2.80	0.497 4
0.38	0.148 0	0.70	0.258 0	1.35	0.411 5	2.90	0.498 1
0.39	0.151 7	0.72	0.264 2	1.40	0.419 2	3.00	0.498 65
0.40	0.155 4	0.74	0.270 3	1.45	0.426 5	3.20	0.499 31
0.41	0.159 1	0.76	0.276 4	1.50	0.433 2	3.40	0.499 66
0.42	0.162 8	0.78	0.282 3	1.55	0.439 4	3.60	0.499 841
0.43	0.164 1	0.80	0.288 1	1.60	0.445 2	3.80	0.499 928
0.44	0.170 0	0.82	0.293 9	1.65	0.450 2	4.00	0.499 968
0.45	0.173 6	0.84	0.299 5	1.70	0.455 4	4.50	0.499 997
0.46	0.177 2	0.86	0.305 1	1.75	0.459 9	5.00	0.499 999 97

3）工件加工尺寸落在某一尺寸区间内的概率

工件加工尺寸概率分布如图 8-32 所示。工件加工尺寸落在区间内的概率为图中阴影部分的面积。

$$F(x) = \int_{\bar{x}}^{x} y(x)\,dx = \int_{\bar{x}}^{x} \frac{1}{\sigma\sqrt{2\pi}} \exp\left[-\frac{(x-\bar{x})^2}{2\sigma^2}\right] dx$$，令

$z = \dfrac{x-\bar{x}}{\sigma}$，则 $dz = \dfrac{1}{\sigma}dx$，$dx = \sigma dz$，代入上式可得

$$F = \int_0^z \frac{1}{\sigma\sqrt{2\pi}} \exp\left[-\frac{z^2}{2}\right] \sigma dz = \frac{1}{\sqrt{2\pi}} \int_0^z e^{-\frac{z^2}{2}} dz = \varphi(z)$$

（查积分表 8-4）。

由图 8-32 可知工件尺寸大于 $\bar{x}$ 和小于 $\bar{x}$ 的同间距范围内的频率是相等的。当 $x-\bar{x} = 3\sigma$ 时，$F = 49.865\%$，$2F = 99.73\%$。即工件尺寸在 $\pm 3\sigma$ 以外的频率只占 0.27%，可以忽略不计。因此，一般都取正态分布曲线的分散范围为 $\pm 3\sigma$（或称 6σ 原则）。

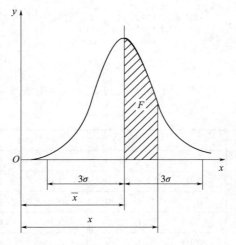

图 8-32 工件加工尺寸概率分布

6σ 原则在研究加工误差时应用很广,是一个很重要的概念。6σ 的大小代表了某加工方法在一定的条件下所能达到的加工精度。一般情况下,所选加工方法的标准差 σ 与公差带宽度 T 之间的关系为:

当公差带 $T \geq 6\sigma$,且 T 对称分布(其中心和 $\bar{x}$ 重合),不会出现废品。T 非对称分布,有出现废品的可能(常值系统性误差造成)。

当 $T < 6\sigma$,一定会出现废品。

【例题 8-6】　车一批轴,设计要求直径 $\phi 25_{-0.1}^{0}$ mm,已知加工尺寸正态分布,且计算得 $\bar{x} = 24.96$,$\sigma = 0.02$。试计算这批工件的合格率、废品率,其废品可否修复?

解:$z_1 = \dfrac{x_1 - \bar{x}}{\sigma} = \dfrac{24.9 - 24.96}{0.02} = \dfrac{-0.06}{0.02} = -3$,查表 8-4 可得 $\varphi(-3) = \varphi(3) = 0.498\,65$;

$z_2 = \dfrac{x_2 - \bar{x}}{\sigma} = \dfrac{25 - 24.96}{0.02} = \dfrac{0.04}{0.02} = 2$,查表 8-4 可得 $\varphi(2) = 0.477\,2$;

工件尺寸分布如图 8-33 所示,$T < 6\sigma$,因此一定有废品。

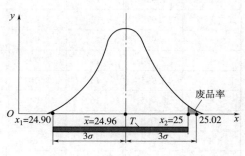

工件的合格率为:$\varphi(z_1) + \varphi(z_2) = 0.498\,65 + 0.477\,2 = 97.585\%$;

废品率为:$1 - 97.585\% = 2.415\%$;其中 $0.5 - \varphi(2) = 0.5 - 0.477\,2 = 2.28\%$ 为偏大的尺寸,可修复,$0.5 - \varphi(3) = 0.5 - 0.498\,65 = 0.135\%$ 为偏小尺寸,不可修复。

图 8-33　工件尺寸分布

4)非正态分布

机械制造中常见的误差分布规律如图 8-34 所示。

(1)平顶分布

影响机械加工的诸多误差因素中,如果刀具尺寸磨损的影响显著,变值系统性误差占主导地位时,工件的尺寸误差将呈现平顶分布。平顶分布曲线可以看成是随着时间而平移的众多正态分布曲线组合的结果,如图 8-34(b)所示。

(2)双峰分布

若将两台机床所加工的同一种工件混在一起,由于两台机床的调整尺寸不尽相同,两台机床的精度状态也有差异,工件的尺寸误差呈双峰分布,如图 8-34(c)所示。

(3)偏态分布

采用试切法车削工件外圆或镗内孔时,为避免产生不可修复的废品,操作者主观上有使轴径加工得宁大勿小、使孔径加工得宁小勿大的意向,按照这种加工方式加工得到的一批零件的加工误差呈偏态分布,如图 8-34(d)所示。

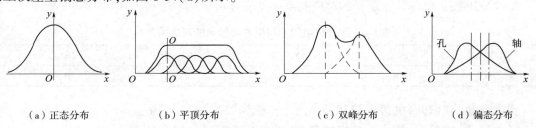

(a)正态分布　　　　(b)平顶分布　　　　(c)双峰分布　　　　(d)偏态分布

图 8-34　机械制造中常见的误差分布规律

2. 分布图分析法

1）实验分布图（实际分布图）

（1）采集样本

一批零件加工后，抽取其中一定数量（n）的零件进行测量（抽取的这批零件称为样本，零件数量 n 称为样本容量），然后按其尺寸大小和一定尺寸间隔，将其分成若干组。以其频数（某一尺寸间隔的零件数 m_i）或频率（m_i/n）为纵坐标，以工件尺寸（或误差）为横坐标构建实验分布图。

【例题 8-7】 在自动车床上加工一批销轴零件，要求保证工序尺寸为（8 ± 0.09）mm。在销轴加工中，按顺序连续抽取 50 个加工件作为样本（样本容量一般取为 50~200 件），并逐一测量其轴颈尺寸，测量数据表见表 8-5。

表 8-5　测量数据表（单位：mm）

序号	尺寸	序号	尺寸	序 号	尺寸	序 号	尺寸	序 号	尺寸
1	7.920	11	7.970	21	7.985	31	7.945	41	8.024
2	7.970	12	7.982	22	7.992	32	8.000	42	8.028
3	7.980	13	7.991	23	8.000	33	8.012	43	7.965
4	7.990	14	7.998	24	8.010	34	8.024	44	7.980
5	7.995	15	8.007	25	8.022	35	8.045	45	7.988
6	8.005	16	8.040	26	8.040	36	7.960	46	7.995
7	8.018	17	8.080	27	7.957	37	7.975	47	8.004
8	8.030	18	8.130	28	7.975	38	7.994	48	8.027
9	8.068	19	7.965	29	7.985	39	8.002	49	8.055
10	8.142	20	7.972	30	7.992	40	8.015	50	8.017

（2）剔除异常数据

在测量数据中有时可能会有个别的异常数据，它们会影响数据的统计性质，在作统计分析之前应将它们从测量数据中剔除。异常数据都具偶然性，它们与测量数据均值之间的差值往往很大。

若工件测量数据服从正态分布，测量数据一般都应在 $\bar{x}\pm3\sigma$ 的范围内，其概率为 99.73%，在此范围之外的数据其概率很小（0.27%），可视为不可能事件，一旦发生，则被视为异常数据予以剔除。如果出现测量数据在 $\bar{x}\pm3\sigma$ 范围外的情况，x_i 就被认为是异常数据。

经计算本例中 $x_{10}=8.142$ 和 $x_{18}=8.130$ 为异常数据，剔除之。则 $n=50-2=48$，$\bar{x}=7.9999$，$\sigma=0.0309$。

（3）确定尺寸分组数和组距

尺寸分组数 k 与样本容量 n 的对应关系参见表 8-6。

表 8-6　尺寸分组数 k 与样本容量 n 的对应关系

样本总数 n	50 以下	50~100	100~250	250 以上
分组数 k	6~7	6~10	7~12	10~20

样本尺寸（或偏差）的最大值和最小值之差称为极差：$R=x_{max}-x_{min}$。

样本尺寸（或偏差）按大小顺序排列，分成 k 组，组距为 h，则

$$h = \frac{R}{k}$$

由 $n = 48$，取 $k = 7$，则

$$h = \frac{R}{k} = \frac{8.080 - 7.920}{7} = 0.023$$

（4）画工件尺寸实际分布图

根据分组数和组距，统计各组中尺寸的频数，列出频率分布表，见表 8-7。根据表中数据即可画出实际分布图。

表 8-7 频率分布表

组号	尺寸间隔/mm	中值尺寸/mm	组内工件数 m	频率 m/n
1	7.920~7.943	7.931 5	1	0.02
2	7.943~7.966	7.954 5	5	0.11
3	7.966~7.989	7.977 5	11	0.23
4	7.989~8.012	8.000 5	15	0.31
5	8.012~8.035	8.023 5	10	0.21
6	8.035~8.058	8.046 5	4	0.08
7	8.058~8.081	8.069 5	2	0.04

（5）画工件尺寸理论分布曲线

用和实际分布规律相符合或接近的理论分布曲线拟合，销轴直径尺寸分布图如图 8-35 所示。

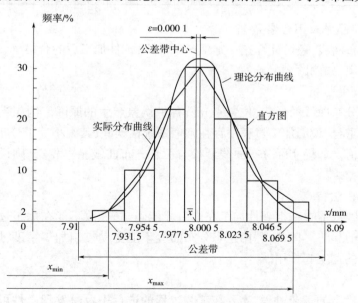

图 8-35 销轴直径尺寸分布图

2）分布图分析法的应用

（1）判断加工误差性质

如果样本工件服从正态分布，就可以认为工艺过程中变值系统性误差很小（或不显著），工件尺寸分散由随机性误差引起，这表明工艺过程处于受控状态中。

如果样本工件尺寸不服从正态分布,可根据工件尺寸实际分布图分析是哪种变值系统性误差在显著地影响着工艺过程。

如果工件尺寸的实际分布中心与公差带中心有偏移 ε,这表明工艺过程中有常值系统性误差存在。针对如图 8-35 所示实际分布图分析,$\bar{x}$ 比公差带中心尺寸小 0.0001 mm,可能是由于车刀位置调得靠近机床主轴中心了,它是常值系统性误差。

(2)确定工序能力系数和工序能力

工序能力系数 C_p 可按下式计算,即

$$C_p = \frac{T}{6\sigma} \qquad\qquad (8\text{-}20)$$

工序能力系数反映了某种加工方法和加工设备的工艺满足所要求的加工精度的能力。生产中可利用工序能力系数 C_p 的大小来进行工艺验证。根据工序能力系数的大小,可将工序能力分为 5 个等级,工序能力等级评定见表 8-8。

表 8-8 工序能力等级评定

工序能力系数	能力等级	说明
$C_p > 1.67$	特级	工序能力过高,可以允许有异常波动,但不经济
$1.67 \geqslant C_p > 1.33$	一级	工序能力足够,可以有一定的异常波动
$1.33 \geqslant C_p > 1.00$	二级	工序能力勉强,必须密切注意
$1.00 \geqslant C_p > 0.67$	三级	工序能力不足,可能出少量不合格品
$0.67 \geqslant C_p$	四级	工序能力很差,必须加以改进

(3)确定合格品率及不合格品率

利用正态分布曲线,还可计算在一定生产条件下,工件加工后的合格率、废品率、可修废品率和不可修废品率,如例题 8-6。

(4)可进行误差分析

从工件尺寸分布曲线的形状、位置来分析各种误差产生的原因。例如当分布曲线的中心与公差带中心不重合,说明加工过程中存在常值系统性误差,其大小等于分布曲线中心与公差带中心之间的差值。如果实际分布曲线形状与正态分布曲线基本相符,则说明加工过程中没有变值系统性误差。

3)分布图分析法特点

正态分布曲线只能在一批零件加工完毕后才能画出来,故不能在加工过程中分析误差变化的规律和发展的趋势。因此,利用正态分布曲线不能主动控制加工精度,属于事后控制,只能对下一批零件的加工起作用。

3. 点图分析法

对于一个不稳定的工艺过程,需要在工艺过程的进行中及时发现工件可能出现不合格品的趋向,以便及时调整工艺系统,使工艺过程能够继续进行。由于点图分析法能够反映质量指标随时间变化的情况,因此,它是进行统计质量控制的有效方法。这种方法既可以用于稳定的工艺过程,也可以用于不稳定的工艺过程。

(1)点图的基本形式

点图分析法所采用的样本是顺序小样本,即每隔一定时间抽取样本容量 $n = 2 \sim 10$ 的小样

本,计算小样本的算术平均值 $\bar{x}$ 和极差 R。

$$\bar{x} = \frac{1}{n}\sum_{i=1}^{n} x_i ; R = x_{\max} - x_{\min}$$

式中　x_i——样本尺寸;

$x_{\max}$、$x_{\min}$——同一样本中工件尺寸的最大值与最小值。

点图的基本形式是由 $\bar{x}$ 点图和 R 点图组成的 $\bar{x}$–R 图。一个稳定的工艺过程,必须同时具有均值变化不显著和标准差变化不显著两种特征。$\bar{x}$ 点图是控制分布中心变化的,R 点图是控制分散范围变化的,综观这两个点图的变化趋势,才能对工艺过程的稳定性做出评价。一旦发现工艺过程有向不稳定方面转化的趋势,就应及时采取措施,使不稳定的趋势得到控制。

(2)$\bar{x}$–R 图上、下控制限的确定

$\bar{x}$–R 图的横坐标是按时间先后采集的小样本的组序号,纵坐标各为小样本的均值 $\bar{x}$ 和极差 R。在 $\bar{x}$ 点图上有五根控制线,$\bar{x}$ 是样本平均值的均值线,ES、EI 分别是加工工件公差带的上、下限,UCL、LCL 分别是样本均值 $\bar{x}$ 的上、下控制界限;在 R 点图上有三根控制线,$\bar{R}$ 是样本极差 R 的均值线,UCL、LCL 分别是样本极差的上、下控制界限。

由数理统计学可得:

$\bar{x}$ 点图的平均线　　　　$$\bar{\bar{x}} = \frac{1}{k}\sum_{i=1}^{k}\bar{x_i}$$

R 点图的平均线　　　　$$\bar{R} = \frac{1}{k}\sum_{i=1}^{k} R_i$$

式中　$\bar{x_i}$——第 i 组的平均值;

　　　R_i——第 i 组的极差;

　　　k——组数。

$\bar{x}$ 点图的上控制线　　　　　UCL $= \bar{\bar{x}} + A\bar{R}$

$\bar{x}$ 点图的下控制线　　　　　LCL $= \bar{\bar{x}} - A\bar{R}$

R 点图的上控制线　　　　　UCL $= D_1\bar{R}$

R 点图的下控制线　　　　　LCL $= D_2\bar{R}$

上面各式中的系数 A、D_1、D_2 数值见表 8-9。

表 8-9　系数 A、D_1、D_2 数值

n	2	3	4	5	6	7	8	9	10
A	1.880 6	1.023 1	0.728 5	0.576 8	0.483 3	0.419 3	0.372 6	0.336 7	0.308 2
D_1	3.268 1	2.574 2	2.281 9	2.114 5	2.003 9	1.924 2	1.864 1	1.816 2	1.776 8
D_2	0	0	0	0	0	0.075 8	0.135 9	0.183 8	0.223 2

【例题 8-8】　在磨削发动机气门挺杆轴颈外圆加工中,尺寸要求为 $\phi25_{-0.025}^{-0.013}$ mm,先按时间顺序先后抽取 20 个样本,每组取样 5 件,每个样本的 $\bar{x}$、R 值列于表 8-10 中。试为该工件加工制订 $\bar{x}$–R 点图。

解:计算各样组的平均值和极差,见表 8-10。

表 8-10　样本的 $\bar{x}$ 和 R 值数据表(单位:mm)

序号	$\bar{x}$	R	序号	$\bar{x}$	R
1	24.976 5	0.006	11	24.982 5	0.009
2	24.977 5	0.008	12	24.980 5	0.009
3	24.979 5	0.008	13	24.984 5	0.006
4	24.978 5	0.007	14	24.982 0	0.005
5	24.979 0	0.005	15	24.983 5	0.008
6	24.979 5	0.008	16	24.979 5	0.008
7	24.982 5	0.008	17	24.981 0	0.009
8	24.980 5	0.005	18	24.985 0	0.005
9	24.978 5	0.007	19	24.984 5	0.005
10	24.981 5	0.007	20	24.982 5	0.007

计算 $\bar{x}$-R 图控制线,分别为

$\bar{x}$ 点图的平均线　　$\bar{\bar{x}} = \dfrac{1}{k}\sum_{i=1}^{k}\bar{x}_i = 24.981$

R 点图的平均线　　$\bar{R} = \dfrac{1}{k}\sum_{i=1}^{k}R_i = 0.007$

$\bar{x}$ 点图的上控制线　　$UCL = \bar{\bar{x}} + A\bar{R} = 0.576\ 8 \times 0.007 + 24.981 = 24.985$

$\bar{x}$ 点图的下控制线　　$LCL = \bar{\bar{x}} - A\bar{R} = 24.981 - 0.576\ 8 \times 0.007 = 24.977$

R 点图的上控制线　　$UCL = D_1\bar{R} = 2.114\ 5 \times 0.007 = 0.014\ 8$

R 点图的下控制线　　$LCL = D_2\bar{R} = 0$

按上述计算结果 $\bar{x}$-R 图,如图 8-36 所示。

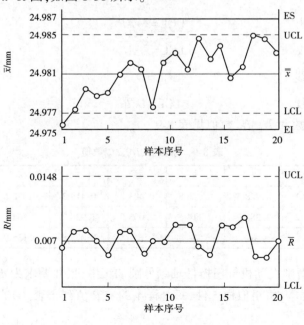

图 8-36　$\bar{x}$-R 图

（3）工艺过程的点图分析

顺序加工一批工件,获得的尺寸总是参差不齐的,点图上的点总是有波动的。若只有随机波动,表明工艺过程是稳定的,属于正常波动;若出现异常波动,表明工艺过程是不稳定的,就要及时寻找原因,采取措施。正常波动与异常波动的标志见表 8-11。

用点图法分析工艺过程能对工艺过程的运行状态作出分析,在加工过程中能及时提供控制加工精度的信息,并能把变值系统性误差从误差中区分出来,常用它分析、控制工艺过程的加工精度。

表 8-11　正常波动与异常波动的标志

正常波动	异常波动
1. 没有点超出控制线 2. 大部分点在平均线上、下波动,小部分在控制线附近 3. 点的波动没有明显的规律性	1. 有点超出控制线 2. 点密集在平均线上、下附近 3. 点密集在控制线附近 4. 连续 7 点以上出现在平均线一侧 5. 连续 11 点中有 10 点出现在平均线一侧 6. 连续 14 点中有 12 点以上出现在平均线一侧 7. 连续 17 点中有 14 点以上出现在平均线一侧 8. 连续 20 点中有 16 点以上出现在平均线一侧 9. 点有上升或下降倾向 10. 点有周期性波动

将表 8-10 所列 $\bar{x}$、R 数值按顺序逐点标在图 8-36 中。按表 8-11 所给出的正常波动与异常波动的标志,分析图 8-39 所示磨削气门挺杆外圆磨削过程 $\bar{x}-R$ 点图可知,磨削过程尚处于稳定状态,但 $\bar{x}$ 点图上有连续六点出现在中线的上方一侧,且随后又有一点接近 $\bar{x}$ 的上控制限,值得注意。

思考与练习

一、填空题

8-1　零件的加工质量包括＿＿＿＿和＿＿＿＿。

8-2　零件的加工精度分为＿＿＿＿精度、＿＿＿＿精度和＿＿＿＿精度。

8-3　机械加工工艺系统是由＿＿＿＿、＿＿＿＿、＿＿＿＿和＿＿＿＿四个部分组成。

8-4　卧式车床主轴回转误差形式有:＿＿＿＿、＿＿＿＿和＿＿＿＿。

8-5　反映误差复映程度大小的指标是＿＿＿＿。

8-6　工艺系统的热变形主要是由＿＿＿＿、＿＿＿＿、＿＿＿＿和＿＿＿＿等引起的。

8-7　零件表面层的几何形状特征包括:＿＿＿＿、＿＿＿＿和＿＿＿＿。

8-8　磨削外圆时,提高砂轮转速可使表面粗糙度值＿＿＿＿,提高工件转速可使表面粗糙度值＿＿＿＿。

8-9 机床刚度值比工艺系统刚度值要_____。

8-10 一般认为,工艺系统的低频振动会使表面产生_____,而高频振动则会影响_____的大小。

二、简答题

8-11 加工精度、加工误差的概念是什么?它们之间有何区别?

8-12 零件的加工精度包括哪三个方面?它们之间的联系和区别是什么?

8-13 为什么在生产实际中有时采用近似的加工方法?其应用条件是什么?

8-14 为什么对卧式车床床身导轨在水平面内的直线度要求高于在垂直面内的直线度要求?而对平面磨床的床身导轨的要求却相反?

8-15 在相同的切削条件下,为什么切削钢件比切削工业纯铁冷硬现象小?而切削钢件却比切削有色金属工件的冷硬现象严重?

8-16 为什么同时提高砂轮速度和工件速度可以避免产生磨削烧伤?

8-17 试述产生表面残余应力的原因。

8-18 什么是强迫振动?产生强迫振动的原因是什么?强迫振动有哪些特点?

8-19 什么是自激振动?自激振动有什么特性?

8-20 机械加工表面质量包括哪些具体内容?

8-21 为什么机器零件总是从表面层开始破坏的?加工表面质量对机器使用性能有哪些影响?

8-22 什么叫冷作硬化?切削加工中,影响冷作硬化的因素有哪些?

三、分析题

8-23 若在车床上车削工件端面时,加工后出现端面向内凹或外凸的形状误差,试从机床几何误差影响的角度进行分析。

8-24 在车床上用两顶尖装夹工件车削细长轴时,出现图 8-37 所示误差是什么原因,分别可采用什么办法来减少或消除?

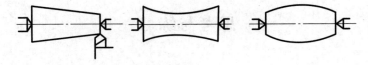

图 8-37 题 8-24 图

四、计算题

8-25 在车床上用前后顶尖装夹,车削长为 800 mm,外径要求为 $\phi50_{-0.04}^{0}$ mm 的工件外圆。已知 $k_{主}=10\,000$ N/mm,$k_{尾}=5\,000$ N/mm,$k_{刀架}=4\,000$ N/mm,$F_y=300$ N,试求:

①由于机床刚度变化所产生的工件最大直径误差,并按比例画出工件的外形。

②由于工件受力变形所产生的工件最大直径误差,并按同样比例画出工件的外形。

③上述两种情况综合考虑后,工件最大直径误差是多少?能否满足预定的加工要求?若不符合要求,可采取哪些措施解决?

8-26 已知车床车削工件外圆时的 $k_{系}=20\,000$ N/mm,毛坯偏心 $e=2$ mm,毛坯最小背吃刀量 $a_{p2}=1$ mm,$C=1\,500$ N/mm,问:

①毛坯最大背吃刀量 a_{p1} 为多少?

②第一次进给后,反映在工件上的残余偏心误差 $\Delta_{\text{工1}}$ 是多少?

③第二次进给后的 $\Delta_{\text{工2}}$ 是多少?

④第三次进给后的 $\Delta_{\text{工3}}$ 是多少?

⑤若其他条件不变,让 $k_{\text{系}} = 10\,000$ N/ mm,求 $\Delta'_{\text{工1}}$、$\Delta'_{\text{工2}}$、$\Delta'_{\text{工3}}$ 各为多少? 并说明 $k_{\text{系}}$ 对残余偏心的影响规律。

8-27　在无心磨床上磨削一批光轴的外圆,要求保证尺寸为 $\phi25_{-0.021}^{\ 0}$ mm,加工后测量,尺寸按正态规律分布,$\bar{x} = 24.995$ mm,$\sigma = 0.003$ mm。试绘制分布曲线图,求出废品率,分析误差的性质。

8-28　在自动车床上加工一批外径为 $\phi6_{-0.034}^{-0.005}$ mm 的小轴。现每隔一定时间抽取容量 $n = 5$ 的一个小样本,共抽取 20 个顺序小样本,逐一测量每个顺序小样本每个小轴的外径尺寸。并算出顺序小样本的平均值和极差,顺序小样本数据表见表 8-12。试绘制 $\bar{x}$–R 点图,并判断该工艺过程是否稳定?

表 8-12　顺序小样本数据表(单位:mm)

序号	$\bar{x}$	R	序号	$\bar{x}$	R
1	5.982	0.009	11	5.983	0.008
2	5.982	0.009	12	5.982	0.011
3	5.982	0.012	13	5.979	0.009
4	5.983	0.008	14	5.982	0.010
5	5.981	0.009	15	5.984	0.009
6	5.984	0.011	16	5.980	0.010
7	5.981	0.010	17	5.982	0.009
8	5.979	0.009	18	5.980	0.009
9	5.979	0.010	19	5.985	0.006
10	5.981	0.008	20	5.982	0.009

第9章 智能制造技术

学习目标

通过本章的学习,了解智能制造技术内涵;熟悉智能制造关键技术;了解智能制造的发展史;掌握智能制造的实际应用。

导入案例 新一轮工业革命的本质——智能制造技术

智能制造的概念起源于 20 世纪 80 年代,智能制造是伴随信息技术的不断普及而逐步发展起来的。1988 年,美国纽约大学的怀特教授(P. K. Wright)和卡内基梅隆大学的布恩教授(D. A. Bourne)出版了《智能制造》一书,首次提出了智能制造的概念,并指出智能制造的目的是通过集成知识工程、制造软件系统、机器人视觉和机器控制对制造技术人员的技能和专家知识进行建模,以使智能机器人在没有人工干预的情况下进行小批量生产。

当前,信息技术、新能源、新材料、生物技术等重要领域和前沿方向的革命性突破和交叉融合,正在引发新一轮产业变革。因此,计算机及其衍生的信息通信和智能技术革命是本轮工业革命的标志。装备制造业、研发部门及其生产性服务业作为新一轮工业革命主导产业,凸显了制造业"智能化"革命的重要性,这些产业的核心工作就是使整个国民经济系统智能化,因此智能化将成为新一轮工业革命的本质内容之一。

目前,全球制造业正发生着制造技术体系、制造模式、产业形态和价值链的巨大变革,延续性特别是颠覆性技术的创新层出不穷。云计算、大数据、物联网、移动互联网等新一代信息技术开始大爆发,从而开启了全新的智慧时代。机器人、数字化制造、3D 打印等技术的重大突破正在重构制造业技术体系。

9.1 智能制造内涵和特征

9.1.1 智能制造的内涵

智能制造(Intelligent Manufacturing, IM)是以新一代信息技术为基础,配合新能源、新材料、新工艺,贯穿设计、生产、管理、服务等制造活动各个环节,具有信息深度自感知、智慧优化自决策、精准控制自执行等功能的先进制造过程、系统与模式的总称。

当今,智能制造一般指综合集成信息技术、先进制造技术和智能自动化技术,在制造企业的各个环节(如经营决策、采购、产品设计、生产计划、制造、装配、质量保证、市场销售和售后服务等)融合应用,实现企业研发、制造、服务、管理全过程的精确感知、自动控制、自主分析和综合决策,具有高度感知化、物联化和智能化特征的一种新型制造模式。

智能制造技术是制造技术与数字技术、智能技术及新一代信息技术的融合,是面向产品全生命周期的具有信息感知、优化决策、执行控制功能的制造系统,旨在高效、优质、柔性、清洁、安全、敏捷地制造产品和服务用户。虚拟网络和实体生产的相互渗透是智能制造的本质:一方面,信息网络将彻底改变制造业的生产组织方式,大大提高制造效率;另一方面生产制造将作为互联网的延伸和重要节点,扩大网络经济的范围和效应。以网络互联为支撑,以智能工厂为载体,构成了制造业的最新形态,即智能制造。这种模式可以有效缩短产品研制周期、降低运营成本、提高生产效率、提升产品质量、降低资源能源消耗。从软硬结合的角度看,智能制造即是一个"虚拟网络+实体物理"的制造系统。美国的"工业互联网"、德国"工业4.0"以及我国的"互联网+"战略都体现出虚拟网络与实体物理深度融合——智能制造的特征。

智能制造是未来制造业产业革命的核心,是制造业由数字化制造向智能化制造转变的方向,是人类专家和智能化机器共同组成的人机一体化的智能系统,特征是将智能活动融合到生产制造全过程,通过人与机器协同工作,逐渐增大、拓展和部分替代人类在制造过程中的脑力劳动,已由最初的制造自动化扩展到生产的柔性化、智能化和高度集成化。智能制造不但采用新型制造技术和设备,而且将由新一代信息技术构成的物联网和服务互联网贯穿整个生产过程,在制造业领域构建的信息物理系统,将彻底改变传统制造业的生产组织方式,它不是简单地用信息技术改造传统产业,而是信息技术与制造业融合发展和集成创新的新型业态。智能制造要求实现设备之间、人与设备之间、企业之间、企业与客户之间的无缝网络链接,实时动态调整,进行资源的智能优化配置。它以智能技术和系统为支撑点,以智能工厂为载体,以智能产品和服务为落脚点,大幅度提高生产效率、生产能力。

智能制造包括智能制造技术与智能制造系统两大关键组成要素和智能设计、智能生产、智能产品、智能管理与服务四大环节。其中智能制造技术是指在制造业的各个流程环节,实现了大数据、人工智能、3D打印、物联网、仿真等新型技术与制造技术的深度融合。它具有学习、组织、自我思考等功能,能够对生产过程中产生的问题进行自我分析、自我推理、自我处理;同时,对智能化制造运行中产生的信息进行存储,对自身知识库不断积累、完善、共享和发展。智能制造系统就是要通过集成知识工程、智能软件系统、机器人技术和智能控制等来对制造技术与专家知识进行模拟,最终实现物理世界和虚拟世界的衔接与融合,使得智能机器在没有人干预的情况下进行生产。智能制造系统相较于传统系统更具智能化的自治能力、容错功能、感知能力、系统集成能力。

智能制造的内容包括:制造装备的智能化,设计过程的智能化,加工工艺的优化,管理的信息化和服务的敏捷化、远程化。

9.1.2　新一代智能制造模式

在2010年前,中文的"智能制造"主要是指传统智能制造。IM是20世纪80年代末随着计算机集成制造系统(Computer Integrated Manufacturing Systems,CIMS)的研究开始兴起的,核心是借助IM系统实现制造过程的自测量、自适应、自诊断、自学习,达到制造柔性化、无人化。

智能制造主要表现在智能调度、智能设计、智能加工、智能操作、智能控制、智能工艺规划、智能测量和诊断等多方面。

在 2010 年后,中文的"智能制造"是指 IM 或 Smart Manufacturing(SM)或两者。SM 又被译为智慧制造。2008 年,IBM 提出"智慧地球"的概念,从而拉开了新一代信息技术应用的大幕,先是物联网技术,接着是移动宽带、云计算技术、信息物理系统,然后是大数据。这些新一代信息技术具有诸多有别于传统 IT 技术的特点,将其应用于制造系统将从根本上改变当前的制造模式发展格局,从诸多方面改变制造业信息化建设的路径,使得智能制造范畴有了较大扩展。新一代信息技术极大地推动了新兴制造模式的发展,其中具有代表性的先进制造模式有:以社会化媒体/Web2.0 为支撑平台的社会化企业、以云计算为使能技术的云制造、以物联网(Internet of Things,IoT)为支撑的制造物联、以泛在计算(Ubiqu-tous Computing,UC)为基础的泛在制造、以信息物理系统(Cvber Phvsical Svstems,CPS)为核心的工业 4.0 下的智能制造、以大数据为驱动力的预测制造乃至主动制造等。

9.1.3 智能制造的特点

第一,生产过程高度智能。智能制造在生产过程中能够自我感知周围环境,实时采集、监控生产信息。智能制造系统中的各个组成部分能够依据具体的工作需要,自我组成一种超柔性的最优结构并以最优的方式进行自组织,以最初具有的专家知识为基础,在实践中不断完善知识库,遇到系统故障时,系统具有自我诊断及修复能力。智能制造能够对库存水平、需求变化、运行状态进行反应,实现生产的智能分析、推理和决策。

第二,资源的智能优化配置。信息网络具有开放性、信息共享性,由信息技术与制造技术融合产生的智能化、网络化的生产制造可跨地区、跨地域进行资源配置,突破了原有的本地化生产边界。制造业产业链上的研发企业、制造企业、物流企业通过网络衔接,实现信息共享,能够在全球范围内进行动态的资源整合,生产原料和部件可随时随地送往需要的地方。

第三,产品高度智能化、个性化。智能制造产品通过内置传感器、控制器、存储器等技术具有自我监测、记录、反馈和远程控制功能。智能产品在运行中能够对自身状态和外部环境进行自我监测,并对产生的数据进行记录,对运行期间产生的问题自动向用户反馈,使用户可以对产品的全生命周期进行控制管理。产品智能设计系统通过采集消费者的需求进行设计,使用户在线参与生产制造全过程成为现实,极大地满足了消费者的个性化需求。制造生产从先生产后销售转变为先定制后销售,避免了产能过剩。

9.2 智能制造关键技术

1. 智能制造装备及其检测技术

在具体的实施过程中,智能生产、智能工厂、智能物流和智能服务是智能制造的四大主题,在智能工厂的建设方案中,智能装备是其技术基础,随着制造工艺与生产模式的不断变革,必然对智能装备中测试仪器、仪表等检测设备的数字化、智能化提出新的需求,促进检测方式的根本变化。检测数据是实现产品、设备、人和服务之间互联互通的核心基础之一,如机器视觉检测控制技术具有智能化程度高和环境适应性强等特点,在多种智能制造装备中得到了广泛的应用。

发展智能制造,智能设备的应用是基础。不同类型的企业,其智能设备不尽相同,大体可以分为高档数控机床、智能控制系统、机器人、3D 打印系统、工业自动化系统、智能仪表设备和关键智能设备七个主要类别。以 3D 打印为例,它是目前数字化制造技术的典型代表,作为一种新兴智能化设备,3D 打印机可以使用 ABS、光敏树脂、金属为打印原料,实现计算机设计方案,无须传统工业生产流程,即可把数字化设计的产品精确打印出来。这一技术颠覆了传统产品的设计、销售和交付模式,使单件生产、个性化设计成为可能,使制造业不再沿袭多年的流水线制造模式,实现随时、随地、按不同个性需求进行生产。随着 3D 打印技术的不断进步,打印速度和效率不断得到提升,打印材料不断实现多样化,如纳米材料、生物材料等,传统制造业模式将被彻底改变。

2. 工业大数据

工业大数据是智能制造的关键技术,主要作用是打通物理世界和信息世界推动生产型制造向服务型制造转型。

制造业企业在实际生产过程中,总是努力降低生产过程的消耗,同时努力提高制造业环保水平,保证安全生产。生产的过程,实质上也是不断自我调整、自我更新的过程,同时还是实现全面服务个性化需求的过程。在这个过程中,会实时产生大量数据。依托大数据系统,采集现有工厂设计、工艺、制造、管理、监测、物流等环节的信息,实现生产的快速、高效及精准分析决策。这些数据综合起来,能够帮助发现问题,查找原因,预测类似问题重复发生的概率,帮助完成安全生产,提升服务水平,改进生产水平,提高产品附加值。

智能制造需要高性能的计算机和网络基础设施,传统的设备控制和信息处理方式已经不能满足需要。应用大数据分析系统,可以对生产过程数据进行分析处理。鉴于制造业已经进入大数据时代,智能制造还需要高性能计算机系统和相应网络设施。云计算系统提供计算资源专家库,通过现场数据采集系统和监控系统,将数据上传云端进行处理、存储和计算,计算后能够发出云指令,对现场设备进行控制(例如控制工业机器人)。

3. 数字制造技术及柔性制造、虚拟仿真技术

数字化就是制造要有模型,还要能够仿真,这包括产品设计、产品管理、企业协同技术等。总而言之,就是数字化是智能制造的基础,离开了数字化就根本谈不上智能化。

柔性制造技术(Flexible Manufacturing Technology,FMT)是建立在数控设备应用基础上并正在随着制造企业技术进步而不断发展的新兴技术,它和虚拟仿真技术一道在智能制造的实现中,扮演着重要的角色。虚拟仿真技术包括面向产品制造工艺和装备的仿真过程、面向产品本身的仿真和面向生产管理层面的仿真。从这三方面进行数字化制造,才能实现制造产业的彻底智能化。

增强现实技术(Augmented Reality,AR),它是一种将真实世界信息和虚拟世界信息"无缝"集成的新技术,是把原本在现实世界的一定时间空间范围内很难体验到的实体信息(视觉、声音、味道、触觉等信息)通过算机等科学技术,模拟仿真后再叠加,将虚拟的信息应用到真实世界,被人类感官所感知,从而达到超越现实的感官体验。真实的环境和虚拟的物体实时地叠加到了同一个画面或空间同时存在。增强现实技术,不但展现了真实世界的信息,而且将虚拟的信息同时显示出来,两种信息相互补充、叠加。增强现实技术包含了多媒体、三维建模、实时视频显示及控制、多传感器融合、实时跟踪及注册、场景融合等新技术与新手段。

4. 传感器技术

智能制造与传感器紧密相关。现在各式各样的传感器在企业里用得很多,有嵌入的、绝对坐标的、相对坐标的、静止的和运动的,这些传感器是支持人们获得信息的重要手段。传感器用得越多,人们可以掌握的信息越多。传感器很小,可以灵活配置,改变起来也非常方便。传感器属于基础零部件的一部分,它是工业的基石、性能的关键和发展的瓶颈。传感器的智能化、无线化、微型化和集成化是未来智能制造技术发展的关键之一。

当前,大型生产企业工厂的检测点分布较多,大量数据产生后被自动收集处理。检测环境和处理过程的系统化提高了制造系统的效率,降低了成本。将无线传感器系统应用于生产过程中,将产品和生产设施转换为活性的系统组件,以便更好地控制生产和物流,它们形成了信息物理相互融合的网络体系。无线传感器网络分布于多个空间,形成了无线通信计算机网络系统,主要包括物理感应、信息传递、计算定位三个方面,可对不同物体和环境做出物理反应,例如温度、压力、声音、振动和污染物等。无线数据库技术是无线传感器系统的关键技术,包括查询无线传感器网络、信息传递网络技术、多次跳跃路由协议等。

5. 人工智能技术

人工智能(Artificial Intelligence,AI)是研发用于模拟、延伸和扩展人的智能的理论、方法、技术及应用系统的科学。它企图了解智能的实质,并生产出一种新的能以人类智能相似的方式做出反应的智能机器,该领域的研究包括机器人、语言识别、图像识别、自然语言处理和专家系统、神经科学等。

6. 射频识别和实时定位技术

射频识别是无线通信技术中的一种,通过识别特定目标应用的无线电信号,读写出相关数据,而不需要机械接触或光学接触来识别系统和目标。无线射频可分为低频、高频和超高频三种,而 RFID 读写器可分为移动式和固定式两种。射频识别标签贴附于物件表面,可自动远距离读取、识别无线电信号,可作快速、准确记录和收集用具使用。RFID 技术的应用简化了业务流程,增强了企业的综合实力。

在生产制造现场,企业要对各类别材料、零件和设备等进行实时跟踪管理,监控生产中制品、材料的位置、行踪,包括相关零件和工具的存放等,这就需要建立实时定位管理体系。通常做法是将有源 RFID 标签贴在跟踪目标上,然后在室内放置 3 个以上的阅读器天线,这样就可以方便地对跟踪目标进行定位查询。

7. 信息物理系统

信息物理系统(Cyber Physical Systems,CPS)是一个综合计算、网络和物理环境的多维复杂系统,通过 3C(Computing、Communication、Control)技术的有机融合与深度协作,实现大型工程系统的实时感知、动态控制和信息服务,让物理设备具有计算、通信、精确控制、远程协调和自治等五大功能,从而实现虚拟网络世界与现实物理世界的融合。CPS 可以将资源、信息、物体及人紧密联系在一起,从而创造物联网及相关服务,并将生产工厂转变为一个智能环境。

8. 网络安全系统

数字化对制造业的促进作用得益于计算机网络技术的进步,但同时也给工厂网络埋下了安全隐患。随着人们对计算机网络依赖度的提高,自动化机器和传感器随处可见,将数据转换成物理部件和组件成了技术人员的主要工作内容。产品设计、制造和服务整个过程都用数字化技术资料呈现出来,整个供应链所产生的信息又可以通过网络成为共享信息,这就需要对其进行信息安全保护。针对网络安全生产系统,可采用 IT 保障技术和相关的安全措施,例如设置防火墙、预防被入侵、扫描病毒仪、控制访问、设立黑白名单、加密信息等。

工厂信息安全是将信息安全理念应用于工业领域,实现对工厂及产品使用维护环节所涵盖的系统及终端进行安全防护。所涉及的终端设备及系统包括工业以太网、数据采集与监视控制(SCADA)系统、分布式控制系统(DCS)、过程控制系统(PCS)、可编程序控制器(PLC)、远程监控系统等网络设备及工业控制系统。应确保工业以太网及工业系统不被未经授权的访问、使用、泄露、中断、修改和破坏,为企业正常生产和产品正常使用提供信息服务。

9. 物联网及应用技术

智能制造系统的运行,需要物联网的统筹细化,通过基于无线传感网络、RFID、传感器的现场数据采集应用,用无线传感网络对生产现场进行实时监控,将与生产有关的各种数据实时传输给控制中心,上传给大数据系统并进行云计算。为了能有效管理一个跨学科、多企业协同的智能制造系统,物联网是必需的。德国工业 4.0 计划就推出了"工业物联网"的概念,从而实现制造流程的智能化升级。

10. 系统协同技术

系统协同技术包括大型制造工程项目复杂自动化系统整体方案设计技术、安装调试技术、统一操作界面和工程工具的协调技术、统一事件序列和报警处理技术、一体化资产管理等技术。

9.3　智能制造技术的应用及发展趋势

智能制造包括开发智能产品、应用智能装备、自底向上建立智能产线、构建智能车间、推进打造智能工厂、践行智能研发、形成智能物流与供应链体系、开展智能管理服务、最终实现智能决策。

在智能制造的关键应用技术当中,智能产品与智能服务可以帮助企业带来商业模式的创新;智能装备、智能产线、智能车间到智能工厂,可以帮助企业实现生产模式的创新;智能研发、智能管理、智能物流与供应链则可以帮助企业实现运营模式的创新;而智能决策则可以帮助企业实现科学决策。

1. 智能产品(Smart Product,SP)

智能产品通常包括机械、电气和嵌入式软件,一般具有记忆、感知、计算和传输功能。典型的智能产品包括智能手机、智能可穿戴设备、无人机、智能汽车、智能家电、智能售货机等。

2. 智能服务(Smart Service,SS)

智能服务基于传感器和物联网,可以感知产品的状态,从而进行预防性维修维护,及时帮助客户更换备品备件,甚至可以通过了解产品运行的状态,帮助客户带来商业机会,还可以采集产品运营的大数据,辅助企业进行市场营销的决策。此外,企业通过开发面向客户服务的APP,也是一种智能服务的手段,可以针对企业购买的产品提供有针对性的服务,从而锁定用户,开展服务营销。

3. 智能装备(Smart Equipment,SE)

典型的智能装备如工业机器人、数控机床、3D 打印装备、智能控制系统等。制造装备经历了机械装备到数控装备,目前正在逐步发展成为智能装备。智能装备具有检测功能,可以实现在机检测,从而补偿加工误差,提高加工精度,还可以对热变形进行补偿。以往一些精密装备对环境的要求很高,现在由于有了闭环的检测与补偿,可以降低对环境的要求。智能装备的特点是:可将专家的知识和经验融入感知、决策、执行等制造活动中,赋予产品制造在线学习和知识进化能力。

4. 智能产线(Smart Product Online,SPO)

很多行业的企业高度依赖自动化生产线,比如钢铁、化工、制药、食品饮料、烟草、芯片制造、电子组装、汽车整车和零部件制造等,实现自动化的加工、装配和检测。一些机械标准件生产也应用了自动化生产线,如轴承。但是,装备制造企业目前还是以离散制造为主。很多企业的技术改造重点就是建立自动化生产线、装配线和检测线。自动化生产线可以分为刚性自动化生产线和柔性自动化生产线,柔性自动化生产线一般建立了缓冲。为了提高生产效率,工业机器人、吊挂系统在自动化生产线上应用越来越广泛。

5. 智能车间(Smart Workshop,SW)

一个车间通常有多条生产线,这些生产线要么生产相似零件或产品,要么有上下游的装配关系。要实现车间的智能化,需要对生产状况、设备状态、能源消耗、生产质量、物料消耗等信息进行实时采集和分析,达到高效排产和合理排班,显著提高设备利用率。

6. 智能工厂(Smart Factory,SF)

一个工厂通常由多个车间组成,大型企业有多个工厂。作为智能工厂,不仅生产过程应实现自动化、透明化、可视化、精益化;同时,产品检测、质量检验和分析、生产物流也应当与生产过程实现闭环集成。一个工厂的多个车间之间要实现信息共享、准时配送、协同作业。一些离散制造企业也建立了类似流程制造企业那样的生产指挥中心,对整个工厂进行指挥和调度,及时发现和解决突发问题,这也是智能工厂的重要标志。大型企业的智能工厂需要应用 ERP 系统制定多个车间的生产计划,并由 MES 系统根据各个车间的生产计划进行详细排产。

7. 智能研发(Smart R&D)

离散制造企业在产品研发方面很多已经应用了 CAD、CAM、CAE、CAPP、EDA 等工具软件和 PDM、PLM 系统,但是要缩短产品研发周期,需要深入应用仿真技术,建立虚拟数字化样机,实现多学科仿真,通过仿真减少实物试验;需要贯彻标准化系列化、模块化的思想,以支持大批量客户定制或产品个性化定制。

8. 智能管理(Smart Management,SM)

制造企业核心的运营管理系统还包括人力资产管理系统(HCM)、客户关系管理系统(CRM)、企业资产管理系统(EAM)、能源管理系统(EMS)、供应商关系管理系统(SRM)、企业门户(EP)、业务流程管理系统(BPM)等,国内企业也把办公自动化(OA)作为一个核心信息系统。为了统一管理企业的核心主数据,近年来主数据管理(MDM)也在大型企业开始部署应用。实现智能管理和智能决策,最重要的条件是基础数据准确和主要信息系统无缝集成。智能管理主要体现在与移动应用、云计算和电子商务的结合。

9. 智能物流与供应链(Smart Logistics and SCM)

制造企业内部的采购、生产、销售流程都伴随着物料的流动,因此越来越多的制造企业在重视生产自动化的同时,也越来越重视物流自动化,自动化立体仓库、无人引导小车(AGV)、智能吊挂系统得到了广泛的应用;而在制造企业和物流企业的物流中心,智能分拣系统、堆垛机器人、自动轮道系统的应用日趋普及。仓储管理系统(Warehouse Manage-ment System,

WMS)和运输管理系统(Transport Management System,TMS)也受到制造企业和物流企业的普遍关注。

10. 智能决策(Smart Decision Making,SDM)

企业在运营过程中,产生了大量的数据。一方面是来自各个业务部门和业务系统产生的核心业务数据,如合同、回款、费用、库存、现金、产品、客户、投资、设备、产量、交货期等数据,这些数据一般是结构化的数据,可以进行多维度的分析和预测,这就是业务智能(Business Intelligence, BI)技术的范畴,也被称为管理驾驶舱或决策支持系统。企业可以应用这些数据提炼出企业的 KPI,并与预设的目标进行对比;同时,对 KPI 进行层层分解,来对员工进行考核,这就是企业绩效管理(Enterprise Performance Management, EPM)的范畴。

新一代智能制造技术的理论研究尚处于起步阶段,但国内外已经有许多企业或研究单位对这些制造模式进行了初步应用。

思考与练习

一、填空题

9-1　智能制造的特点:_____、_____、_____。

9-2　智能工厂的基本特征:_____、_____、_____、_____、_____。

9-3　智能制造包括_____与_____两大关键组成要素和_____、智能生产、_____、智能管理与服务四大环节。

9-4　发展智能制造,_____是基础。

9-5　工业大数据是智能制造的关键技术,主要作用是_____。

9-6　智能产品通常包括_____、_____和_____,一般具有记忆、感知、计算和传输功能。

二、简答题

9-7　简述智能制造的内涵?

9-8　简述智能工厂的基本构架?

9-9　智能制造的关键技术有哪些?

9-10　传感技术在智能制造中起到什么作用?

9-11　试述智能制造技术目前应用于哪些方面?

参考文献

[1] 饶华球. 机械制造技术基础[M]. 北京:电子工业出版社,2007.

[2] 刘英. 机械制造技术基础[M]. 北京:机械工业出版社,2018.

[3] 杨宗德,柳青松. 机械制造技术基础[M. 北京:国防工业出版社,2006.

[4] 金捷. 机械制造技术[M]. 北京:清华大学出版社,2006.

[5] 卢秉恒. 机械制造技术基础[M]. 北京:机械工业出版社,2017.

[6] 卢波,董星涛. 机械制造技术基础[M]. 北京:中国科学技术出版社,2006.

[7] 李华. 机械制造技术[M]. 2 版. 北京:高等教育出版社,2005.

[8] 苏珉. 机械制造技术基础[M]. 北京:人民邮电出版社,2006.

[9] 张世昌,李旦. 机械制造技术基础[M]. 北京:高等教育出版社,2006.

[10] 周宏甫. 机械制造技术基础[M]. 2 版. 北京:高等教育出版社,2004.

[11] 陈立德,李晓辉. 机械制造技术[M]. 2 版. 上海:上海交通大学出版社,2004.

[12] 王启平. 机床夹具设计[M]. 2 版. 哈尔滨:哈尔滨工业大学出版社,1996.

[13] 冯辛安. 机械制造装备设计[M]. 北京:机械工业出版社,1999.

[14] 曾东建. 汽车制造工艺学[M]. 北京:机械工业出版社,2006.

[15] 刘德忠,费仁元,StefanHesse. 装配自动化[M]. 北京:机械工业出版社,2003.

[16] 陈宗舜,刘方荣,吴春燕. 机械制造装配工艺设计与装配 CAPP[M]. 北京:机械工业出版社,2006.

[17] 苑伟政,马炳. 微机械与微细加工技术[M]. 西安:西北工业大学出版社,2000.

[18] 王广春,赵国群. 快速成型与快速模具制造技术及其应用[M]. 北京:机械工业出版社,2003.

[19] 吉卫喜. 现代制造技术与装备[M]. 北京:高等教育出版社,2004.

[20] 蒋志强,施进发,王金凤,等. 先进制造系统导论[M]. 北京:科学出版社,2005.

[21] 李伟. 先进制造技术[M]. 北京:机械工业出版社,2005.

[22] 张国顺. 现代激光制造技术[M]. 北京:化学工业出版社,2006.

[23] 白基成,郭永丰,刘晋春. 特种加工技术[M]. 哈尔滨:哈尔滨工业大学出版社,2006.

[24] 郁鼎文,陈恳. 现代制造技术[M]. 北京:清华大学出版社,2006.

[25] 袁绩乾,李文贵. 机械制造技术基础[M]. 北京:机械工业出版社,2001.

[26] 张辛喜,李胜凯. 机械制造技术基础[M]. 2 版. 北京:机械工业出版社,2021.

[27] 王世清. 深孔加工技术[M]. 西安:西北工业大学出版社,2002.

[28] 王先逵,艾兴. 机械加工工艺手册:机械加工工艺规程制定[M]. 北京:机械工业出版社,2008.

[29] 徐兵. 机械装配技术[M]. 北京:中国轻工业出版社,2005.

[30] 史虹卫,史慧,孙洁,等. 服务于智能制造的智能检测技术探索与应用[J]. 计算机测量与控制,2017, 25(1):1-5.

[31] 周佳军,姚锅凡,刘敏,等. 几种新兴智能制造模式研究评述[J]. 计算机集成制造系统,2017,23(3): 624-639.

[32] 王媛媛,张华荣. 全球智能制造业发展现状及中国对策[J]. 东南学术,2016(6):16-123.

[33] 周济. 智能制造:"中国制造 2025"的主攻方向[J]. 中国机械工程,2015,26(17):5-16.

[34] 戴宏民,戴佩华. 工业 4.0 与智能机械厂[J]. 包装工程,2016,37(19):206-211.

[35] 谭建荣,刘振宇. 智能制造关键技术与企业应用[M]. 北京:机械工业出版社,2017.

[36] 王芳,赵忠宁. 智能制造基础与应用[M]. 北京:机械工业出版社,2018.